工业和信息化部"十四五"规划教材

飞机总体设计

袁昌盛　主编

西北工業大學出版社

西　安

【内容简介】 本书介绍了飞机总体设计的主要思路和过程。对于航空从业人员，本书旨在帮助他们建立基本的概念，为他们的相关工作提供参考；对于飞行器设计人员，本书则希望为他们提供线索，使他们的构思更容易被实现。

本书可以概括为如何确定设计要求，飞机都有哪些组成部分，这些组成部分各起什么作用，如何选择布局形式，哪些参数影响性能，如何获得适当的稳定性和操纵性等。

本书可作为高等学校飞机设计专业相关课程的教学用书，也可供航空相关专业领域的工程技术人员阅读参考。

图书在版编目(CIP)数据

飞机总体设计 / 袁昌盛主编. — 西安：西北工业大学出版社，2023.8

ISBN 978-7-5612-8935-8

Ⅰ.①飞… Ⅱ.①袁… Ⅲ.①飞机-总体设计-高等学校-教材 Ⅳ.①V221

中国国家版本馆 CIP 数据核字(2023)第 151340 号

FEIJI ZONGTI SHEJI

飞机总体设计

袁昌盛 主编

责任编辑：朱晓娟 **策划编辑**：杨 军

责任校对：王玉玲 **装帧设计**：李 飞

出版发行：西北工业大学出版社

通信地址：西安市友谊西路 127 号 邮编：710072

电　　话：(029)88491757，88493844

网　　址：www.nwpup.com

印 刷 者：陕西奇彩印务有限责任公司

开　　本：787 mm×1 092 mm 1/16

印　　张：20

字　　数：525 千字

版　　次：2023 年 8 月第 1 版 2023 年 8 月第 1 次印刷

书　　号：ISBN 978-7-5612-8935-8

定　　价：68.00 元

前　言

飞机设计是一门独特的学科。通常的理论学科都强调完备的体系和严谨的推理，但对于设计来说，更重要的是多个领域的综合和协调。航空领域的其他学科，如气动、结构、控制、推进等，主要问题是如何算出某种构型的特性，而设计应对的问题则相反，人们已经有了关于特性的设想或预期，问题在于如何找到合适的构型来实现这样的性能。

飞机设计师需要尽量了解航空领域各方面的知识，但又不能过分沉溺于某个特定方面；设计师的工作非常依赖于自身的知识和经验，非常强调自身的综合能力和协调能力。从某种意义上讲，飞机设计更偏向于是一种艺术。

设计是一项系统化的工作，不只是简单地基于以前所学的结构、气动、动力系统、控制和其他课程来画一些设计图，而是将各门课程的知识综合应用到一个现实问题中。读者将会发现气动方面最好的方案与结构方面最好的方案并不相同，因此必须要进行权衡。他们必须应对许多相互矛盾的约束，如控制要求和动力系统需求等。同时，他们也可能遇到很多现实世界的问题，如政治、环境、伦理和人为因素等。

要想构思一种新的机型，并具体绘出图纸，保证它的气动外形流畅、内部布局合理、结构部件简单又轻巧、起落架安排合适、油箱靠近重心位置、具备满意的操稳特性等，显然是一项困难的任务，需要不寻常的才能，以至于有人认为设计师“是天生的，而不是教出来的”。先不论这种观点正确与否，起码飞机设计领域的很多基本知识和技术是可以教的。本书的目的就是提供这些知识和技术，进而希望读者通过学习和实践，总结出自己的设计思路和设计方法。

本书的主要内容如下：

第一部分包括第1～3章，介绍了研制新飞机的动机和出发点，飞机设计的特点，关于设计要求和主要技术指标的讨论等，并介绍了与飞机设计相关的规范和适航要求。

第二部分包括第4～8章，内容包括方案设计的方法、初步设计的步骤、初步重量估算、推重比和翼载的选择、约束分析、参数权衡等，基本上涵盖了飞机方案设计中“定参数”的过程。

第三部分包括第9～12章。其中：第9章介绍了多种飞机布局形式，讨论了方案设计中选择布局形式的思路；第10～12章介绍了飞机机体结构、动力系统和机载系统的相关知识。这些是飞机设计的基础，同时也是约束。

第四部分包括第13～17章，讨论了与飞行性能相关的内容，包括基本气动性能的估算、设计参数对气动性能的影响、基本飞行性能计算、飞机的操纵和稳定等。

第五部分为第18章，介绍了一些设计项目的案例，包括项目的构思、前期准备、具体构型考虑和实际参数权衡等，力图使读者对飞机研制的全貌有一些初步的印象。

本书力求解释清楚基本概念，避免烦琐的理论分析和公式推导，并结合大量的设计案例，希望帮助读者更快地“抓住线索”。

在编写本书的过程中，曾参阅了相关文献资料，在此谨对其作者深表谢忱。

由于笔者的水平有限，书中难免有疏漏和不妥之处，欢迎读者批评指正。

编　者

2022 年 11 月

目　　录

第一部分　研制新机的决策因素

第二部分　飞机方案设计

第三部分　飞机的构型

第五部分　设计项目案例

第一部分　研制新机的决策因素

第1章　绪　论

1.1　新飞机研制概述

自从1903年莱特兄弟的飞机成功实现可控飞行以来，航空技术发展得越来越快，产业规模也越来越大。当今世界，航空工业在国家安全和国民经济中都占据着举足轻重的地位。

早在飞机诞生之初，一些有识之士就认识到飞机在军事方面的重大价值。第一次世界大战（简称“一战”）之前，飞机技术已经有了较大的进步，1911年飞机的性能纪录代表了当时飞机的技术水平，见表1-1。随着航空工厂和企业的纷纷建立，飞机的设计/制造/飞行成为集团化工作，促进了生产专业化，提高了产品的质量和可靠性。相比于之前基本由个人出于自身兴趣和爱好制作飞机的情况，这一阶段出现了专门从事飞机研究和设计的专业人员，大大提高了飞机行业的研发能力。

表1-1　飞机性能纪录(1911年)

性能指标	性能数据	创造者	飞机型号
飞行速度	108.8 km·h^{-1}	莱布兰克	布雷里奥单翼机
升限	3 278 m	塔布泰恩	法尔芒双翼机
留空时间	8 h 38 min	赛戈诺克斯	伏瓦辛双翼机
载客数量	12名	索默	自行设计双翼机
航程	272 km(不停)	索普维斯	霍华德-莱特双翼机

战争总是技术的推进器。一战期间，航空产业在战火中迅速成长。一战对航空的推进作用主要体现在四方面：①作战任务多样化，飞机按不同的作战方式形成专门机种；②飞机和发动机生产厂迅速发展，并走向专业化；③飞机的性能迅速被提高；④飞机的生产数量和作战数量剧增。一战初期，参战各国约有飞机1 500架，而在4年之中，交战双方用于作战的飞机达到十几万架之多。

1914年和1918年飞机性能数据对比见表1-2，可以看出，相对于前者，后者各项指标都有提升，尤其载重方面的提升非常明显。由图1-1可以更清楚地看出这些差异。

表1-2　1914年和1918年飞机性能数据对比

性能指标	1914年	1918年
速度/ $(km \cdot h^{-1})$	80～165	180～230
升限/m	3 000～5 000	8 000
爬升率/ $(m \cdot s^{-1})$	0.7～1.5	3～5
航程/km	200～600	800～1 200
发动机功率/kW	52～90	313
起飞重量①/kg	300～700	14 000
载重/kg	20～50	3 400
续航时间/h	1～4	8～10

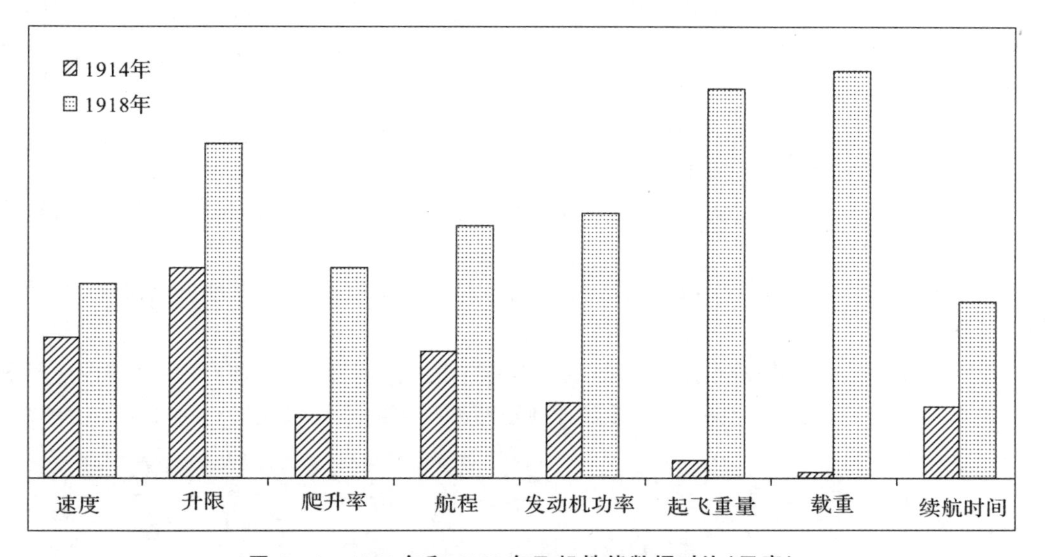

图1-1　1914年和1918年飞机性能数据对比(示意)

一战之后，世界经历了20年的和平时期，航空科技有了进一步的发展，很多国家也建立了独立的空军。值得注意的是，德国、意大利、日本等国非常重视空中力量的建设，这与英国、法国、美国等同盟国的情况形成鲜明反差。这也是在第二次世界大战(简称“二战”)初期同盟国陷入被动的重要原因。

在二战中，由于战争的迫切需求，参战各国都急剧扩张空中力量，这也强烈刺激了航空技术的发展。1939—1945年，飞机的最高飞行速度由400～500 km/h增至784 km/h，已接近活塞式飞机飞行速度的极限；升限由9 000 m提高到12 000 m；航程从600多千米增至4 000多千米；二战初期的战斗机起飞总重量为2～3 t，到1944年美国的B-29重型轰炸机的最大起

① 此处实为“质量”的概念。航空工程领域长期习惯对“质量”和“重量”并不做严格区分，因此本书中也根据习惯统一采用“重量”的称谓，不再强调二者的区别。

飞重量达到 62.5 t。二战的各个战场上，都可以看到作战飞机、航空兵、制空权对战役进程产生重大影响。在不列颠之战、太平洋战争中，航空兵甚至成为决定战争胜负的主导因素。

二战结束后，世界进入长达 40 多年的冷战时期，主要表现为以美国、苏联为首的两大集团的军事对峙。航空技术和航空装备快速发展，空中力量的地位日益上升，世界各国军队建设中都将它列到重要位置。

在这一阶段中，空中力量的装备和构成都发生了重大变化。喷气发动机技术的实用化，导弹与其他制导武器的发展，机载系统的进步，空中加油技术、直升机和无人机等研发技术的发展使得空中作战的形式更加丰富，对抗日趋立体化。

现代军用飞机更朝着多样化、系统化的方向发展，各类先进技术的应用越来越广泛、深入，对飞机的布局、构成和应用都有着深切的影响。

民用航空的发展虽不像军机那样丰富多彩，但目前民用飞机特别是大型民用运输机在世界航空工业中已稳定占据了主导地位，成为航空工业的重要支柱。

1949 年，英国德·哈维兰公司的“彗星”号飞机成功试飞，成为世界上首架喷气式民用运输机，拉开了民用飞机喷气时代的序幕。但之后才认识到的疲劳断裂问题，直接导致“彗星”项目失败。实际上，当时喷气技术尚未成熟，波音公司在 1950 年的一份技术报告中认为，喷气客机的主要问题有：

(1)耗油量巨大，以至于航程方面甚至不如螺旋桨飞机，燃油成本高；

(2)喷气飞机低速时推力较小，因此需要特别长的跑道；

(3)发动机工作在超高温状态，需要使用当时尚处于试验阶段的新型耐热合金材料，因此有可能经常出现故障。

因此，虽然当时的大多数人都认为喷气飞机将取代活塞螺旋桨飞机，但也普遍认为喷气技术尚未成熟。

1958 年，波音 707 正式交付航空公司，成功开创了民用航空的喷气时代，并直接催生了民用航空运输市场的急剧扩张。由图 1-2 可以看到这两种早期的喷气式民航飞机在构型上的变化。

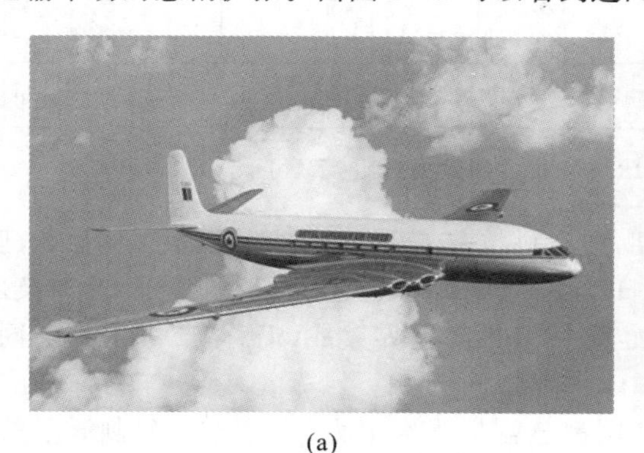

(a)

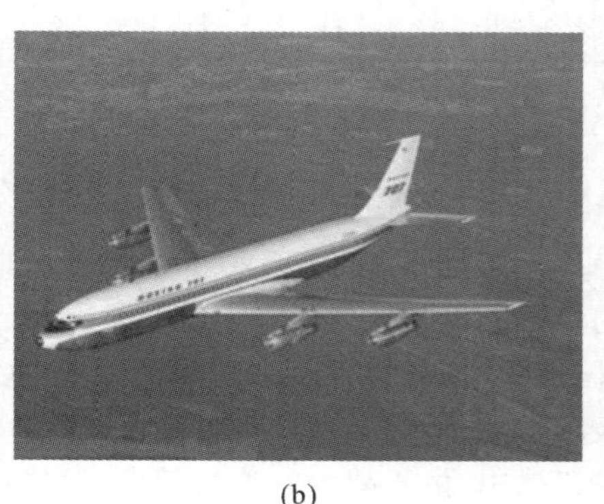

(b)

图 1-2 喷气式民航飞机——“彗星”号和波音 707

(a)“彗星”号；(b)波音 707

20 世纪 60 年代以后，在多种因素的影响下，美国、苏联和欧洲一些国家不断推出新型飞机，巴西、加拿大等具备一定航空工业能力的国家也大力发展民用飞机产业，这些促进了民航业的繁荣和全球化。

纵览波音或空客的系列客机，大概会觉得虽然跨越了数十年的时间，客机的外形上并没多少变化，似乎没有多大的发展。但实际上，民用运输机领域中的技术，如层流控制、飞行控制、发动机技术、复合材料应用技术等，都有大幅提高，尤其是空气动力设计（包括数值计算）技术的逐渐成熟，使飞机设计日趋精益化、标准化、流程化，产品质量稳步提升。

作为民用航空的另一组成部分，通用航空泛指除去航空运输之外的所有民用航空活动，如工业航空、农业航空、航空科研与探险、航空救灾与救护、飞行训练、航空体育、飞行表演、公务运输、私人航空等，范围非常广泛。在一战和二战之间，通用航空迎来第一个发展高潮，由于战后遗留下大量飞机和航空相关人员，也由于经济的恢复和发展，通用航空迅速兴起。20世纪50年代，通用航空迎来第二个发展高潮，应用领域更加广泛，人们对通用航空的依赖性进一步增强。同时，涌现出一大批通用航空公司，全世界建立了数以万计的通用航空服务站。目前，通用航空又处于一个新的发展高峰，新技术和新应用为其注入了蓬勃发展的动力。

随着技术的发展，人们对飞机的性能提出了越来越高的要求，促进了新机型的不断涌现。用户或者市场的需求是研制新型飞机的直接动力，但也有一些项目不是基于市场需求，而是为了提高设计能力，或者单纯地想“试试这样行不行”。比如，John Northrop（约翰·诺斯罗普）推出的飞翼布局XB-35（见图1-3）就不是当时航空兵种的需求越来越迫切，而是追求“更好的飞机”的产物。诺斯罗普在这个概念上研究了许多年，最终制造出具有特定军事应用能力的飞翼。

图1-3　约翰·诺斯罗普早期推出的飞翼布局XB-35

使用者总是希望提高效率、降低成本、提升环境友善性和安全性。虽然可以基于现有飞机的设计方案或使用方式进行改进，但其效果受限于原始飞机的先天特性和改进的成本。

研制新机的理由如下：

(1)现有飞机在技术上和经济上逐渐落后，重新研制新机型可以更好地完成任务。在设备、维护、使用、噪声、舒适度等方面的新标准，可能会更新用户对于其运营的机队的要求。

(2)运输模式的某些改变，会提出对新型运输机的需求。例如：交通量的增长会导致对大型客机的需求越来越迫切；新的旅行习惯，如在家庭和工作地点的往返，可能会促进新型通勤飞机的发展。

(3)促进技术的发展，如垂直起降(VTOL)验证机或飞翼。由于试验机在财务方面几乎总是亏损的(至少在开始阶段)，所以需要政府的支持。

目标定位于“填补市场空缺”时要小心，这种空缺之所以还没有被填补，原因可能很简单——没有足够的需求。另一个要小心的风险在于对新技术的采用，这些新技术可能很吸引人，但不一定能为飞机运营带来利润。但无论如何，设计部门需要不断地研究技术的创新和发展方面的潜力。

新机投放市场的策略也很重要，需要选择合适的时机。如果投放太早，生产率增长太慢，会导致产量不足，投资难以收回；投放太晚也不行，那时的市场可能已被占领，或者需要快速扩张生产线，必须临时雇用大量劳动力和追加额外的投资。

1.2 飞机研制过程中的主要工作

一般将飞机研制过程分成以下 4 个阶段。

(1)项目前期论证阶段；

(2)技术经济可行性论证阶段；

(3)总体方案论证阶段；

(4)型号研制阶段。

其中，如果按民用飞机的全寿命周期考虑，还应包括生产阶段和运营阶段。

前 3 个阶段在波音公司被称为产品开发(Product Development)，原麦道公司称其为前期工程(Advanced Engineering)。空中客车集团公司称总体方案论证阶段为预发展(Pre-development)阶段。

前 3 个阶段虽然在名目上称为论证，但实际上却是与设计密不可分的，其主要工作也包括方案的构思、形成、分析、评估。

新机研制过程中，总体设计工作可概括为实现 4 个设计目标：

(1)将设想的概念经初选方案设计形成一个到几个设想方案；

(2)经筛选、组合，形成供研制用的初步总体设计方案；

(3)按综合效能要求进行优选和细化，完成初步总体方案设计；

(4)完成评审和试飞验证的设计工作。

其中，第一部分的工作流程如下：

1)估算飞机的目标重量和机翼面积。

2)选择飞机的布局形式、翼面参数，估算飞机主要几何参数和供升阻特性计算用的几何参数。

3)估算升阻特性和带与不带外挂物的极曲线、最大升阻比及巡航飞行条件。

4)估算发动机的标准特性和在飞机上的安装特性。

5)采用性能分析和效能分析方法对设想方案进行包括航电、任务系统、飞行性能等的综合分析，优选设想方案。

6)绘制总体布局草图。

关于飞机设计的流程和阶段还有其他分类方法，实际步骤和名称并不统一。这个问题其实也不需要明确界定，因为飞机设计是个系统性的工作，各部分工作常会交叠、穿插，工作过程中有大量的迭代，所以无法割裂看待。

1.3　飞机总体设计的特点

著名的飞机设计师程不时先生认为：飞机设计属于“系统综合”，即设计师要用他能调用的一切手段，“综合”出一个能完成指定任务的“新系统”。我们通常也会将工程领域的工作划分为“设计”和“分析”两大类，设计工作的目标是产生新的结果，分析工作则是依附于已存在的系统，如航空工程中常说的气动分析、结构分析、性能分析、成本分析等，都是从一个指定系统中分解、离析出一个局部特点来。

与分析工作相比，设计工作具有以下的特点。

1. 科学性与创新性

设计过程中要应用航空科技众多领域（如空气动力学、结构力学、材料学、自动控制、动力技术、隐身技术等）的成果，因而在进行设计时，需要有坚实的科技知识的积累。在 D. P. Raymer 和 L. R. Jenkinson 总结的飞机设计流程中，都将收集相关信息置于重要的地位。Raymer 还更进一步指出，不仅要收集资料、数据，更要“熟悉相关领域的最新设计思想”。由此可以看出，飞机设计工作是以有效的科学知识为基础的。

然而，仅有科学知识并不够，还需要有科学的方法。飞机设计是一项非常复杂的工作，不存在经过简单堆砌就可得出满意结果的简单方法。飞机设计工作中有大量的细化、修改、迭代、协调工作，采用合理的组织和实施方法，如“运筹学”“系统工程”等，可以大大提高工作效率。

至于创新性，看起来似乎是理所当然的：如果设计出的飞机没有创新、没有特色，那就失去了设计的意义。但创新的内涵不仅于此，单纯的“创新性”也不是设计的目的。如果仅仅是为了显现“创新性”而创新，通常会得到可笑（或可悲）的结果。

飞机设计中创新性一般体现在几个方面：一是新的科技成果；二是已有科技的新应用；三是新的综合应用。科技发展过程中自然会有许多新的成果，但也有很多产品是用老方法来解决新的问题。比如，涡轮喷气发动机的涡轮叶片在高温环境工作的问题，可以通过研制新型耐高温材料来解决，也可以通过迂回途径，采用叶片冷却技术或改变涡轮构造来解决。另外，值得强调的是所谓“综合”，美国阿波罗登月计划总指挥韦伯说过，“阿波罗登月计划中没有一项新发明的技术，都是现有技术，关键在于综合”。日本学者也指出，“综合也是创造”。英文文献中，有时候将“飞机设计”（Aircraft Design）直接称为“飞机综合”（Aircraft Synthesis）。飞机设计中更需要高层次的综合性概念思路和方法。

创新性是飞机设计工作的特点之一，但实际上优秀的设计师并不必刻意追求这一点，他们只是想尽办法要实现设计目标而已。

2. 非唯一性

工程设计是一种“没有唯一途径，没有唯一结果”的过程。飞机设计属于开放性的问题，它没有“标准答案”，即使是对于相同的任务，所设计出的飞机也可能有多种不同形式。这一点在战斗机方面体现得尤为明显,对比同一科技时代、作战任务基本相同的战斗机,可以发现它们无论是在设计思想、外形布局,还是在系统配置方面都各有特色。相比而言,民用喷气客机的形式相对较保守,但这是由于市场因素,而不是设计的必然。更进一步说,突破现有常规模式,通常意味着性能等方面的跃升。

3. 反复迭代的过程

飞机设计源于需求,通常经过一些带有猜测性质的尝试,会得出一个(或几个)初始布局,通过初始布局的特性(尺寸、重量、重心、性能、操稳、成本等)进行分析,可以看出它对于需求的满足程度。有可能某些要求没有满足,也有可能所有要求都能满足,但还有改进余地。一般需要经过多轮研究之后,才能得到一个各方面都比较满意的方案。

在着手飞机设计时,一开始的信息很少,很多数据需要根据经验和统计数据进行估算,甚至是简单的"猜测"。随着工作的深入,各方面数据逐步积累,如飞机的几何数据、重量特性等逐步确定,成为进一步优化和完善设计方案的依据。随着迭代的进程,对方案的把握性逐渐增加。但也存在一种情况:无论怎么改进设计方案,总有一些要求不能满足,或者说,无法找到能同时满足所有要求的方案。这有可能是由于初始概念选择不当,也可能是由于在现有的科技水平下,设计要求中的某些项目与某些约束条件相冲突,或者约束太严苛。这种情况下,可能需要考虑修改设计要求,或者放宽约束。

4. 综合与协调

现代飞机的复杂程度越来越高,涉及的专业领域也越来越多,各专业的思路、要求和工作方式都会有所不同。图 1-4 所示以夸张的形式描绘了不同专业眼中的理想方案,形象地表示出了飞机设计面临的矛盾。

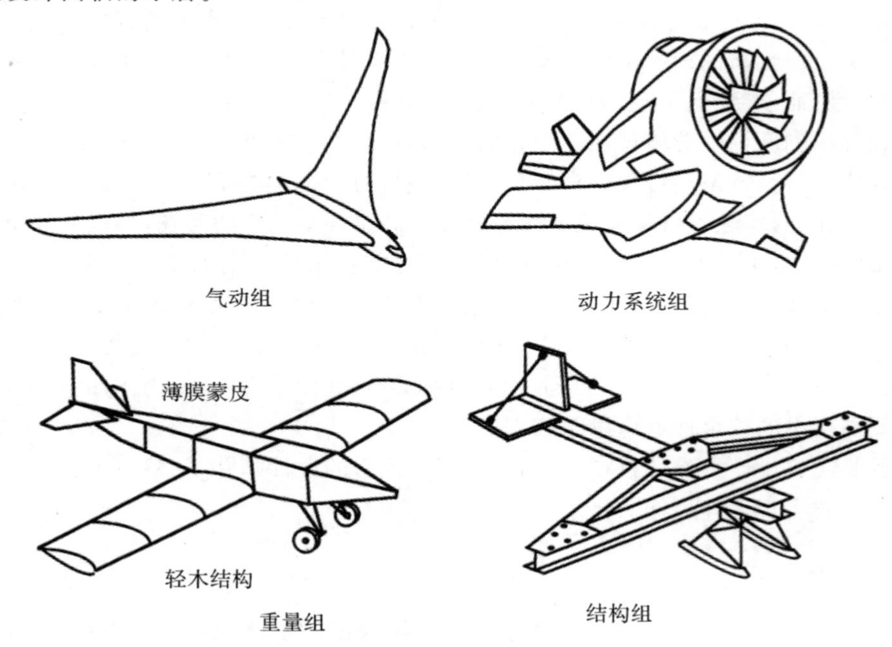

图 1-4 不同专业眼中的理想构型

孤立地将各个子系统都做成最优的，组合而成的方案肯定不会是最优的(当然，实际情况大概会是根本组合不起来)。单纯地将某一个子系统性能达到最优的方案，其综合性能也不会是最优的。好的设计方案，需要综合考虑设计要求的各个方面，进行不同学科专业间的权衡与协调。

以上列举的飞机设计4个方面的特点，当然不是全部特点，飞机设计属于应用科学，具有实践性强、理论基础宽等固有特性。现代飞机工程通常规模很大，耗资多，周期长，并且还会有多方面的协作关系，这些都影响着飞机设计的过程。

思 考 题

1. “彗星”号退出运营的原因是什么？对后来民用飞机的发展有什么影响？

2. 分析“彗星”号与波音707在构型上的不同。构型上的不同对飞机的性能和使用有影响吗？

3. 美国的约翰·诺斯罗普很早就开始飞翼布局的探索，有螺旋桨推进的，也有喷气推进的。请收集约翰·诺斯罗普早期喷气式飞翼布局机型的资料，并对比它与螺旋桨推进机型的异同。

4. 飞机研制过程中有哪些主要工作？各有什么特点？

5. 飞机总体设计工作有哪些主要特点？

第 2 章　与设计相关的规范与适航要求

多数国家设有独立的法规，用来规范管理飞机的设计、制造、维护和使用全过程，以保证公众安全，避免飞行事故。这些规范大多类似于欧洲航空安全局（European Aviation Safety Agency，EASA）和美国联邦航空管理局（Federal Aviation Administration，FAA）的条例。如果飞机要在某个国家运营，希望得到适航管理部门的认可（最终可以被该国政府接受），就必须符合这些规范中的相应要求。

适航规范中有很多情况会影响到飞机的设计。比如说，对于民用飞机，规定了起飞状态单发失效时第二段爬升梯度的最小值，规定了最小地面操纵速度和最小空中操纵速度，等等。

适航规范具有法律条文的严谨性，因此人们可能不太容易读懂，但对于设计者来说，深入理解与设计相关的要求是很重要的。

不同国家，其适航规范是不同的，而且不同类别飞机对应的要求也不同。军用飞机、民用飞机和其他飞机（如轻型飞机、滑翔机、通用航空飞机等）分别有不同的规范。另外，还要注意飞机使用方面的要求，如乘务组最少人数、服务、维护、可靠性等。

有关军用飞机的活动，对应有相关的军用规范，如美国的美军标（American Military Standard，AMIL）、中国的国军标（GJB 系列）等。

本章主要介绍几种常见的适航规范，包括美国联邦适航条例（Federal Aviation Regulations，FAR）、欧洲适航条例（Certification Specifications，CS）和中国民用航空条例（Chinese Civil Aviation Regulations，CCAR）。

2.1　美国联邦适航条例（FAR）简介

FAR 包含着关于航空活动各个方面的规定，包括飞机、机场、飞行员、维修工和航空相关活动，如飞机设计、维修、航线飞行、飞行员培训等。FAR 是美国联邦法规（Code of Federal Regulations，CFR）篇目 14 中的一部分，所以有时会用“CFR 第 14 篇××部”（14 CFR part××）来指代特定法规（主要是为了避免与联邦法规中的另一篇目——*Federal Acquisitions Regulations* 的缩写相混淆）。

CFR 第 14 篇分为五章，其中第一章主要与航空相关。第一章又分为一系列子章节，每个子章节包含若干专业相近的适航条例，见表 2-1。

第一章中共包括 199 部，其内容涵盖飞机、航空人员、飞行空间、机场、飞行学校、空中交通、导航等多个方面。表 2-2 列出了 CFR 第 14 篇第一章中与飞机设计相关的主要内容。

表 2-1　CFR 第 14 篇第一章内容

子章节	内　容	部　别
A	定义和缩略语	1,3
B	程序规则	11,13,14,15,16,17
C	飞机	21,23,25,28,29,31,33,34,35,36,39,43,45,47,49
D	飞行员	61,63,65,67
E	飞行空间	71,73,77
F	航空交通和使用总则	91,93,95,97,99,101,103,105
G	航空运输	119,121,125,129,133,135,136,137,139
H	学校和其他认证单位	141,142,145,147
I	机场	150,151,152,155,156,157,158,161,169
J	导航设施	170,171
K	行政条例	183,185,187,189,193
L～M	预留	
N	航空保险	198

表 2-2　CFR 第 14 篇第一章与飞机设计相关的主要内容

部　别	内　容	中文译名
1	DEFINITIONS AND ABBREVIATIONS	定义和缩略语
3	GENERAL REQUIREMENTS	通用要求
5	SAFETY MANAGEMENT SYSTEMS	安全管理系统
13	INVESTIGATIVE AND ENFORCEMENT PROCEDURES	调查和执行程序
21	CERTIFICATION PROCEDURES FOR PRODUCTS AND PARTS	产品和部件认证程序
23	AIRWORTHINESS STANDARDS: NORMAL, UTILITY, ACROBATIC, AND COMMUTER CATEGORY AIRPLANES	适航标准:通用、多用途、特技、通勤类飞机
25	AIRWORTHINESS STANDARDS: TRANSPORT CATEGORY AIRPLANES	适航标准:运输类飞机
26	CONTINUED AIRWORTHINESS AND SAFETY IMPROVEMENTS FOR TRANSPORT CATEGORY AIRPLANES	运输类飞机的持续适航性和安全性提升
27	AIRWORTHINESS STANDARDS: NORMAL CATEGORY ROTORCRAFT	适航标准:通用旋翼飞行器
29	AIRWORTHINESS STANDARDS: TRANSPORT CATEGORY ROTORCRAFT	适航标准:运输类旋翼飞行器

续　表

部　别	内　容	中文译名
33	AIRWORTHINESS STANDARDS: AIRCRAFT ENGINES	适航标准:航空发动机
34	FUEL VENTING AND EXHAUST EMISSION REQUIREMENTS FOR TURBINE ENGINE POWERED AIRPLANES	涡轮发动机飞机的燃料泄漏与排放要求
35	AIRWORTHINESS STANDARDS: PROPELLERS	适航标准:螺旋桨
36	NOISE STANDARDS: AIRCRAFT TYPE AND AIRWORTHINESS CERTIFICATION	噪声标准:飞机类型与适航认证
39	AIRWORTHINESS DIRECTIVES	适航指令
43	MAINTENANCE, PREVENTIVE MAINTENANCE, REBUILDING, AND ALTERATION	维修、定期维护、重构与改造
45	IDENTIFICATION AND REGISTRATION MARKING	辨识与注册标志
47	AIRCRAFT REGISTRATION	飞机注册
61	CERTIFICATION: PILOTS,FLIGHT INSTRUCTORS,AND GROUND INSTRUCTORS	认证:飞行员、空勤人员和地勤人员
91	GENERAL OPERATING AND FLIGHT RULES	常规操作与飞行准则
93	SPECIAL AIR TRAFFIC RULES	特殊空中交通准则
99	SECURITY CONTROL OF AIR TRAFFIC	空中交通的安全控制
139	CERTIFICATION OF AIRPORTS	机场认证
141	PILOT SCHOOLS	飞行员学校
142	TRAINING CENTERS	训练中心

这些适航条例,根据其针对的领域,各有一些需要注意的特点。在认证规则和程序部分(C 章),只涉及飞机的适航性,而不考虑其使用方式。举例来说,其中有关于着陆距离的定义和测量的规则,但并没有给出判定某架飞机能否在特定机场使用的准则。

又如,使用规则(F 章)和飞行规则(G 章)中规定了符合特定使用类型的条件,提出了可用跑道长度与需用起降距离的关系。虽然这些规则对于具体类型飞机的适航性没有直接影响,但对于设计师来说,正确理解使用规则与飞行规则之间的关系是很重要的,这是保证所设计飞机能够完成预定任务的前提。

2.2　欧洲适航条例(CS)简介

欧洲有航空工业的国家,如法国、德国、意大利、荷兰、比利时、瑞典等国,本来各有着自己的适航条例,但为了有利于欧洲范围的飞机合作研制,也为了便于欧洲范围的进出口,使欧洲的适航条例不至于各自为政,决定联合编制适航规范。1990 年,欧洲“联合航空局”(Joint Aviation Authorities,JAA)成立,其主要职责就是制定和完善联合航空要求(Joint Aviation

Requirements,JAR),内容涉及飞机的设计和制造、飞机的运营和维修、民用航空领域的人员执照等,并进行相关管理和技术程序的制定。JAA 的成立,保证了成员国间的合作,使各成员国之间的航空安全水平能够达到一个较高的水准。

JAR 并不是全新的条例,只是根据国情的不同,以现有条例为基础,进行了修改和补充。同时,JAR 与 FAR 相对应,也有利于欧洲航空产品取得美国的适航批准。

大型飞机设计师最关心的 JAR－25(JAR 第 25 部分)有以下特点:

(1)JAR－25 的条款编号与 FAR－25 相同。

(2)对 FAR－25 有更改的,在 JAR－25 相应条款处用粗线标出有差异的字句。

(3)关于 FAA 对 FAR－25 发出的更改单,如果 3 个月内没有异议,那么相应更改对 JAR－25 自动生效。

(4)JAR－25 第一章是条款正文,是"法律性和强制性的";第二章介绍满足条款的方法和对条款的解释,是参考性和建议性的。

(5)某些条款专用于某一国家,有专门注明。

但在实施中存在一个问题:JAR 的要求对其成员国不具有法律效力,各国航空当局还会根据各自国情制定自己的航空规则。这就使得欧洲各国之间的航空规则标准不能完全统一,不利于欧洲区域一体化的进一步发展,也不能满足欧洲航空领域的未来需求。

为改善这种情况,欧盟 15 国在 2002 年的布鲁塞尔会议上决定成立"欧洲航空安全局"(EASA)。EASA 接替了 JAA 所有的职能和活动,同时允许非欧盟的 JAA 成员国和其他非欧盟的国家加入。

EASA 制定的规范文件包括持续保障民用航空安全和环境保护的通用规则、所有机型的持续适航标准、飞机设计/制造和维修相关的机构和人员的安全标准等,如机型审定规范(CS－23,CS－25,CS－E 等)、飞机维护(适航、维修机构、放行人员、维修培训机构等)和飞机营运人运行规范、飞行员执照等。

2.3　中国民用航空条例(CCAR)简介

与 FAR 类似,中国民用航空条例(CCAR)也是一个很大的体系,包含着航空业中的方方面面的规定。表 2－3 中列出了一些与飞机设计关系比较密切的分部。

表 2－3　CCAR 中与飞机设计关系比较密切的分部

部　号	标　题
CCAR－21	民用航空产品和零部件合格审定规定
CCAR－23	正常类、实用类、特技类和通勤类飞机适航规定
CCAR－25	运输类飞机适航标准
CCAR－26	运输类飞机的持续适航和安全改进规定
CCAR－27	正常类旋翼航空器适航规定
CCAR－29	运输类旋翼航空器适航规定
CCAR－31	载人自由气球适航规定

续 表

部 号	标 题
CCAR - 33	航空发动机适航规定
CCAR - 34	涡轮发动机飞机燃油排泄和排气排出物规定
CCAR - 35	螺旋桨适航标准
CCAR - 36	航空器型号和适航合格审定噪声规定
CCAR - 37 AA	民用航空材料、零部件和机载设备技术标准规定
CCAR - 39 AA	民用航空器适航指令规定
CCAR - 43	维修和改装一般规则
CCAR - 53	民用航空用化学产品适航规定
CCAR - 55	民用航空油料适航规定
CCAR - 60	飞行模拟设备的鉴定和使用规则
CCAR - 61	民用航空器驾驶员、飞行教员和地面教员合格审定规则
CCAR - 63 FS	民用航空器领航员、飞行机械员、飞行通信员合格审定规则
CCAR - 69	航空安全员合格审定规则
CCAR - 71	民用航空使用空域办法
CCAR - 85	民用航空导航设备开放与运行管理规定
CCAR - 86	民用航空通信导航监视设备飞行校验管理规则
CCAR - 87	民用航空空中交通通信导航监视设备使用许可管理办法
CCAR - 91 FS - Ⅱ	中国民用航空仪表着陆系统Ⅱ类运行规定
CCAR - 93 TM	中国民用航空空中交通管理规则
CCAR - 97 FS	航空器机场运行最低标准的制定与实施规定
CCAR - 117	中国民用航空气象工作规则
CCAR - 118 TM	中国民用航空无线电管理规定
CCAR - 137 CA	民用机场专用设备使用管理规定
CCAR - 139 CA	民用机场使用许可规定
CCAR - 141	民用航空器驾驶员学校合格审定规则
CCAR - 142	飞行训练中心合格审定规则
CCAR - 145	民用航空器维修单位合格审定规定
CCAR - 147	民用航空器维修培训机构合格审定规定

CCAR 是以 FAR 为基础，广泛参考其他各种适航性要求，结合中国的实际情况编制的。CCAR 在内容的广度、深度、条文的严密与灵活程度上与 FAR 相当，安全标准既不提高也不降低。但要强调的是，CCAR 不是 FAR 条文的完全照搬，更不是 FAR 条文的中文翻译。其原因在于适航标准不仅仅是一个技术标准，同时还有安全管理条例的作用，它是与国家的体制和技术、文化、传统密切相关的。

2.4　军用规范

对于军用系统的研制，需要参考相应的军用规范。军用规范更多关注于管理和评测方面，如质量管理标准、可靠性/维修性/安全性/保障性标准、软件质量管理标准、元器件质量管理标准、工艺质量控制标准等，也包括一些指导性技术文件，如指南、手册、规范、准则等。

在美军标中，飞机研制过程较常用到的规范有 MIL-F-8785，MIL-F-9490，MIL-STD-1374，MIL-C5011 等。我国也有相应的军用标准，有兴趣的读者可以参阅。

2.5　关于适航条例的讨论

适航法规具有下述基本特点：

(1)强制性：任何民用航空活动都必须严格遵守。

(2)国际性：它体现着人类对航空安全的追求，反映了人类航空实践的安全成果，是没有知识产权限制的宝贵知识成果。FAA 和 EASA(JAA)进行了多年的协调，目前各国适航要求基本等同。

(3)完整性：适航法规贯穿于材料、设计、制造、运营整个过程，也贯穿于与航空活动相关的各个领域。

(4)公开性：全面对公众开放。

(5)动态性：适航法规要求持续地修订和完善，仅 FAR-25 就修订了 100 多次，新项目的开展要适时符合新修订的标准。每一次修订都由设计技术进步或航空事故结论推动，需要及时关注。

(6)案例性：适航法规属于海洋法系，以案例为基础。

(7)基本性：它只反映最低安全要求。目前，国际上的设计制造商在设计制造中的要求基本都高于适航法规，航空活动的安全纪录也证明了这一点。

(8)实时性：可追溯条款、适航指令。

在设计工作中，除了要了解适航条例中的要求与限制，更要了解适航标准中体现出来的经验和知识。也就是说，适航标准既是法规，又是知识集。

著名的飞机设计师程不时先生写过一篇关于适航标准的文章，专门论述了“适航标准是什么和不是什么”，摘抄如下以供参考：

(1)是控制设计质量，而不是控制生产或其他质量。“适航标准”是对新设计型号颁发“型号合格证”的标准，它主要用来控制新型号的“设计”质量，而不是交付飞机的验收细则。对正常生产中的质量控制按“生产合格证”相关条例规定来执行；飞机在运行中的要求，则由“营运规则”来控制。

(2)是控制安全的标准,而不是设计规范或设计手册。"适航标准"只规定了合格的民用机最终应是什么样的状态,而不负责指导设计人员如何去设计出合格的飞机。

(3)是民用航空经验的总结,而不是学术论文。"适航标准"是一些控制安全的现行办法的汇集,而不是经过严密推理和完善证明的论文。这些控制安全的标准,在大量的航空实践中取得了满意的效果。这些规定的有效性并不是由对特定现象的严密论证来证明,而是由社会实践的总效果来说明。

(4)是经常更新的标准,而不是长期固定的法规。

(5)目的是促进民用航空发展,而不是起抑制作用。

此外,"适航标准"也不是形而上学地执行"越安全越好"的原则。如在飞行性能、结构强度、系统设备等方面,不是单纯地为了保障安全而把安全裕量规定得很大,而是根据发展航空事业的总目标,从"不给制造厂商造成过大的经济负担"来考虑安全要求,小心地保持安全性与经济性的平衡。至于从技术进步和事故调查中不断吸取信息来进一步提高民航运输的安全,则是"适航标准"一贯的主题和不断发展中要应对的问题。

思 考 题

1. 一般商用客机需要满足 CCAR - 25 的标准,请综述 CCAR - 25 各分部的主要内容。
2. 请查询适航规范中关于失速速度的测定方法,并分析使用这种方法的原因。
3. 适航规范中有哪些与起飞过程相关的速度定义?这些速度之间的关系是什么?
4. 适航规范有哪些主要特点?

第3章 设计要求与主要技术指标

现代飞机已经成为非常庞大的工程系统，其性能不断提高，构成也越来越复杂。飞机研制工作量大，周期长，需要投入大量的人力、物力，这就要求谨慎地论证新机种的研制工作。如果盲目地开展一个新项目，通常会造成返工和浪费。纵观航空发展史，这种例子相当多，应该引起足够的重视。

设计要求与技术指标是飞机研制工作的基本出发点，也是评价飞机研制项目能否顺利完成或是否符合预期任务的主要依据。以飞机设计的流程来说，最初的工作也是分析和确定设计要求和指标。

飞机的设计要求和指标可以有多种来源，但最根本的，是要考虑使用者的需求——无论军用或民用。成功的途径不好说，但想要失败，却有一个万灵方法：生产一架谁都不想要的飞机！

3.1 飞机的设计要求

无论是进行新飞机的研制或者现有飞机的改型，都需要明确的、完整的设计要求。通常需要形成一套“项目大纲”或“投标邀请书”，其主要来源如下：

(1)确定的或潜在的客户；

(2)政府防务机构；

(3)分析市场和飞机需求趋势；

(4)现有机型的发展(例如，机体加长或更换发动机)；

(5)在研究发展中探索新技术和其他创新思想。

设计要求主要有下述几项内容。

1. 飞机类型和基本任务

飞机类型，从大类来划分，可分为民用飞机和军用飞机。民用飞机可分为客机、货机、客货两用机、公务机、通用航空和其他专业飞机，军用飞机可分为轰炸机、歼击机、强击机(对地攻击机)、侦察机和其他专业飞机等。

除了这些大类的划分，还要确定基本的使用特点。比如：对民机来说，要确定其飞行航线、所需适应的地理条件和气象条件等；对军机来说，需确定其主要作战方式、武器配置、突防方式、主要攻击目标等。

飞机的动力系统形式和布局形式也是类型定义的一部分。

为了更具体地说明飞行任务和使用情况，可以给出典型任务剖面图，如图 3－1 所示。

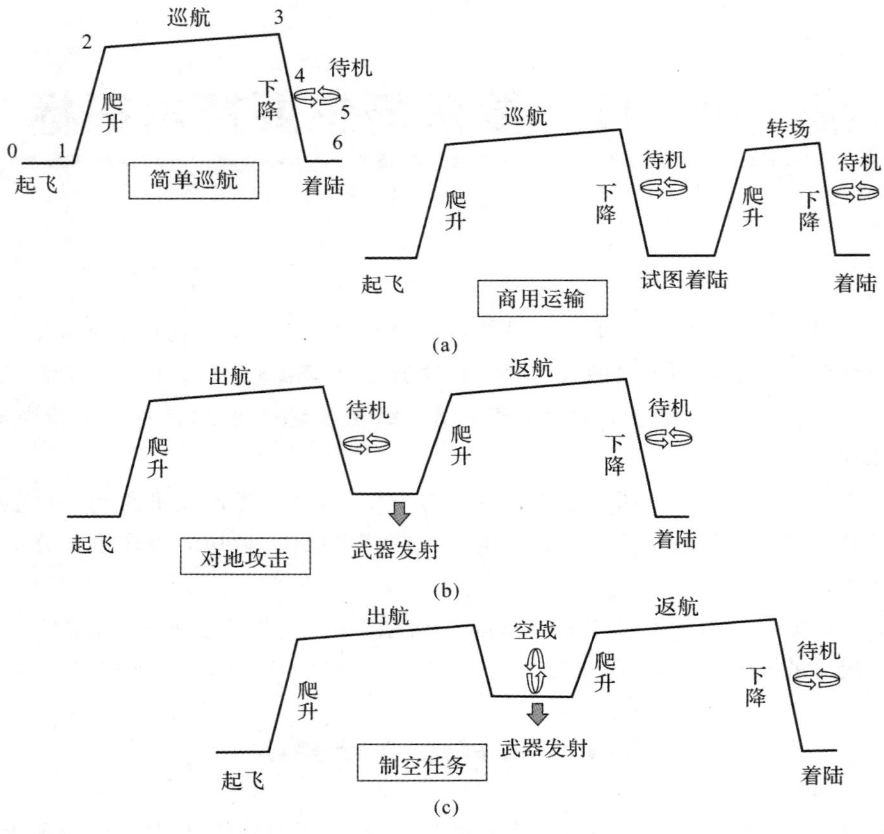

图 3－1 典型的任务剖面图

2．有效载荷

有效载荷有时也称商载，英文为 payload，即可以产生效益的载荷。民机的有效载荷主要指乘客或货物。军机的有效载荷可以是人员、武器装备、弹药或专用设备等。

飞机是一种运载工具，其根本任务是装载。因此在进行飞机设计时，首先要保证满足有效装载的要求，这样才能保证最终方案能够满足使用要求。在飞机方案设计的过程中，总是需要反复迭代、多轮逼近的，如果后来的设计过程中，发现事先确定的有效载荷要求无法达到，或者能够达到但需要非常高的成本，那么有可能需要修改有效载荷要求。

有效载荷不只是重量要求，同时也提出装载空间的要求。对于客机来说，需要给定旅客的人数和座舱等级、舒适程度，这会影响到座椅的排列，进而影响客舱的尺寸。

对于运输机来说，需要给定总的载货量和主要货物的类型和尺寸，以及装卸方式。

对于军机来说，要确定武器装备（如机炮、火箭、导弹、炸弹等）的尺寸和数量，以及对装载方式的具体要求等。

3．飞行性能指标

飞机的飞行性能指标有很多，大致可分为基本飞行性能、续航性能、起降性能、机动性能等。

(1)基本飞行性能包括速度和高度指标。它指的是飞机在等速直线飞行状态的性能,如最大速度、最小速度、升限、爬升率等。不同飞机对基本性能的偏重各不相同,有的偏重最大速度,有的偏重升限或其他性能。

(2)续航性能包括最大航程、最长续航时间、军机的作战半径等。最大航程和最长续航时间通常对应着不同的状态。运输机一般偏重航程指标,巡逻机和预警机一般偏重续航时间。

(3)起降性能包括起降距离和起降速度。这方面的定义比较多,如“起飞距离”“起飞滑跑距离”“越障飞行距离”“平衡场长”“着陆距离”“着陆滑跑距离”“着陆场长”“起飞离地速度”“决策速度”“进场速度”“接地速度”等,要注意分辨这些概念。另外,起降性能还包括对跑道级别的要求。

(4)机动性能是指飞机改变其飞行速度、高度和方向的能力,如加/减速、爬升/下滑、转弯半径、转弯角速度等。

注意:机动性能指标通常会有稳态和瞬态之分,比如持续转弯率和瞬时转弯率等。另外,现代高性能飞机还会采用敏捷性指标,它指的是飞机改变自身姿态的能力。

除了上述基本要求外,飞机研制中还会面临一些关于电子对抗、隐身性、使用维护特性、使用寿命、经济性、环境友善性等方面的要求。不同类型飞机,其设计要求的内容可能会差别很大。设计要求通常是由使用方给定的,但也有些要靠研制方研究分析后确定。

3.2　飞机的总体技术指标

一架飞机要进入市场并占有尽可能多的市场份额,除了政治、经济上的因素之外,最主要的是飞机本身的技术经济指标是否能满足市场的需要。因此,在型号项目的前期论证阶段就必须了解市场对飞机的技术经济要求,以便确定飞机的技术经济参数,研制出符合市场要求的飞机。

飞机的总体技术要求包括以下几项内容。

1. 技术经济性能

技术经济性能包括飞行任务能力,如航程及有效载荷能力、客座数、货舱及行李箱容积、飞行速度、飞行高度、起降性能、机动性能等。

技术经济性能还包括经济性、可靠性、维修性、安全性、舒适性等。

2. 作战效能指标

对于军机常会要求作战效能指标,包括作战能力、生存力、安全性、可靠性、维修性、保障性等。

3. 环境适应性能

环境适应性能包括飞机的机场起降适应性、对跑道的承载要求、飞机的环境噪声、排放水平、飞机对空中交通管制的适应性等。

3.3 评价准则

如果没有明确定义如何评价产品(飞机),在详细设计阶段就无法做出合理决策。但这在实际操作中有很多困难,不同的人对于关键评判标准(也就是用来做决策的基础)有着各自的看法。

飞机制造公司(尤其是它们的主管)总希望有最大的投资回报。不幸的是,投资回报与太多非技术因素相关,过于复杂,无法用作初步设计阶段的评价标准。早期飞机设计师的方法是将重量最小化作为准则。他们知道飞机的重量直接影响性能和费用的大多数方面,而且重量也容易估算和控制。在没有其他设计准则的情况下,重量最小化目前依然是一个有效的总体准则。随着设计知识的积累和使用条件的逐渐明确,可能会出现更合适的参数。比如说,民机经常用最小直接使用费用(DOC),而对军机来说,全寿命周期费用(LCC)、使用效能(攻击力、生存力、可信度等)可能更合适些。高性能飞机可以通过性能指标(如最大速度、转弯率、下沉率等)来评估。

实际工作过程中,可以先采用咨询的方法,征询对项目很重要的团体和个人的看法,了解他们如何评估项目的有效性。对他们的意见乘以适当的权重,以形成我们自己的准则(如果我们不是独自工作,可以由项目团队来决定)。

注意: 这些准则必须可以量化,并要与设计参数关联。诸如“高品质”“良好”“广泛有效”之类是没有意义的,除非可以转化为具体的设计参数。比如说,战斗机的效能可以用机动性和快速发射导弹的能力来评估。

一般的评价准则主要内容有以下几项:

(1)航程及有效载荷能力。与同类飞机相比,在最大有效载荷下飞机应具备较大的航程,或同样航程可以有更大有效载荷。

(2)座位数。在市场调研的基础上满足航空公司提出的混合级及经济级座舱布置。

(3)货舱及行李箱容积。货舱及行李箱的旅客人均容积应达到同类客机的指标。

(4)飞行速度。在同类飞机中有较高的经济巡航速度。

(5)飞行高度。在同类飞机中有较高的巡航高度。

(6)经济性。按相同的客舱座位排距及座位宽度布置,客机每座千米的直接使用成本应比同类飞机的低。

(7)可靠性。出勤可靠度应保持大于 95%。出勤可靠度即在计划航班内,不是由于飞机设备不正常或故障而引起的起飞延误、取消飞行和中断起飞的概率。

(8)飞机使用寿命。飞机机体结构实际寿命应高于设计寿命目标。

(9)维修性。从设计、功能、布局及检测手段上实现维修的迅速、方便和故障的易辨认性,并且充分符合适航规章对系统及设备提出的安装与检查要求,同时尽量降低维修成本。

(10)安全性。全面满足适航条例中规定的各种应急措施,有充足的应急设备(包括应急出口、救生滑梯、救生衣、氧气供应和应急照明等)。

(11)装卸性。货舱尺寸符合各种类型的航空集装箱的组合装载,并有机械化装卸系统,便于装卸。

(12)舒适性。合理布置客舱座位及过道,使乘客感到乘坐及走动方便。提升客舱环境水平,如噪声水平、客舱气压等。

(13)飞机的起飞场长。除满足适航条例中规定的起飞场长外,应有较短的起飞场长以适应更多的机场。

(14)飞机的机场起降适应性。飞机按所需的重量下的飞机等级数要小于表征跑道承载强度的机场等级数,使机场能无限制、无损地承受该飞机的起降。

(15)飞机的环境噪声。在起飞、边线及进场状态下,飞机外部噪声应符合有关的噪声相关规定。

(16)排放水平。近年来对于尾气排放的标准越来越高,应尽量降低飞机运行过程中的尾气排放。

思　考　题

1. 飞机的设计要求有哪些来源?设计部门在制定设计要求的过程中扮演什么角色?
2. 飞机的设计要求主要有哪些内容?
3. 尝试拟订一套未来客机的设计要求。
4. 对于干线客机,可以采用什么样的评价标准?
5. 对于空战战斗机,可以采用什么样的评价标准?

第二部分　飞机方案设计

第4章 设计方法研究

4.1 什么是设计？

工业设计师 Victor Papanek 对设计的定义是“为构建有意义的秩序而特意做出的工作”(Design is the conscious effort to impose meaningful order)。这种定义比较抽象，它强调的是建立起秩序或规则。

实际的设计工作由两部分组成：

(1)理解用户的期望、需要和动机，并理解业务、技术和行业上的需求和限制。

(2)将这些所知道的东西转化为对产品的规划(或者产品本身)，使得产品的形式、内容和行为变得有用、能用，令人向往，并且在经济和技术上可行。这里提出的“有用、能用、令人向往”，正是设计的意义和基本要求所在。

上述定义既适用于艺术领域，也适用于工业和其他领域。在实际设计工作中，不同专业领域的关注点会有不同，在形式、内容和行为方面均会有所体现。具体到航空领域，也有着它自身的特点。

Airplane Design 的作者 J. Roskam 曾提出了一个关于航空设计的定义，在航空工业界被普遍认同：

> 航空设计是迭代的、非唯一的过程。在这个过程当中，飞机构型、结构和系统集成在一起综合发展，以达到下述几个领域中的基本指标要求：
>
> (1)任务性能、商载和使用要求；
>
> (2)适航要求；
>
> (3)工艺制造要求；
>
> (4)维护性和可达性要求；
>
> (5)环境要求；
>
> (6)成本要求。

注意： 这里的重点是构型、结构和系统的综合。这里的系统包括推进系统和其他飞机操作所需的系统。

其实这里他将“设计”当作一个黑匣子，只看输出结果，至于其中的过程，则是相当复杂的。在他的8卷本，将近3 000页的著作 *Airplane Design* 中有详细论述。

D. P. Raymer 在 *Aircraft Design: A Conceptual Approach* 一书的第一章，专门用一小节讲述了“什么是设计？”：

什么是设计?

飞机设计是一门独特的学科,它与航空工程中的其他分析学科(如气动、结构、控制、动力系统等)是不同的。一个飞机设计师需要精通上述专业和许多其他专业方面的知识。但实际上,除非在很小的公司中,设计师在工作中只会花费很少的时间从事那些分析工作,他们的时间主要花费在所谓的设计上,或者说,对产品进行几何描述。

外行看来,"设计"似乎只是"绘图"[随着科技发展,现在常常是"计算机辅助绘图"(CAD)]。设计师的产品是图纸,设计师的工作是整天趴在图板上或计算机终端上。但是,设计师真正的工作是在大脑中进行的。

优秀设计师所画出的图纸包含着丰富的内容,远超过纸面上可以直接看到的。一个高水平的设计方案似乎是神奇般地通过后续一系列各类专家的评审,而不需要进行重大的修改。好像是自然而然的,起落架安排合适,油箱靠近重心位置,结构部件简单又轻巧,总体布局具有很好的气动特性,发动机安装简便,外形也光顺,许多类似的细节也都恰到好处。

但这一切并非偶然,而是设计师丰富知识和辛劳工作结合的结果。

设计过程中还需要其他许多重要的参与者。设计不仅仅是布局安排,还包括很多分析过程,以确定需要设计什么,或做哪些修改以更好地满足指标要求。在小公司里,这些工作可能都是由设计师独自完成的。但在大一些的公司里,通常是由专门的参数协调和性能分析专家,在气动、重量、推进、操稳和其他专业的专家协助下完成的。

由以上描述可以看出,飞机设计的主要工作是布置和安排,其深入的本质是综合与协调,同时也需要分析计算和试验结果的支撑。

4.2 设计过程

在设计的初始阶段,首先需要确认"需求"。需求通常来自"项目大纲"或"投标邀请书"(RFP)。3.1 节中已经介绍了这方面的内容。在设计开始之前,先要了解项目的来源,并认清哪些外部因素会影响到设计方案。这非常重要!

飞机设计的过程,按照工作目标和工作方法的特点,可以分为方案设计、初步设计和详细设计 3 个阶段,如图 4-1 中的虚线框内部分。各阶段的主要工作如下。

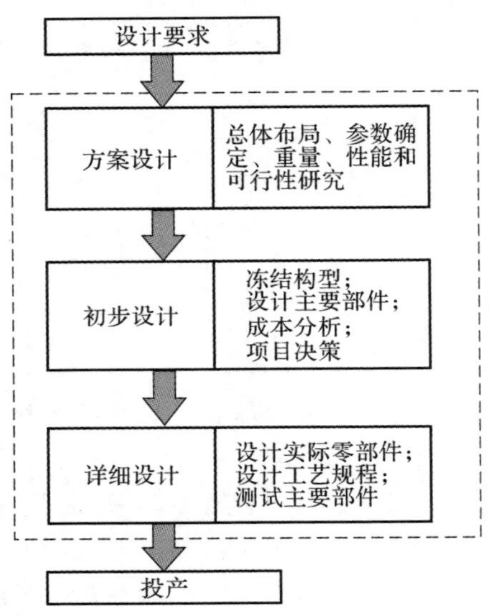

图 4-1 飞机设计的 3 个阶段

4.2.1　方案设计

在方案设计阶段主要解决总体布局、参数确定、重量和性能等。

(1)理清“要求”,并认清哪些外部因素会影响到设计方案。比方说,可以提出类似的问题:“设计要求是否合理?是否有某项要求主导着方案的确立?”或者说,“按设计要求造出的飞机,用户是否负担得起?”如果答案中存在疑问,就需要与用户沟通协调。

(2)方案设计过程是非常灵活的。随着设计的深入和细化,不断有新想法和新问题涌现。需要经常更新设计图以反映最新的参数,如总重、燃油重量、机翼尺寸、发动机指标等。早期的风洞试验经常会暴露出一些问题,导致构型修改。

(3)方案设计阶段的结束意味着方案已经基本定型。这时,设计方案中的重大问题已经解决,如采用鸭式布局或常规布局、主要部件的布置等。尽管还有可能做一些细节的修改,但当前确定的基本构型已经基本不能变动了。

4.2.2　初步设计

在初步设计过程中,结构、起落架、控制系统的专家将对他们所负责的部分进行设计和分析。在空气动力、推进系统、结构、操纵性与稳定性等方面也开始进行试验。在这个阶段,有时也会制造全尺寸样机。

初步设计的最根本目的是为公司开展详细设计(或称全尺寸研制)做好准备。因此,初步设计的结果通常包括一份全尺寸研制建议书。在当今环境下,这可能导致所谓的“赌上全部家产”的境地。如果合同运行超出预计费用或者生产出的飞机没有销路,所造成的损失可能会超过公司的净资产。因此,初步设计中必须考虑各种因素以保证飞机可以在预定的成本和周期内制造出来。

4.2.3　详细设计

(1)详细设计阶段,主要工作是设计实际要生产的零部件。比方说,在方案设计和初步设计中,机翼盒段是作为一个整体来设计和分析的,但在详细设计阶段,机翼盒段就要被分解为肋、梁、蒙皮等,每一个零件都需要单独设计和分析。

(2)详细设计的另一个重要部分是工艺设计。专家将确定这架飞机如何制造,从最小、最简单的组件开始,一直到整架飞机的总装过程。

(3)在详细设计阶段,试验的工作量逐步增加。开始制造一部分实际结构件并开展试验,如起落架的台架试验,建立飞控系统的“铁鸟”试验台等。还要建造飞行模拟器,制造厂和用户方的试飞员都将进行模拟飞行。

(4)详细设计的结束意味着生产过程的开始。但实际上,某些零件往往在详细设计结束之前就开始生产了,因此,设计中总希望尽量避免修改那些已投产的零部件。

随着设计的进展,参与的人越来越多。在主流的航空生产企业中,大多数工程师从事的是初步设计或详细设计工作。随着工作量的增长,项目的费用也迅速增加,如图 4-2 中的曲线所示。

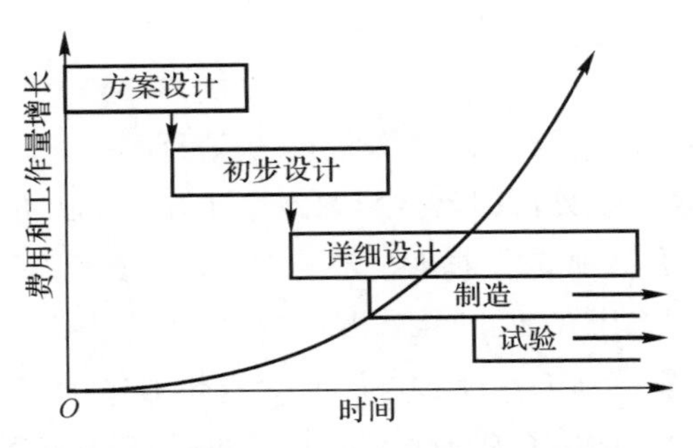

图 4-2 设计过程中的费用和工作量增长

有研究者研究了项目进展过程中费用增长、知识积累和设计自由度缩减的关系，图 4-3 展示了其典型规律。这些研究者主张，对于确定设计需求的阶段要进行更深入的分析和研究，因为这一阶段对整个设计过程的影响更大、更深远。

在图 4-3 中，传统的设计方法标记为过程Ⅰ，新的更关注需求论证的过程用Ⅱ来表示。虽然在过程Ⅱ中初始投资会稍稍增加，但对于需求的深入理解可以提高设计的灵活性，也会降低后期使用的维护费用。这种分析过程对于军用飞机、多用途飞机和国际合作项目尤为有效。在这些情况下，过早或过分严格地设定要求（尤其是还不了解这些约束会有什么影响时），通常意味着较大的费用代价。

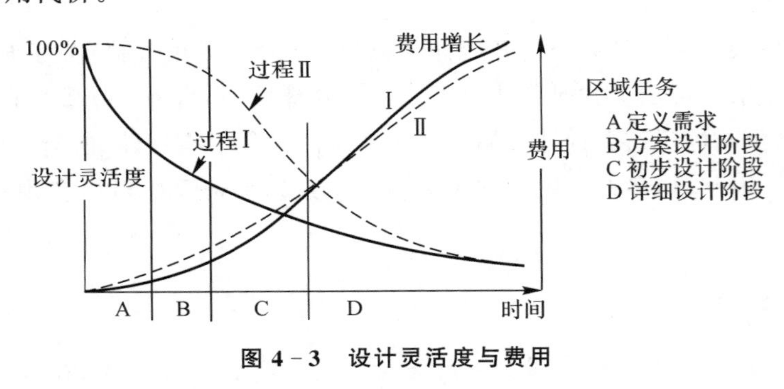

图 4-3 设计灵活度与费用

项目早期的工作基本上在于保证设计的技术能力和效率，确保在后期不会出现对设计方案的修改，或者至少减少改动量。这类改动代价高昂并会拖延项目进度。

管理者总是渴望着在方案设计和初步设计阶段确保设计方案处于高度有把握状态。在早期初步设计时可以（并且鼓励）考虑很多改动，但到了项目设计阶段后期，只允许很小的几何形状和系统改动。如果到了这一阶段发现这架飞机有设计不合理的地方，那么这个项目甚至整个公司都会遇到麻烦。由以上叙述可知，初步设计对于项目乃至公司都十分重要。

4.3 计算机的角色

到了这里，需要说说计算机在设计中的角色。现在人们的日常生活都已被计算机填满，小到日常聊天，大到解算实际工程问题。因此，学生很自然会设想飞机设计的过程是这样的：将设计要求输入一台超级计算机里，按下确定按钮，然后就可以从打印机里拿最终设计报告了。

有些学生经常看到工业部门关于某种新飞机“完全由计算机设计”的报道，自然会相信这些程序可以完成类似工作。他们不愿意花费时间来完成基本的理论学习以及进行分析和研究训练，认为花费时间去搜寻学生版本的万能飞机设计软件更合算。他们觉得一定能从空中客车公司或波音公司搞到这种程序，只要找到合适的人或者网址。

的确有许多计算机辅助设计软件，也有很多种这样那样的号称“飞机设计程序”的软件包，从简单的飞机“设计”代码到规模庞大的航空航天 CAD 系统，它们在实际工作中也确实扮演着重要角色，但它们还没能完全实现飞机设计的基本过程。

在网上或者现代航空工程教材中经常可以找到免费的简单软件，可以用于专门的设计任务，前提是使用者要理解其中所隐含的假设和限制。这些大多是用计算机代码表示的飞机性能、气动和稳定性、操纵性计算的基本元素之间的关系，通常针对某一特定种类的飞机做了大量的简化和假设。

如果对基础假设有了深入理解，直接应用基本的关系式，可以比那些计算机程序更快地得出结果，并且结果也更可信。根据经验，如果学生将搜寻设计软件(希望由此能立刻得到结果)所花费时间的一半用来思考和完成那些按理应该是很熟悉的基础关系式，他们会发现在设计能力方面已经有了相当大的进展了。

航空工业企业中应用的那些大型的、复杂的计算机程序不是用来完成初步设计的，它们的任务是改善详细设计阶段的工作。这些程序不适于从初始项目需求产生最终设计。它们需要输入初始设计方案，然后按照基本设计理论和方法，最终产生生产飞机所需要的几千幅详细的 CAD 图。

飞机设计专业学生所需要学习的是：如何从最初的原理和概念开始，经过方案设计和初步设计练习，最终能够使用详细设计的软件。目前还无法设想什么时候会有可以自动进行飞机创造性方案设计的商业软件，可以取代初期的方案设计。但即使有了这样的软件，大概也无法取代那些踏踏实实的实际设计工作，以及在工作过程中所获取的对于飞机设计的多样性和复杂性的深切理解。

思　考　题

1. 有人说“飞机设计始于设计指标”。这个观点对不对？为什么？
2. 飞机设计过程中包括哪些主要工作？
3. 有人认为“熟练掌握高端 CAD 系统是现代飞机设计师最重要的能力”，你如何看待这个论断？
4. 有没有可能开发出一套完全自动的飞机总体设计软件？请论述你的观点。

第5章　初步设计的步骤

由前文可知，在初步设计阶段首先要确认需求，确定恰当的方案设计起始点；初步设计结束时得到的飞机方案称为“基本构型”（Baseline Configuration）。在这两个节点之间，还有一系列独立的、顺序不固定的阶段，如图5-1所示。

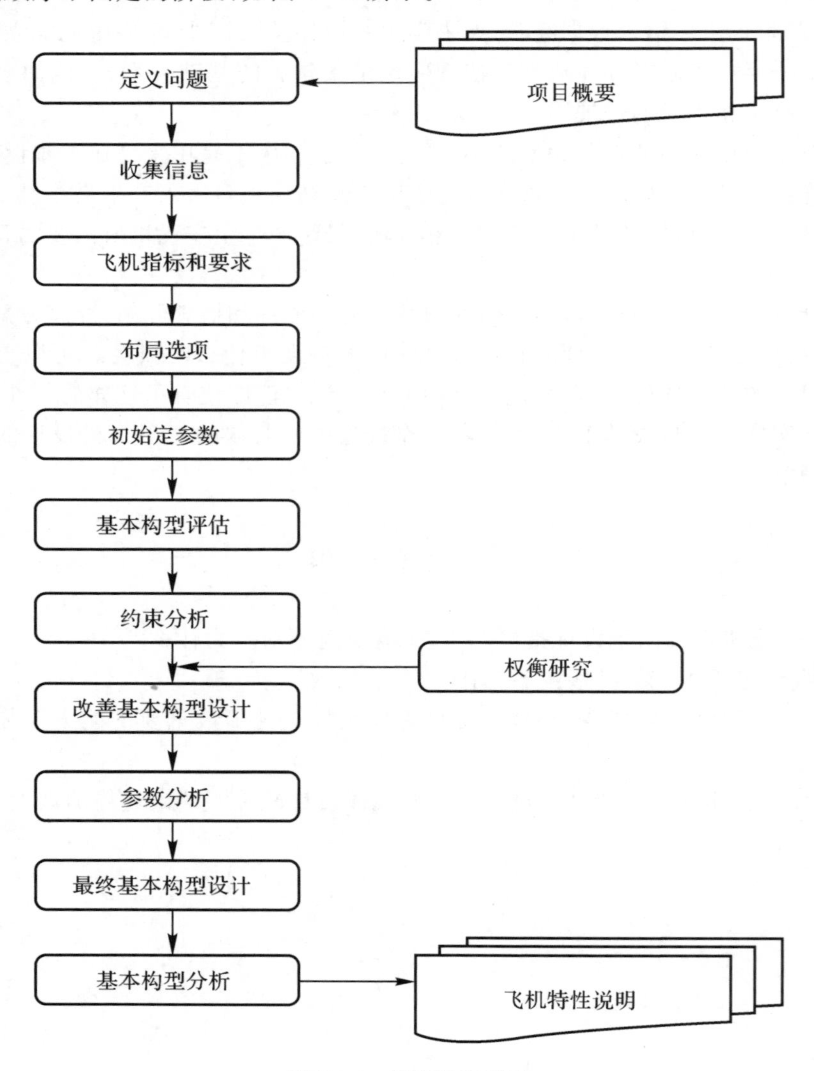

图5-1　初步设计流程

5.1　定义问题

项目一开始，新手设计师总是急于“设计”飞机。这可要先克制一下，因为大多数问题在刚刚提出时，并没有明确所有重要的相关方面。飞机设计是一项复杂且需要花费大量时间和精力的工作，因此有必要在开始之前认清所有的准则和约束。也就是说，方案设计阶段的第一步工作是致力于完全理解所面对的问题，包括需求和边界条件。

根据前面对方案设计的定义，可以提出几个参考点，这有助于分析问题。

(1)谁是用户？

(2)如何评定产品的有效性？

(3)能够完全地定义问题，使之应用于技术设计过程吗？

(4)希望运用什么样的新颖/独创的特征，使设计方案优于现有的竞争者，并保证具备将来发展的灵活性？

(5)什么是着手解决问题的最好方法？如何来管理？

通过这些方面的分析，可以更深入地了解问题。下面是详细的解释。

5.1.1　用户

谁是用户？用户并不仅仅只是买飞机的人；有许多人群和机构都会对设计方案感兴趣，要了解他们的期望和看法。比如说，要设计一种替代“协和”的超声速客机，在技术和运营方面已有很多经验，问题不大。但环保组织和反噪声团体具备强大的影响力，使这类项目在目前阶段难以立项。对于新方案来说，在开始之前就需要确认所有具备影响力的人群，并摸清他们的意见。

谁是有影响力的人群？

(1)显然，首要的是客户，他们是最终掏钱买飞机的人。

(2)客户的客户，即驾驶和使用飞机的人、管理和维护飞机的人等。

(3)技术主管、部门领导和生产线主管等，这些人要对公司和股东负责，并要保证投资有合理的回报。

(4)销售队伍，他们了解市场和客户，而且他们最终要卖出飞机。

在实际工作中可以咨询对项目来说很重要的人，了解他们的观点。

5.1.2　理解问题

通常不太可能只在项目概要中就将问题完全描述清楚。大多数情况下，问题的细微之处并没有表达出来。一般来说，起草方案的人对情况非常熟悉，但常会错误地认为相关的其他成员对情况也一样熟悉。

最佳解决方案通常是在最大范围考虑了问题各方面的情况下获得的，即所谓运用“系统工程”方法。在这个过程中，飞机只是作为整个使用环境中的一部分来考虑的。飞机的设计与整个系统中所有其他部分的设计相关。

举例来说，军用教练机仅仅是空军飞行员训练过程中的一个元素，还有很多其他元素，如别的飞机、飞行模拟器和地面学校等。教练机也属于空军运作活动中的一个环节，在维修、维护、飞行和其他的机场运营工作中无法与其他飞机分离开来。但教练机本身又可看作一个系统,包括机体、飞行控制、发动机控制、武器和传感器系统等。所有这些系统相互影响,同时也影响着飞机的设计。

在实施过程中过于面面俱到又可能会导致冲突。例如,空军对于飞机有自己的看法,而制造商可能会有其他的看法。空军只关注飞机本身,而制造商则希望形成系列,除了供应军队之外还可以有其他的商业机会。出于这种考虑,飞机可能不是针对专门任务优化的。飞机的最佳构型一般出于多种设计要求之间的协调(或竞争)。设计师的责任就是在布局设计时考虑不同观点,选择合理的方案。因此他需要了解整个系统的所有方面。有许多典型的失败案例都是源于初始设计考虑的太狭隘。相反,成功的设计在设计观念方面都具有相当的灵活性。

问题定义中还有一部分工作——确定必须要遵守的约束。这些约束来自性能和使用要求、适航规范要求、生产考虑和资源限制等。还需要认识到有一些非技术约束,它们可能与政治、社会、法律、经济和商业方面相关。

不过,也要防止过分约束,以免造成问题无解。为了避免出现这种情况,需要强调的是,只选用那些经过全面论证,并且深入了解其后果的约束。对于技术约束(如起降性能、爬升率、转弯性能等)来说,在后期设计阶段有机会检验它们的影响,而非技术限制则很难量化,因此需要仔细检验。

大致说来,定义问题的任务与以下几方面相关:

(1)问题是否经过尽可能广泛的考虑(即采用系统方法)?

(2)是否确定了解决问题需要涉及的所有的“真实”约束?

(3)所有的约束都合理吗?

(4)是否彻底检验所有的非技术约束,以确定它们的合理性(记住,在这个阶段此类约束尚未经过质疑和验证)?

5.1.3 创新

研制飞机的耗费巨大,投资者需要确保能收回投资并获得收益。信心的基础在于对新技术的引入和应用。这些工作应该为新方案在使用方面和商业方面带来竞争力,使之优于现有产品。因此,在新飞机设计中,创新是关键元素。然而,引进新技术的不利方面是增加了商业风险。设计者所要面对的基本挑战就是在技术优势和风险之间找到平衡,在设计过程中始终要着重考虑降低技术风险。有关创新点影响的实验测试和分析验证是设计师的保险单。

创新不只在于使用新技术,新的行业或商业模式和新的操作方式都可能为新设计带来商业优势。无论计划了什么,设计师必须能够尽早确定,以便随之调整基本方案。

设计师要能够回答以下问题:

(1)设计中将要采用的新技术和其他创新之处是什么?

(2)针对于现有/竞争机型,这些创新能带来什么优势?

(3)如果不能确保这些创新能够成功,如何降低项目的风险?

5.1.4 设计过程的组织

一个人单枪匹马地就能完成飞机设计项目的时代早已一去不复返了。现代飞机设计是许多种技巧和专业知识的综合。许多人组合在一起,像交响乐队一样,需要组织和管理,以确保大家都使用相同的信息源。现代 CAD 和其他信息技术的发展使得不同团队中的专家和管理者可以基于相同的设计数据同步开展工作(即所谓的并行工程)。

这种系统的组织工作需要仔细地安排和管理。在生产多种产品的公司里有时会成立设计发展工作组来控制某些型号的研制。设计师是这些工作的中心,因而也是团队中的核心成员。对于他来说,关键是要了解团队的组织结构的本质、所要采用的设计方法、需要的设施、工作计划和最终期限等。良好的团队组织和一致认同的管理结构是成功的关键。

5.2 收集信息

从相关领域的文献中可以查到与现有工作相关的信息,它们对以后的设计进程很有好处。获取信息过程包括三方面的工作:

(1)查询现有机型或竞争机型的数据;

(2)查询项目相关领域和其他可能用到的先进技术领域的报告和文章;

(3)收集使用经验。

5.2.1 现有机型和竞争机型

这项工作相对比较直接,有一些关于飞机的书籍和报告可供参考。首先要将相关领域的飞机列出一个表。比如,如果要设计一架新型的军用教练机,首先要找出现今世界上主要空军采用的教练机。航空类的杂志和刊物中常会有大量的信息。

将这张表从头到尾过一遍,逐步收集每种飞机的资料。对于通用参数(如机翼面积、装机推力、飞机重量)来说,最有效的方法是采用电子表格。而对于其他特征数据,比如什么时候开始设计和首飞、售出多少架以及购买者是谁等,可以采用数据库来记录。通过几何尺寸和技术数据可以获得二次参数(如翼载、推重比、空机重量系数等)。这些数据在后期的技术设计工作中是很有用的。现代数据表格软件具备强大的绘图能力,可以将这些数据绘制成图表,指导飞机的初步参数确定。

5.2.2 技术出版物

现在的技术出版物浩如烟海,寻找相关的报告和文章可能会耗费太长时间。由此看来,易用的基于计算机信息收集系统的搜索引擎将是价值无限的。但不幸的是,这种工具不是随时都能找到的,即使有,数据库也可能不是最新的。比如,要找一些旧的但仍然很有价值的文献,仅仅依赖计算机搜索系统的话,也很容易错过。计算机搜索系统的效率很大程度上依赖于使用者对于关键字的选取,看它们能否对应上搜索系统数据库中的项目。这种搜索通常既困难又残缺,因为使用者和计算机常常试图使用截然不同的关键字来描述同一事物。这就像一种游戏,两个知识背景不同的人以他们各自的经验来描述同一个东西。实际上,在图书馆查书单可以有更好的成果,并且花的时间更短。手工查询虽然很辛苦,但如果能找到合适的资料,这种付出是很值得的。这可以使后续设计工作更容易,而且还可以使最后的设计提案更有把握。

最好的办法是从我们最喜欢的教科书开始,查找每一章后面的参考资料。从一篇我们已经熟悉的文章开始,查找相应的文献,既可以利用计算机,也可以在图书馆手工查找。对于新查到的报告等的参考资料也如此跟踪,可以使背景资料快速积累。

5.2.3 使用经验

信息、数据和建议的最好的来源之一，是与项目相关的使用领域。与我们的研究领域相关的人或组织，通常会很乐于分享他们的经验。但是，要谨慎地对待这些意见，因为个人意见通常不代表总体情况。

在获取信息方面，最好的建议是在可用的时间里尽量收集，并保持信息通道畅通，以便参考设计过程中出现的新信息。

5.3 飞机指标要求

通过项目概要和设计的前两个阶段，已经有可能汇编出飞机需要满足的要求：

(1)市场/任务；

(2)适航规范/其他标准；

(3)环境/社会；

(4)商业/生产；

(5)系统和设备。

每个方面要考虑的细节问题，很大程度上取决于飞机的类型。下面给出了一些大致的建议，但还需要考虑每个设计独特的问题。

5.3.1 市场和任务方面

与任务相关的要求通常包括在原始的项目概要中。这些要求的形式可以是点性能指标，如场长、转弯率等，也可以是任务剖面的描述，或者是使用要求，如有效载荷、装载设备、攻击性威胁等。

在问题定义阶段进行的市场分析也可能会得出一些共性要求，关系到设备或发动机、飞机扩展能力、多任务、费用和时间进度等。

5.3.2 适航规章和其他标准

飞机设计人员必须要了解相关的适航规章。每个国家都有自己的规章，用来管理飞机的设计、制造、维护和使用，以保证国民安全、免遭飞行事故。这类国家规章大多类似于欧洲航空安全局(EASA)和美国联邦航空管理局(FAA)的条例，第2章中已介绍了一些相关信息。

如果飞机要在某个国家运营，就必须满足这些规范中的使用要求。适航规章中总有很多情况会影响到飞机的设计。军用飞机、民用飞机和其他类别飞机(如轻型飞机、滑翔机、重型飞机等)分别有不同的规章。

另外，还要注意飞机使用方面的要求，如乘务组最少人数、服务、维护、可靠性等。适航规章类似于法律要求，是强制性的，在设计中必须满足。因此设计者必须熟悉所有这些情况。

5.3.3 环境和社会问题

环境和社会问题对于飞机设计和使用的影响主要在于噪声和排放。民用飞机方面，针对这项要求有专门的规章。对于轻型飞机，有些机场制定了自己的使用限制，避免噪声过大引起临近社区的投诉。这方面限制对于飞机设计的影响越来越明显。

5.3.4　商业和生产的考虑

政治因素可能会影响到飞机的制造方式。大型飞机项目通常会对应于由多个公司和政府组成的联盟(如空中客车)。这直接决定着飞机设计和制造的地点。这种影响还会扩散到飞机上所用的专用系统、发动机和元器件的供应。如果有类似限制,设计团队应该尽早知道。

5.3.5　系统和设备要求

飞机制造商已不能只关心于机体框架的供应。飞机/发动机和其他功能系统都对设计理念有着显著的影响。如果没有相关的飞行和控制系统,很多现代飞机在技术上是不可实现的。设计团队必须将这些需要集成的内容包括在飞机设计要求中。对于严重依赖于武器和传感器系统的军机设计来说,这方面尤其需要重视,以保证飞机的效能(如隐身等)。军机规范中通常都详细规定了必须支持的分系统。

5.4　布局选项

充分理解问题,并了解详细确定的规范和现有飞机的数据之后,就可以开始技术设计了。大多数设计者认为这是整个项目工作中最有意思的部分。需要回答的问题很简单:以完全不带偏见的态度,我们认为什么样的布局选项可以解决当前的问题?举例来说,轻型的两座旅游飞机可选的布局包括并列或串列座位,上单翼或下单翼,推进式或拉进式螺旋桨,鸭式或常规尾翼,前三点或后三点起落架,常规或新颖机翼形状(如盒翼、连翼、三角翼或串列翼),等等。

随后的工作,既包括提出“怪异的和奇妙的”布局,也包括剔除不合理的和没有竞争力的方案。这一阶段需要大量的概念和思路,而对它们的可行性评判则在以后的阶段进行。此时不用评价方案特性,因此不需要做太细的分析。最好先列出过去和现存的飞机所采用的布局,可以列出每个方案的优、缺点,以作为改进的参考。这些分析对于后面的方案筛选过程也很有帮助。

在方案设计阶段,关于发动机可以有两种选择,即“固定的”(指定的/现有的,或是厂商正在研制的)和“开放的”(发动机参数未定)。大多数情况下,尤其是到了设计后期,发动机的类型和尺寸是确定的。飞机制造商通常希望自己的项目有不止一家发动机供应商,这样在价格和供货期限方面可以更有竞争力。

如果在设计研究中,发动机的选择是“开放的”,那就可以采用所谓的橡皮发动机技术,即以某一款典型发动机为基准,按比例缩放其参数,如推力、尺寸、重量等。当然,这种发动机实际上是不存在的。橡皮发动机的类型和尺寸可以参考现有的或制造商在研的发动机。使用橡皮发动机方法,设计师可以确定符合最优化机体尺寸的发动机。这种优化可以确定机体与发动机参数的最佳组合。如果无法获得最佳尺寸的发动机,设计师就必须在项目时间之内重新配置飞机参数,以配合可用的发动机。橡皮发动机技术研究可以获知飞机和发动机参数的最佳配合,也可以用来评估选择现成发动机的性能损失和代价。

在初始设计阶段,飞机和发动机的布置和参数常会有一定的妥协,以应对飞机的增大(可能是无法预期的重量增加,也可能是人为的增加,如加长/加大型),在考虑不同选项时要记住这一点。大多数飞机研制项目在开始时是单一用途,但经过一段时间的发展都成了系列。图 5-2 是空中客车公司的 A320 系列,包括基本的 A320、加长型 A321、缩短型 A319 和高原型

A318,右边的结构图显示出机身框架的增减。对于军用飞机,常发展成多用途机(如教练机、地面支援等)。如果有这种需求,在设计初期就要充分重视方案的灵活性和适应性。

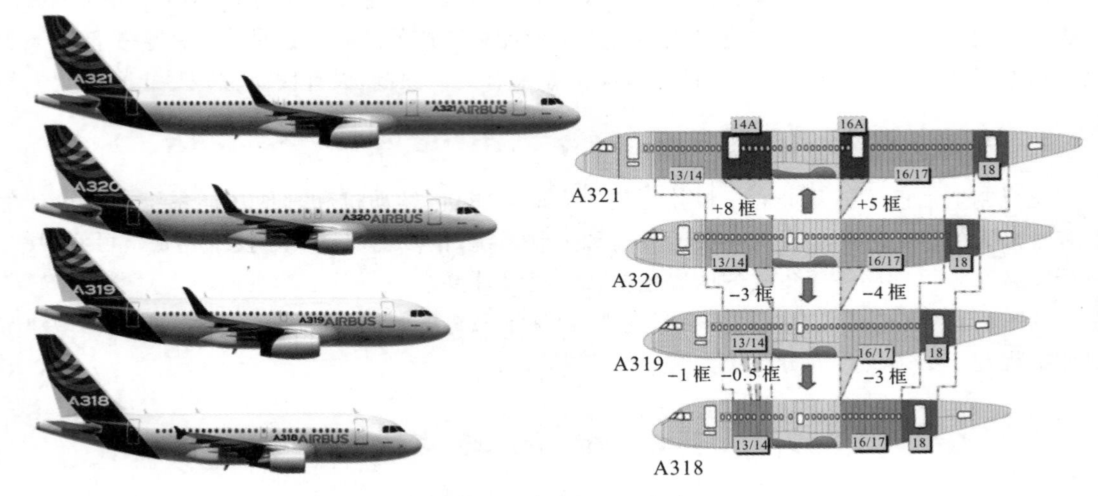

图 5-2 空客 A320 系列

5.5 初始定参数

到了这个阶段,对于设计问题有了详细的了解,也会有多个设计备选方案。同时开展这么多种备选方案的设计是不可能的,也是不必要的。因此先要系统地缩减方案数量。

先要剔除所有不可行的和不切实际的想法,但要注意不要把有潜力的好主意当作垃圾扔掉。最好是将可选方案列表缩减至只有一个合适的方案,但这个目标有时无法达到,需要将一个或两个备选方案一起代入下一阶段。显然,进入下一阶段的方案越多,工作强度越大。因为最终只能选出一个确定的方案,意味着所有针对其他方案的工作都白费了。

一旦确定了最终方案,就有必要进行参数设计。每种方案都需要按比例绘制三视图。此时实际确定的飞机参数(机翼面积、发动机推力、飞机重量等)很少,因此要进行粗略的猜测,这需要参考类似飞机的统计数据。

在飞机设计中,最基本的总体参数有两个:翼载(W/S)和推重比(T/W)。这两个都是组合参数,翼载是飞机总重与机翼面积之比,推重比是发动机的推力与飞机总重之比。分解开来,其实是总重、机翼面积和发动机推力 3 个参数。后文会详细介绍关于这些参数的估算方法,此处简单介绍分析的思路。

可以先对飞机的最大起飞重量做初步估算。需要注意的是,在航空工程领域,质量和重量的概念常常混用,并不做严格区分,再加上公制与英制并存,在分析计算过程中很容易造成混乱。实际分析计算时一定要注意单位的统一。

在初步估算总重时,可以采用重量系数法(详见第 6 章),通过统计数据和对飞行剖面的分析,分别得出飞机空重和燃油重量,进而得出起飞总重。

翼载和推重比这两个组合参数体现出机翼升力和发动机推力与飞机总重的相对关系。也就是说,即使在总重尚未确定的情况下,也可以根据对飞行性能的要求选择这两个组合参数。

这使得设计工作可以并行开展。

在初始设计阶段，可以参考同类型飞机选取翼载和推重比，也可通过性能指标初步确定翼载和推重比，进而得到机翼面积和发动机性能指标。此阶段可以选用典型的机翼形状和相应的尾翼尺寸。

随后的设计是个迭代的过程，通常可以很快地收敛到一个可行的方案。这一阶段中，首先可以按现有飞机参数作出初始布置图。尽管设计方案很粗略，还是很有必要画出比例图，以便估计机翼与机身的纵向相对位置、尾翼和起落架的位置等。

大多数飞机的布置都是从机身开始的。由于机身要装载有效载荷和座舱/驾驶舱，很容易按比例定出它的几何参数。这些参数通常在项目概要中定义，也可以参考其他飞机的数据来确定它们。然后按要求添加其他组件（机翼、尾翼、发动机和起落架等）。

5.6　基本构型评估

目前所创建的基本构型主要是基于参考数据和简单估算的。接下来的设计过程中，有必要进行更深入的、更有针对性的分析评估。首先是详细的重量估算，然后是详细的空气动力和推进性能估算。运用这些更细致的重量、气动和推进参数可以进行比较精确的性能估计。在基本构型评估阶段最终要提供一份按照新数据修正的基本构型的报告。

在评估阶段所要做的分析工作简述如下。

5.6.1　重量报告

通过已经确定的飞机各个部件的形状，可以初步估计每个部件的重量。可以用经验公式估算，也可以简单地将它们的重量假设为飞机总重或空重的一个比例。详细重量分项见表 5－1，基本构型评估阶段的首要任务就是生成类似的重量报告。

表 5－1 中，主要结构部件（如机翼、机身、发动机等）的重量可以用经验公式估计，第 6 章中将介绍一些估算的公式。因为许多重量项目与起飞总重 M_{TO} 相关，所以在初始参数确定阶段，需要从一个预定的 M_{TO} 值开始进行迭代。

表 5－1　重量分项

机翼	M_W
尾翼	M_T
机身	M_B
短舱	M_N
起落架	M_U
控制面	M_{CS}
结构总重汇总	M_{ST}
基本发动机重量（净重）	
发动机系统	

续 表

进气	
排气	
安装	
推进系统总重汇总	M_P
飞机系统和设备	M_{SE}
飞机空重汇总	$M_E = M_{ST} + M_P + M_{SE}$
使用项目	M_{OP}
飞机使用空重汇总	$M_{OE} = M_E + M_{OP}$
机务组*	M_C
商载	M_{PL}
燃油	M_F
起飞总重汇总	$M_{TO} = M_{OE} + M_C + M_{PL} + M_F$

注：* 在有些重量分类法中，机务组被归于使用项目，重量计入使用空重。

在设计早期阶段，如果对那些影响不大的部件（如尾翼、起落架、飞行控制、发动机系统和部件等）都详细计算，可能会过分耗费时间。为了提高估算速度，可以用这些部件重量占总重的比例来估计。

5.6.2 飞机平衡

有了所有部件的重量估计值，参照等比例构型图，再加上一些合理的猜测，就可以定出每个部件的重心位置。由此可以确定各种载荷情况下飞机的重心（如不同的有效载荷或燃油组合）。一般需要确定重心的前后极限位置，以便校核操纵面（平尾/鸭翼）的配平载荷和起落架所承受的载荷。

根据这些数据可以校验机翼在机身上的纵向位置。通过迭代调整机翼的位置，使飞机的升力和重力相匹配，这项工作称为“飞机平衡”。移动机翼会同时影响飞机重心位置和气动中心的位置，因此这一过程中需要几次迭代。

一般会以机翼平均气动弦为参考选择合适的使用空重重心位置。如果重心太靠前或靠后，就需要很大的平尾或鸭翼的配平载荷，需要增大尾翼面积，进而导致飞机重量和配平阻力增加。对于大多数常规布局飞机，一开始可以将重心安排在25%平均气动弦的位置。

在平衡状态下，可以分析飞机重心变化的范围，并验证其对于尾翼尺寸的影响。显然，飞机重心变动的范围越小越好，这样不需要太大的控制面。为了实现这个目标，在实际中应该使可变化的重量部分（燃油和有效载荷）的重心尽可能靠近飞机使用空重的重心。

在这一阶段可以布置起落架位置，包括与飞机重量和重心范围有关的几何尺寸和载荷计算。安排主起落架时必须保证起飞和着陆时有合适的姿态角。在飞机处于最大仰角的姿态时，飞机重心的后限必须在机轮接地点之前。在进行前起和主起的载荷分配时，要注意前起的载荷不能过大，否则在起飞抬前轮时就需要平尾产生很大的操纵力；载荷也不能太小，否则难以产生足够的转向力。一般情况下，可以将前起承受的载荷设计为飞机总重的 8％～15％。

5.6.3　气动分析

估算飞机重量和平衡的同时，可以进行基本构型飞机的气动特性初步估算。估算阻力时，可以像对待重量一样，将它划分到单独的部件（如机翼、机身、尾翼等），最后将结果汇总。飞机的阻力最终要用于性能评估，因此要计算不同飞行状态下的阻力（起飞、爬升、巡航等）。这些计算中，要考虑起落架收放和不同襟翼位置的多种构型。在每种情况下飞机也可能处于不同的速度和高度，这会影响到雷诺数的大小。雷诺数的大小会影响阻力计算和其他参数的确定。

在这一阶段采用“阻力面积”比用系数的形式更方便。这种方法是将各个部件的阻力“尺度化”为具有同样阻力的平板的面积，因此也被称为“等效平板面积”法。阻力面积可以直观地表达出不同部件的效率和它们对全机阻力的影响，同时也可作为部件几何参数对于阻力影响的指标。

在早期设计阶段，由于尚未进行性能验证，机翼总面积（即参考机翼面积）的选择具有很明显的尝试性，所以还不适合作为参考面积来计算阻力系数。但在确定升力时，现有的许多方法都是基于升力系数的。因此，可能需要特别注意避免这种关于机翼面积的潜在混乱。

5.6.4　发动机数据

在进行详细性能估算之前，一定要有典型的发动机性能数据或图表。在问题定义阶段应该已经确定了发动机类型，在初始参数确定阶段应该已经估算出发动机起飞推力，那么在计算性能时还需要其他飞行状态（如持续爬升、巡航等）的发动机推力和耗油率。另外，也需要知道飞行高度和速度对发动机性能的影响。对某些类型的军机来说，还要了解使用加力时对发动机性能的影响。

如果是现成的发动机，制造厂商拥有这些数据，不过有时很难获得。许多新的设计项目需要新的发动机，没有现成数据，所以就需要根据类似发动机做出性能预测。

5.6.5　飞机性能

有了飞机重量、阻力、升力和发动机性能，可以比较简单、直接地做出初步性能估计。性能估计是分段（爬升、巡航、俯冲、待机、下滑、空战等）单独做出的，也还需要估计场地性能（起飞着陆）。

将估算的结果与设计要求对照，通常需要修改机翼面积和发动机参数以满足性能需求。一定要注意，对机翼和发动机的改动要符合改善性能的方向，但不要改动过大，那样会降低设计效率。由于机翼和发动机的大小直接影响飞机重量、阻力、升力和发动机性能，所以需要多次重复以上的计算过程。

5.6.6　初始技术报告

在基本构型评估的最后阶段，对这个方案应该已经有了详细的了解，知道它可以满足设计要求。现在可以形成一份报告，包括修改后的基本构型的比例图、详细的重量分类细目、每种飞行状态下的升力和阻力估计、每个飞行阶段的发动机和飞机性能预计等。

5.7 约束和权衡分析

目前得到的飞机构型方案主要是基于一些经验性的粗略估计,未必达到“最优”。另外,也没有根据设计参数对问题定义进行验证。下一步,可以改善这种情况,为飞机方案提供更大的把握。

在前面几个阶段已经积累了足够的几何参数和构型细节,包括飞机部件重量(指定重量条件)、各种飞行状态下的气动系数估计(升力和阻力)和发动机性能(推力和耗油率)。用这些数据,可以对飞机设计方案进行更详细的分析。通过约束分析和权衡研究(详见第8章)可以进一步调整改进飞机几何参数和构型特征,使其更好地适应设计问题的约束,并提升飞机的效率。这些研究也可以检验飞机构型对设计约束的敏感性。

5.8 改善基本构型设计

本设计阶段里,可以更加合理地选择各个部件的尺寸和形状。首先要考虑的问题之一是飞机的平衡。有了详细的重量报告和按比例绘制的飞机布置图,就可以比以前更精确地估计飞机重心位置。

注意:重心位置有多个,对应不同的有效载荷和燃油重量。

这些分析最终可以用于评估机翼的纵向位置,以获得合适的静稳定裕量。

对亚声速飞机,可以将重心放在1/4平均气动弦线点或稍微靠前一点的地方。超声速飞行时机翼升力后移至大约1/2平均气动弦的位置。不过飞机总得在亚声速飞行,所以在重心布置方面需要做一些协调,或者采用其他技术手段(如燃油管理系统)。起落架位置也直接与重心相关。因此在这一阶段可能需要重新布置这些部件。

这一阶段还可以对飞机的“容纳”特性做详细的估测,需要分析所有部件和系统所需的空间和飞机内部可用的空间。主要工作包括:在结构之间是否有足够的燃油空间?起落架收放空间足够吗?驾驶员在座舱里的视界是否合适(这一项是强制性要求)?发动机的引气和排气要求能否满足?雷达和其他传感器的位置合理吗?另外还要考虑维护、拆卸等工作能否轻易实现?换句话说,在这一阶段可以对飞机构型的安装和空间问题做全面的检查。

如前文所述,需要仔细检查机翼的平面形状。可以通过一些简单的气动和重量分析发现改进的方向。比如,机翼展弦比是否应该增大或减小,机翼的后掠角、尖削比和厚度如何等。在技术条件和时间进度许可的情况下,以上问题和其他有关机翼形状的问题都需要尽可能详细地考虑。

同样,可以用典型尾容量系数数据来评估尾翼尺寸,并根据襟翼、重心移动量和气动效率等因素做适当调整。再次强调,这种方法是比较粗略的,因为对于每种构型,尾翼位置的流场状态都是不同的。另外,有些构型具有特殊的重心限制、推力线偏置、过度的气动力矩或其他特征。在使用尾容量系数方法时要仔细考虑这些因素。一旦获知足够的细节,就要进行更精确的操纵和稳定分析。

完成所有的几何检查之后,就需要用上一阶段中提出的基本构型评估方法对飞机进行重新计算。不过现在估计重量时可以有更多详细数据。一旦可以采用几何参数估计重量或有了供应商提供的数据,就要替换掉以前的采用起飞总重百分比估计出的重量值。可以从大多数飞机设计书籍中或专家重量估计技术报告中查到这类信息,如重量工程师联盟协会(Society

Aeronautical Weight Engineers,SAWE)。

到此可以生成一份报告,包括修改后的基本构型图,关于重量、阻力、升力、发动机等的数据总结以及飞机性能估计。有时将这作为概念设计(方案设计)阶段的完成标志。如果觉得必要的话,还可以用下文叙述的方法对构型做更深入的研究和完善。

5.9 基本构型设计

在方案设计阶段,权衡分析和参数分析的深度和广度取决于可用的时间和精力。深入的研究工作对于最终基本布局很有益处,但通常在这些工作完成之前就需要做出决定。重要的是,在做出有关构型的决策时,要留出足够的时间来进行最终的设计分析。

5.9.1 额外的技术考虑

这一阶段意味着初始设计中技术工作的完成,因此需要考虑一些额外的细节:

(1)评估飞机的结构框架;

(2)考虑飞机内部和截面形状;

(3)确定主要系统和部件的位置和安装(如发动机、进排气系统、座舱布局、油箱容量、武器、商载、维护等)。

如果时间允许的话,进行飞机稳定性和操纵性的初步分析,以保证操纵面尺寸合适。

5.9.2 更广泛的考虑

前面设计阶段中的工作大多集中于详细的技术分析,与之相比,最终的评估需要考虑更多的方面,其内容取决于不同的项目。表5-2有助于规划关于项目的广泛考虑。

表5-2 最终的评估需要考虑的内容

1.制造	4.维护	7.发展
☆怎么造?在哪造?	☆发动机(接近性)	☆加长型
☆需要的技术和可用的技术	☆外挂	☆多任务型
☆材料(可用性和尺寸)	☆系统	☆改进
☆时间进度	☆常规检查	☆技术发展
☆发展	☆维修	☆飞行试验
2.飞行方面	5.环境方面	8.研发管理
☆驾驶员视界和注意力	☆噪声	☆扩展
☆操纵和控制	☆排放	☆成本
☆训练	☆回收	☆设备
☆发展	☆危险部件处理	☆团队建设
3.使用方面	6.安全	☆有效性
☆空中加油	☆适航条例	☆风险管理
☆装载和卸载	☆使用规范	9.全局评估
☆供给	☆制造规范	☆优势
☆航段间准备	☆认证过程	☆劣势
	☆耐撞性	☆机遇
	☆失效分析	☆威胁
	☆可靠性	

表 5-2 并非详尽无遗，对于某些特定项目可能还有些没提到的方面。同时，对于某些项目来说，上面提到的有些内容可能是不相关的。但要注意，不要太轻率地忽略任何内容。

5.10 特性说明

在初步设计的完成阶段，需要将所有关于飞机的信息汇总在一份报告中，称为“飞机特性说明”。

5.10.1 报告格式

报告中信息的类别取决于飞机设计项目的特点。表 5-3 列出一些有代表性的内容。

表 5-3 报告中的信息类别

1. 简介	12. 电器系统
2. 通用设计要求	13. 航电设备
3. 几何特性	14. 仪表和通信
4. 气动和结构约束	15. 飞行控制
5. 重量和平衡	16. 内部装饰
6. 性能	17. 环境控制
7. 机体	18. 安全系统
8. 起落架	19. 武器系统
9. 动力装置(和附属系统)	20. 维护
10. 燃油系统	21. 规范的例外
11. 液压和气源系统	22. 定义和缩写

5.10.2 图表

类型说明报告中包括一系列的工程图、示意图、系统框图、曲线、图表和图解等。表 5-4 并非完全唯一的，只是提供一个指导。

表 5-4 类型说明报告中的图表内容

飞机三面图	起落架(主起和前起)
机身内部轮廓	前轮转向
机身截面	发动机安装
机身内部平面图(客舱布局)	发动机动力提取
飞机几何特性	发动机控制
任务剖面	燃油系统和油箱容积
飞行包线	电气系统
疲劳谱	天线和传感器位置
起落架垂直速度谱	航电设备
跑道载荷	液压系统
重量和重心图表	气源系统
机身结构框架	飞行控制系统
机身截面	环境控制

续 表

地板载荷	客舱增压方案
座舱视界图	仪表
机翼结构框架	弹射座椅安装
机翼-机身连接	辅助动力系统
襟翼细节	维护口盖
平尾结构	地面设施
垂尾结构	

显然，表 5 - 4 中有些细节在方案设计阶段是不知道的，将它们列在这里是为了提示后续阶段中需要完成的细致工作。

思　考　题

1. 开展一个飞机研制项目时，哪些因素可能会影响到设计指标的确定？
2. 哪些人会对飞机的设计特征或指标有影响力？
3. 飞机的指标要求主要包括哪些方面？
4. 飞机研制项目中，基本构型评估主要包括哪些方面的内容？
5. 飞机设计中，最重要的总体参数有哪些？

第6章 重量估算

在飞机研制的各个阶段，重量始终是一个重要的因素。一方面，飞机的重量与飞行性能密切相关；另一方面，重量与成本也有着直接的关系。因此，在飞机研制过程中，对于重量的预估与控制是一条需要时时关注的主线。

6.1 总重估算

重量估算可以在多种层面上进行。最简单的方法是选用历史数据，举例来说，如果要设计一架国内航线的150座级干线客机，那么在估算重量时，可以选用78 000 kg（波音737－800的起飞总重）作为一个初始值。

但是这种方法显然太过粗略，在实际的设计过程中，我们需要一些能将飞机的特征与重量相关联的方法。本章介绍一些便于在飞机方案设计阶段使用的重量估算方法。

6.1.1 起飞总重的构成

“设计起飞总重”是指飞机在设计任务的起始点的总重量，它并不一定与“最大起飞总重”相同。许多军用飞机可以装载超过设计值的重量，但会损失机动性能。一般情况下，如果没有专门指出，认为起飞总重（W_0）就是设计重量。

设计起飞总重可以划分为几部分：机组人员重量（W_{crew}）、有效载荷或乘客（$W_{payload}$）、燃油重量（W_f）和空机重量（W_e）。空机重量包括结构、发动机、起落架、通用设备、航空电子设备和其他部分。起飞重量汇总为

$$W_0 = W_{crew} + W_{payload} + W_f + W_e \tag{6.1}$$

式中：机组人员和有效载荷重量是在设计要求中给定的。这里需要注意，有些统计归类方法中将机组人员合入空重，称为“使用空重”（Operating Empty Weight，OEW）。这会造成一定的困难，不过只是暂时的，因为在后续的设计中，要采用更精细的重量分类法。目前阶段在应用计算式和统计数据时，需要注意其具体的分类。

按照一般惯例，在设计过程中取每位旅客及行李的重量为95 kg，如果有特殊要求或考虑，可以根据情况增减。

燃油重量和空机重量是未知项，但它们都与飞机的总重有关。因此需要采用迭代的方法来确定。

为简化计算，将燃油重量和空机重量写成系数形式（W_f/W_0）和（W_e/W_0），从而将式（6.1）转化为

$$W_0 = W_{crew} + W_{payload} + \left(\frac{W_f}{W_0}\right) W_0 + \left(\frac{W_e}{W_0}\right) W_0 \tag{6.2}$$

W_0 的计算公式为

$$W_0 - \left(\frac{W_f}{W_0}\right) W_0 - \left(\frac{W_e}{W_0}\right) W_0 = W_{crew} + W_{payload} \tag{6.3}$$

$$W_0 = \frac{W_{crew} + W_{payload}}{1 - (W_f/W_0) - (W_e/W_0)} \tag{6.4}$$

如果能估算出(W_f/W_0)和(W_e/W_0)，就可以得到 W_0，具体方法将在6.2节叙述。

6.1.2　空机重量估算

由于目前还没有确定的结构设计图，无法分别计算各个部件重量，只能采用简化的方法——用空机重量系数(W_e/W_0)来估算。对于不同类型飞行器，空机重量系数(W_e/W_0)各有一定的趋势。图6-1摘自P. R. Daniel的著作，该图是他统计得出的曲线。空机重量系数一般在0.3～0.7之间，并且随着飞机总重的增加而减小。

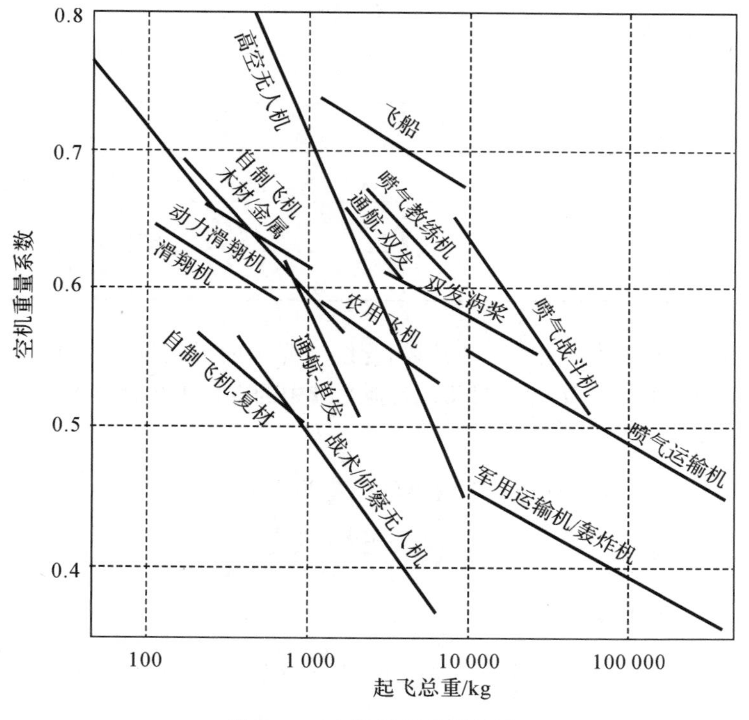

图6-1　空机重量系数统计

由图6-1中也可看出，不同种类的飞行器空机重量系数有很大不同，比如飞船的空机重量系数最大，而军用运输/轰炸机的空机重量系数最小。另外要注意，不同种类飞行器的空重系数-总重曲线的斜率也是不一样的。

基于统计数据得出的拟合方程见表6-1。这些都是以起飞总重为底的指数方程。指数为负数，说明空机重量系数随着总重的增加而减小，式中重量的单位为kg。不同类型飞机对应不同的指数，体现出曲线斜率的不同，同时也揭示出某些类型的飞机对于重量的变化更敏感。

在许多新机设计中,先进复合材料(如石墨-环氧等)正取代铝合金材料。但目前复合材料飞机不够多,不足以得出统计公式。相关研究表明,可以在目前的空机重量系数的基础上乘以0.95,作为近似的估计值。

表 6-1　空机重量系数与起飞总重关系

$W_e/W_0=A\ W_0^{\ C}$	A	C
滑翔机(无动力)	0.83	−0.05
滑翔机(带动力)	0.88	−0.05
自制飞机(金属/木材)	1.11	−0.09
自制飞机(复合材料)	1.07	−0.09
通用航空(单引擎)	2.05	−0.18
通用航空(双引擎)	1.40	−0.10
农用飞机	0.72	−0.03
双涡桨	0.92	−0.05
飞船	1.05	−0.05
喷气教练机	1.47	−0.10
喷气战斗机	2.11	−0.13
军用运输/轰炸机	0.88	−0.07
喷气运输机	0.97	−0.06

需要注意的是,这种统计方法得出的结果,与统计样本的关系很大,因此常在不同的资料中看到不同的估算式和系数值。下述介绍几种其他文献中的空机重量估算方法,可供参考。

1. *Roskam 方法*

J. Roskam 在 *Airplane Design* 中提出的模型为

$$\lg W_e = \frac{\lg W_0 - A}{B}$$

这其实是求空机重量的算式:

$$W_e = \mathrm{inv.}\ \lg\left\{\frac{\lg W_0 - A}{B}\right\}$$

书中给出的系数见表 6-2。

表 6-2　Roskam 方法的系数

飞机类型	A	B
1. 自制飞机		
娱乐或运输	0.341 1	0.951 9
缩比战斗机模型	0.554 2	0.865 4
复合材料飞机	0.822 2	0.805 0

续表

飞机类型	A	B
2. 单发 螺旋桨飞机	−0.144 0	1.116 2
3. 双发 螺旋桨飞机 复合材料	 0.096 6 0.113 0	 1.029 8 1.040 3
4. 农用机	−0.439 8	1.194 6
5. 喷气商务机	0.267 8	0.997 9
6. 涡桨支线机	0.377 4	0.964 7
7. 喷气运输机	0.083 3	1.038 3
8. 军用教练机 喷气 涡扇 活塞/螺旋桨	 0.663 2 −1.404 1 0.562 7	 0.864 0 1.466 0 0.876 1
9. 战斗机 喷气(附加载荷) 喷气(干净) 涡扇(附加载荷)	 0.509 1 0.136 2 0.270 5	 0.950 5 1.011 6 0.983
10. 军用巡逻、轰炸、运输机 喷气 涡扇	 −0.200 9 −0.417 9	 1.103 7 1.144 6
11. 飞船、两栖飞机	0.170 3	1.008 3
12. 超声速巡航飞机	0.422 1	0.987 6

2. Nicolai *方法*

L. M. Nicolai 在 *Fundamentals of Aircraft and Airship Design* 给出的空机重量估算表达式为

$$W_e = CW_0{}^A$$

对于不同类型飞机，其系数的取值见表 6-3。

表 6-3 Nicolai 空机重量估算式中的系数

飞机类型	C	A
战斗机 空战型 多用途型 对地攻击型	 1.2 0.911 0.774	 0.947 0.947 0.947
轰炸机和运输机	0.911	0.947

续 表

飞机类型	C	A
轻型通航飞机	0.911	0.947
复合材料滑翔机	0.911	0.947
喷气军用教练机	0.747	0.993
高空侦察机	0.75	0.947
无人机		
螺旋桨(航时大于 12 h)	1.66	0.815
螺旋桨(航时小于 12 h)	2.18	0.815
涡轮侦察机	2.78	0.815
涡轮高机动战斗机	3.53	0.815
空射巡航弹	1.78	0.815

3. *Gudmundsson 方法*

S. Gudmundsson 在 *General Aviation Aircraft Design: Applied Methods and Procedures* 中提出了关于通用航空飞机的空机重量系数估算公式,见表 6-4,可供参考。

表 6-4 Gudmundsson 方法的估算公式

单位:kg

飞机类型	估算公式
滑翔机	$W_e/W_0=0.3255+0.0386\ln W_0$
带动力滑翔机	$W_e/W_0=0.3471+0.0510\ln W_0$
轻型运动飞机	$W_e/W_0=1.4343-0.1402\ln W_0$
轻型运动飞机(水陆两栖)	$W_e/W_0=1.5243-0.1402\ln W_0$
单发通航飞机	$W_e/W_0=0.8578-0.0333\ln W_0$
双发活塞通航飞机	$W_e/W_0=0.4274+0.0253\ln W_0$
双发涡桨通航飞机	$W_e/W_0=0.5371+0.0066\ln W_0$

6.1.3 燃油重量系数估算

对于燃油重量的估计,简单的统计方法已不适用了,需要考虑整个飞行过程。飞机所携带的燃油中除了用于任务飞行的“任务燃油”,还包括军用或民用规范要求的“安全余油”和“死油”(油箱角落中无法泵出的燃油)。注意,有的分类法将“死油”归入“使用空重”,使用时要注意区分。

任务需要的燃油量取决于飞行任务的种类、飞机的气动性能和发动机的耗油特性。飞行过程中飞机的重量影响阻力大小,因此燃油消耗是飞机重量的函数。作为初步近似,可以认为燃油消耗与飞机重量成比例,即认为燃油重量系数(W_f/W_0)是个独立的参数。燃油重量系数可以基于飞行任务种类,根据耗油率的估计值和气动特性进行估算。

1. *任务剖面*

根据飞机的任务剖面可以估算任务段所需的燃油重量,典型的任务剖面见图 3-1。

多数运输类飞机和通用航空类飞机设计采用简单巡航模式，确定参数的主要依据是满足航程要求。

为了保证安全，通常需要携带一些额外的燃油，以防在预定的机场无法着陆，一般增加20～30 min待机需用的燃油，或者也可以选择增加一定的航程，这取决于预定机场旁边最近的机场的距离或者以巡航速度飞行的时间。FAA在目视飞行规则（VFR）中规定日间飞行时需要有30 min的附加巡航燃油，在仪表飞行规则（IFR）中规定夜间飞行时需要有45 min的附加巡航燃油。在商用飞机IFR中要求在待机和准备着陆之后仍有足够的附加燃油，能飞到附近的备用机场。

作战飞机在低空突击任务中会包括一段“冲刺”阶段，飞机必须在离地几十至几百米的高度飞行，主要是为了提高飞机接近目标时的生存概率。不幸的是，飞机的气动效率（一般用“升阻比”表示）在低空高速时大大降低，发动机效率也是一样。飞机在这一阶段所消耗的燃油可能会与整个巡航阶段所消耗的燃油相当。

典型的制空任务包括出航、空战、武器投放、返航、待机等阶段。其中，空战阶段一般用一定数量的转弯或最大马力状态下的飞行时间来衡量。武器投放指的是炮弹或者导弹发射，通常在定参数时不考虑这一项，以保证即使武器没有发射也能够有足够的燃油返航。

许多军事任务包含空中加油过程：飞机与空中加油机对接，补充一定量的燃油。这可以增加飞机的航程，但增加了额外的使用成本，因为需要一个专门的空中加油机编队。理论上讲，空中加油使得“时钟清零”，因为加油后的飞机重量可能会达到甚至超过起飞总重，所以通常将空中加油后的飞行阶段作为单独的任务来对待。

除了飞行剖面，还要建立一些性能指标，如起飞距离、机动性、爬升率等。在本章的简化方法中没有考虑这些因素，在后续章节中会详细讨论。

2. 任务段重量比

为了便于分析，将飞行任务的不同部分划分为“段”，用数字编号，0代表任务开始。通常将发动机暖机和起飞划分为任务段“1”。其余各段按顺序编号。

举例来说，在简单巡航任务中，各段分别为：① 暖机和起飞；② 爬升；③ 巡航；④ 待机；⑤ 着陆。

按照类似的形式，飞机在各个任务段的重量也可以编号。例如，W_0 代表飞机在开始时的重量，即“起飞总重”。

按照简单巡航任务的编号方式：W_1 代表飞机在第一任务段，即暖机和起飞段终了时的重量；W_2 为飞机在爬升段终点的重量；W_3 为飞机在巡航段终点的重量；W_4 为飞机在待机段终点的重量；W_5 为飞机在着陆段终点，亦即整个任务结束时的重量。

在每个任务段中，飞机的重量随着燃油的消耗而减轻（注意，在本章的简化方法中，不支持含有装载投放的任务。如果有武器发射、投放等导致重量突变的任务，那么需要将任务段分成几部分来考虑）。每一个任务段结束时的重量与开始时重量的比值，称为该段的“任务段重量比”，这是估算燃油重量系数的基础。

任务段“i”的任务段重量比用（W_i/W_{i-1}）表示。如果计算出所有任务段的重量比，将它们相乘可以得到飞机在飞行结束时的重量 W_n（设共有“n”个任务段）与初始重量 W_0 的比值（W_n/W_0），这个比值可以用来计算总的燃油系数。

任务段重量比可以用多种方法估计。在这里的参数选择简化方法中，任务段的类型被限制在暖机和起飞、爬升、巡航、待机和着陆。

暖机、起飞和着陆段的重量比可以根据统计数据估算。表6-5中列举了一些典型的统计数据。对于不同类型飞机来说，数据会略有不同，但表中给出的平均数值对于初步参数选定来说还是可用的。

表 6-5　任务段重量比的统计数据

任务段	W_i/W_{i-1}
暖机和起飞	0.970
爬升	0.985
着陆	0.995

巡航段重量比可以用布雷盖(Breguet)航程公式计算，则有

$$R=\frac{V}{C}\frac{L}{D}\ln\frac{W_{i-1}}{W_i} \tag{6.5}$$

或

$$\frac{W_i}{W_{i-1}}=\exp\frac{-RC}{V(L/D)} \tag{6.6}$$

式中：R —— 航程(m)；

C —— 单位耗油率；

V —— 速度(m/s)；

L/D —— 升阻比。

待机段重量比可以用续航时间公式计算：

$$E=\frac{L/D}{C}\ln\frac{W_{i-1}}{W_i} \tag{6.7}$$

或

$$\frac{W_i}{W_{i-1}}=\exp\frac{-EC}{L/D} \tag{6.8}$$

式中：E —— 续航时间或待机时间。

应用布雷盖航程公式时，要注意在不同飞行状态下，发动机特性和飞机特性都是不一样的：C 和 L/D 都会随着速度和高度变化；C 还随油门位置变化，L/D 还随飞机的重量变化。另外还要注意，一定要保证单位统一。

3. 单位耗油率

单位耗油率(Specific Fuel Consumption，SFC 或 C)是指单位时间里燃油消耗与推力的比值。对于喷气发动机，单位耗油率可以通过单位推力下每小时的燃油流量来衡量。

在英制单位中，SFC 的单位是 pd/(h·pd)(1 pd=0.453 6 kg)，指在 1 h 内产生 1 pd 推力所消耗的燃油磅数。由于分子和分母中都有 pd 这个单位，有时人们将“pd”消掉写成 1/h，在公开资料和文件中常会见到这样的写法。但要注意，这是不严谨的，因为分子和分母中的 pd 分别代表质量和力。在公制单位中应该为 kg/(N·s)[有时为了数字更整齐使用 mg/(N·s)]。在实际使用中，有时会使用 kg/(h·kgf)(1 kgf=9.8 N)。

常用发动机单位耗油率 SFC 与马赫数的关系见图 6-2。其中带螺旋桨推进系统的 SFC 也都换算成以推力为单位。

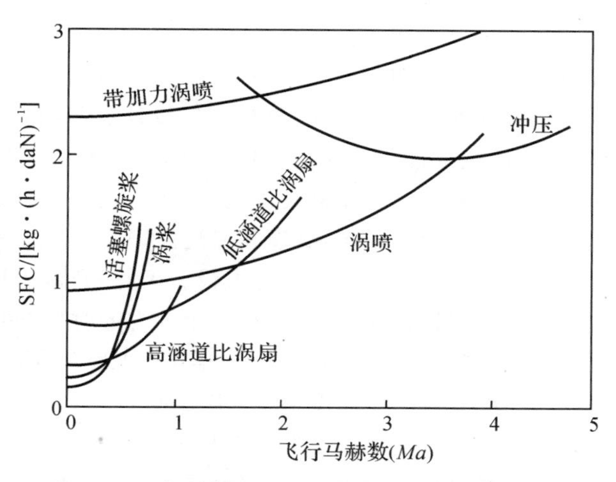

图6-2　常用发动机耗油率曲线(典型巡航高度)

在英制单位中,螺旋桨动力系统的SFC通常写作C_{bhp},指在1 h内输出1 lbf轴功率[或称"制动马力"(brake horsepower);1 lbf=4.45 N]所消耗的燃油磅数。公制单位中,SFC单位是kg/(W·s)或kg/(kW·h)。

发动机通过螺旋桨产生推力,螺旋桨产生的驱动功率与发动机输送到螺旋桨的功率之比称为螺旋桨效率,用η_p表示,则有

$$\eta_p = \frac{TV}{P} \tag{6.9}$$

表6-6提供了一些喷气发动机SFC的典型值,表6-7是螺旋桨发动机的C_{bhp}值。在初步参数确定时,一般可以认为螺旋桨效率为0.8,但定距螺旋桨在待机时的效率较低,一般为0.7。后面的章节中会介绍更详细的计算方法,可以考虑速度、高度、功率设定等因素。

表6-6　喷气发动机的典型耗油率SFC

典型喷气发动机	耗油率:/[kg·(h·kgf)$^{-1}$]	
	巡　航	待　机
涡喷	0.9	0.8
低涵道比涡扇	0.8	0.7
高涵道比涡扇	0.5	0.4

表6-7　螺旋桨耗油率C_{bhp}

典型螺旋桨发动机	耗油率:(lb·bhp·h^{-1}){kg·(kW·h)$^{-1}$}	
	巡　航	待　机
螺旋桨(固定桨距)	0.4 {0.24}	0.5 {0.31}
螺旋桨(可变桨距)	0.4 {0.24}	0.5 {0.31}
涡桨	0.5 {0.31}	0.6 {0.37}

4. *L*/*D* 估计

在巡航和待机公式中还有一个未知参数是 L/D，称为升阻比，它是衡量设计方案整体气动效率的尺度之一。与前面几个参数不同，升阻比与布局设计有着密切关系。不同类型和布局飞机的升阻比差别很大，滑翔机可达 30～50，运输机/民航机为 15～20，中等展弦比的小型飞机可以有 12～15 的升阻比，小翼展的战斗机飞机则小于 10。

在亚声速下升阻比主要受两个因素影响：翼展和浸湿面积。

在水平飞行时，升力是一定的，必须等于飞机的重量。因此，升阻比只取决于阻力。

亚声速下的阻力由两部分组成："诱导阻力"是在产生升力的时候同时产生的，其大小主要取决于翼展；"零升阻力"，或者叫"寄生阻力"，是阻力中与升力无关的部分。其中主要是蒙皮的摩擦阻力，与飞机暴露在空气中的面积（浸湿面积）成比例。

历史上曾经以"展弦比"作为机翼效率的主要衡量指标。展弦比定义为机翼翼展的二次方除以机翼参考面积。对于矩形机翼比较简单，展弦比就是翼展除以弦长。

展弦比的范围很大，再入式升力体布局（航天飞机）的展弦比通常小于 1，而滑翔机可以大于 30。典型的飞机一般为 3～8。在初步设计时，展弦比可以参照历史数据选择。通常需要通过权衡分析来确定最优的展弦比。

展弦比可以用于亚声速飞行时的升阻比估算，但有一个重要问题需要注意：寄生阻力不仅仅是机翼面积的函数，而且与总浸湿面积相关（见表 6-8），但展弦比中只包含机翼面积的信息。

表 6-8　全机浸湿面积

S_{ref}	波音 B-47	阿维罗火神
机翼参考面积 S_{ref}/m^2	132.85	320.14
总浸湿面积 S_{wet}/m^2	1 049.80	882.58
翼展 b/m	35.36	30.18
翼载荷$(w/s)/kg \cdot m^{-L}$	684.15	210.13
展向载荷$(w/b)/(kg \cdot m^{-L})$	2 606.63	2 264.04
展弦比 A	9.43	2.84
最小阻力系数 $C_{D_{min}}$	0.019 8	0.006 9
诱导阻力因子 $K=1/(\pi ARe)$	0.042 5	0.125
奥斯瓦尔德效率因子 e	0.8	0.9
最大升阻比$(L/D)_{max}$	17.25	17.0
最优升力系数 C_{Lopt}	0.682	0.235
最大巡航升力系数$(C_L)_{maxcruise}$	0.48	0.167
$C_{Dmin}S_{ref}$	28.3	23.8
浸湿面积比(S_{wet}/S_{ref})	7.9	2.76
浸湿展弦比 A_{wet}	1.19	1.03

图 6－3 所示为两种大相径庭的飞机布局，两者任务相同，都是执行战略轰炸任务。波音 B－47 是一种常规设计，机翼展弦比超过 9，所以能获得大于 17 的升阻比也不足为奇。而阿维罗火神(AVRO Vulcan)的展弦比仅为 3，却也达到了相同的升阻比。

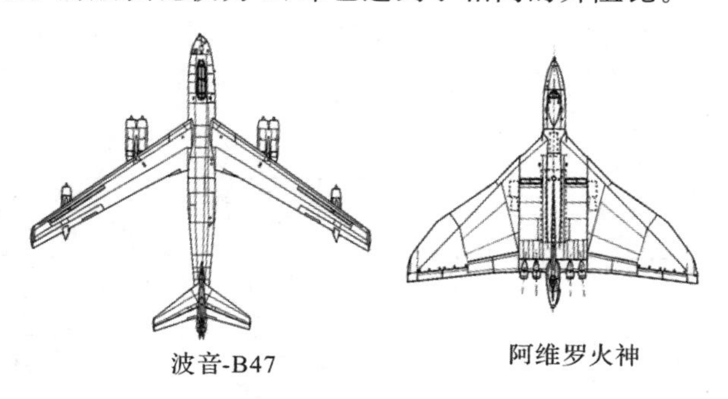

图 6－3　波音 B－47 与阿维罗火神的对比

这个结果看似奇怪，但前文已经提及原因在于影响升阻比的关键因素。两架飞机有着近似相同的翼展，浸湿面积也差不多，所以两者的升阻比也基本相同。波音 B－47 具有大展弦比，并不是因为翼展大，而是因为机翼面积小。但是，机翼面积的减小基本上被机身和尾翼浸湿面积抵消了。

对此还可以用浸湿面积与机翼参考面积的比值(S_{wet}/S_{ref})来分析。相比之下，阿维罗火神的浸湿面积与机翼面积的比值小于 3，而波音 B－47 的浸湿面积约为 8 倍的机翼面积。

浸湿面积比可以与展弦比结合在一起，作为估计升阻比的更有效的参考量。浸湿面积比与飞机的构型有密切关系。图 6－4 所示为一系列布局方案对应的浸湿面积比。

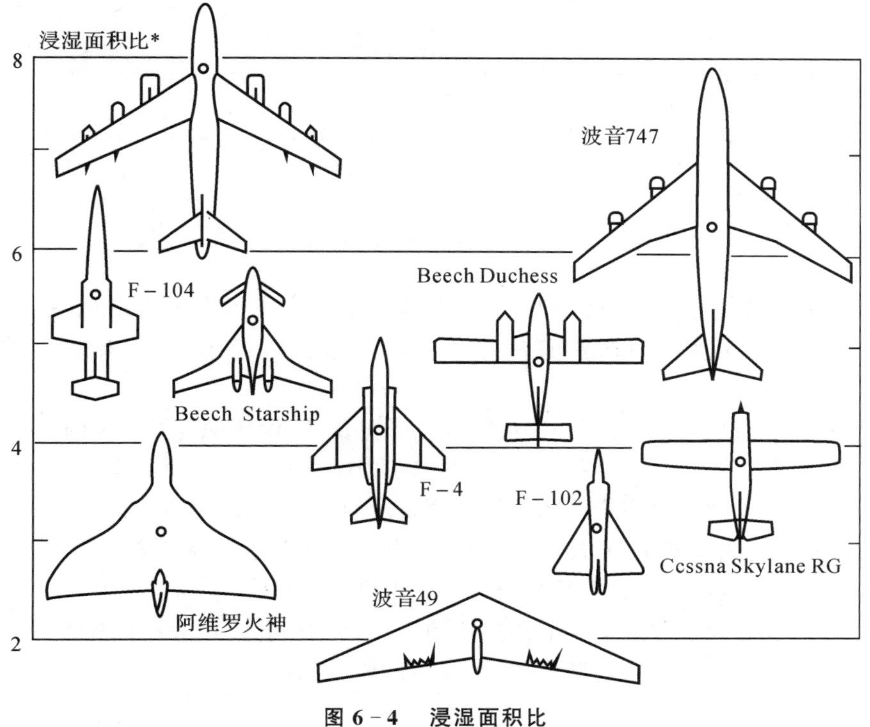

图 6－4　浸湿面积比

如前文所述,升阻比主要取决于翼展和浸湿面积。由此可以引入一个参数 —— 浸湿展弦比,定义为翼展的二次方除以全机浸湿面积。这与展弦比的定义方法是一样的,只是用总的浸湿面积替代了机翼参考面积。

图 6-5 所示为一些飞机的最大升阻比与浸湿展弦比的曲线,可以清楚看出喷气飞机、螺旋桨飞机和不可收放起落架的螺旋桨飞机的趋势线。另外提醒一下,浸湿展弦比可以通过机翼的几何展弦比除以浸湿面积比得出。

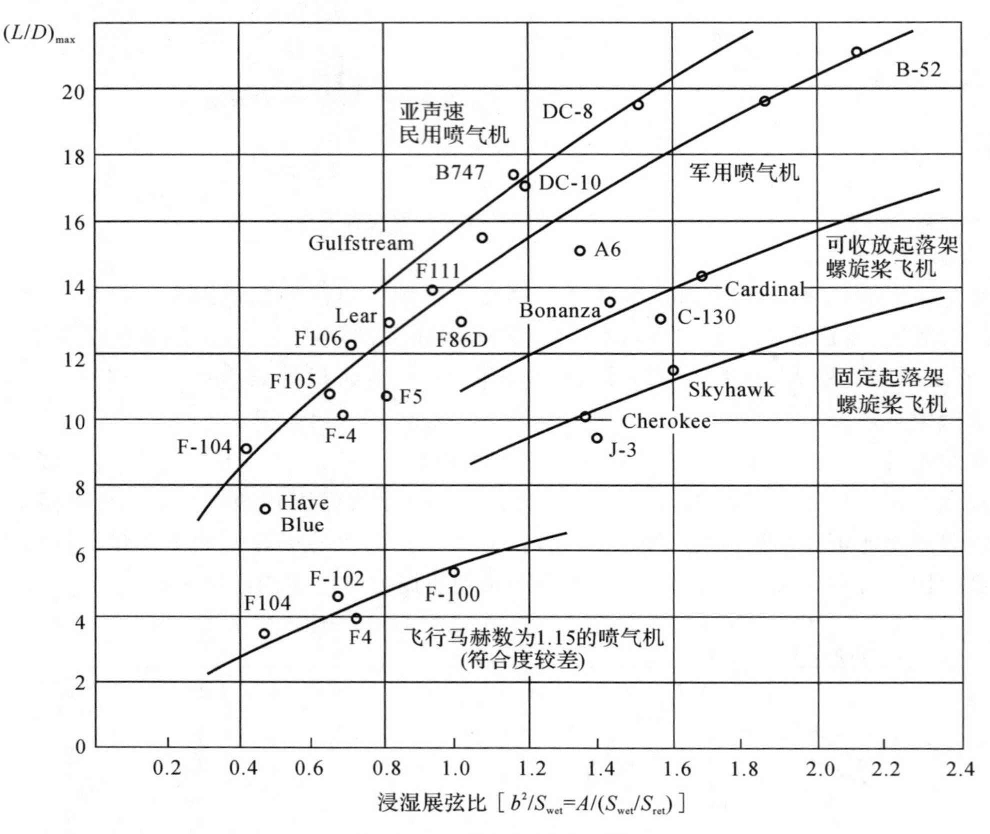

图 6-5　最大升阻比曲线

图 6-5 中的趋势线不适于很大展弦比(如滑翔机)或飞行高度很高的飞机(如波音的 Condor),这时曲线值与实际值误差很大。比方说,若浸湿展弦比为 10,则预期的升阻比可达 45。

至此我们已经知道在设计过程中是可以控制升阻比的:设计师选择一定的展弦比,确定了布局形式 —— 由此决定了浸湿面积比,也就确定了影响升阻比的主要因素。

然而,设计师必须在获得高升阻比和低结构重量的愿望之间挣扎、妥协。一般用于估计空机重量系数的统计公式是基于"常规"设计的。如果选用的展弦比大大超出同类的其他飞机,实际的空机重量系数就会高于这些简单统计公式得出的估计值。

现在,可以根据方案草图估计升阻比。所谓方案草图,也就是前面提到的"餐巾纸背面"的图样,包含了设计师对飞机主要部件的安排,如机翼、尾翼、机身、发动机、商载或乘客舱、起落架、油箱和其他需要的东西。

有了方案草图，参照图6-4可以“目测”出浸湿面积比，然后将展弦比除以浸湿面积比可以得出浸湿展弦比，再参照图6-5可以对最大升阻比做出估计。

注意：有经验的设计师一般不用草图就可以估计出升阻比。浸湿展弦比的方法主要是供学生使用的，也可以用于对新构型方案的快速评估。

阻力与飞行高度和速度相关。在每一个高度，都有一个使升阻比达到最大值的速度。为了获得最大的巡航效率或待机效率，飞机应该以大致与最大升阻比对应的速度飞行。

喷气飞机最高效待机对应的速度正是最大升阻比对应的速度；而螺旋桨飞机最高效待机对应的速度稍低，约为86.6%最大升阻比时对应的速度。其中的原因将在后面讨论。

类似地，螺旋桨飞机最高效巡航对应的速度是最大升阻比对应的速度；而喷气飞机最高效巡航对应的速度高于最大升阻比对应的速度，约为86.6%最大升阻比对应的速度。

对于初始参数选定过程，用图6-5估计出最大升阻比，再乘以上述百分比，可以确定巡航和待机时的升阻比。

5. 燃油重量系数估算

利用表6-4中的统计数据，加上巡航和待机段公式，可以计算飞行任务中各段的重量比。将这些系数乘起来，就得到任务过程总的重量比(W_n/W_0)。

这里的简化参数确定方法中不包括载荷投放任务，重量的变化只是由于燃油消耗导致的，所以燃油重量系数就等于($1-W_n/W_0$)。一般来说，假定安全余油和死油占6%，则总的燃油系数的计算公式为

$$\frac{W_f}{W_0}=1.06\left(1-\frac{W_n}{W_0}\right) \tag{6.10}$$

6.1.4　起飞重量计算

利用式(6.10)确定的燃油系数，加上表6-1中选定的空机重量统计公式，就可以用式(6.4)求出起飞总重。由于算式两端都有总重(W_0)，所以需要采用迭代的过程：先假设一个起飞总重值，计算出空机重量系数，再计算起飞总重。如果算出的结果与假设值不同，那么可以在两者之间取一个值，再进行下一轮计算。一般来说，几次迭代就可以得到收敛的结果。

6.2　分项重量估算

上面介绍的根据起飞总重估算空重的统计方法只适合于初步方案设计阶段，随着研制的进程，可以采用更详细的估算方法，分别估算不同部件的重量，然后累加得出飞机总重。本节介绍两种不同类型的部件重量估算方法：第一种是根据平面面积、浸湿面积和总重计算部件重量；第二种是使用详细的统计公式，估算不同部件的重量。

第一种方法可用于初步平衡分析，也可用于检验更详细的统计方法的结果。第二种方法引入了足够多的细节，可以得出主要部件组的比较可信的估计值。

6.2.1　按特征参数估算组件重量

这种方法使用部件的特征参数进行估算。对于机翼和尾翼的重量估算，可以使用面密度的统计数据乘以外露面积；机身采用类似的方法，使用浸湿面积；起落架重量为起飞总重的某

个比例;发动机装机重量等于发动机净重乘以某个系数;所有其他部件的总重按起飞总重的某个比例来估算,见表 6-9。表 6-9 同时也提供了部件重心的近似位置,其中 MAC 是平均气动弦,L 表示机身长度。空重近似分解见表 6-9。

表 6-9　空重近似分解

项　目	战斗机	运输/轰炸机	通用航空	乘　数	重心近似位置
	面密度/(kg·m^{-2})				
机翼	44	49	12	外露面积	40%MAC
平尾	20	27	10	外露面积	40%MAC
垂尾	26	27	10	外露面积	40%MAC
机身	23	24	7	浸湿面积	40%L ~ 50%L
	重量占比				
起落架*	0.033 海军型:0.045	0.043	0.057	起飞总重	
发动机装机	1.3	1.3	1.4	发动机净重	
其他	0.17	0.17	0.10	起飞总重	40%L ~ 50%L

注:* 一般情况下,起落架重量分配为前起落架 15%,主起落架 85%。

可以将得到的全机重心与气动中心相比较,以评估或调节飞机的稳定特性。

6.2.2　基于统计公式估算组件重量

比较详细的估算组件重量方法是使用基于复杂的回归分析的统计公式,这需要大量工作,每个公司会建立他们自己的公式。

以下的公式摘自 D. P. Raymer 的 *Aircraft Design*,它代表了主流飞机公司在方案设计中的典型方法,包括战斗机/攻击机、运输机和通用航空。各项的定义列在公式后面。注意这些公式中采用的是英制单位,使用时要注意单位的统一。

其中有一个重要的项——W_{dg} 是设计飞行总重。对于军用飞机,这个值通常小于最大起飞重量,一般对应于只有 50%~60%燃油的总重。

需要了解的是,在第一架飞机飞起来之前,重量估算是没有"正确"结果的。不过,这些公式应该可以提供合理的估计值。

在多种参考文献中,如"Nicolai L., *Fundamentals of Aircraft Design*, University of Dayton, Dayton, OH, 1975.""Roskam J., *Airplane Design*, Roskam Aviation and Engineering Corp., Ottawa, KS, 1985.""Torenbeek E., *Synhesis of Subsonic Airplane Design*, Delft University Press, Delft, The Netherlands, 1982."等,也有类似的公式,推荐对每个部件采用多种方法计算,然后选取合理的平均值。

(1)战斗机/攻击机重量(英制单位,结果为 lb):

$$W_{\text{wing}} = 0.010\,3 K_{\text{dw}} K_{\text{vs}} (W_{\text{dg}} N_z) 0.5 S_{\text{w}}^{0.622} A^{0.785} (t/c)_{\text{root}}^{-0.4} \cdot (1+\lambda)^{0.05} (\cos\Lambda)^{-1.0} S_{\text{csw}}^{0.04} \tag{6.11}$$

$$W_{\text{horizontal tail}} = 3.316\left(1+\frac{F_{\text{w}}}{B_{\text{h}}}\right)^{-2.0}\left(\frac{W_{\text{dg}} N_z}{1\,000}\right)^{0.260} S_{\text{ht}}^{0.806} \tag{6.12}$$

$$W_{\text{vertical tial}}=0.452K_{\text{rht}}(1+H_t/H_v)^{0.5}(^{W}_{\text{dg}}N_z)0.488S_{\text{vt}}^{0.718}Ma^{0.341}\cdot$$

$$L_t^{-1.0}(1+S_r/S_{\text{vt}})^{0.348}A_{\text{vt}}^{0.223}(1+\lambda)^{0.25}(\cos\Lambda)^{-0.323} \quad (6.13)$$

$$W_{\text{fuselage}}=0.499K_{\text{dwf}}W_{\text{dg}}^{0.35}N_z^{0.25}L^{0.5}D^{0.849}W^{0.685} \quad (6.14)$$

$$W_{\text{main landing gear}}=K_{\text{cb}}K_{\text{tpg}}(W_lN_l)^{0.25}L_m^{0.973} \quad (6.15)$$

$$W_{\text{nose landing gear}}=(W_lN_l)^{0.290}L_n^{0.5}N_{\text{nw}}^{0.525} \quad (6.16)$$

$$W_{\text{engine mounts}}=0.013N_{\text{en}}^{0.795}T^{0.579}N_z \quad (6.17)$$

$$W_{\text{firewall}}=1.13S_{\text{fw}} \quad (6.18)$$

$$W_{\text{engine section}}=0.01W_{\text{en}}^{0.717}N_{\text{en}}N_z \quad (6.19)$$

$$W_{\text{air induction system}}=13.29K_{\text{vg}}L_d^{0.643}K_d^{0.182}N_{\text{en}}^{1.498}(L_s/L_d)^{-0.373}D_e \quad (6.20)$$

式中：K_d 和 L_s 见图 6-6。

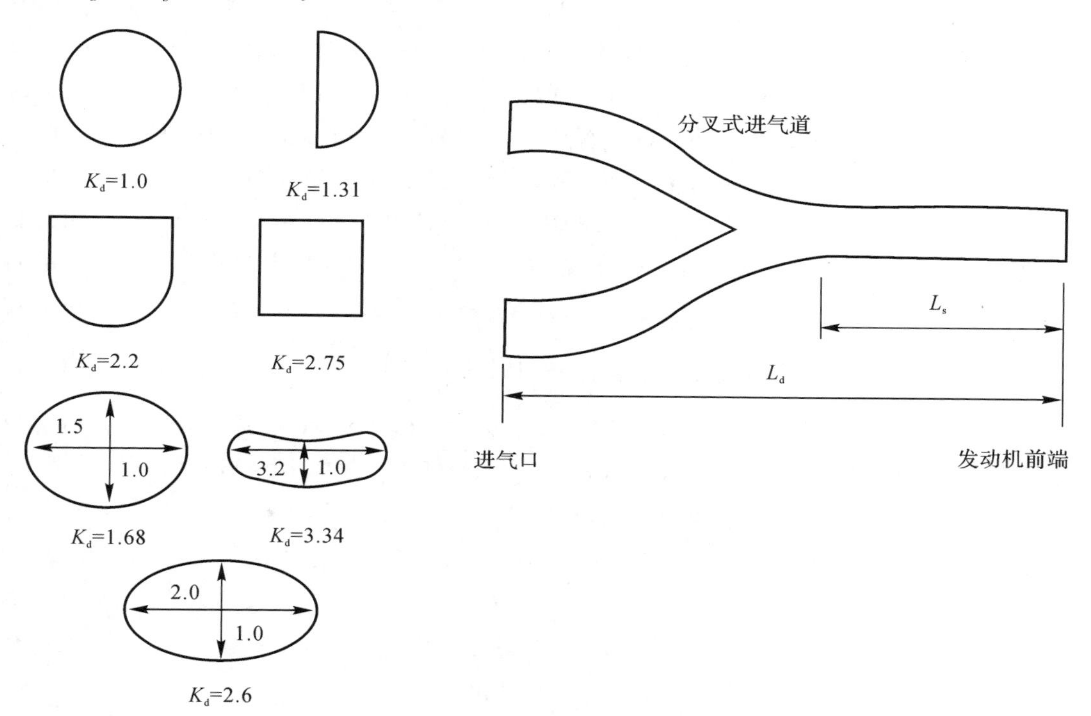

图 6-6 进气道几何定义

$$W_{\text{tailpipe}}=3.5D_eL_{\text{tp}}N_{\text{en}} \quad (6.21)$$

$$W_{\text{engine cooling}}=4.55D_eL_{\text{sh}}N_{\text{en}} \quad (6.22)$$

$$W_{\text{oil cooling}}=37.82N_{\text{en}}^{1.023} \quad (6.23)$$

$$W_{\text{engine controls}}=10.5N_{\text{en}}^{1.008}L_{\text{ec}}^{0.222} \quad (6.24)$$

$$W_{\text{starter(pneumatic)}}=0.025T_e^{0.760}N_{\text{en}}^{0.72} \quad (6.25)$$

$$W_{\text{fuel system and tanks}}=7.45V_t^{0.47}\left(1+\frac{V_i}{V_t}\right)^{-0.095}\left(1+\frac{V_p}{V_t}\right)N_t^{0.066}N_{\text{en}}^{0.052}\left(\frac{T\cdot SFC}{1\,000}\right)^{0.249} \quad (6.26)$$

$$W_{\text{flight controls}}=36.28Ma^{0.003}S_{\text{cs}}^{0.489}N_s^{0.484}N_c^{0.127} \quad (6.27)$$

$$W_{\text{instruments}}=8.0+36.37N_{\text{en}}^{0.676}N_t^{0.237}+26.4(1+N_{ci})^{1.356} \quad (6.28)$$

$$W_{\text{hydraulics}} = 37.23K_{\text{vsh}}N_{\text{u}}^{0.664} \tag{6.29}$$

$$W_{\text{electrical}} = 172.2K_{\text{mc}}R_{\text{kva}}^{0.152}N_{\text{c}}^{0.10}L_{\text{a}}^{0.10}N_{\text{gen}}^{0.091} \tag{6.30}$$

$$W_{\text{avionics}} = 2.117W_{\text{uav}}^{0.933} \tag{6.31}$$

$$W_{\text{furnishings}} = 217.6N_{\text{c}} \quad \text{(包含座椅)} \tag{6.32}$$

$$W_{\text{air conditioning and anti-ice}} = 201.6\left[(W_{\text{uav}} + 200N_{\text{c}})/1\,000\right]^{0.735} \tag{6.33}$$

$$W_{\text{handling gear}} = 3.2 \times 10^{-4}W_{\text{dg}} \tag{6.34}$$

(2) 货运 / 运输机重量(英制单位,结果为 lb):

$$W_{\text{wing}} = 0.005\,1(W_{\text{dg}}N_{z})^{0.557}S_{\text{w}}^{0.649}A^{0.5}(t/c)_{\text{root}}^{-0.4}(1+\lambda)^{0.1}(\cos\Lambda)^{-1.0}S_{\text{csw}}^{0.1} \tag{6.35}$$

$$W_{\text{horizontal tail}} = 0.037\,9K_{\text{uht}}(1+F_{\text{w}}/B_{\text{h}})^{-0.25}W_{\text{dg}}^{0.639}N_{z}^{0.10}S_{\text{ht}}^{0.75}L_{\text{t}}^{-1.0} \cdot K_{y}^{0.704}(\cos\Lambda_{\text{ht}})^{-1.0}A_{\text{h}}^{0.166}(1+S_{\text{e}}/S_{\text{ht}})^{0.1} \tag{6.36}$$

$$W_{\text{vertical tial}} = 0.002\,6(1+H_{t}/H_{\text{v}})^{0.225}W_{\text{dg}}^{0.556}N_{z}^{0.536}L_{\text{t}}^{-0.5}S_{\text{vt}}^{0.5}K_{z}^{0.875} \cdot (\cos\Lambda_{\text{vt}})^{-1}A_{\text{v}}^{0.35}(t/c)_{\text{root}}^{-0.5} \tag{6.37}$$

$$W_{\text{fuselage}} = 0.328\,0K_{\text{door}}K_{\text{Lg}}(W_{\text{dg}}N_{z})^{0.5}L^{0.25}S_{\text{f}}^{0.302}(1+K_{\text{ws}})^{0.04}(L/D)^{0.10} \tag{6.38}$$

$$W_{\text{main landing gear}} = 0.010\,6K_{\text{mp}}W_{\text{l}}^{0.888}N_{\text{l}}^{0.25}L_{\text{m}}^{0.4}N_{\text{mw}}^{0.321}N_{\text{mss}}^{-0.5}V_{\text{stall}}^{0.1} \tag{6.39}$$

$$W_{\text{nose landing gear}} = 0.032K_{\text{np}}W_{\text{l}}^{0.646}N_{\text{l}}^{0.2}L_{\text{n}}^{0.5}N_{\text{nw}}^{0.45} \tag{6.40}$$

$$W_{\text{nacelle group}} = 0.672\,4K\text{ng}N_{\text{Lt}}^{0.10}N_{\text{w}}^{0.294}N_{z}^{0.119}W_{\text{ec}}^{0.611}N_{\text{en}}^{0.984}S_{\text{n}}^{0.224} \tag{6.41}$$

$$W_{\text{engine controls}} = 5.0N_{\text{en}} + 0.80L_{\text{ec}} \tag{6.42}$$

$$W_{\text{starter(pneumatic)}} = 49.19\left(\frac{N_{\text{en}}W_{\text{en}}}{1\,000}\right)^{0.541} \tag{6.43}$$

$$W_{\text{fuel system}} = 2.405V_{t}^{0.606}(1+V_{\text{i}}/V_{t})^{-1.0}(1+V_{\text{p}}/V_{t})N_{t}^{0.5} \tag{6.44}$$

$$W_{\text{flight controls}} = 145.9N_{\text{f}}^{0.554}(1+N_{\text{m}}/N_{\text{f}})^{-1.0}S_{\text{cs}}^{0.20}(I_{y} \times 10^{-6})^{0.07} \tag{6.45}$$

$$W_{\text{APU installed}} = 2.2W_{\text{APU uninstalled}} \tag{6.46}$$

$$W_{\text{instruments}} = 4.509K_{\text{r}}K_{\text{tp}}N_{\text{c}}^{0.541}N_{\text{en}}(L_{\text{f}}+B_{\text{w}})^{0.5} \tag{6.47}$$

$$W_{\text{hydraulics}} = 0.267\,3N_{\text{f}}(L_{\text{f}}+B_{\text{w}})^{0.937} \tag{6.48}$$

$$W_{\text{electrical}} = 7.291R_{\text{kva}}^{0.782}L_{\text{a}}^{0.346}N_{\text{gen}}^{0.10} \tag{6.49}$$

$$W_{\text{avionics}} = 1.73W_{\text{uav}}^{0.983} \tag{6.50}$$

$$W_{\text{furnishings}} = 0.057\,7N_{\text{c}}^{0.1}W_{\text{c}}^{0.393}S_{\text{f}}^{0.75} \tag{6.51}$$

$$W_{\text{air conditioning}} = 62.36N_{\text{p}}^{0.25}(V_{\text{pr}}/1\,000)^{0.604}W_{\text{uav}}^{0.10} \tag{6.52}$$

$$W_{\text{anti-ice}} = 0.002W_{\text{dg}} \tag{6.53}$$

$$W_{\text{handling gear}} = 3.0 \times 10^{-4}W_{\text{dg}} \tag{6.54}$$

$$W_{\text{military cargo handing system}} = 2.4 \times (\text{cargo floor area}, \text{ft}^{2}) \tag{6.55}$$

注:cargo floor area 为货舱地板面积。

(3) 通用航空飞机重量(英制单位,结果为 lb):

$$W_{\text{wing}} = 0.036S_{\text{w}}^{0.758}W_{\text{fw}}^{0.0035}\left(\frac{A}{\cos^{2}\Lambda}\right)^{0.6}q^{0.006}\lambda^{0.04}\left(\frac{100t/c}{\cos\Lambda}\right)^{-0.3}(N_{z}W_{\text{dg}})^{0.49} \tag{6.56}$$

$$W_{\text{horizontal tail}} = 0.016(N_{z}W_{\text{dg}})^{0.414}q^{0.168}S_{\text{ht}}^{0.896}\left(\frac{100t/c}{\cos\Lambda}\right)^{-0.12}\left(\frac{A}{\cos^{2}\Lambda_{\text{ht}}}\right)^{0.043}\lambda_{\text{h}}^{-0.02} \tag{6.57}$$

$$W_{\text{vertical tail}}=0.073(1+0.2H_t/H_v)(N_zW_{dg})^{0.376}q^{0.122}S_{vt}^{0.873}\cdot \left(\frac{100t/c}{\cos\Lambda_{vt}}\right)^{-0.49}\left(\frac{A}{\cos^2\Lambda_{vt}}\right)^{0.357}\lambda_{vt}^{0.039} \tag{6.58}$$

$$W_{\text{fuselage}}=0.052S_f^{1.086}(W_{dg}N_z)^{0.177}L_t^{-0.051}(L/D)^{-0.072}q^{0.241}+W_{\text{press}} \tag{6.59}$$

$$W_{\text{main landing gear}}=0.095(N_lW_l)^{0.768}(L_m/12)^{0.409} \tag{6.60}$$

$$W_{\text{nose landing gear}}=0.125(N_lW_l)^{0.566}(L_n/12)^{0.845} \tag{6.61}$$

$$W_{\text{installed engine(total)}}=2.575W_{en}^{0.922}N_{en}\quad\text{(包含螺旋桨和安装架)} \tag{6.62}$$

$$W_{\text{fuel system}}=2.49V_t^{0.726}(1+V_i/V_t)^{-0.363}N_t^{0.242}N_{en}^{0.157} \tag{6.63}$$

$$W_{\text{flight controls}}=0.053L^{1.536}B_w^{0.371}(N_zW_{dg}\times10^{-4})^{0.80} \tag{6.64}$$

$$W_{\text{hydraulics}}=K_hW^{0.8}Ma^{0.5} \tag{6.65}$$

$$W_{\text{electrical}}=12.57(W_{\text{fuel system}}+W_{\text{avionics}})^{0.51} \tag{6.66}$$

$$W_{\text{avionics}}=2.117W_{uav}^{0.933} \tag{6.67}$$

$$W_{\text{air conditioning and anti-ice}}=0.265W_{dg}^{0.52}N_p^{0.68}W_{\text{avionics}}^{0.17}Ma^{0.08} \tag{6.68}$$

$$W_{\text{furnishings}}=0.0582W_{dg}-65 \tag{6.69}$$

(4) 重量公式中符号意义见表 6-10。

表 6-10 重量公式中符号的含义

符号	含义及取值
A	展弦比
B_h	平尾翼展,ft
B_w	机翼翼展,ft
D	机身结构高度,ft
D_e	发动机直径,ft
F_w	机身-平尾交界处机身宽度,ft
H_t	平尾高度,ft
H_t/H_v	0.0(常规平尾);1.0(T尾)
H_v	机身上方垂尾高度,ft
I_y	偏航转动惯量,lb·ft^2
K_{cb}	2.25 横梁起落架(F-111);1.0 其他
K_d	管道常数
K_{door}	1.0(无货舱门);1.06(单侧货舱门); 1.12(两侧货舱门);1.12(后部蚌壳货舱门); 1.25(两侧货舱门加尾部蚌式货舱门)
K_{dw}	0.768(三角翼);1.0(其他)
K_{dwf}	0.774(三角翼飞机);1.0(其他)

续 表

符号	含义及取值
K_h	0.05(低亚声速,液压只用于刹车和收放); 0.11(中亚声速,液压襟翼收放); 0.12(高亚声速,液压飞行控制); 0.013(轻型飞机,液压只用于刹车)
K_{Lg}	1.12(主起落架在机身上);1.0(其他)
K_{mc}	1.45(失效后仍要求完成任务);1.0(其他)
K_{mp}	1.126[跪式起落架(kneeling gear)];1.0(其他)
K_{ng}	1.017(挂架短舱);1.0(其他)
K_{np}	1.15(跪式起落架);1.0(其他)
K_p	1.4(发动机带螺旋桨);1.0(其他)
K_r	1.133(活塞发动机);1.0(其他)
K_{rht}	1.047(可调安装角平尾);1.0(其他)
K_{tp}	0.793(涡桨发动机);1.0(其他)
K_{tpg}	0.826[三杆斜撑式起落架(如 A-7)];1.0(其他)
K_{tr}	1.18(带反推力);1.0(其他)
K_{uht}	1.143(全动平尾);1.0(其他)
K_{vg}	1.62(可变外形);1.0(其他)
K_{vs}	1.19(变后掠翼);1.0(其他)
K_{vsh}	1.425(变后掠翼);1.0(其他)
K_{ws}	$0.75\ [(1+2\lambda)/(1+\lambda)](B_w \tan\Lambda/L)$
K_y	俯仰方向惯性半径,ft($\approx 0.3L_t$,)
K_z	偏航方向惯性半径,ft($\approx 0.3L_t$,)
L	机身结构长度,ft(不包括雷达罩和尾锥)
L_a	电路长度(发动机到航电设备到座舱),ft
L_d	管道长度,ft
L_{ec}	发动机前端到座舱距离,如果多台发动机则叠加,ft
L_f	机身总长,ft
L_m	主起伸展长度,in
L_n	前起伸展长度,in
L_s	单个管道长度

续 表

符号	含义及取值
L_{sh}	发动机外罩长度,ft
L_{t}	尾力臂长度(机翼 1/4MAC 到尾翼 1/4MAC),ft
L_{tp}	尾撑长度,ft
M	马赫数
N_{c}	机组成员数(无人机取 0.5)
N_{ci}	等效机组成员数:1(单座);1.2(后加座);2.0(双座)
N_{en}	发动机数
N_{f}	操纵系统功能数(一般为 4 ～ 7)
N_{gen}	发电机数目(通常 $N_{gen} = N_{en}$)
N_{Lt}	发动机舱长度,ft
N_{l}	降落极限过载;$N_{c} = N_{gear} \times 1.5$
N_{m}	传动系统功能数(一般为 0 ～ 2)
N_{mss}	主起减震支柱数目
N_{mw}	主起轮数
N_{nw}	前起轮数
N_{P}	飞机上总人数(包括乘员和旅客)
N_{s}	飞控系统数
N_{t}	油箱数
N_{u}	液压系统功能数(通常为 5 ～ 15)
N_{w}	短舱宽度,ft
N_{z}	极限过载系数;$N_{z} = 1.5 \times$ 限制过载系数
q	巡航动压,lb/ft^{2}
R_{kva}	系统电功率,kV·A(运输机一般为 40 ～ 60,战斗机和轰炸机一般为 110 ～ 160)
S_{cs}	操纵面总面积,ft^{2}
S_{csw}	机翼操纵面面积,ft^{2}
S_{e}	升降舵面积,ft
S_{f}	机身浸湿面积,ft^{2}
S_{fw}	防火墙表面积,ft^{2}

续表

符号	含义及取值
S_{ht}	平尾面积,ft^2
S_n	短舱浸湿面积,ft^2
S_r	方向舵面积,ft^2
S_{vt}	垂尾面积,ft^2
S_w	梯形基本翼面积,ft^2
SFC	发动机单位耗油率 —— 最大推力
T	发动机总推力,lb
T_e	单台发动机推力,lb
V_i	整体油箱容积,gal
V_p	自封闭油箱容积,gal
V_{pr}	压力舱容积,ft^3
V_t	燃油总容积,gal
W	机身结构总宽度,ft
W_e	最大载货量,lb
W_{dg}	设计飞行总重,lb(对于军机常对应于 50% ~ 60% 内部燃油)
W_{ec}	发动机及设备重量,lb(每个短舱),$W_{ec} \cong 2.331W_{engine}^{0.901}K_pK_{tr}$
W_{en}	单台发动机重量,lb
W_{fw}	机翼内燃油重量,lb(如果为零,忽略此项)
W_l	设计着陆总重,lb
W_{press}	增压附加重量,$=11.9(V_{pr}P_{delta})^{0.271}$,其中 P_{delta} = 客舱压差,psi
W_{uav}	航电设备净重,lb(一般为 800 ~ 1 400 lb)
Λ	机翼 1/4 弦线后掠角
λ	梢根比

6.3 重心分析

对重量分组过程中,同时可以确定出部件到参考点的距离,由此可以计算力矩。将所有力矩求和,除以总重量可以得到实际的重心(c.g.)位置。飞行中,随着燃油消耗和武器投放,重心是在不断变化的。

为了检验重心是否在适当的范围中，可以作出“重心包线”图(见图6-7)。

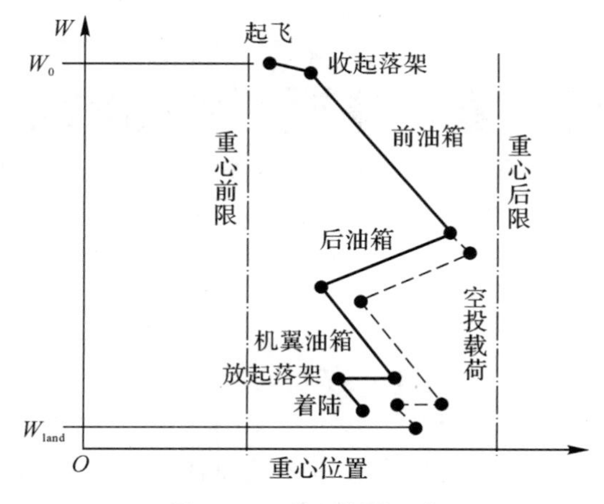

图6-7　重心范围示意

随着燃油的消耗，并且无论武器投放与否，重心都必须保持在适当的范围之内。允许对油箱“排队”使用，即安排不同油箱的使用顺序，以调整重心位置。不过这需要自动燃油管理系统，会增大成本和复杂性。

要注意许用重心范围会随着马赫数而变化。在超声速飞行时气动中心会向后移动，因此重心前限需要后移，以保证飞机能够纵向配平。另外，重心后限通常是由垂尾尺寸限制的，超声速时垂尾会损失效率。也就是说，超声速时重心后限不能后移，因此，在超声速飞行时，可用重心范围很窄。

思考题

1. 飞机的总重是由哪几部分组成的?

2. 飞机的燃油重量系数主要与哪些参数相关?

3. “结构重量增加1 kg，飞机的起飞总重也会增大1 kg”，这个说法对不对? 为什么?

4. 对于两架构型相似的飞机，如波音737-800和波音747-400，在保持性能指标不变的情况下，如果空机重量增加1 kg，起飞总重各会增加多少? 分析其原因。

5. 选取5种构型相同但尺寸不同的飞机，例如波音737、波音747、波音757、波音767、波音777，画出它们的最大航程与最大起飞重量的曲线。看看其中有什么规律?

6. 接上题，画出每架飞机的最大有效载荷与最大起飞总重的曲线。看看其中有什么规律?

7. 如果一架客机的载客量为300人，最大航程是7 500 km，基于前两题的规律估计它的最大起飞总重。

8. 粗略估计一下美国F-15和F-14的起飞总重，并与实际值做对比分析。

第7章 推重比和翼载

7.1 简　　介

推重比(T/W)和翼载(W/S)是两个最重要的总体参数,直接影响飞机性能。初始布局完成后,主要的设计分析工作就是对这两个参数进行优化。尽管如此,在初始布局之前对这两个参数做出合理的估计还是很有必要的。不然的话,优化后的飞机可能与之前的设计相差很远,以至于不得不重新设计。

举例来说,如果初始设计中翼载取得很小,那就意味着机翼很大,设计师很容易安置起落架和油箱。但如果后续的优化结果又要求较大的翼载,那么所对应的较小的机翼可能无法容纳起落架和油箱。虽然可以把它们放在机身里,但又会增加浸湿面积,从而增加阻力。因此,这样的优化结果可能无法令人满意。

在许多性能计算中,推重比和翼载是相互联系、相互影响的。以起飞距离为例(这常常是一个关键的设计要求),如果要求较短的起飞距离,可以用大机翼(低 W/S)配合小发动机(低 T/W)来实现。虽然小发动机使飞机加速比较慢,但这样的飞机只需要不高的速度即可离地起飞。另外,也可以用小机翼(高 W/S)和大发动机(高 T/W)来实现同样的起飞距离要求。这时需要较高的离地速度,但大发动机可以使飞机很快达到这个速度。

因为这样的相互交联的关系,很难通过统计数据来独立选择推重比或翼载。设计师通常需要先假定其中一个参数,然后通过重要状态的设计要求来计算另一个。

多数情况下,翼载的关键设计要求是着陆进场时的失速速度,这个速度是与发动机无关的,因此可以用它来估计翼载。估计出的翼载可以用来计算要达到其他性能指标要求(如单发爬升率等)所需的推重比。

对于不是那么显而易见的情况,必须先给定一个参数的值,根据性能要求计算另一个参数,然后再检验第一个参数。本章将设定推重比的数值,因为这个参数比较适合于用统计方法确定,并且对于给定类型的飞机来说变化较小。

当然,有些情况下设计师会希望从翼载开始。这时,书中用于计算翼载的公式也可以用来计算推重比。

7.2 推　重　比

7.2.1 推重比定义

推重比(T/W)定义为推力和重力的比值,它直接影响飞机性能。高推重比的飞机加速更快、爬升更迅速、最大速度更高,转弯速率也更大。但对于同样的任务,更大的发动机需要更多的燃油，这也使飞机的起飞总重更大。

推重比并非固定不变的。飞行过程中随着燃油消耗，飞机的重量在不断减小。另外，发动机的推力也会随飞行高度和速度变化（螺旋桨飞机的功率和螺旋桨效率也是如此）。

通常说的推重比指的是海平面静止状态（零速度）和标准大气条件下，所对应的起飞总重和最大油门状态的推力。其他状态对应着不同的推重比，如爬升状态、格斗状态等。也可以计算部分功率状态下的推重比，如着陆进场时，发动机基本处于慢车状态，此时的实际推重比可能会小于 0.05。

在分析计算中，一定要注意避免混淆起飞推重比和其他状态的推重比。如果要计算其他状态下推重比，必须将它折算到起飞状态，以用于发动机数量和大小的选择。

7.2.2　功率载荷和马力重量比

“推重比”这个概念是针对于喷气飞机的。对于螺旋桨飞机而言，对应的名词是“功率载荷”，定义为飞机的重量除以发动机的马力。

功率载荷与推重比表达的意义正好相反，大功率载荷意味着小发动机。大多数飞机的功率载荷在 10 ～ 15 lb/hp 之间，特技飞机的功率载荷可能会到 6 lb/hp。也有一些功率载荷低至 3 lb/hp 或 4 lb/hp 的飞机。

螺旋桨飞机的等效推重比可表示为

$$\frac{T}{W}=\left(\frac{\eta_{\mathrm{p}}}{V}\right)\left(\frac{P}{W}\right)=\left(\frac{550\eta_{\mathrm{p}}}{V}\right)\left(\frac{\mathrm{hp}}{W}\right)\text{（英制单位）} \tag{7.1}$$

式中：η_{p}—— 螺旋桨效率。

式(7.1)中包含一项 P/W，称为功率重量比。在英制单位中称为马力重量比，是功率载荷(W/hp)的倒数。后面的讨论中很多内容同时涉及喷气飞机和螺旋桨飞机，为了避免混淆，本书一律采用功率重量比替代传统的功率载荷。功率重量比、马力重量比和功率载荷之间可以很容易地换算。

为了行文方便，以下讨论中，“推重比”这个概念也包含功率重量比。

7.2.3　用统计数据估算推重比

不同类型飞机的典型推重比或功率重量比数据见表 7－1、表 7－2。

表 7－2 还列出了相对应的功率载荷值。这些值对应的状态是海平面高度、零速度（“静态”）、发动机最大功率。表里空中格斗战机的推重比值是发动机开加力的值，其他喷气飞机通常是不带加力的。

推重比与飞机的最大速度密切相关。在以后的设计过程中，将利用气动分析出的最大速度对应的阻力和其他一些准则，来估算所需的推重比。

表 7－1　推重比(T/W)

类　型	典型推重比
喷气教练机	0.4
喷气战斗机(空中格斗)	0.9
喷气战斗机(其他)	0.6
军用运输/轰炸机	0.25
喷气运输机(发动机越少数值越高)	0.25～0.4

表 7-2 功率重量比

类 型	典型功重比		典型功率载荷/(lb/hp^{-1})
	$hp \cdot lb^{-1}$	$kW \cdot kg^{-1}$	
动力滑翔机	0.04	0.07	25
自制飞机	0.08	0.13	12
通用航空(单引擎)	0.07	0.12	14
通用航空(双引擎)	0.17	0.30	6
农用飞机	0.09	0.15	11
双涡桨	0.20	0.33	5
飞船	0.10	0.16	10

不同类型飞机的基于最大马赫数或最大速度的拟合公式见表 7-3、表 7-4,可以用于在目前阶段的推重比或功重比的初步估计。这些公式中的因子摘自 *Raymer* 的书,使用时要注意,只有在每种飞机正常的速度范围内才是准确的。

表 7-3 T/W_0 与 M_{max} 的关系

$T/W_0 = a\,M_{max}{}^C$	a	C
喷气教练机	0.488	0.728
喷气战斗机(空战)	0.648	0.594
喷气战斗机(其他)	0.514	0.141
军用运输/轰炸机	0.244	0.341
喷气运输机	0.267	0.363

表 7-4 P/W_0 与 V_{max} 的关系

$P/W_0 = a\,V_{max}{}^C$	a		C
	kn	$km \cdot h^{-1}$	
动力滑翔机	0.043	0.071	0
自制飞机(金属/木材)	0.005	0.006	0.57
自制飞机(复合材料)	0.004	0.005	0.57
通用航空(单引擎)	0.025	0.036	0.22
通用航空(双引擎)	0.036	0.048	0.32
农用飞机	0.009	0.010	0.50
双涡桨	0.013	0.016	0.50
飞船	0.030	0.043	0.23

注:kn 为节,1 kn=1.852 km/h。

7.2.4　推力匹配

对于主要针对巡航效率设计的飞机，可以用“推力匹配”的方法得到比较好的推重比估计值。这主要指将发动机在巡航状态的推力与飞机的阻力估算值相比较。

在匀速的水平飞行中，推力等于阻力，升力等于重力(假设推力线与飞行方向平行)。那么，推重比就等于升阻比的倒数，即

$$\left(\frac{T}{W}\right)_{\text{cruise}}=\frac{1}{(L/D)_{\text{cruise}}} \tag{7.2}$$

用式(7.2)估算的翼载是在巡航状态下的，而非起飞状态的。飞机在开始巡航之前会消耗掉一些燃料，并且随着航程的延续，会消耗掉更多的燃料。

另外，所选用发动机在巡航条件下的推力也不同于海平面的静态推力。所有这些因素都必须考虑，以达到需要的起飞推重比，进而选定发动机。

巡航段中，刚开始时重量最大。此时的重量为起飞总重减去起飞和爬升阶段所消耗的燃油。

飞机在巡航时和起飞时的推力是不同的。喷气飞机通常巡航在发动机最佳耗油率对应的高度，一般为 10 000～12 000 m。在这个高度，虽然耗油率低，但是推力也有所下降。而发动机的大小取决于最佳耗油率对应的推力，一般为发动机最大无加力连续推力的 70%～100%。因此，在高空的巡航状态下的推力小于在地面的起飞状态的推力，而由巡航状态得出的需用推重比需要经过折算，才能够得到对应的起飞推重比。

一般来说，现代亚声速飞机采用的高涵道比涡轮风扇发动机巡航时的推力为 20%～25% 的起飞推力，而低涵道比带加力的涡扇或者涡喷发动机巡航推力是起飞推力的 40%～70%。

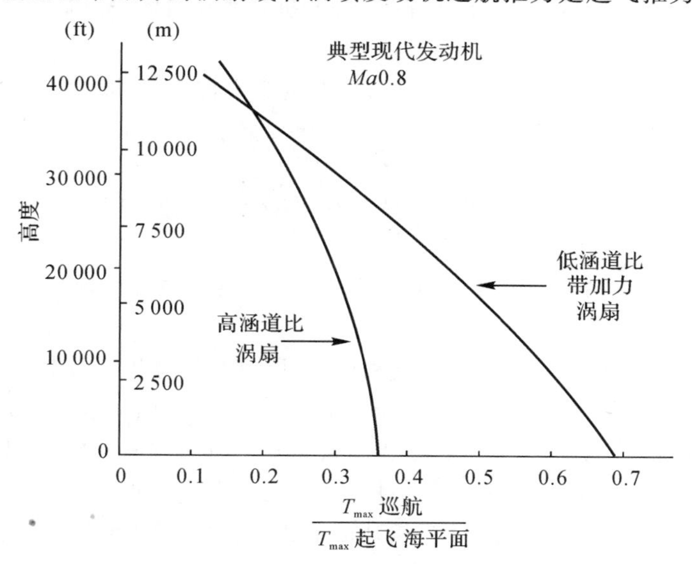

图 7-1　巡航时的推力递减曲线

对于活塞式螺旋桨飞机，可用功率随着进入发动机进气歧管的空气密度而变化。如果发动机不带增压，那么随着高度的增加，空气相对密度 σ 降低，发动机功率也随之降低。比如说，非增压式发动机在 3 000 m 高度的功率大概为海平面功率的 73%。

为了避免这种功率损失，许多活塞式发动机采用增压器，使得进入发动机进气管的空气密度基本保持在海平面的密度水平。在高度过高，超过增压器的增压极限后，动力开始下降（见图 7-2）。通常活塞式飞机巡航功率为 75％的起飞功率。

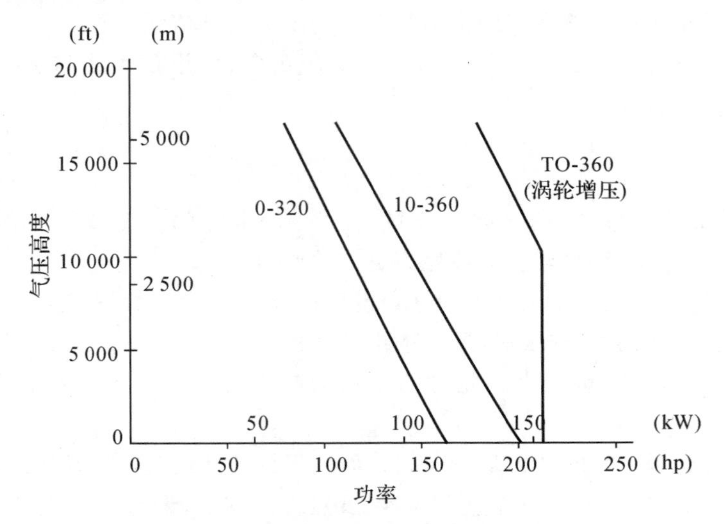

图 7-2　活塞发动机功率随高度变化

对于配备涡轮发动机而采用螺旋桨驱动（涡桨式）的飞机，当速度增加时，可用功率略有增加，但由于螺旋桨的速度效应，推力总是下降的。

涡桨式发动机的涡轮排气也还可以获得额外的推力，通常将这部分推力转换为当量马力，加到实际马力上，构成“当量轴马力”。涡桨式飞机巡航时的当量轴马力通常为起飞时的 60％～80％。

到此，可以用下式来近似计算与巡航状态匹配的起飞推重比，即

$$\left(\frac{T}{W}\right)_{\text{takeoff}}=\left(\frac{T}{W}\right)_{\text{cruise}}\left(\frac{W_{\text{cruise}}}{W_{\text{takeoff}}}\right)\left(\frac{T_{\text{takeoff}}}{T_{\text{cruise}}}\right) \tag{7.3}$$

起飞状态和巡航状态的推力关系应该从发动机的实际数据中获得。如果没有的话，可以采用其他数据来源中类似发动机的数据。

螺旋桨飞机起飞所需的 P/W 可以通过式(7.1)来计算，并将重量和功率换算到起飞状态得到。

初步设计完成后，要进行巡航状态的气动计算，以对比阻力和可用推力。

实际中经常按照爬升状态而非巡航状态的需求确定推重比。这会导致一个很常见的问题：爬升状态的需用推重比过大，以至于在巡航状态发动机必须减小油门，只使用其能力的一小部分——而这将导致巡航时效率低下。对于喷气发动机尤其如此。

对式(7.2)稍做改动就可以用来计算爬升推重比。爬升时的推重比等于平飞时的推重比加上爬升所要求的附加推重比，则有

$$\left(\frac{T}{W}\right)_{\text{climb}}=\frac{1}{(L/D)_{\text{climb}}}+\frac{V_{\text{vertical}}}{V} \tag{7.4}$$

飞机爬升时的垂直速度通常在设计要求中指定，或者由军用/民用规范规定。注意，爬升升阻比会小于巡航升阻比，尤其是爬升初期起落架和襟翼都处在放下状态时。

还有许多其他的指标可以用来确定推重比，如起飞距离、转弯性能等，这些指标也涉及翼载。

初次估计时，推重比应从以下两者中取较大值：①表7-3或表7-4中的统计公式得出的；②上述推力匹配方法得出的。按照7.3节中的方法确定翼载以后，还要再对照所有要求重新校核推重比。

7.3　翼　　载

翼载是飞机的重量除以参考机翼（不只是外露部分）的面积。类似于推重比，“翼载”这个词通常指起飞时的翼载，但也可以指空战或其他状态的翼载。

翼载影响失速速度、爬升率、起飞着陆距离和转弯性能。翼载决定了飞机的设计升力系数，同时也通过对浸湿面积和翼展的影响而影响阻力。

翼载对给定飞机的起飞总重有着很大影响。如果翼载减小，意味着机翼加大。这虽然会有些性能上的好处，但机翼增大会使得阻力和空机重量都有所增加，那么在完成任务的前提下，起飞总重会有较大的增加。在飞机参数协调过程中存在着杠杆效应：诸如阻力或者空机重量等增大时，总重并非按比例增加，而是增长幅度更大，典型的翼载见表7-5。

表7-5　多类飞机的典型翼载

飞机类型	翼载/($kg \cdot m^{-2}$)
滑翔机	30
自制飞机	54
通用航空（单引擎）	83
通用航空（双引擎）	127
双涡桨	195
喷气教练机	244
喷气战斗机	342
军用运输/轰炸机	586

翼载和推重比必须同时优化。后面部分提供了为满足不同要求的翼载初步估算方法，可以使设计师在初步设计时有一些把握，而不至于在方案定参数和分析之后又需要彻底返工。

这些方法估计不同性能要求对应的翼载。为确保机翼可以在所有情况下产生足够的升力，最终应该选择翼载估计值中最小的那个。但是，如果有某一个单项指标导致了过分低的翼载，那么应该考虑采用其他方法满足该项指标。

举例来说：如果为了满足失速速度，使得翼载比其他指标要求的低很多，那最好是加装一个高升力的襟翼系统；如果起飞距离或者爬升率要求很低的翼载，或许可以通过提高推重比来解决。

7.3.1　失速速度

飞机的失速速度直接取决于翼载和最大升力系数。失速速度对飞行安全有着重大贡献。每年都有很多灾难性事故起因于“不能维持飞行速度”。另外，着陆进场速度也是基于失速速度来定义的，它是影响着陆距离的最主要的因素，而且也与接地后事故相关。

民用和军用设计规范规定了许多类飞机的最大允许失速速度。有些情况下失速速度是直接给出的。FAR23 审定的飞机[起飞总重小于 12 500 lb(5 670 kg)]失速速度不得大于 61 kn (113 km/h)，除非是多发动机配置并能满足一定的爬升需求。对于民用教练机或者其他可能由不熟练飞行员操纵的飞机，尽管没有规范明确规定，但应该将 50 kn(92.6 km/h)作为失速速度的上限。

进场速度应是失速速度的某个倍数。对于民用飞机，进场速度最少要为失速速度的 1.3 倍，军用飞机至少为 1.2 倍。进场速度可以在设计要求中明确规定，也可以通过以往类似机型选取。将进场速度除以 1.3 或 1.2 就可以得到失速速度。

重力与失速速度的关系如下：

$$W = L = q_{\text{stall}} S C_{L_{\max}} = \frac{1}{2} \rho V_{\text{stall}}^2 S C_{L_{\max}} \tag{7.5}$$

$$W/S = \frac{1}{2} \rho V_{\text{stall}}^2 C_{L_{\max}} \tag{7.6}$$

由式(7.5)可以看出，平飞时升力等于重力，而在失速速度下，对应着飞机的最大升力系数。式(7.6)可以解出对于给定失速速度和最大升力系数所需的翼载。式中，空气密度 ρ 通常用海平面标准值 1.225 kg/m^3，或者有时会取某个给定高度在炎热天气的密度值，以保证飞机可以在夏天飞到高海拔地区的机场。

式中还有一个很难估算的未知数——最大升力系数，其数值范围很大。无襟翼的简单机翼为 1.2～1.5，而带有大型襟翼、浸没在螺旋桨或喷气尾流中的机翼可以高达 5。

短距起降(Short Take-Off and Landing，STOL)飞机的最大升力系数一般大约为 3.0；常规的带有襟翼和前缘缝翼(机翼前缘的襟翼，开有缝隙，可以改善气流)的运输机最大升力系数约为 2.4；其他的在机翼内侧装有襟翼的飞机最大升力系数为 1.6～2.0。

最大升力系数取决于机翼形状、翼型、襟翼形状和展长、前缘缝翼形状、雷诺数、表面光洁度以及其他部件的干扰，如机身、发动机短舱或挂架等。平尾上的配平力可能会增大或减小升力，取决于配平力的方向。如果螺旋桨或喷气尾流冲击到机翼或襟翼上，也会对最大升力产生重要的影响。

大多数飞机在起飞和着陆时的襟翼状态是不同的。在着陆状态下襟翼偏转到最大位置，提供最大的升力和阻力；而在起飞状态，如果用最大襟翼偏角，过大的阻力会影响飞机的加速和爬升，因此，这时只使用最大偏角的 50%左右。在这样的配置下，着陆时的最大升力系数大于起飞时的。一般来说，起飞时最大升力系数大约为着陆时的 80%。

在同样大小的雷诺数下，较大展弦比机翼(大于 5)的最大升力系数约为翼型最大升力系数的 90%，前提是机翼上的展向压力分布近似椭圆。但是如果襟翼只占部分翼展，那么当襟翼偏转时，将使机翼产生大的、不连续的几何扭转，并改变升力分布和气流下洗，使得有效迎角沿不同翼展位置而变化。

在粗略估算时，可以忽略这种效应，通过确定机翼上某个部分接近失速的迎角来求得最大迎角，从而确定最大升力系数。一般来说，机翼上襟翼偏转的位置最先失速。在最大迎角下机翼上的升力可以通过将带襟翼和不带襟翼的部分的升力加权叠加得到。对于较大展弦比机翼的粗略估计值为

$$C_{L_{max}} \approx 0.9\left[(C_{l_{max}})_{flapped}\frac{S_{flapped}}{S_{ref}} + (C_l)_{unflapped}\frac{S_{unflapped}}{S_{ref}}\right] \tag{7.7}$$

式中　$(C_l)_{unflapped}$——在带襟翼部分开始失速的迎角下，不带襟翼部分的翼型的升力系数。

为了获得更好的最大升力系数估计值，需要求助于试验结果和统计数据。图 7－3 所示为不同类型飞机的最大升力系数与后掠角的对应关系。

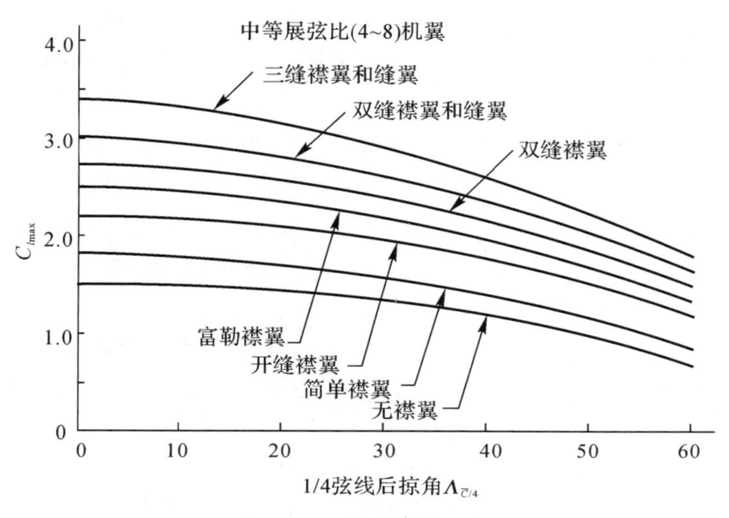

图 7－3　最大升力系数

7.3.2　起飞距离

与“起飞距离”相关的概念有多个。

“起飞滑跑距离”是指机轮离地前经过的实际距离。起飞离地速度通常为失速速度的 1.1 倍。

“越障飞行距离”是指飞机从解除刹车开始，直到升至规定高度所经过的距离。对于军用飞机和小型民用飞机，这个高度通常是 50 ft(15.24 m)，对于商用飞机为 35 ft(10.7 m)。

“平衡场长”指多台发动机的飞机在最不利的时刻发生单台发动机失效的情况下，为保证安全所需要的跑道长度。当滑跑速度比较低时：如果一台发动机出现故障，驾驶员可以很容易地将飞机停下来；随着速度的增加，需要的制动距离也越来越长；如果有一台发动机故障时飞机已接近离地速度，飞行员将无法安全停下飞机，这时，只能依靠剩余的动力继续起飞。

“决策速度”定义为：在这个速度，当单台发动机失效时，将飞机停下来的距离与用剩下的发动机继续起飞所需的距离相等。如果一台发动机在决策速度失效，继续起飞并越过规定障碍高度所需的长度称为平衡场长。注意，在计算平衡场长时，是不能使用反推力的。

美国联邦航空管理局(FAA) 对于 FAR25 适用飞机的平衡场长要求定义为“FAR 起飞距离”，它要求的越障高度为 35 ft(10.7 m)，并且在以下两者中取较大值：① 平衡场长；② 全部发动机工作的起飞距离的 1.15 倍。FAR23 适用飞机没有平衡场长要求。军用飞机平衡场长要求的越障高度为 50 ft(15.24 m)。

翼载和推重比都影响着起飞距离。以下的计算过程中假定推重比已经预先选定，可以针对起飞距离的要求解出翼载。当然，如果翼载为已知，也可以用来求解推重比。

其他影响起飞距离的因素包括飞机的气动阻力和轮胎在地面滑跑的阻力。地面滑跑时的气动阻力很大程度上取决于飞行员的技术。举例说，如果驾驶员过早拉杆抬起前轮，所产生的额外阻力可能使飞机无法加速到离地速度。这在早期经常造成事故，按现在的标准，那时的飞机普遍动力不足。

地面滑跑时轮胎的阻力取决于跑道表面类型和轮胎的类型、数量、充气压力和布置形式。窄的高压轮胎如果在松软的泥土跑道上，可能会有极大的阻力，以至于飞机根本无法移动。宽的低压轮胎可以在松软跑道上起飞，但如果不收起来，会产生很大的空气阻力；如果收起来，则需要较大的收藏空间。

起飞距离的详细分析中，需要计算整个起飞过程的加速度，要考虑整个过程中推力、机轮滚动阻力、重量、空气阻力和升力等的变化。但在初步估算翼载时，可以采用统计的方法。

图 7-4 可以用来估计起飞地面滑跑、爬升至 50 ft(15.24 m) 越障高度的距离，和 FAR 规定的越障高度为 35 ft(10.7 m) 的平衡场长。对于军用飞机，要求 50 ft(15.24 m) 越障高度的平衡场长大约比 FAR 规定的长 5%。

从图 7-4 中可以看出，双发飞机的平衡场长比三发或四发飞机的更长。因为对于双发飞机，单台发动机失效意味着丧失一半的动力，而三发或四发飞机的单发失效时损失的动力比例要小得多。

图 7-4 中的起飞参数(TOP) 定义为起飞翼载除以密度比 (σ)、起飞升力系数和起飞推重比(或马力-重量比)的乘积。其中密度比是起飞位置的空气密度与海平面密度的比值。

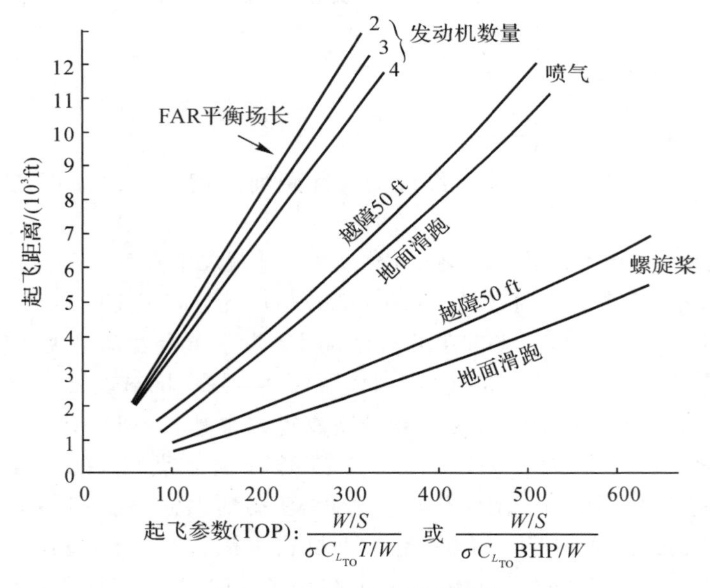

图 7-4 起飞距离估算曲线

起飞升力系数是起飞时实际的升力系数，而不是用于计算起飞条件下失速速度的最大升力系数。飞机起飞时的速度约为 1.1 倍的失速速度，所以起飞时的升力系数约为最大升力系数除以 1.21(1.1 的二次方)。另外，起飞时的升力系数还可能受护尾迎角的限制(通常不超过 15°)。

为了确定起飞距离所要求的翼载，可以从图 7-4 中查出起飞参数，然后用下式计算得出：

螺旋桨飞机为

$$W/S=(\mathrm{TOP})\sigma C_{L_{\mathrm{TO}}}(hp/W) \tag{7.8}$$

喷气飞机为

$$W/S=(\mathrm{TOP})\sigma C_{L_{\mathrm{TO}}}(T/W) \tag{7.9}$$

7.3.3　弹射起飞

大部分海军飞机必须能在航空母舰上使用。在航母上起飞时，使用弹射器使飞机在很短的距离加速到起飞速度。

最常用的是蒸汽驱动的弹射器，它的最大驱动力取决于蒸汽压力。因此，飞机重量越轻，可以获得的速度就越大。图 7－5 表示了美国海军所用的 3 种弹射器上的飞机重量与最终速度的关系。估算时需要对起飞重量有一个大略的估计。新型的电磁弹射器性能有了很大的提升，也更容易控制，不过目前资料较少，此处暂不讨论。

对于弹射起飞，飞机在脱离弹射器时的空速必须超过失速速度 10%。这时的空速等于弹射器末端的速度(V_{end})、航母甲板的风速(V_{wod})和飞机发动机推力提供的速度增量(一般为 3～10 kn，或 5～18 km/h)之和。

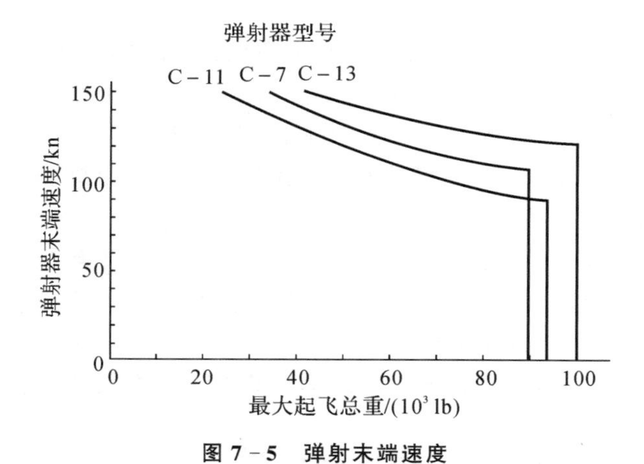

图 7－5　弹射末端速度

舰载机起飞时，航母通常会转到逆风方向，甲板上的风速大概有 20～40 kn 的量级。但海军飞机的设计规范中，常常要求飞机能够在零甲板风速，甚至是顺风的情况下起飞，以便在航母停泊时仍能起飞。当末端速度已知时，最大翼载的计算公式为

$$\left(\frac{W}{S}\right)_{\mathrm{takeoff}}=\frac{1}{2}\rho(V_{\mathrm{end}}+V_{\mathrm{wod}}+\Delta V_{\mathrm{thrust}})^2\ \frac{(C_{L\max})_{\mathrm{takeoff}}}{1.21} \tag{7.10}$$

在热带地区，$\rho=1.13\ \mathrm{kg/m^3}$。

在式(7.10)中，有时将起飞失速边界定义为升力系数减小 15%，而不是通常的速度加大 10%，那么式中的“1.21”就变成“1.18”。

7.3.4　着陆距离

说到“着陆距离”，也可以有多种理解。

“着陆滑跑距离”是指机轮从着地开始直到最后飞机停下来所经过的距离。

"FAR23 着陆场长"中还包括飞机以进场速度和进场下滑航迹(通常为 3°)从越障高度[(50 ft(15.24 m)]的下滑距离。越过障碍高度以后,飞行员将飞机减速到接地速度(一般是 1.15 倍的失速速度)。越障距离大致是单独地面滑跑距离的两倍。

"FAR25 着陆场长"中包括飞机进场速度从 50 ft(15.24 m)的越障高度下滑的距离,再加上总距离的 2/3,以留出安全裕量。军用飞机的着陆距离通常在投标要求中规定,但一般都与 FAR23 的规定类似。

着陆距离很大程度上取决于翼载。翼载影响着进场速度,而进场速度一般为失速速度的某个倍数(民机为 1.3,军机为 1.2)。进场速度决定接地速度,而接地速度又决定了在飞机停下来之前需要消耗掉多少动能(与接地速度的二次方成正比)。这个动能的大小影响到刹车距离。

下式可以更好地估算着陆距离,也可以用来估算最大着陆翼载,即

$$S_{\text{landing}}=80\left(\frac{W}{S}\right)\left(\frac{1}{\sigma C_{L_{\max}}}\right)+S_{\alpha}\,(\text{ft})$$
$$=5\left(\frac{W}{S}\right)\left(\frac{1}{\sigma C_{L_{\max}}}\right)+S_{\alpha}\,(\text{m}) \tag{7.11}$$

式中:σ——相对密度。

$$S_{\alpha}=\begin{cases}1\,000\ \text{ft}(305\ \text{m}) & (\text{民航飞机,3°下滑角})\\ 600\ \text{ft}(183\ \text{m}) & (\text{通用航空类型,无动力下滑})\\ 450\ \text{ft}(137\ \text{m}) & (\text{STOL,7°下滑角})\end{cases}$$

式(7.11)中第一项代表了从接地度减速到停止的地面滑跑距离,第二项 S_{α} 是常数项,表示从越障高度下滑的距离。

如果要考虑反推力或反桨装置,可以将式(7.11)中的地面项(第一项)乘以 0.66。但是 FAR 或其他的要求中通常规定,在评估着陆性能时不允许使用反推力,原因很简单——它们会出故障,而且通常在最需要的时候出故障。

对于商用飞机(FAR25),需要将式(7.11)算出的着陆距离乘以 1.67,以保证必要的安全裕度。

着陆翼载要转换到起飞状态下,必须除以着陆重量和起飞重量的比值。这个值通常不是以任务末端的重量为基础,而常常是基于设计要求中指定的某个状态的重量。

大多数螺旋桨飞机和喷气教练机,必须在接近起飞重量的情况下满足着陆要求,此时重量比接近 1.0。对于大多数喷气飞机,一般取起飞重量的 0.85 倍作为着陆重量。军用飞机计算着陆性能时通常包括全部有效载重和一部分燃油(通常为 50%)的重量。

7.3.5 拦阻装置着陆

在海军航空母舰上降落的飞机,要靠一种称为"着陆拦阻装置"的钢索刹车系统才能停下。飞行甲板上横系着一排钢索,飞机降落时,尾部的挂钩可以钩住中的一条。钢索的两端都连接在鼓形机构上,被拉动时产生很大的阻力,在很短距离内使飞机停住。

舰基飞机的进场速度(1.2 倍失速速度)与接地速度相同。舰载机的驾驶员不需要拉平并减速,相反,他们受到的训练是直接飞向甲板,依靠拦阻装置使飞机停下。这样,如果没有钩住钢索,还有足够的速度可以复飞。

图7-6是3种标准着陆拦阻装置的着陆重量限制。这张图可以通过初步估计的飞机重量来确定合理的进场速度。进场速度除以1.2就是失速速度，进而可以确定翼载。

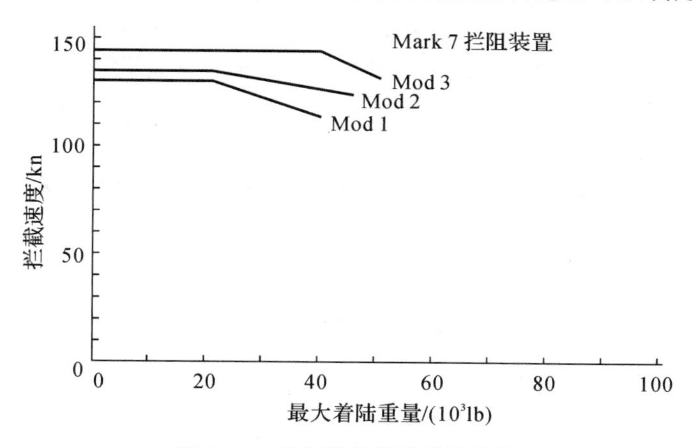

图7-6　拦阻装置着陆重量限制

7.3.6　巡航时的翼载

在这里需要两个气动参数——C_{D_0} 和 e。C_{D_0} 是零升阻力系数，一般喷气飞机的零升阻力系数为0.015，外形干净的螺旋桨飞机约为0.02，而对于整流较差的固定起落架式螺旋桨飞机约为0.03。e 是奥斯瓦尔德效率因子，用来衡量升致阻力效率，在巡航状态下对于一般飞机约为0.8，对于战斗机为0.6～0.8。

为了达到最大航程，需要选择翼载使巡航时获得较高的升阻比。以下的讨论为优化航程提供了选择翼载的方法。

螺旋桨飞机的推进效率随着速度增加而降低，以最大升阻比对应的速度飞行时，可以获得最大航程；而喷气飞机，其最大航程对应的速度稍大一些，这时升阻比略有降低。在最大升阻比对应的速度下，升致阻力等于零升阻力。因此，为了达到最大航程，螺旋桨飞机飞行状态为

$$qSC_{D_0}=qS\frac{C_L^2}{\pi Ae} \tag{7.12}$$

在飞行中，升力等于重力，所以升力系数等于翼载除以动压，代入式(7.12)可以得到在给定飞行状态下，获得最大升阻比的翼载。下式以求出螺旋桨飞机最大航程的翼载：

$$W/S=q\sqrt{C_{D_0}/k}=q\sqrt{\pi AeC_{D_0}} \tag{7.13}$$

巡航时，随着燃料的消耗，飞机重量不断减轻，所以翼载也随着减小。为了优化巡航效率，需要使动压也等比例减小[参见式(7.13)]。这可以通过降低速度来实现，但通常不希望这么做；也可以通过提升高度、减小空气密度来实现，即所谓的“爬升巡航”。

喷气飞机最大航程对应的速度下，零升阻力3倍于升致阻力。由此导出喷气飞机最大航程对应的翼载为

$$W/S=q\sqrt{C_{D_0}/3k}=q\sqrt{\pi AeC_{D_0}/3} \tag{7.14}$$

一般情况下不允许飞机采用爬升巡航来获得最大航程。空中交通管理部门希望飞机保持在给定的高度，直到获得爬升或下降到另一高度的许可。飞行员则往往试图获得多次爬升许可，从而形成特定的“阶梯上升程序”，使发动机推力设置在接近最低燃油消耗状态。

7.3.7 待机时的翼载

大多数飞机在任务过程中都有一些待机要求，典型的如着陆前 20 min 待机。但除非待机要求在整个飞行任务中占据主要部分，通常最好还是按照巡航优化翼载。

对巡逻机来说，有时更关心在指定地点上空的飞行时间，而不是巡航效率。其他如空中指挥和情报采集飞机，也比较偏重长时间待机性能。

为了优化待机性能，选择翼载的目标是获得高升阻比。对于喷气飞机，最佳待机性能对应于最大升阻比，可以采用下式[与式(7.13)形式相同]来计算：

$$W/S = q\sqrt{C_{D_0}/k} = q\sqrt{\pi A e C_{D_0}} \tag{7.15}$$

对于螺旋桨飞机，最佳待机对应于诱导阻力等于 3 倍零升阻力的状态，即

$$W/S = q\sqrt{3C_{D_0}/k} = q\sqrt{3\pi A e C_{D_0}} \tag{7.16}$$

这样的翼载对应的需用推力(功率)也是最小的。

这些公式中假定待机的高度和速度为已知。如果没有指定待机高度，就应该选择待机时发动机工作状态下耗油率最低的高度：对于喷气式飞机一般为 10 000～12 000 m；对于带涡轮增压的活塞发动机，取决于涡轮增压器的极限高度；非增压活塞发动机最佳高度为海平面高度。

通常待机速度不是指定的，而是由设计师决定的，并且由此来确定翼载。这需要不同高度和速度下的翼载、升阻比和耗油率之间的交叉分析。而对于初始设计来说，这种方法太过复杂了。

对于初始设计，可以先假定最佳待机速度：涡轮螺旋桨和喷气飞机为 280～370 km/h，活塞-螺旋桨式飞机为 150～220 km/h。如果待机高度没有限定，可以选择耗油率最低的高度。

式(7.15)和式(7.16)中估计的是待机段翼载的平均值。将它除以平均待机重量和起飞重量的比值，可以得到起飞条件的翼载。如果没有更好的资料，可以假定这个比值为 0.85。

请注意式(7.15)和式(7.16)是单独针对待机状态优化飞机的。在飞机设计中，很少单独优化待机。大多数飞机选择翼载时主要针对最佳巡航或其他要求，待机能力通常是次要的。

7.3.8 瞬时转弯

为空战设计的飞机需要有很高的转弯速率。这个参数，写作 $\mathrm{d}\psi/\mathrm{d}t$ 或 $\dot{\psi}$，将会决定空战的结果(假设飞机和飞行员水平相当)。在使用空空导弹的格斗中，首先转过足够角度对准敌方并发射导弹的一方，很可能会获胜；如果空中格斗时只有机炮可用，转弯速率较高的飞机可以转到对手的后方并实施攻击。在转弯速率方面，2°/s 的优势已是很可观的了。

转弯角速度有两个指标：持续转弯角速度和瞬时转弯角速度。持续转弯角速度是指在某些飞行状态下，推力刚好足以维持飞行速度和高度时的角速度。如果推力基本与飞行方向平行，那么在持续转弯时推力必须与阻力相等。

如果飞机以更快的速度转弯，那么阻力将大于可用推力，飞机将会减速或者掉高度。若不考虑速度或高度的问题，这种情况下飞机可以获得最高的“瞬时”转弯速率。

在转弯过程中，“过载系数”(或称“g 值”)是升力引起的加速度和标准重力加速度 g 的比值。过载系数 n 等于升力除以飞机的重量。

水平直线飞行时过载等于 1，在水平转弯过程中，机翼必须提供 $1g$ 的垂直方向上的升力，以平衡飞机重量，那么用来使飞机转弯的剩余的“g”就等于$\sqrt{n^2-1}$(见图 7-7)。因此，水平

转弯的向心加速度等于 $g\sqrt{n^2-1}$。

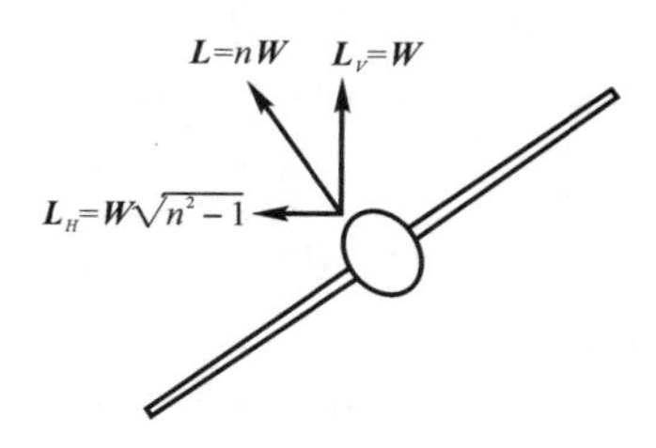

图 7－7　水平转弯时的力平衡

转弯角速度等于向心加速度除以速度。对于水平转弯，可以得到下式：

$$\dot{\psi}=\frac{g\sqrt{n^2-1}}{V} \tag{7.17}$$

式中：

$$n=\frac{qC_L}{W/S} \tag{7.18}$$

瞬时转弯角速度仅受最大可用升力系数的限制，速度的限制取决于机翼结构的最大承载能力。战斗机的设计最大过载一般为 7.33，不过新的方案已经开始设计成 $8g\sim9g$ 的最大过载了。过载限制是与指定的空战重量对应的。

设计要求中通常指定某些空战条件下的最大转弯率。求解指定转弯率要求的过载值的计算公式为

$$n=\sqrt{\left(\frac{\dot{\psi}V}{g}\right)^2+1} \tag{7.19}$$

如果算出的过载值大于设计要求中的最大值，那一定是有什么地方出错了。对应的翼载值可以用下式求出，即

$$\frac{W}{S}=\frac{qC_{L_{\max}}}{n} \tag{7.20}$$

式中的未知数是空战时的最大升力系数，它与着陆时的最大升力系数不同。空战时，通常不太可能全放襟翼。另外，高速时的马赫数效应也减小了最大升力。空战时的最大可用升力通常取决于格斗或操控方面的考虑。

在初始设计阶段，对于只带简单后缘襟翼的战斗机，可以假设空战时最大升力系数为 0.6～0.8。如果战斗机在空战时可以使用复杂的前缘和后缘襟翼，那么最大可用升力系数可达到 1.0～1.5。

另外，要将得到的翼载值除以空战重量与起飞重量的比值，以获得等价的起飞状态翼载。通常空战时外挂副油箱都要抛掉，而机内燃油的 50％已经消耗，所以空战重量是确定的，对于大多数战斗机，这个重量约为 85％的起飞总重。

所得翼载是满足指定转弯率的最大值。

7.3.9　持续转弯

持续转弯速率对于空战同样重要。如果两架战机相对而过，要转过 180°来面向对方大约

需要 10 s。如果采用最大瞬时转弯率,可能无法保持速度。而如果此时速度降低到弯道速度以下,转弯速率就会处于劣势,其结果可能是致命的。

持续转弯速率经常可以用飞机在不降低速度和高度的情况下可以承受的最大持续过载来表示。例如,通常规定飞机在 30 000 ft(9 144 m)高度、Ma 0.9 下能保持 $4g$ 或 $5g$ 的过载。

如果要保持速度,就必须保持推力与阻力相等(假定推力线与飞行方向基本平行)。升力必须等于重力乘以过载系数,由此可得

$$n=(T/W)(L/D) \tag{7.21}$$

在持续转弯中,最大过载状态对应最大推重比和升阻比状态。当诱导阻力等于零升阻力时可获得最大升阻比[见式(7.12)]。在转弯过程中,升力等于重力乘以 n,因此升力系数等于翼载乘以 n 除以动压。将其代入式(7.12)可得

$$W/S=\frac{q}{n}\sqrt{\pi AeC_{D_0}} \tag{7.22}$$

式(7.22)可以计算给定飞行状态下最大持续转弯速率对应的翼载。请注意,如果 n 等于 1,那么式(7.22)与式(7.13)相同,即为平飞状态下最大升阻比对应的翼载。

式(7.22)估算翼载时没有考虑推力因素。这个算式经常会得出低得离谱的翼载,虽然可以保证需要的转弯率,但只使用了一小部分的推力。

使用全部可用推力,保证达到所需持续过载的翼载可以通过推力-阻力平衡来计算(同时,考虑到升力等于重力乘以 n,因此升力系数等于翼载乘以 n 除以动压),可得

$$T=qSC_{D_0}+qS\left(\frac{C_L^2}{\pi Ae}\right)=qSC_{D_0}+\frac{n^2W^2}{qS\pi Ae} \tag{7.23}$$

或

$$\frac{T}{W}=\frac{qC_{D_0}}{W/S}+\frac{W}{S}\left(\frac{n^2}{q\pi Ae}\right) \tag{7.24}$$

对式(7.24)做转换可以得到下式,用于计算持续过载对应的翼载,即

$$\frac{W}{S}=\frac{(T/W)\pm\sqrt{(T/W)^2-(4n^2C_{D_0}/\pi Ae)}}{2n^2/q\pi Ae} \tag{7.25}$$

式中所用的推重比是空战状态下的,因此起飞状态下的推重比需要除以空战重量与起飞重量的比值,并乘以空战推力与起飞推力的比值,以转换到空战状态。

翼载选定后,式(7.24)还可用来复查推重比。

如果式(7.25)中根号内的项为负值,那么式(7.25)无解。这意味着,对于给定的过载值,无论翼载为多少都必须满足,即

$$\frac{T}{W}\geqslant 2n\sqrt{\frac{C_{D_0}}{\pi Ae}} \tag{7.26}$$

特别要注意的是,在这些计算中,效率因子 e 是飞行所用升力系数的函数。因为高升力系数下的分离效应会造成阻力增大。大迎角下 e 值可能会减小 30%或更多。

不幸的是,上述用于计算转弯飞行的算式对于 e 值非常敏感。如果这些算式得出的翼载与统计数据相差很远,那么可能是 e 值不符合实际,所得出的翼载也是不可用的。

7.3.10　爬升和滑翔

FAR和军用标准中有关于爬升的要求，规定多种因素组合下的爬升率指标，如发动机失效、起落架位置和襟翼状态等。

爬升率是垂直速度，通常用m/min或m/s来表示。爬升梯度G是指飞机通过的垂直距离和水平距离之比。对于一般的爬升角，爬升梯度等于剩余推力除以重量，即

$$G=(T-D)/W \tag{7.27}$$

或

$$\frac{D}{W}=\frac{T}{W}-G \tag{7.28}$$

D/W也可以用下式的形式表达，在最终表达式中用(W/qS)替代了升力系数，则有

$$\frac{D}{W}=\frac{qSC_{D_0}+qS(C_L^2/\pi Ae)}{W}=\frac{qSC_{D_0}}{W/S}+\frac{W}{S}\frac{1}{q\pi Ae} \tag{7.29}$$

式(7.28)和式(7.29)联立求解可得

$$\frac{W}{S}=\frac{[(T/W)-G]\pm\sqrt{[(T/W)-G]^2-(4C_{D_0}/\pi Ae)}}{2/q\pi Ae} \tag{7.30}$$

可以看出式(7.30)与式(7.25)的相似之处，(7.30)相当于(7.25)中过载为1，且将(T/W)用$[(T/W)-G]$替代的形式。与以前一样，计算时要将T/W转换到指定的飞行状态，计算出的W/S要转换回起飞状态。

在式(7.30)中，由于根号内的项不能小于零，所以无论翼载如何，都必须满足

$$\frac{T}{W}\geqslant G+2\sqrt{\frac{C_{D_0}}{\pi Ae}} \tag{7.31}$$

这个表达式说明不管飞机的构型多么“干净”，推重比都必须大于所需的爬升梯度。

这个式子还隐含着另一层意思：一架非常“干净”的飞机虽然可以在很小的推重比下高速飞行，但却不会有很高的爬升率。一架20 kW的、速度为200 km/h的飞机不可能像一架200 kW但速度仍然为200 km/h的飞机那样爬升(除非后者比前者重了10倍)。

与无襟翼状态相比，在起飞襟翼设置下，C_{D_0}大约增加0.02，e减小5%左右。在着陆襟翼状态，C_{D_0}大约增加0.07，e减小10%左右。可收放起落架在放下状态下大约会使C_{D_0}增加0.02。

有时需要计算单台发动机停转或风车转动状态下的爬升率。不工作的发动机的推力损失可以在推重比中考虑。比如，如果飞机有3台发动机，其中一台失效，那么推重比降为原来的2/3。

风车转动或停转的发动机带来的阻力会进一步减小推重比。不过，在粗略的初始分析阶段，基本上可以忽略它。

式(7.30)还可以计算规定下滑角对应的翼载：将推重比设为零，并将G设为负值(下滑是反方向的爬升)。如果规定的指标是下降率，那么G为下降率除以前进速度，注意保证二者的单位相同。

7.3.11　升限

在给定飞行状态下，如果确定了推重比，那么可以用式(7.30)求出指定升限对应的翼载。

在指定高度，将爬升梯度 G 设置为零，即代表水平飞行。通常在升限处需要有一定的剩余爬升能力，比如说 30 m/min。可以将这个要求代入式(7.30)中。

对于高空飞机，如大气探测或高空侦察机，低动压会限制最小翼载。例如，在 30 000 m 高度以 Ma0.8 飞行的飞机，动压只有 0.5 kN/m^2。下式可以求解最小动力对应的翼载，即

$$W/S=q\sqrt{\pi AeC_{D_0}} \tag{7.32}$$

这有可能会得出低到不可能实现的翼载。因此需要对比在给的升力系数下飞行所需的翼载，即

$$W/S=qC_L \tag{7.33}$$

为了高空巡航时提高效率，需要使巡航升力系数接近翼型的设计升力系数。对于典型的翼型，这个值为 0.5。对于高空飞行，可以采用新型高升力翼型，其设计升力系数为 0.95～1.0。

7.4 推重比和翼载的选择

上述进行了推重比(或马力-重量比）的估算。在以上的翼载估算值中，应该选取最小值以保证机翼足够大，能满足所有情况。不要忘记在选择之前要将所有值转换到起飞状态下。

翼载太低总会导致飞机的重量和成本增加。如果过低的翼载仅仅是因为某个单独的要求导致的，那么可以尝试改变设计前提(例如采用更好的高升力系统)，或许问题就可以解决。

然而，式(7.13) ～ 式(7.16)、式(7.22) 和式(7.32) 所计算出的翼载只是针对飞行任务的某个阶段进行优化的，如果得出的翼载值远小于表 7－5 中的值，那么可以将它们忽略。

在确定了翼载的最佳方案之后，还要对推重比进行重新检验，以保证所有的设计要求仍然满足。

思　考　题

1. 推重比和翼载是两个最重要的总体参数，但它们其实是 3 个参数的组合。就采用这样组合方式的原因谈谈你的看法。

2. 在飞行过程中，一架飞机的翼载是否恒定不变？为什么？

3. 在飞行过程中，一架飞机的推重比是否恒定不变？为什么？

4. 根据统计，喷气战斗机的翼载通常为 300 kg/m^2 左右，军用运输机的翼载则接近 600 kg/m^2。试分析，为什么战斗机的翼载比较小。

5. 通常在工程应用中，翼载的单位采用 kg/m^2，这样的设定合理吗？谈谈你的看法。

6. 初步设计中定参数时，会选取多种状态，分别估算所需的翼载，最后选取其中最小值，为什么？这样选择会造成什么影响？

第 8 章　约束分析与参数权衡

通过上述章节介绍的方法，可以初步确定飞机的参数。一般来说，这样通过粗略方法得到的飞机方案不太可能是最优方案。为了进一步改善飞机的几何参数和布局特征，使其能更好地满足设计要求，提升飞机的效率，可以通过约束分析和参数权衡研究来确定优化的方向。这些研究也可以检验飞机布局对设计约束的敏感性。

尽管对这些方法是分别论述的，但实际上它们经常是结合使用，而且会反复应用，以改善飞机基本布局，并对问题约束的重要程度进行评估。

8.1　约束分析

在方案设计的前期阶段，已经确定了一些设计中必须满足的约束。多数约束与性能有关，如最小速度、爬升率等。

在指定的飞行状态和构型下，飞机性能必须达到或超过指定值。例如，“飞机以最大重量起飞时，单台发动机失效的状态下，爬升梯度要大于 0.024”或“进场速度不高于 200 km/h”“海平面战斗转弯过载不小于 $4g$”等。

这种指定值就是约束。对大多数飞机来说，约束中有些与场地性能有关，如起飞、爬升、平衡场长、失速速度、着陆性能，有些与其他任务段有关，如最小巡航速度、爬升率 / 爬升时间、转弯率、单位剩余推力、待机速度、俯冲速度等。每个飞机项目都有不同的约束。设计中的约束分析阶段就是要分析这些约束的重要程度和它们对于飞机构型的影响。

通常可以用飞机的推重比(T/W)和翼载(W/S)为坐标，用曲线标示出约束边界，如图 8－1 所示。图中的区域称作设计空间，约束曲线表达了两个参数之间的关系，它代表设计空间中可行域和不可行域的分界，通常在不可行部分加上阴影线。这样，每条约束线都将设计域分成两部分，所有这些曲线组合起来，就围出一个可行的设计空间(在图中用暗色区域表示)。在这个区域中任意的(T/W)和(W/S)组合都是可行的。所做选择决定了飞机的尺寸和特性。

在初始参数确定时曾对翼载和发动机推重比做了初步猜测，现在可以检查它们是否落在可行域内。如果没有的话，就需要修改设计点。设计点与约束边界的相对位置，代表了飞机的效率。一般来说，希望设计点靠近最小 T/W 的位置以减小发动机尺寸，并且靠近最大 W/S 的位置，减小机翼面积。这通常位于约束曲线的交叉处。

尽管约束分析为可以设计点的选择提供参考，它的主要用途却是显示约束对于飞机构型的重要程度。比如说，可能某一约束要求太高(远超过其他约束)，显著缩小了可行的设计域，就可能导致飞机过大，并可能无法实现。这种情况下，就要与最初规定这个约束的人协商。一般来说，可以放宽约束要求，以使飞机更有效。由图 8-1 可以看出不合理的约束（即完全落在不可行域内）和有效约束（构成可行域边界的约束）。综上所述，“最优”点位于交叉点上，因此最理想的约束集里，多条曲线大致交于相同的点，有时称之为“充分平衡”的设计。

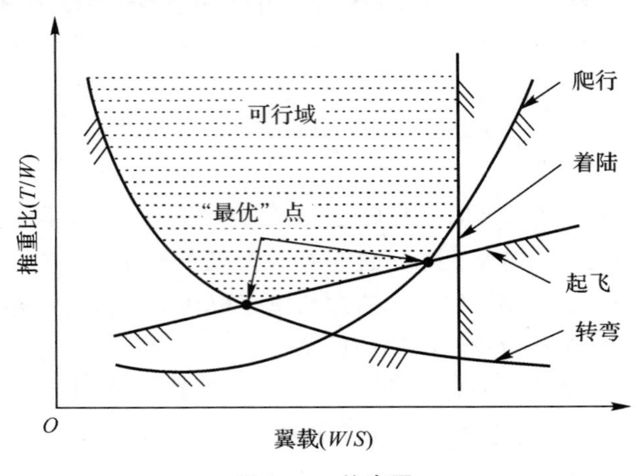

图 8-1 约束图

设计中所要考虑的并不只有性能约束。例如，航空母舰上的飞机，其几何特性受到甲板起重机的类型和尺寸的限制。这种类型的约束可能会限制在性能约束图上做选择。不过，约束分析仍能提供一个方法，检验非性能约束带来的设计代价。

约束分析的基本原理是基于对飞机能量状态（动能和势能）的控制和它与单位剩余功率（P_S）的关系，则有

$$\left.\begin{aligned} P_{\mathrm{S}} &= \frac{T-D}{W}V \\ W &= Mg \end{aligned}\right\} \tag{8.1}$$

剩余功率可以用来爬升（$\mathrm{d}h/\mathrm{d}t$），可以用来加速[$(V/g)\cdot(\mathrm{d}V/\mathrm{d}t)$]，也可以同时爬升和加速，即

$$P_{\mathrm{S}} = \frac{(T-D)}{W}V = \frac{\mathrm{d}h}{\mathrm{d}t} + \frac{V}{g}\frac{\mathrm{d}V}{\mathrm{d}t} \tag{8.2}$$

将阻力项和升力系数展开为

$$D = qSC_{\mathrm{D}}$$

$$C_{\mathrm{D}} = C_{\mathrm{D_0}} + k_1 {C_{\mathrm{L}}}^2$$

并将升力写作 $C_L = nW/qS$。重新整理前面的算式，可以表达出飞机的推重比和翼载的关系，即

$$(T/W) = \left[\frac{qC_{\mathrm{D_0}}}{(W/S)} + k_1 n^2 \frac{(W/S)}{q}\right] + \frac{1}{V}\frac{\mathrm{d}h}{\mathrm{d}t} + \frac{1}{g}\frac{\mathrm{d}V}{\mathrm{d}t} \tag{8.3}$$

式中：$q = 1/2\rho V^2$；$n = L/W$。

对于不同飞行状态，可以将推重比折算到海平面静态推力和最大重量状态。引入两个系数：

(1)推力递减率 $\alpha = T/T_{SSL}$；

(2)重量系数 $\beta = W/W_{TO}$。

其中：T 和 W 分别为对应飞行状态的推力和重量；T_{SSL} 为海平面静态推力；W_{TO} 为飞机起飞总重。

将 α 和 β 代入(T/W)算式，可得

$$\frac{T_{SSL}}{W_{TO}} = \frac{\beta}{\alpha}\left[\left(\frac{q}{\beta}\right)\frac{C_{D_0}}{W_{TO}/S} + k_1 n^2 \frac{W_{TO}/S}{q/\beta}\right] + \frac{1}{V}\cdot\frac{\mathrm{d}h}{\mathrm{d}t} + \frac{1}{g}\cdot\frac{\mathrm{d}V}{\mathrm{d}t} \tag{8.4}$$

在某个特定的飞行阶段，一般会将飞机特性和发动机特性设为常数，如阻力系数(C_{D_0} 和 k_1)、重量(W)、速度(V)、高度/密度(ρ)、法向加速度(n)等。显然，这是比较粗糙的假设，因为许多参数受飞机/发动机的尺寸和操作状态的影响，但在关键约束项确定以后，可以通过迭代来减小这些误差。

飞机的每个约束都可以用以上算式分析(例如，前面提到过的 2.4%的恒定爬升率，使上式中最后一项为零，倒数第二项为 0.024)。可以将(W/S)作为自变量，求出(T/W)的值。将结果画成曲线，就是可行域的边界。

图 8-2 所示为特定约束要求的(W_{TO}/S)-(T_{SSL}/W_{TO})范围。在约束曲线以上和之间的区域表示了可行的设计空间。这个区域里所有的(W_{TO}/S)-(T_{SSL}/W_{TO})组合都可行，但最优的方案应该是接近右下角的。

前面已经说过，约束分析是比较粗略的，因为它难以考虑飞机基本几何参数(如展弦比)变化的影响。不过它的主要目的是用来检验是否有过分苛刻或不合理的约束。例如，如果图 8-2 中的垂直线过分靠左(如 90%M_{TO} 对应的进场速度限制)，就会大大缩减可行域的范围，同时也会令下面的两个约束失效。

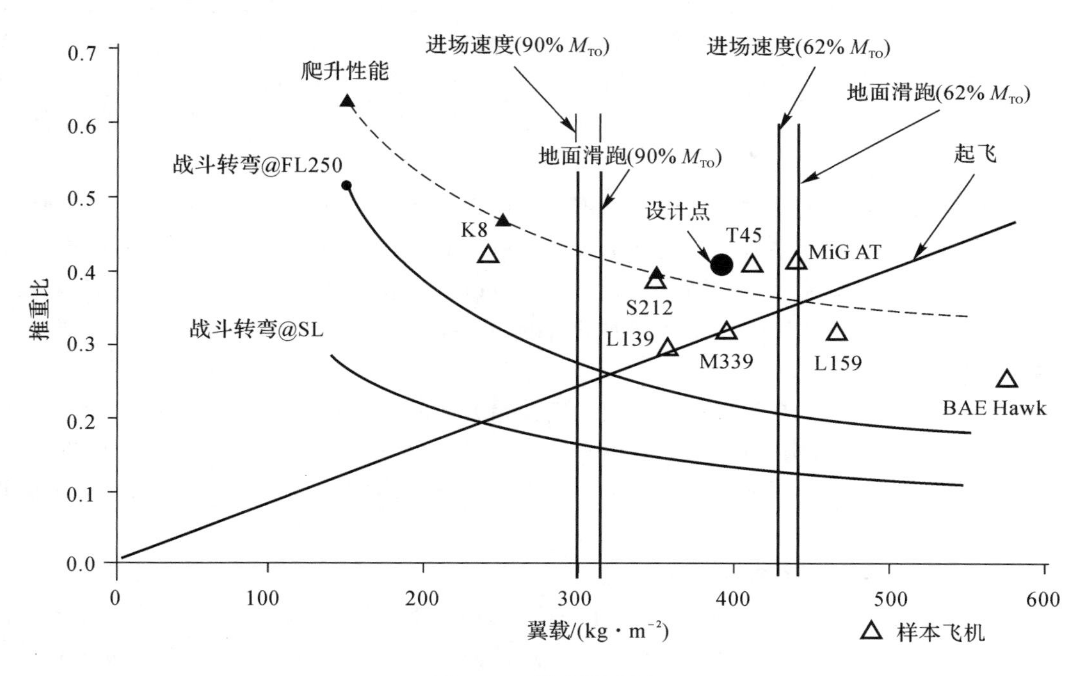

图 8-2　约束图示例

约束图的第二个用途是可以和样本飞机的数据结合起来。图 8-2 中也标出了一些参考飞机的位置。

注意：将现有飞机数据加到所设计飞机的图表上有时会有些误导作用，因为设计目标可能是不同的。不过这还是有参考作用的，它可以揭示出现有飞机是如何约束的。如果现有飞机数据落在你预计的可行域之外，可能需要与你的客户就所选择的约束值进行讨论。

如前面所指出的，在进行约束分析时，将许多飞机和发动机参数看作常值。因此，一定要对这类参数（如阻力或推力）作权衡（敏感性）分析。对于关键的参数的估计要更加精确。在完成这些校验工作之前，注意不要陷入过多的具体细节讨论。

约束分析的结果可能导致飞机几何外形改动。重新选择后仍然需要用前面建立的方法进行检验。

8.2 参数权衡

飞机方案设计是基于一系列约束条件和使用要求的。在这些前提下，通过一些迭代可以得到一个初步方案，这个方案可能会满足初始设计要求，但这个方案也可能会有较大的局限性。对于设计师来说，重要的是要理解如何根据设计指标来选择设计参数，以及这些参数对飞机布局的影响。参数权衡的目标就是要获得这些深层次的理解。

实际的飞机设计项目很少会严格围绕某个特定指标开展。即使初始要求看起来很严格，飞机制造公司仍会希望将这个方案扩展到其他使用环境（例如，军用教练机可以发展成近空支援机，民机经常会加长或缩短，以适合不同市场）。可以想象，对于大多数类型的飞机，都会有某些多任务，甚至只是简单地更换发动机的改型。基于这种考虑，需要评估基本飞机布局对其他任务的适用性。这有可能会迫使基本布局做出某些改变，以方便将来的进一步发展。例如，某个新方案的机翼面积比初始设计要求的大，但将来发展更重的派生型时，就不需要重新设计机翼。当然，不能使原始方案的效率降低过多。设计师必须在当前设计和未来发展之间找到良好的平衡。应用参数权衡过程可以找出如何才能使设计方案最好地满足所有潜在的发展方向。

参数权衡分析有多种形式。它们可以用于评估飞机几何参数（展弦比、尖削比、机翼厚度/后掠角组合等），也可以用来显示方案对于分析中所用的假设（如假定的层流范围的影响、高强度材料或复合材料的影响等）的敏感性。另外，还可以说明改变设计要求（如场地长度、重量变化、发动机特性等）带来的影响。这些工作的目的，是提高对于设计方案评估和预测的把握，以便更好地把握方案布局发展的方向。

设计师所面临的困难在于如何适当地决定初始方案的折中程度。如果比竞争对手方案的性能更差，就很难进入市场。但是，如果没有后续发展潜力，那么可能会危及项目的前途。

参数权衡可以帮助设计师更好地选择初始布局，也可以在最终方案确定之前充分了解设计的各方面。

下面介绍一些可能的权衡分析的类型。

图 8-3 所示是对机翼梢根比的敏感性分析。图 8-3 展示了梢根比对于飞机几个参数的影响。取值范围的下限是避免外段机翼雷诺数过低而引起翼尖失速（这也说明，权衡分析之外的因素也很具有影响力）。

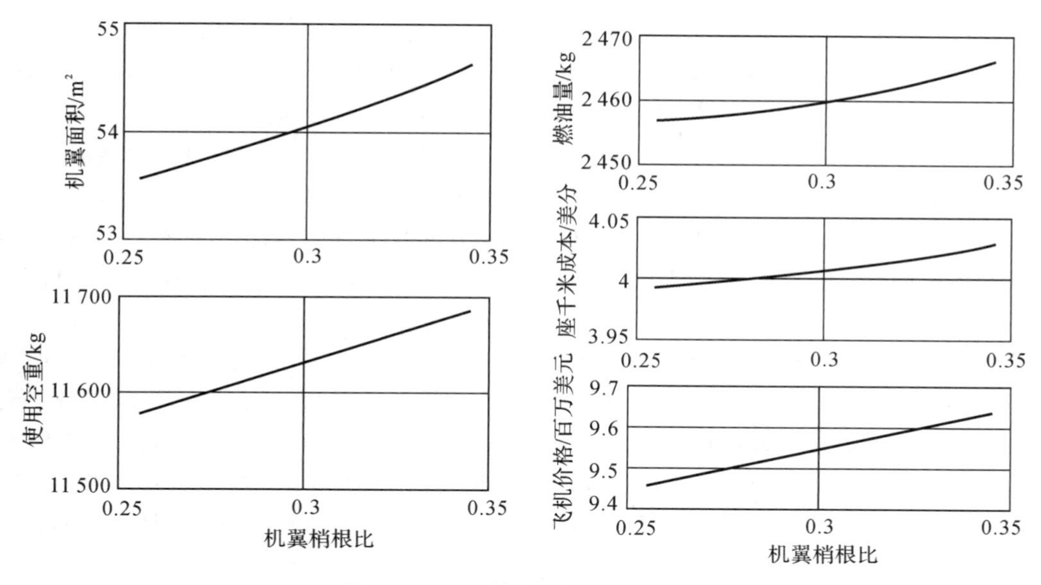

图 8-3　机翼梢根比权衡分析示例

图 8-4 所示是展弦比的敏感度分析。图 8-4 列出了展弦比的变化对机翼面积(S)、使用空重(OEW)和单次飞行的直接使用成本(DOC)的影响。图 8-4 中曲线都有转折,转折点两边分别是不同的约束边界的影响(本例中为展向载荷分布对爬升性能的影响,重量/高度/温度指标对小展弦比的限制作用)。在这个例子中,如果优化目标是获得最小 DOC,那么最优展弦比约为 9.3。

改变飞机几何参数(如展弦比和尖削比)相对来说是比较容易的,因为它们是气动、重量和性能计算中的输入项。但如果改变主要使用参数(如着陆场长,Landing Field Length),那么需要很多次迭代。使用图 8-5 中所示的分析方法可以看出关于这类参数的敏感性。

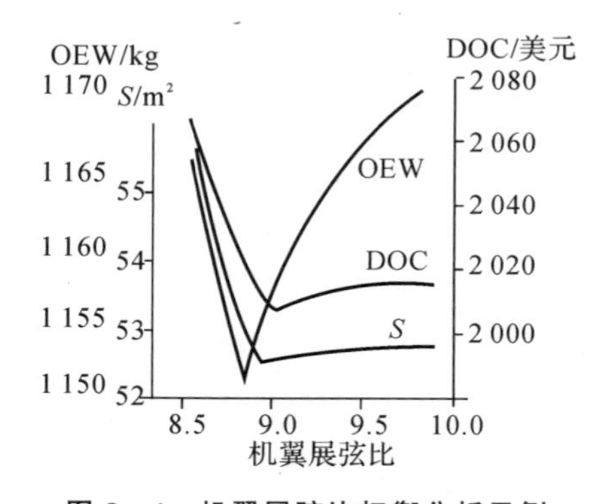

图 8-4　机翼展弦比权衡分析示例

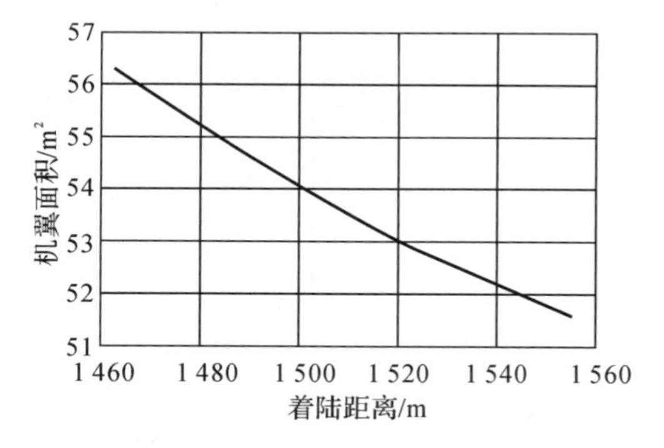

图 8-5　着陆场长-机翼面积权衡分析示例

8.3　参数权衡方法

飞机研制过程中首先要有明确的设计评判准则。用这些准则指导设计,以期达到"最优"的结果。具体过程是靠参数研究和权衡研究来实现的。举例来说,大多数飞机设计项目的评估中,费用占据主要地位。飞机的购买成本和后续使用成本可以用飞机设计参数来衡量(如机翼面积、展弦比、发动机涵道比、推力等),并以此来选择能获得最优结果的参数值。对于有些飞机,评价准则可能与性能相关联(如战斗机的机动性、竞赛飞机的转弯速度、特技飞机的操控特性等),对于这些情况,可以类似于费用,采用参数和权衡分析找到设计变量的最优值。

设计过程中通常会先形成一个"基本布局",然后可以对这个基本布局开展参数研究,分析在这个设计状态下各个设计参数的敏感性。如果某些参数特别敏感(即参数变化会引起总体性能的剧烈变化),那么设计师就需要非常仔细地选择参数值,或者调整飞机布局,减小布局对这些参数的依赖性。相对而言,如果布局对某些参数不敏感,设计师在选定参数值的时候就有更大的自由度。

飞机设计过程中,有许多参数可以调整,这就形成了多变量优化问题。为了使这类问题可解,最好在具体研究中只选择一两个变量。例如,在机翼布局的参数研究中,可以保持飞机基准布局不变,只改变机翼面积和展弦比。再如,可以保持其他所有参数不变,只研究不同发动机配置的影响。更深入的研究也包括引入某项新技术的影响(如引入新材料或新工艺对机体结构的减重效果)。可以开展的研究项目很多,设计师需要根据自身经验和具体方案的特点来选择研究类型和参数。

8.3.1 单变量研究

有时采用单个变量的参数研究,来分析飞机总体指标对于某一个具体变量的敏感性[例如直接使用成本(DOC)或价格与机翼梢根比之间的关系]。在这类研究中,只分析单个参数变化对于总体指标的影响,其他所有参数(如机翼面积、发动机大小等)保持不变。

注意: *参数的变化会对其他性能(如爬升率、航程等)产生间接的影响,因而必须仔细关注方案的可行性,要满足所有的设计指标和约束。*

图 8-6 展示了一个典型的单变量研究,显示了机翼梢根比对价格和 DOC 变化率的影响。

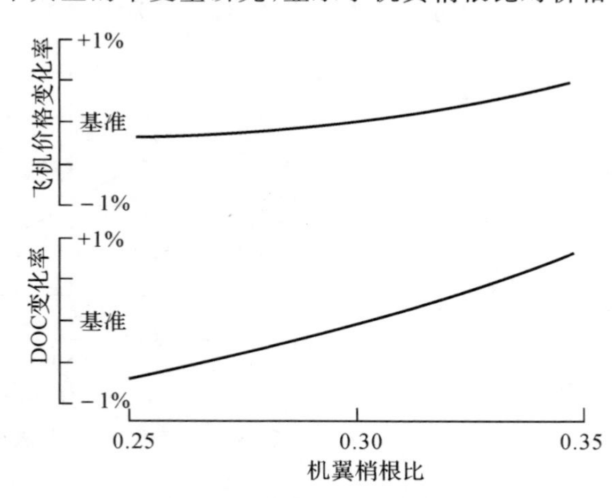

图 8-6 单变量研究示例(梢根比对价格和 DOC 变化率的影响)

在飞机设计过程中,有时会采用"橡皮发动机"概念来确定最优的发动机大小,即认为发动机的参数与性能是可以按一定比例变化的。图 8-7 是研究结果示例,量化显示了采用过大发动机造成的不利结果。在该例中,随着发动机的增大,机翼面积、飞机价格和使用成本都会增加,只在巡航段飞行时间这一项上获得了益处。

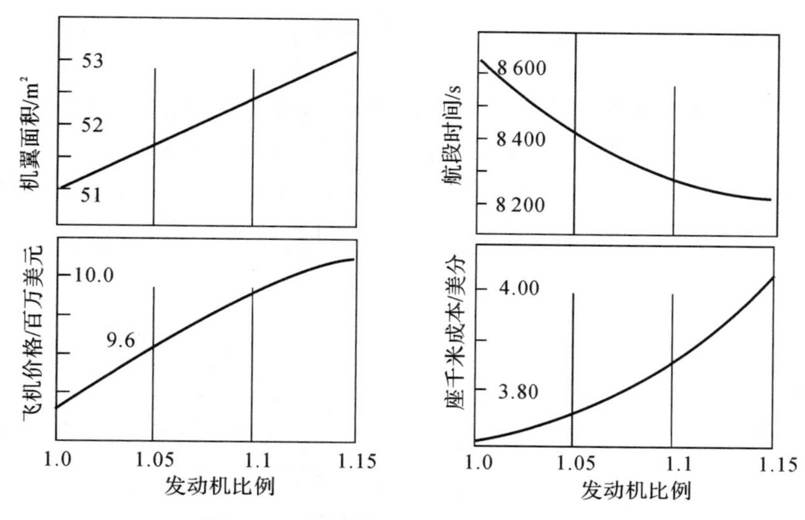

图 8-7　单变量研究示例(发动机大小)

8.3.2　地毯图

如果参数研究包含两个变量,可以采用传统的"9 点法",或称"地毯图"[见图 8-8(a)]来进行参数设计研究。它可以显示目标方程中的变量(如起飞总重或直接使用成本)随着两个飞机参数 X 和 Y 的变化(如机翼面积和展弦比)。一般采用基本构型作为 9 个点的中点,参数 X 和 Y 分别对基本构型加减取值(例如,如果基准构型的机翼面积为 60,展弦比为 9,可以将面积分别取为 54,60,66,展弦比分别取为 7,9,11),可以绘制出一组曲线,表示不同参数组合下目标值的变化关系。所画出的曲线组看起来像一张地毯,这也是它名称的由来。地毯图中没有水平坐标轴,因为根据曲线分布可以读出参数值。

通过加入 Z 变量(如旅客数目),并进行一系列的分析,可以将这个方法扩展到 3 个参数[见图 8-8(b)]。

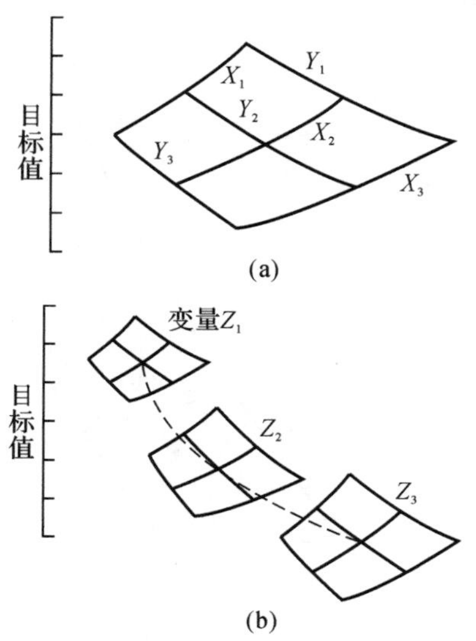

图 8-8　传统九点地毯图

需要注意的是，对于每个设计点都需要进行全部参数（包括几何参数、质量参数、性能、成本等）估算。

图 8－9 和图 8－10 所示是地毯图研究的示例，基准机型是一架 50 座级的支线客机。初始构型的场长为 1 800 m，航程 1 600 km，以大约 20％的相对量增减。在这个例子中，对航程进行了更大范围的研究，其实已经超出 9 个点了。图 8－9 展示了不同的场长和航程对机翼面积的影响，图中右下角还用虚线画出了配置更大发动机的分析，其实是加入第 3 个变量了。

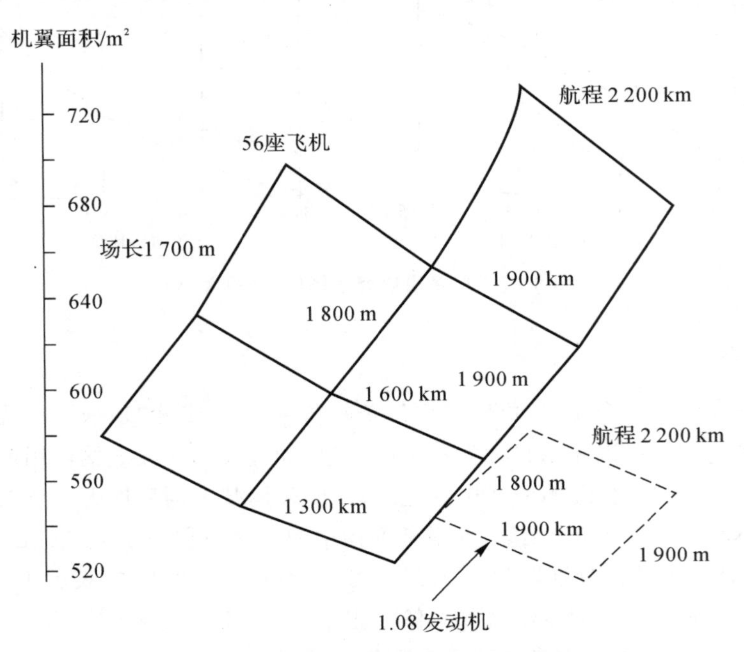

图 8－9　参数研究——机翼面积（示例）

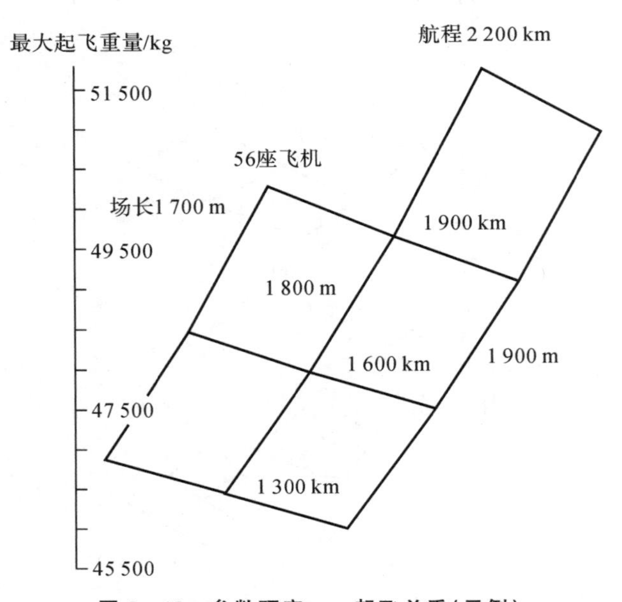

图 8－10　参数研究——起飞总重（示例）

图 8-10 所示是不同的场长和航程对最大起飞重量的影响。由图 8-10 中曲线可以看出，随着航程的增大或场长的减小，总重会增加。再次强调，这种对应关系并不是参数之间的简单关联，而是多种因素综合的结果，如总重的增加可能由机翼面积、燃油重量、空机结构重量等多种因素共同作用造成，分析中一定要注意问题的综合性，避免得出片面的结论。

在地毯图中，叠加上约束曲线就可以看出最佳飞机方案的位置，它对应于图中满足所有约束的最低点，通常位于两条约束线的交点。图 8-11 所示为一个方案的地毯图分析，构成地毯图的曲线组由翼载荷、推重比的不同值构成，约束包括起飞距离（S_{TO}）、加速时间（t_{ACC}）和单位剩余功率（P_S）要求。最佳方案位于起飞距离要求和加速时间要求所界定的约束曲线的交点，用圆圈（见图 8-11）标出。

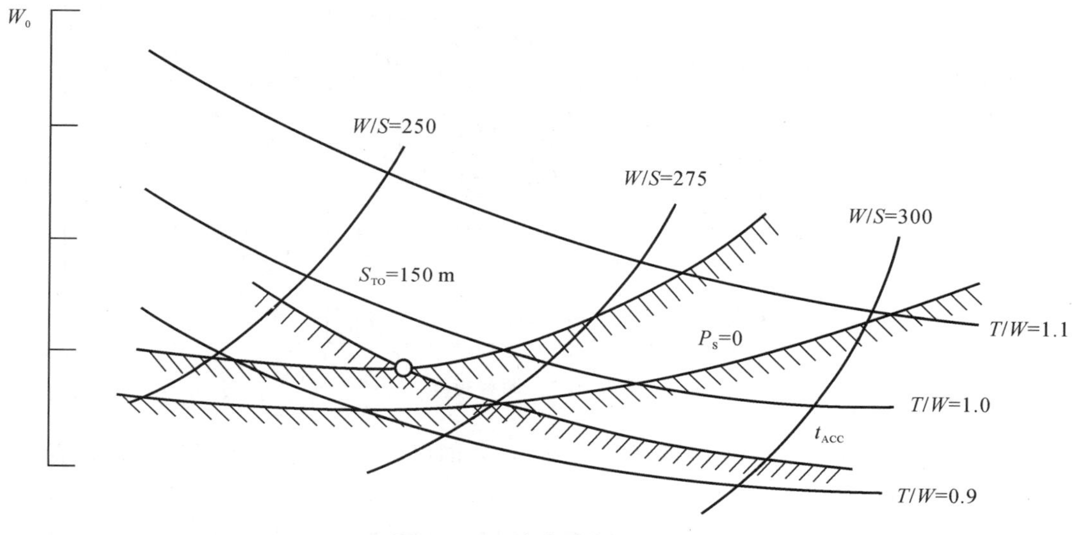

图 8-11　地毯图分析示例

8.3.3　调参矩阵

调参矩阵其实是地毯图的另一种表达方式，它们的基本思路是一致的。例如，要研究推重比 T/W 和翼载 W/S 的影响，可以以初始方案为基准，将推重比（T/W）和翼载（W/S）分别改变一定的量值（一般为±20%），每一对 T/W 和 W/S 组合都形成一架不同的飞机，对应着不同的气动、推进和重量特性。

根据设计任务分别确定这些飞机的起飞总重。再分别分析每架飞机的性能。如果 T/W 和 W/S 的取值在合理的范围内，那么至少会有一架飞机能满足所有指标要求，尽管它可能是最重的飞机。

图 8-12 所示是调参矩阵的示例。该方案的性能要求为：起飞距离小于 150 m，从 Ma0.9 到Ma1.5 的加速时间小于 50 s，在高度 10 000 m、速度 Ma0.9、过载 5g 的飞行状态下单位剩余功率 P_s 不小于 0。针对 T/W 和 W/S 的 9 种组合分别确定了起飞总重，分析了起飞距离、P_s 和加速时间。

从矩阵图可以看出，初始布局（序号 5）除了起飞距离，其他性能都满足要求。序号 1 大大超出性能要求，但是非常重。序号 3、序号 4 分别在起飞距离和加速时间上未达指标；序号 6 ～ 序号

8 虽然有些方面未达到要求，但是重量比较小。

飞行状态：高度 10 000 m，速度 Ma0.9，过载5g

性能要求：$P_s \geqslant 0$

$S_{TO} \leqslant 150$ m

$t_a \leqslant 50$ s(从Ma0.9 到Ma1.5)

	W/S=250	W/S=300	W/S=350
T/W=1.1	1 W_0=25 400 kg P_s=210 m/s S_{TO}=104 m t_a=46 s	2 W_0=22 200 kg P_s=100 m/s S_{TO}=131 m t_a=42 s	3 W_0=20 900 kg P_s=9 m/s S_{TO}=201 m t_a=39 s
T/W=1.0	4 W_0=22 000 kg P_s=131 m/s S_{TO}=137 m t_a=50.5 s	5 初始布局 W_0=19 800 kg P_s=9 m/s S_{TO}=181 m t_a=47 s	6 W_0=19 000 kg P_s=－58 m/s S_{TO}=244 m t_a=45 s
T/W=0.9	7 W_0=19 900 kg P_s=43 m/s S_{TO}=204 m t_a=56 s	8 W_0=17 700 kg P_s=－70 m/s S_{TO}=247 m t_a=53 s	9 W_0=16 300 kg P_s=－98 m/s S_{TO}=326 m t_a=51 s

图 8－12　调参矩阵

至此，关键问题变成"T/W 和 W/S 如何组合，才能以最轻的重量满足所有的设计需求？"

选取按一定间隔排列的总重值，分别计算其对应的(W/S)－(T/W) 关系，将相同起飞总重对应的点用光滑曲线连接，如图 8－13 所示。这幅图可以表达出对应于特定起飞总重可选的 T/W 和 W/S 组合。

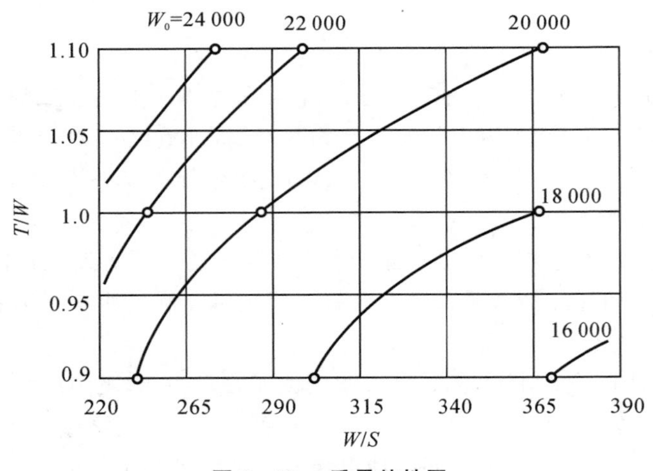

图 8－13　重量特性图

对于性能约束，也可以算出不同 T/W 对应的刚好满足性能要求的 W/S 值。将这些刚好符合性能要求的 T/W 和 W/S 组合也转换为曲线，如图 8－14 所示，用阴影线标示出这些约束曲线分隔出的可行域。

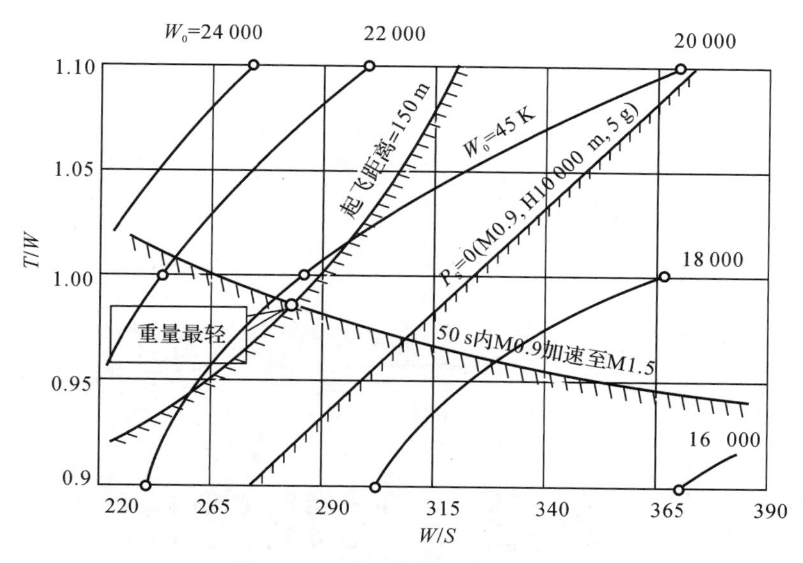

图 8 - 14　重量特性-性能约束图

理想的结果是满足所有性能需求并且重量最轻的方案。通过观察可以找到最佳的 T/W 和 W/S 组合，一般来说，它会位于两条约束线的交点。图 8 - 14 中用圆圈标出了这个点。

以上的例子中只有 3 个性能约束，仅显示了 3×3 的矩阵。主流飞机公司中，为了获得更高的精度，一般会使用 5×5 或更大的矩阵。在实际优化问题中，可能会有十几条甚至更多的约束曲线。虽然图中不必画出所有的曲线，但必须显示出些基准方案不能轻易超越的性能界限。

思　考　题

1. 飞机设计中常需要权衡。尝试列举一些权衡的例子。
2. 参数研究中的地毯图方法有什么优势和限制？
3. 参照图 8 - 1，简述在约束图中选择最优点时可以有什么思路或偏重？
4. 讨论敏感性分析的思路和方法。

第三部分　飞机的构型

第9章　布局形式

初步设计要求和主要设计约束确定之后，最先开展的设计工作通常是构思飞机的外形，即确定飞机布局形式。

飞机布局并无固定的规矩，原则上，只要能够完成预期任务的方案，都可以作为有效的选项。但由于飞机设计是一项综合性很强的工作，涉及众多学科，需要各方面的协调，也需要全方位的分析和判断，因此本章先简要介绍一些常见的或曾经构想过的布局形式，以备参考。同时，也要提醒将来的设计师，在开始新方案时，要摆脱一切束缚，仔细考虑所有的可能性，不要只局限于现成的或流行的方案。

9.1　常见布局形式

9.1.1　常规布局

常规布局，又称“正常式布局”或“传统布局”，因其应用最多而得名。它的尾翼安置在主机翼后方。一般情况下，常规布局能够以最小的重量获得合适的稳定性和操纵性。

最早的航线喷气机——“彗星”号就采用了这种布局(见图9-1)。可以看出，它与现今主流的客机布局基本相同，只是发动机的布置有所不同，为内埋式。实际上，即使这个发动机位置的变化也发生得很早，在“彗星”号之后6年投入运营的波音707采用了翼吊式发动机布置(见图9-2)，一直沿用至今。

图9-1　“彗星”号

图9-2　波音707

早期的设计师在没有计算机，没有强大工程团队，甚至没有经验没有指导的情况下，设计了这种布局，并几十年来未被超越，这无疑是一种最高的礼赞。当然，如果说近年来航空技术进步不大，也是不公平的：这几十年来航空界在气动减阻、升力改善、动力系统优化、结构与材料、工艺、系统集成、可靠性维修性、航空电子和计算机控制等许多方面取得了巨大的进展，技术进步对于飞机设计思想和设计方法也有着潜移默化的影响。

9.1.2 鸭式布局

“鸭式”这个名称源于法语“Canard”。有趣的是，它最早出自快船竞赛，某位船主给他的船身装上了翼面，快速航行时将船身抬高，甚至一度飞离水面，大大提高了速度，但也引起其他赛手的不满，有人恼怒地评述他的船“又笨又丑，像只鸭子(Canard)”，因而留下这个名字。

将水平操纵面移至机翼前方，即为鸭翼。其实莱特兄弟最早的飞机就是鸭式布局(见图 9－3)。但这种布局很快就失去关注，因为它很难提供足够的稳定性。莱特兄弟早期的飞机非常不稳定，需要驾驶员反应灵敏、训练有素。早期的影片显示，当遭遇阵风时，莱特飞机的鸭翼几乎是不停地在上、下极限位置快速摆动。

鸭式布局有几项好处。最明显的优势在于，操纵面所处的流场不受其他部件干扰，它的操作响应是确定并可预见的，这大概也是莱特兄弟采用鸭式布局的原因。空气流过机翼和机身时被扰乱，所以后置的尾翼总是处于被扰乱的气流中。

图 9－3　鸭式布局

对于依赖人工操纵的飞机来说，鸭式布局有一个重要的优势——提高失速安全性。鸭翼可以设计成在机翼之前失速，此时飞机会自动低头，避免情况进一步恶化。

鸭翼有操纵鸭翼和升力鸭翼两种。操纵鸭翼只产生很小的力以用于操纵，就像后置的平尾那样，绝大部分升力由机翼产生。通常操纵鸭翼尺寸比较小，离主机翼比较远。

相比之下，在正常飞行状态下升力鸭翼和机翼共同产生升力。为了减小升致阻力，通常升力鸭翼的展弦比和翼型弯度都比操纵鸭翼的大。换句话说，升力鸭翼既要是好机翼，也要是好尾翼。

考虑极限情况，当升力鸭翼大到与机翼相等的程度时就成了串列翼。理论上串列翼布局可以将升致阻力减小50%，但这个理论上的好处实际上是得不到的——后面的机翼必须在前面机翼的下洗流中飞行，这需要后面的机翼有更大的迎角。更重要的是，升力的方向也被改变了。升力总是与当地气流方向垂直的，由图9-4可以看出，前翼改变了气流方向。后翼的升力被向后偏转，实际上产生了附加的阻力。

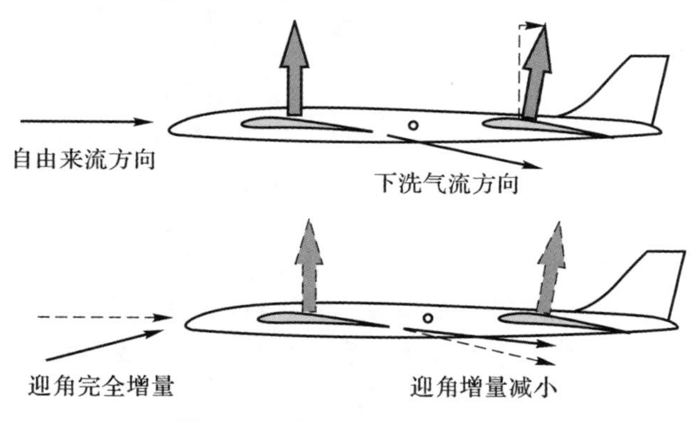

图9-4 串列翼的升力和阻力

还有一个更严重的问题，俯仰稳定性要求当机头上仰时，飞机必须产生低头力矩，使机头回复原来位置。而对于串列翼布局，当迎角增大时，前翼获得全部的升力增量，但同时使气流偏转，导致后翼的迎角增加量小于前翼，对应的升力增量小于前翼。

由于前翼的升力增量大于后翼，实际上产生了抬头力矩，与静稳定所需的相反。要在串列翼布局获得静稳定性，唯一的办法是将重心置于两翼平均点之前，这样的话，后翼是处于“偷懒”状态的——它所产生的升力远小于前翼。而为了保证飞行时所需的升力，就需要增大前翼面积。可以想象，按这种趋势发展，又会回到正常式布局。

有时因为一些特殊原因采用串列翼布局，比如说在机身上载运大尺寸的货物。美国飞机设计师伯特·鲁坦(Burt Rutan)的“海神”(Proteus)采用了串列翼布局，它的设计任务之一是携带大尺寸的特殊装备，在图9-5中可以看到机身下面的大型吊舱。

图9-5 “海神”(Proteus)串列翼布局飞机

9.1.3 无尾布局

如果既不要尾翼，也不要鸭翼，那就成了无尾布局(见图9-6)。这里主要考虑平尾，无尾布局可以有垂尾，也可以没有垂尾。

图 9-6 无尾布局

无尾布局的重量和阻力都是最小的,通常采用这种布局的原因也在于此。

为了保证稳定性,无尾飞机的机翼必须反弯或扭转,这会降低机翼效率。但如果可以做成不稳定的飞机,那么可以缓解这方面的代价。现代高性能飞机装备有功能强大的主动控制系统,因而可以放宽稳定性,更多地发掘出无尾布局的潜力。

无尾飞机对重心位置很敏感,如果能将燃油和装载都安置在离空机重心非常近的位置,那就比较容易获得成功。

为了减小重量和阻力,垂直尾翼也可以省掉。但是,这种完全无尾的飞翼大概是最难稳定的布局,即使加上计算机主动控制也是如此。完全无尾布局必须依靠机翼上的操纵面来实现控制,或者采用发动机的矢量推力进行控制。

方向操纵通常是依靠翼尖安装的阻力装置(见图 9-7)来实现的。有些完全无尾的飞机将机翼外段下垂,来增强稳定性和操纵性。这有点类似于倒 V 形尾翼,可以在方向舵操纵时产生正滚转-偏航耦合。

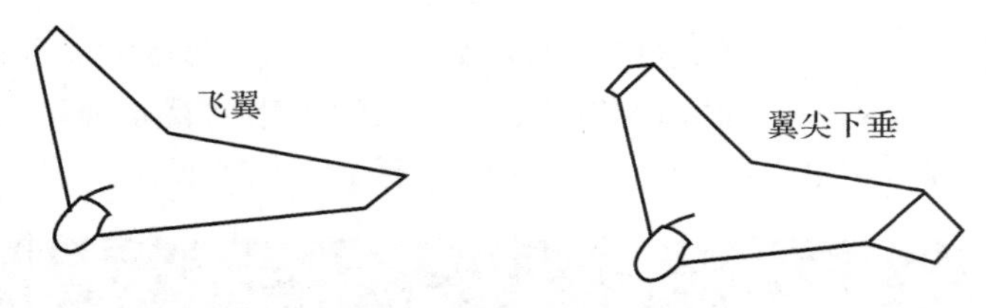

图 9-7 飞翼布局和翼尖下垂

9.2 新颖布局

9.2.1 多机身

有时候会有某些需求,导致多机身的方案——拥有两个或更多独立的机身,这些机身可能相同,也可能不同。比如,北美航空的 F-82(见图 9-8)“双野马”,它将两架 P-51 组合在一起,不过实际上和 P-51 几乎没有共同点。这个方案是希望提供远程轰炸机护卫能力,采用两人制机组,以避免疲劳。F-82 飞出了螺旋桨战斗机的最大航程——从夏威夷飞到纽约。

在超大型客机的设计中也出现许多与尺寸增加有关的问题。如果旅客数达到 1 000 甚至更多,那么在紧急情况下的快速撤离会变得很困难,为解决这个问题,有人提出多机身的概念。

这种概念同时也可获得展向卸载的好处，可以减轻结构重量。

也有一些其他多机身方案，主要是为了容纳超大容量的燃料——如果用单机身的话，可能会鼓得像个飞艇一样。罗克韦尔北美航空公司的一个低密度液氢燃料轰炸机方案中研究了三机身布局，如图9-9所示，但后续分析表明，其浸湿面积过大，无法满足高速飞行的要求。

图9-8　双机身的F-82战斗机

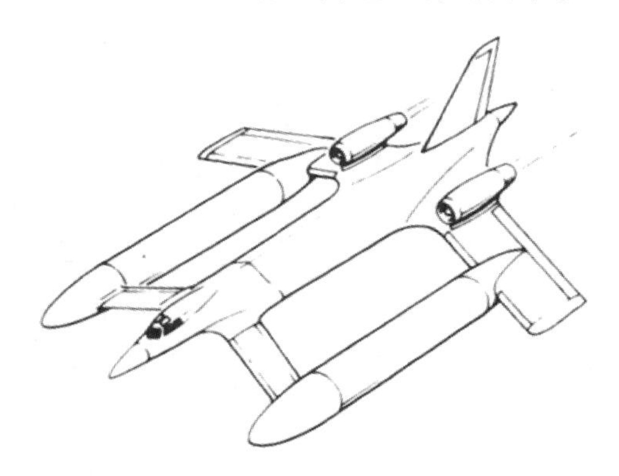

图9-9　液氢燃料多机身轰炸机提案

伯特·鲁坦的环球飞机“旅行者”(Voyger)成功使用了多机身布局[见图9-10(a)]。它的燃油系数高达72%，研究表明多机身布局(外部机身作为“外挂”油箱)比单独机身更高效。再加上展向卸载效应，还可以降低结构重量。另外，3个机身在前部由鸭翼连接起来，也增加了扭转刚度，进一步降低了重量。伯特·鲁坦后来研制的喷气动力的“环球飞行者”(Global Flyer)，也是采用多机身布局[见图9-10(b)]。

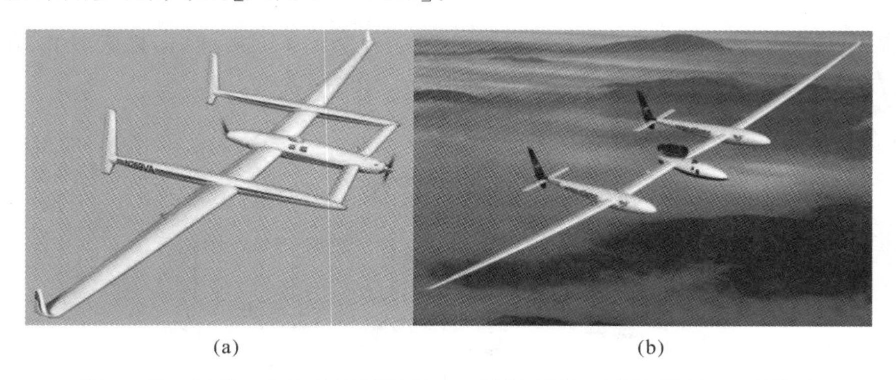

(a)　　(b)

图9-10　伯特·鲁坦的环球飞机——“旅行者”(a)和“环球飞行者”(b)

多机身布局的主要难点是机身与机翼之间的气动和结构特性分析。机身与机翼相交部位的气流状况和机身的壁面干扰效应很难估算，这种气流分布会对襟翼和操纵面产生影响，也会对飞行力学特性产生影响；多机身与机翼连接部分的结构动力学分析会变得非常复杂，可以预料机身的运动会使连接结构产生很大的弯矩和扭矩，这些效应目前还不太清楚，但显然将增加结构重量。

9.2.2　展向承载——飞翼

理论上说，如果可以将飞机的重力载荷沿翼展分布，恰好与升力分布相同，那么总体载荷中不会有弯矩，结构重量可以大幅降低，如图 9－11 所示。虽然实际上不可能达到这样的理想结果，但展向承载总是对主承力结构有利的。

波音公司曾经有一个展向承载客机的方案（见图 9－12），中央结构容纳驾驶舱和发动机，客舱延伸至机翼全展长，前缘设有舷窗。

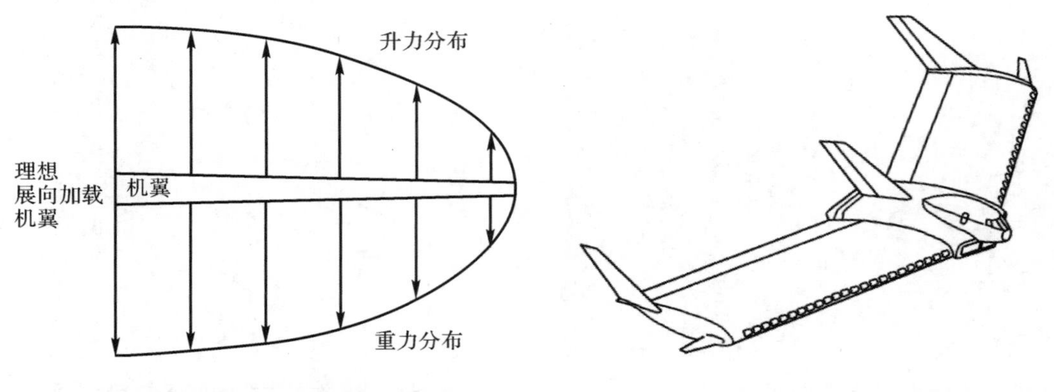

图 9－11　展向加载可以降低结构重量　　　**图 9－12　波音公司的展向承载客机方案**

这种方案的主要难点在于：装载的布置，飞机内部空间很难有效利用；结构布局的开敞性差，应急状态下的出口和撤离通道也很难保证。由于装载均布，造成飞机的惯性特性不同于常规布局，也会带来动力响应方面的问题。

9.2.3　盒式翼

盒式翼布局（见图 9－13）拥有两副机翼，有点类似于串列翼，但在翼尖处由端板连接起来。从前方看去，机翼和端板构成一个盒子的四壁，因此得名。

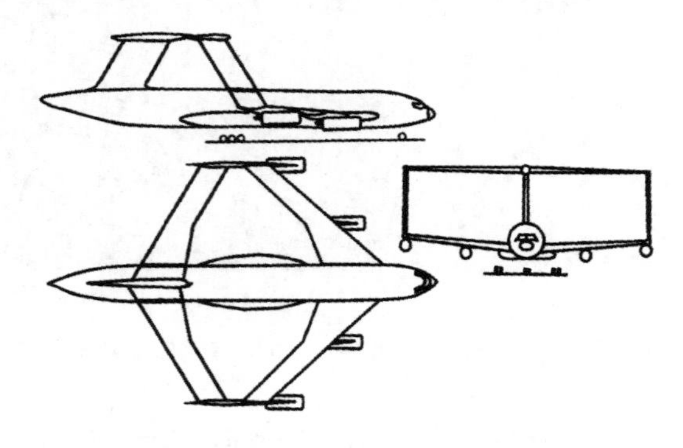

图 9－13　盒式翼布局

前后分置的机翼可以允许更大的重心范围，两对翼面可以允许更灵活的操纵面布置，而且有一定的直接力控制的潜力。两翼在翼尖连接，也提高了机翼的强度和刚度，有利于结构减重。

虽然有这些优势，而且有着众多的支持者，但盒式翼布局始终未获得采用（近期的新一代大型客机方案研究中似乎又有复兴这种方案的趋势，洛克希德·马丁公司提出了一种盒式翼方案），主要原因在于人们对机翼连接部分的结构和气动特性还缺乏把握，飞机的飞行力学和结构动力学特性方面也有一些风险。

9.2.4 联翼

联翼布局(见图9-14)也有两对机翼,前翼后掠,后翼前掠,后翼安装在垂尾顶端,具有较大的下反角,翼尖延伸到前翼。从前面看,全机呈三角形,从上方看是菱形。在安排连接位置时考虑到面积律,将后翼顶端置于前翼最大厚度之后。

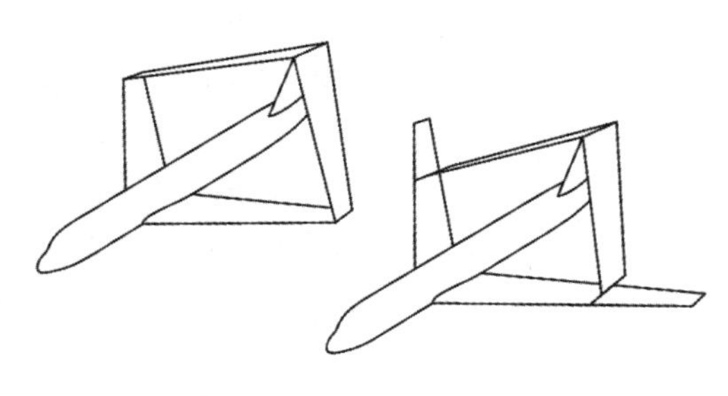

图9-14 联翼布局

与常规双翼机不同,这种布置可以获得较好的跨声速和超声速性能。一般也不需要常规平尾,两个机翼后缘的控制面可以产生俯仰和滚转力矩,如果需要的话,还可以在升力和侧力方向进行直接力控制。不过,最大的好处还是在机翼结构重量方面,大概可以减重到30%的量级。

其缺点在于这种布局的最大配平升力系数小于常规机翼-尾翼布局,由于配平的要求,后翼的增升能力受限。另外,由于部件连接部分过多,浸湿面积和干扰阻力也比较大。类似于盒式翼布局,它的飞行力学和结构动力学响应方面也有难以把握的地方。

9.2.5 前掠翼

既然机翼可以后掠,那么为什么不试试向前掠呢?机翼前掠可以降低跨声速和超声速阻力,这方面与后掠翼一样,而且它在失速方面还有附加好处。对于后掠翼布局,展向流动会使翼尖的附面层加厚并造成分离,导致翼尖提前失速。而对于前掠翼布局(见图9-15),这种现象发生在翼根,使翼尖附近可以在大迎角下保持较好的流场,提升最大升力系数,并保持副翼操纵效率。

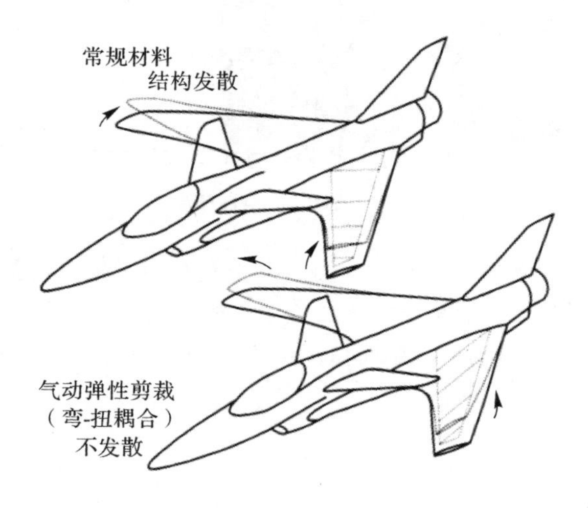

图9-15 前掠翼布局

阻碍前掠翼应用的主要问题在于“结构发散”:在升力的作用下,机翼会弯曲,弯曲导致的翼尖位移使机翼外段的迎角增大,由此引发的升力增量导致弯曲更厉害,进一步增大迎角。在某些速度下,机翼会发散、断裂。因此结构必须足够强,使结构发散对应的速度高于飞机的使用速度，这通常会造成很大的重量代价。

使用复合材料技术可以将重量代价降到最低。复合材料通常比铝合金材料的刚度大，因此发散速度会更高。更重要的是，复合材料可以“剪裁”，利用它的各向异性的特点，选择恰当的铺层方向，实际上可以消除结构发散问题。

设计合理的话，这样做的重量代价很小。不过尽管如此，前掠翼也还是需要权衡的。虽然可以获得更大的最大升力系数，但那只是在大迎角状态，对于起降并没有帮助。前掠翼的机翼后缘位置更靠后，使用襟翼时会带来更大的平衡问题。另外，前掠的几何形状使得襟翼铰链线更倾斜，会降低升力增量。总之，这些会限制到最大升力系数，导致需要更大的机翼面积。

9.2.6 斜翼

如果一边机翼前掠，一边机翼后掠，就成了所谓的斜翼布局，理论上可以在超声速飞行时获得最低阻力和最大的气动效率。

这种布局主要是为了兼顾亚声速和超声速性能：机翼连接处有一个转轴，允许改变掠角，在低速时为平直翼，高速时为斜掠翼。

AD－1 斜翼研究机如图 9－16 所示。因为机翼盒段的结构是直的，它比一般的后掠翼要轻。转动机构比较容易实现，重量代价也不大。它与其他后掠翼一样可以获得跨声速和超声速的优势，在失速性能方面也不差。不过由于后掠部分会先失速，需要某种形式的失速限制器。

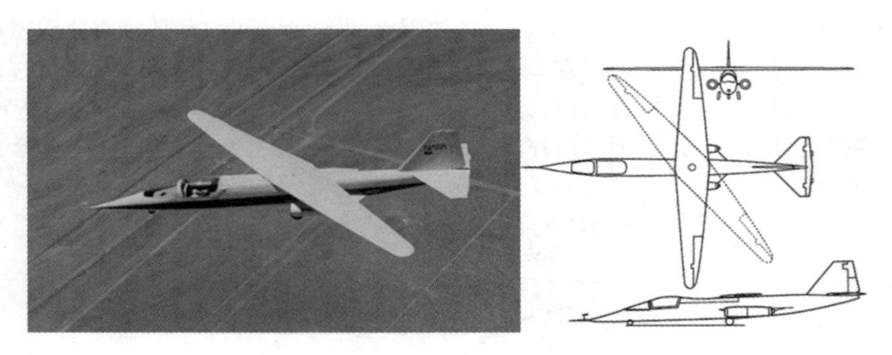

图 9－16　AD－1 斜翼研究机

这种构型的最大优势在于超声速波阻方面。由于左右两半机翼占据不同的机身站位（距机头位置不同），它们对体积分布的影响不是叠加关系。机翼的体积沿机身方向“散布”，更容易符合超声速面积律，也降低了飞机的最大截面积，而波阻是由飞机最大截面积的二次方决定的。

9.2.7 不对称

大多数飞机是有一个对称面的——人们通常只设计出半边，然后将它镜像到另一边。这可以简化设计，更重要的是，也简化了横航向的稳定性和操纵品质。具体来说，如果飞机是左右对称的，当侧滑角为零时就可以认为滚转和偏航力矩都为零，而不管迎角是多少；当侧滑角变化时，无论左侧滑还是右侧滑，这些力矩的增量是相同的。

然而，没有什么准则规定飞机一定得是对称的。当伯特·鲁坦设计出不对称的“Boomerang”（回旋镖）（见图 9－17）时，其外形相当狂放，以至于有人认为伯特·鲁坦只是在炫耀。不过，当完全了解他的思路时，就会知道每个设计元素都是有道理的。

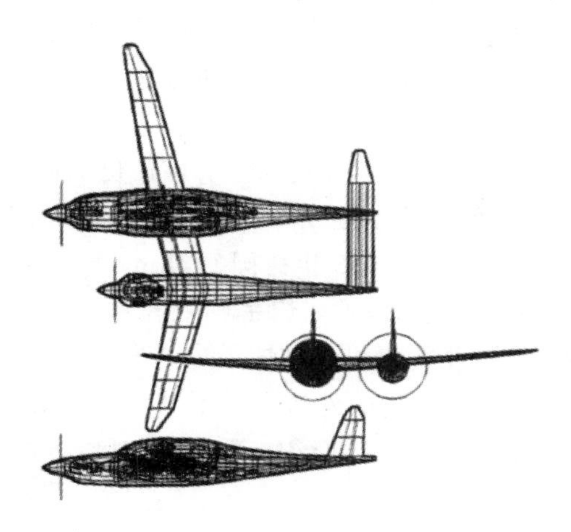

图9-17 双发不对称布局：伯特·鲁坦设计的"Boomerang"(回旋镖)原始设计

(1)通常人们认为几何对称的飞机，气动特性也是对称的。但对螺旋桨飞机来说，却不是这样，尤其是拉进式飞机，机体处于螺旋桨的滑流中，而螺旋桨滑流带有旋转运动。因此，只有当螺旋桨左右对称布置并且转动方向相反时，才可能有对称的流场。否则的话，对称构型的飞机飞行在不对称的流场中，其特性就像不对称飞机一样。另外，螺旋桨的"p-效应"(后文详述)也表明当螺旋桨有一定迎角时，拉力作用中心会横向偏移，也会产生偏航力矩(无论飞机构型是否对称)。

大多数设计师面对这些问题时，会先设计出几何上对称的飞机，即动力为零时，气动力是对称的。对于上述动力诱发的问题，采用配平或者其他技巧，如改变垂尾安装角或者发动机拉力线角度。而另一些设计师，则有其他想法——"既然它的飞行是不对称的，为什么一定要使它看起来是对称的?"显然，伯特·鲁坦属于这一类人。

(2)"Boomerang"出于安全考虑配备了两台发动机，但统计资料表明双发飞机的安全性其实低于单发飞机。虽然两台发动机可以互为备份，但单台发动机失效的概率也增加了一倍。对于常规设计，如果起飞或复飞过程中出现单发失效，就需要专业驾驶技巧才能避免坠机。实际上，大多数双发飞机在发动机失效状态的最小允许飞行速度要高于失速速度，如果驾驶员使飞机低于这个速度，工作着的发动机可能会拖着飞机翻转或进入螺旋。

为降低发动机失效情况下的偏航力矩，最好将两台发动机尽量靠近，并靠近飞机中线。对于常规的机身加两台发动机的布局，螺旋桨最小距离受限于机身宽度加上适当的螺旋桨间隙——这个距离太大，难以避免偏航力矩问题。而"Boomerang"的设计，是以一个单发前置的单机身开始的，似乎是要设计成一架单发飞机。第二台发动机加在侧面，装进一个小得多的发动机舱，螺旋桨尖的横向间距只有1 ft，飞机重心的横向位置在两个机身之间。由于两台发动机离得很近，飞行中无论哪台发动机停车造成的偏航力矩都很小，甚至都不需要使用方向舵配平。

为降低螺旋桨间的相互干扰，也为了更好地平衡设计，第二台发动机位置尽量靠后。但螺旋桨旋转平面也要避开客舱，这可以降低噪声，也避免桨叶飞出伤害到乘客。这种布置也使得附加的发动机短舱向后延伸，可以连接到平尾，从而增大扭转刚度，减小了结构重量。

(3)机翼前掠，可以改善失速特性。不过或许更重要的是，这样可以使得翼根在驾驶舱的后方，提高驾驶员视野范围，同时也增大与左边螺旋桨的距离，以避免干扰。上反的转折点应该大致位于升力面的中间位置，以避免不对称上反效应。但没有人规定机翼平面形状的转折必须与上反在同一位置，因此，这架飞机的机翼转折处于左边的发动机短舱处，而不是在主机身位置，这增大了机翼与螺旋桨之间的距离。

"Boomerang"的非对称布局也延伸到客舱的布置。座椅也是从前到后交错布置的，而不像传统的并排布置。这降低了机身宽度，减小了迎风面积，同时也保证所有乘客拥有足够的肩部空间。

其实很早就有人想到不对称布局，1938 年德国 Blohm-Voss 推出了 BV-141(见图 9－18)，其主机身上安装发动机和尾翼，驾驶员和机尾炮手则处在偏置一侧的短舱中。炮手具有无遮挡视野，驾驶员则具备一般单发战斗机无可超越的下向视野。p－效应使推力线向右偏移，接近飞机中心线，飞机的飞行特性其实没有它的外形那么不对称。这架外形怪异的飞机的航程比常规外形的 Fw－189 大 1 倍，不过后者赢得了合约。看来，不对称布局并不那么容易被接受。

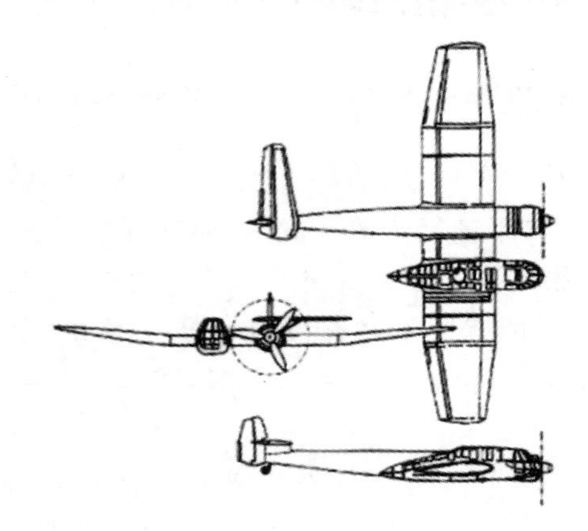

图 9－18　单发不对称布局：Blohm-Voss BV-141

9.3　机翼布置

方案设计中首先要考虑机翼相对于机身的垂直位置，通常，根据机翼相对位置可以分为上单翼、中单翼和下单翼，图 9－19 列出 3 种不同的布置方案。

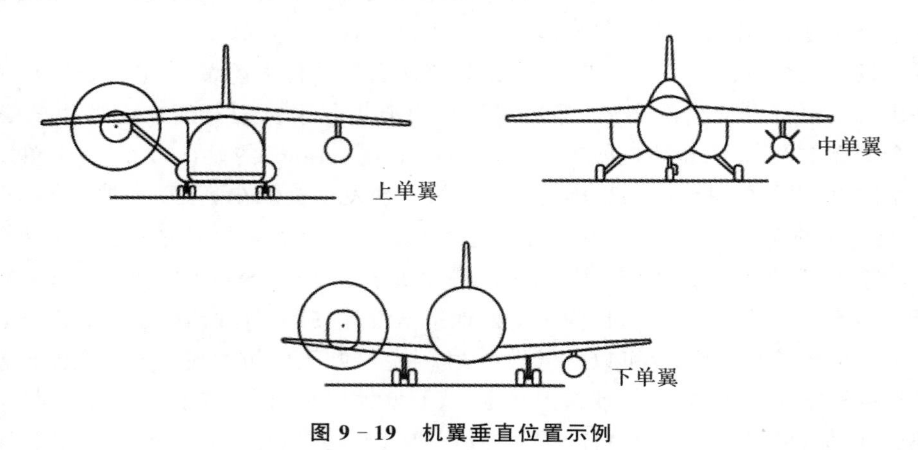

图 9－19　机翼垂直位置示例

机翼相对机身的垂直位置在很大程度上取决于飞机的使用要求。比如说，基本上所有的民用运输机都是下单翼布局，而军用运输机基本都是上单翼布局。当然，上、中、下单翼在气动上和结构上有一定的差别，会影响到飞机的总体性能，但使用方面的要求通常更起到主导作用。

9.3.1 上单翼

上单翼的主要优势在于可以使机身更接近地面。对于像C－17，C－5和C－141这样的军用运输机来说，在装卸货物的时候就不需要特殊的地面辅助设施。这类飞机的货舱地板离地高度约为4～5 ft(1.5 m)，与大多数卡车的货箱高度相当。如果在缺乏地面设备的偏远地区装卸货物，卡车可以直接开到飞机货舱跟前。图9－20和图9－21展示了上单翼布局的一些特征。

图9－20 上单翼布局的C－5A

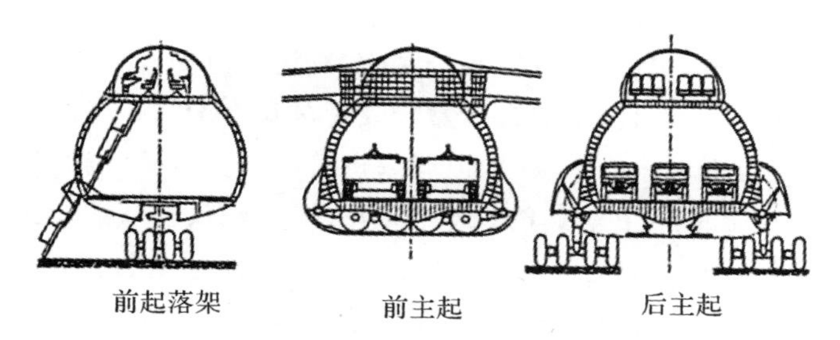

图9－21 C－5A的内部装载和起落架布置

上单翼布局的飞机，喷气发动机或者螺旋桨拥有较大的离地空隙，而不需要额外增高起落架。另外，飞机起降时，在抬头和有一定滚转的姿态，上单翼也不易碰到地面。因此，对于上单翼来说，起落架的重量通常较小。

如果上单翼安装在机身顶部，而不是穿过机身，也可以减轻结构重量。因为如果机翼必须穿过机身，那么穿过部位被打断的机身结构必须加强，从而增加结构重量。但机翼安装在机身顶部又会增大飞机的迎风面积，导致阻力增大。

如果飞机设计时要求短距起降(STOL)，上单翼布局有下述优点：机翼较高，可以有足够的空间来安置很大的襟翼，提高升力系数；机翼离地面较高可以避免“漂浮”——当飞机接近地面时由于地面效应产生的升力增加，漂浮趋势使得飞机很难在预定位置定点着陆；大多数STOL飞机趋向于在不完善的场地起降，上单翼布局可以使发动机或螺旋桨远离卷起的沙石和碎屑。

上单翼布局的缺点有：虽然起落架重量较小，但机身由于要承受起落架载荷，必须要加强，会使重量增加；大多数情况下起落架收放的位置会突起一个鼓包，增加了阻力和重量；为了保证货舱地板的离地高度，机身底面需要做成平的，这种结构形式比圆柱形机身更重；如果机身顶部为圆形，那么在机翼和机身连接的位置必须要加整形。

上单翼的小型飞机在转弯时，机翼会遮挡转弯方向的视线。在爬升时也可能会挡住向上方的视线(曾有一起空中相撞事件，是由一架爬升的上单翼飞机与一架下降的下单翼飞机航线交叉造成的)。很多上单翼轻型飞机顶部隔板做成透明的，以利于驾驶员观察上方。

9.3.2 中单翼

对于大致圆形截面的机身，中单翼布局的阻力最小，这对于高速飞行是很重要的。在小迎角状态，中单翼布局翼身附面层之间的干扰也是最小的，上单翼或下单翼则必须整形，以减小干扰阻力。

在一定程度上，中单翼具有类似上单翼的离地间隙大的好处。许多战斗机为了在机翼上挂载导弹和炸弹都采用中单翼布局。

相比之下，上单翼布局会限制驾驶员的后向视界，而后向视界对于战斗机的格斗任务可是生死攸关的。

对于特技飞机来说，中单翼布局大概也是最具优势的。下单翼布局的飞机，为了获得适当的操纵品质常需要一定的上反，但在倒飞时会产生相反作用。这就很难平滑地完成特技飞行。另外，无论上单翼或是下单翼布局飞机，侧滑时都产生附加的上反效应，使得大侧滑机动如“刀锋通场”等很难完成。

中单翼布局的主要问题是结构难以贯通。左、右机翼上由于升力而产生弯矩，弯矩平衡的途径为：两边机翼贯通机身连接起来(中央翼盒)，或者机身上增加一组厚重的加强框。

采用中央翼盒的结构形式一般比较轻，但如果机身中需要装载货物或旅客时，中单翼无法贯通，因此运输机几乎没有采用中单翼的(也有例外，如德国汉莎 HFB320 公务机，采用了轻微的前掠，使中央翼盒位于乘员舱的后方)。战斗机机身位置通常被发动机和进气道所占据，因此中单翼布局也难以采用贯通的中央翼盒，需要使用机身加强框(见图 9－22、图 9－23)。

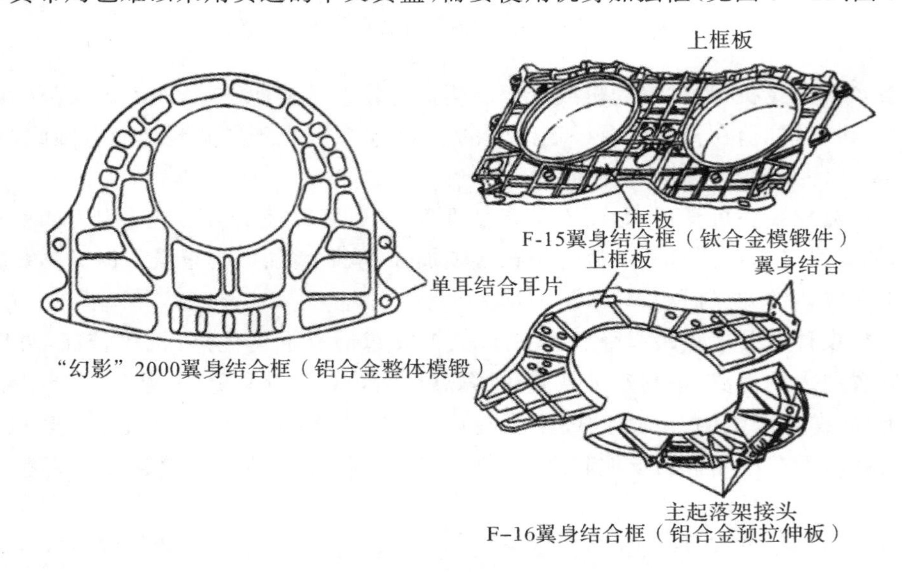

图 9－22　几种战斗机的翼-身结合框

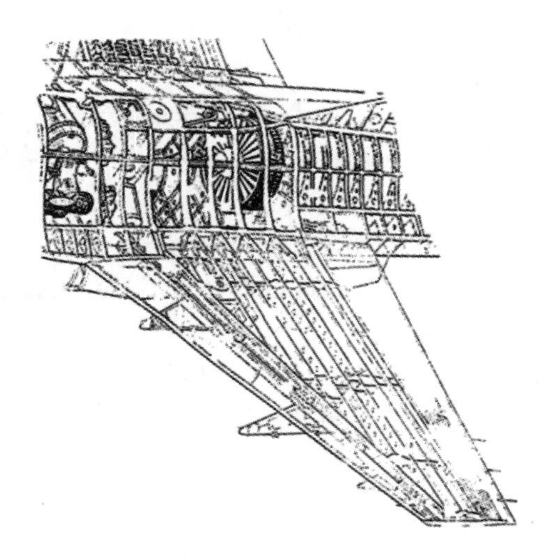

图 9-23 F-16的翼-身结合段

9.3.3 下单翼

下单翼布局的优点之一是起落架容易安置。收放起落架的耳轴可以直接连接在翼盒上，由于机翼结构本身的强度较大，所以不需要再为起落架载荷作特殊加强。起落架收起时，可以放入翼-身连接处或者发动机短舱内，避免了在上单翼飞机上常见的鼓包。下单翼的中央贯穿结构示例如图 9-24 所示。

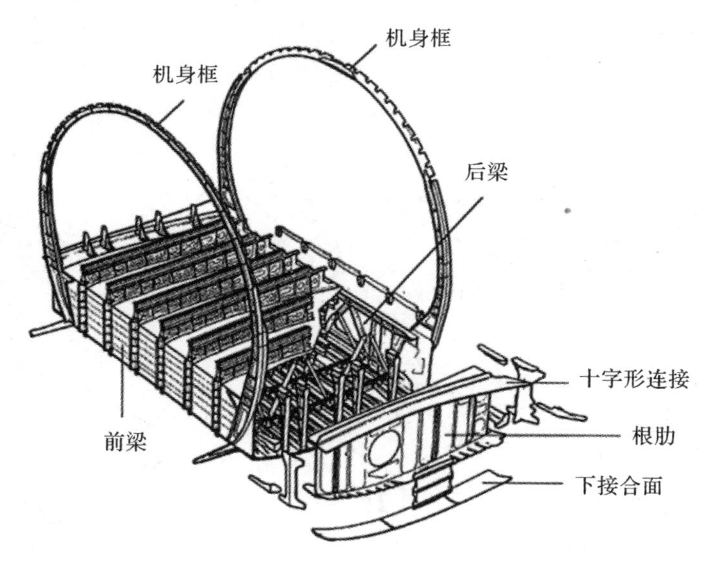

图 9-24 下单翼的中央贯穿结构示例

为了保证发动机或螺旋桨的离地间隙，需要使机身离地面的距离更远，这会增加起落架重量。较长起落架也有好处：可以在保证起飞迎角的前提下减小机身尾翘角，较小的机身尾翘角意味着阻力更小。

虽然大型的下单翼飞机在装卸货物时需要特殊的地面装备，但这对现代高速商用飞机不成问题,因为它们都是在设施齐备的专用机场上运作的。这也是军用飞机和民用飞机布局大不相同的主要原因。

大型客机的机身直径大约为 6 m 的量级,可以保证在中央翼盒的上方的旅客舱不被打断,机身下方的行李舱被中央翼盒隔为两部分。这种机身内部布局空间利用率较高,现在基本上已成为客机的标准形式。

上述已经提到下单翼的一些缺点,包括离地间隙问题。还有一点就是下单翼飞机的机翼上反角很多情况下不是由气动要求决定的,而常常是为了避免不良着陆时翼尖擦地而定的,这需要加大垂尾面积以避免荷兰滚趋势。

离地间隙问题也影响着螺旋桨的布置。为了减小起落架尺寸,很多下单翼飞机的螺旋桨轴线位置实际上已在机翼平面以上,这增加了螺旋桨和机翼的相互干扰,使巡航耗油率提高。

9.4 尾翼布置

图 9－25 所示为一些常见的尾翼布局形式,每种布局各有其特点。其中第一种使用最多,但是,也还有许多理由考虑其他构型。

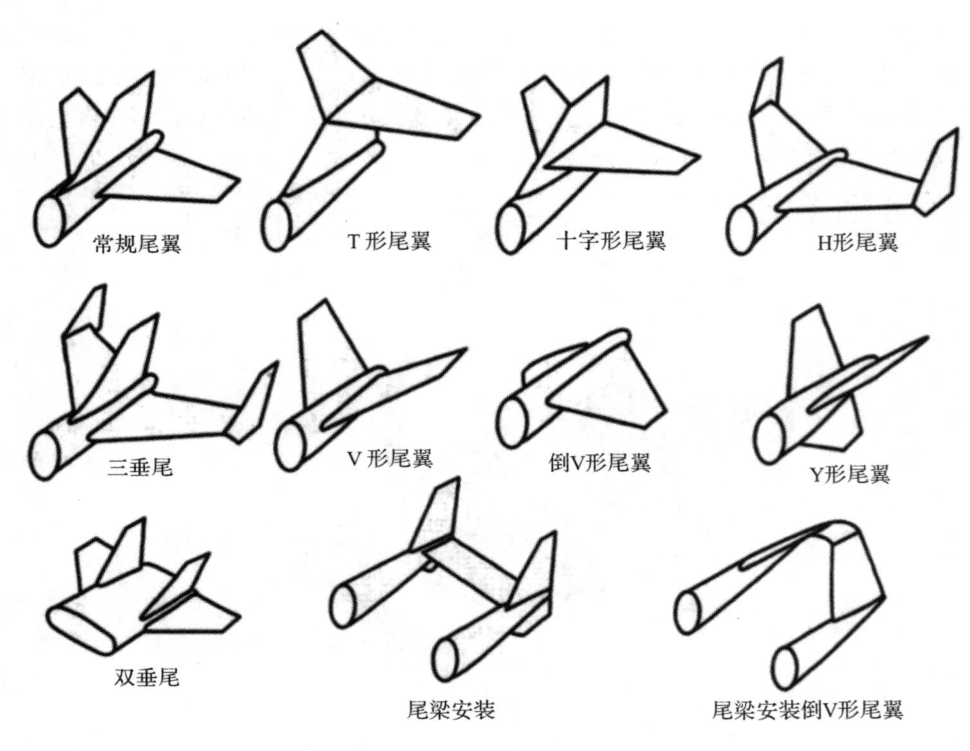

图 9－25 常见尾翼布局

1. 常规尾翼

单垂尾,平尾和垂尾都连接在机身上,这种形式应用最广泛。对于大多数飞机,常规尾翼布局能够以最小的重量获得合适的稳定性和操纵性。大约 70％或更多现役飞机采用这种尾翼布局。

2. T形尾翼

T形尾翼的应用也比较多。T形尾翼天生比常规尾翼重，因为垂尾需要加强以承受平尾的载荷。但T形尾翼在许多方面的优势可以弥补这先天的不足。

由于端板效应，T形尾翼的垂尾可以做得小一些。这种布局使平尾高置于机翼和螺旋桨的尾流之上，使其效率更高，从而也可以减小它的尺寸。这也同时减小了平尾的颤振，减轻了结构和驾驶员的疲劳。

对于喷气飞机，如DC-9和B-727，T形尾翼布局使得发动机可以安装在后机身两侧。最后还有一点，T形尾翼被认为很时髦，这一点也不是无足轻重的。

3. 十字形尾翼

十字形尾翼介于常规尾翼和T形尾翼之间，它将平尾抬高一些，以避免过于接近发动机喷流(如B-1B)，也可以在大迎角或螺旋状态下使方向舵的下半部分位于未受扰动的气流之中。这些目的都可以用T形尾翼实现，而十字形尾翼付出的重量代价要小一些。另外，它无法获得T形尾翼的端板效应可以减小垂尾尺寸的好处。

4. H形尾翼

H形尾翼主要是为了在大迎角状态下将垂尾置于未受扰动的气流当中(如T-46)，或者对于多发动机的飞机，将方向舵置于螺旋桨的滑流中，以增强单发失效时的控制能力。H形尾翼比常规尾翼重，但是由于它的端板效应可以使用较小的平尾。

A-10的H形尾翼主要是为了遮挡发动机炽热的尾喷管，避免被其侧后方的红外制导导弹锁定。H形尾翼和类似的三垂尾布局可以使垂尾高度降低，使得像洛克希德·马丁公司的“星座”(Constellation)这样的大型运输机能装进现有的机库。

5. V形尾翼和倒V形尾翼

V形尾翼可以减小浸湿面积，它将常规尾翼的三片翼面减为两片；对于降低雷达反射面积也有一定作用。滑翔机也经常采用这种布局，主要是为了避免在草丛着陆时损坏尾翼。

不过，美国国家航空航天局(NASA)大量的研究结果表明，为了获得满意的稳定性和操纵性，V形尾翼的面积必须放大到与分立的平尾和垂尾面积之和基本相等的程度。没有了减小浸湿面积的优势，V形尾翼的特点可以总结为减小了干扰阻力和增加了操纵复杂性。

方向舵或升降舵的指令需要“混合”起来，才能使V形尾翼恰当地运动。比方说，V形尾翼飞机上，驾驶员蹬右脚蹬时，右侧的舵面向下偏，同时左侧舵面上偏，它们产生的合力将尾翼推向左方，从而使机头向右转动，实现操作意图。但同时，这对“升降方向舵”还产生了向左滚转的力矩——与希望的方向相反，称为“反滚转-偏航耦合”。

倒V形尾翼可以避免这个问题，它产生的是有利的正滚转-偏航耦合。据说倒V形尾翼还可以减小尾旋趋势。但这种尾翼布局很难保证尾部离地间隙。

Y形尾翼与V形尾翼类似，只是上反角较小，并且在V形尾的下方多了一个垂直安装的翼面。方向舵安装在这第三个翼面上，而V形尾只负责俯仰操纵。这种尾翼布局避免了V形尾翼的复杂的“升降方向舵”问题，同时，干扰阻力也比常规尾翼的小一些。

6. 双垂尾

现代双发战斗机的后机身比较宽，可以安装双垂尾。这使方向舵位于机身中线两侧的位置，避免方向舵在大迎角时被机翼或前机身遮蔽。另外，双垂尾也可以降低垂尾高度。双垂尾通常比同样面积的、安置在机身中线位置的单垂尾重，但往往效率更高。

将尾翼安装在尾梁上，可以为安装推进式螺旋桨或者将沉重的喷气发动机装在重心附近腾出空间。尾梁通常比常规的机身在结构方面重一些，不过在某些情况下，这种形式可能是比较合适的。

尾梁式尾翼可以将平尾置于中间，也可以采用高平尾，如赛斯纳公司的 Skymaster。尾梁上也可以安装倒 V 形尾翼。NASA 的无人研究机 HiMat(见图 9－26)只在尾梁安装了垂尾，而没有平尾，其俯仰操纵是由鸭翼来实现的。

图 9－26　HiMat 无人研究机垂尾安装在尾梁上

7. 其他尾翼形式

尾翼的形式相当灵活多样，包括前面提到的鸭式和无尾式，也都是可选的尾翼布局形式。尾翼布置对于飞机的稳定性、操纵性和失速特性都有重要的影响。

9.5　发动机布置

常见的航空发动机主要有活塞发动机和涡轮喷气发动机两大类。这两类发动机的工作原理是类似的：引入外部空气，加压后与燃油混合，使其燃烧，所产生的高压热空气输出能量。对于活塞发动机来说，这个过程是间歇进行的，表现为活塞在汽缸里的往复运动。对于涡轮发动机，这个过程是连续的，但在发动机内 3 个不同的部分进行。

9.5.1　螺旋桨推进系统

活塞-螺旋桨组合是最早应用的飞机推进装置。经过不断的发展，活塞发动机在功率-重量比、耗油率、阻力、推力和可靠性方面都有很大改善。发动机技术的进步是飞机发展的主要推动因素之一。如今活塞发动机主要用于轻型飞机和农用飞机。

活塞-螺旋桨发动机具有两个优点：价格低，耗油率低。但它们重量太大，噪声和振动也很大。另外，螺旋桨自身的特性决定了它所产生的推力随着飞行速度的增加而减小。现在已经很少采用大功率的活塞发动机，如果功率大于 500 hp，通常涡桨式发动机的效率更高。

螺旋桨推进系统通常有两种布置方式(见图 9－27)：螺旋桨位于安装点(一般是发动机)

前方的拉进式布局,或者装在后方的推进式布局。

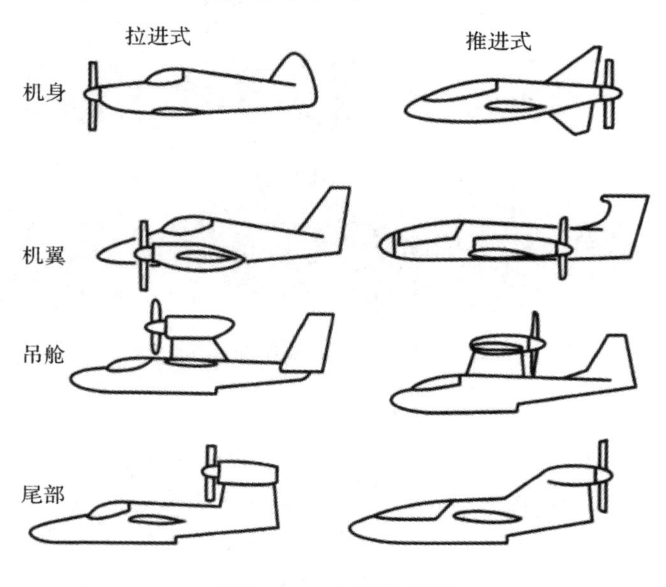

图9-27　螺旋桨位置

莱特兄弟的“飞行者”(Flyer)号是推进式的。不过拉进式却是航空史上大多数飞机所采用的标准形式。使用拉进式布局可以把沉重的发动机放在前方,有利于减小前机身长度,允许采用较小的尾翼面积并有助于改善稳定性。拉进式布局拥有现成的冷却空气来源,并可使螺旋桨位于未受扰动的气流中。

当前,有不少飞机采用推进式布置,其主要有以下优点:

(1)机身或机翼不在螺旋桨的尾流中,因而可以减小摩擦阻力。

(2)推进式布置的飞机,通常机身较短,因而浸湿面积较小。

(3)螺旋桨的吸入气流有助于维持气流不分离,因而机身可以采用更陡的收缩角。推进式布置通常与鸭式布局组合,因为鸭翼所需的力臂比后置尾翼短。

(4)推进式布局使得座舱噪声比较小,因为发动机排气是朝着座舱的反方向,并且风挡也不受螺旋桨尾流的冲击。

(5)驾驶员的视线比较好,还降低了火、烟、CO_2 带来的危险。

推进式也有以下缺点:

(1)因为螺旋桨处在机身、机翼和尾翼的尾流中,所以效率比较低。另外,由于重心靠后,需要较大的尾翼面积。

(2)推进式发动机的冷却比较困难。

(3)在起飞抬头时,为避免推进式螺旋桨碰到地面,需要较长的起落架。在任何姿态,螺旋桨距地面至少要有 23 cm(9 in)的间隙。

(4)推进式螺旋桨也更容易被机轮卷起的砂石击伤。如果是推进式涡轮螺旋桨,当发动机排气冲击到螺旋桨时可能会产生问题。

塞斯纳的“空中霸王”(Skymaster)和鲁坦的“无畏”(Defiant)采用了机身上同时安装推进式和拉进式的方案,以消除单发失效时的偏航力矩。鲁坦后来的不着陆环球飞行的“旅行者”

(Voyager)也同时配置了推进和拉进螺旋桨。推拉式螺旋桨布局如图 9 - 28 所示。

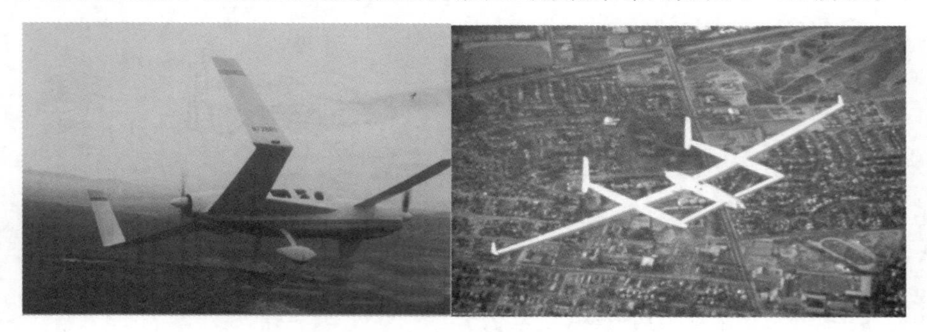

图 9 - 28 推拉式螺旋桨布局

如果配置多台发动机,通常选择安装在机翼上。机翼上的发动机可以起到减载作用,使机翼结构重量减轻。另外,由于机身远离了螺旋桨滑流,也可减小阻力。

为了解决发动机失效时的操纵问题,必须加大垂尾和方向舵面积。另外,还要注意机内人员的位置不能在螺旋桨旋转平面±5°之内,以防桨叶甩出打入机身。

大多数双发飞机是下单翼布局,如果将发动机和螺旋桨安装在机翼上,就需要很长的起落架。常见的解决方案是将螺旋桨抬高到机翼平面以上,以便减小起落架高度,但这又会带来机翼与螺旋桨之间的额外干扰。

"比奇星舟"(Beech Starship)和 B - 36 采用了机翼安装的推进式螺旋桨。这种布置需要较长的前机身,也需要很高的起落架。另外,螺旋桨一半处于机翼下表面尾流中,另一半处于机翼上表面尾流中,这两部分尾流的压力差会造成螺旋桨效率降低,还可能引发振动。要减小这种影响,需要使螺旋桨尽量靠后。

机身上方和垂尾上的短舱基本上只用于水上飞机和水陆两栖飞机上,因为它们需要很大的离水间隙。由于推力线过高,在紧急复飞的情况下,推力可能会产生很大的低头力矩,引发非预期的操纵特性。

9.5.2 喷气发动机

喷气式运输机的发动机可以内埋,也可以外挂。关于这两种安装方式,历史上曾有过较长时间的争论,但后来随着高涵道比发动机的成熟,以及高效增升装置的出现,吊舱外挂式成为主流。不过也不能说内埋式布置已经完全被放弃,实际上,近期的一些新概念布局研究中,又重新提起对内埋式布置的兴趣,它在附面层控制方面有一定的潜力。

早期有些运输机和轰炸机将发动机靠近机身,完全埋入机翼根部,进气口在机翼前缘,排气口在后缘,如德・哈维兰公司的"彗星"(Comet)和 AVRO 的"火神"(Vulcan)轰炸机(见图 9 - 29)。

图 9 - 29 内埋式发动机布置

将发动机埋入翼根，引起的附加阻力很小。相比之下，与“火神”同时代的B-47轰炸机［见图9-30(a)］，其发动机布局带来的附加阻力占总阻力的15%。

(a)　　(b)

图9-30　吊舱式发动机布置

另一种方式是采用吊舱式发动机布置［见图9-30(b)］，使发动机独立于机身，其优势在于：

(1)安全性较好。当发动机起火时，火焰向机翼内油箱蔓延的可能性较小。

(2)进/排气管道短，有利于发动机工作在最佳状态。

(3)发动机在翼下吊装时，对机翼有卸载作用，可以减轻机翼结构重量。

(4)发动机接近性较好。相比之下，如果发动机埋入翼根，为了检查和维护，就需要大面积的开口，很可能需要打断承力结构。

(5)发动机吊舱可能对大迎角下的气流产生有利影响。在一定程度上，吊舱挂架会起到翼刀的作用。

还有一种将发动机短舱安装在后机身的方式(见图9-31)。这也是一种喷气运输机的标准布置，通常用于T形尾翼。它避免了发动机与机翼的相互干扰，也允许采用较短的起落架。不过，机舱后部的噪声会比较大。

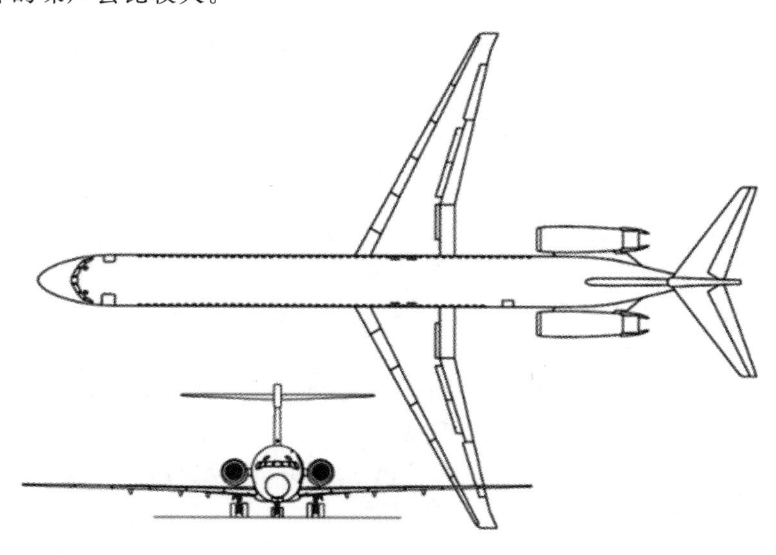

图9-31　尾吊式发动机布置

后机身安装使得全机重心后移,这就需要将整个机身相对于机翼前移。造成的后果是,尾力臂变短,并且机翼前方的机身面积增加,从而需要更大的垂尾和平尾。

喷气战斗机的发动机通常装入机身内部。对于这种安装方式,进气道和尾喷管的设计非常重要,也相当复杂,后面的章节将专门讨论这个问题。

9.6 起落架布置

飞机布局设计阶段需要考虑许多种内部部件的布置,其中起落架设计常常是最费力的工作。要确定合适的机轮和缓冲器尺寸,要保证起飞和着陆时机轮处于正确的位置(放下位),还要保证合适的收放空间,避免干涉其他结构部件、刮擦到油箱或者是突起鼓包破坏气动外形。在方案构思阶段就必须考虑到这些问题,否则,在后期设计中就可能需要做出重大改动。

典型的起落架布置形式有前三点式、后三点式和自行车式,如图 9-32 所示。

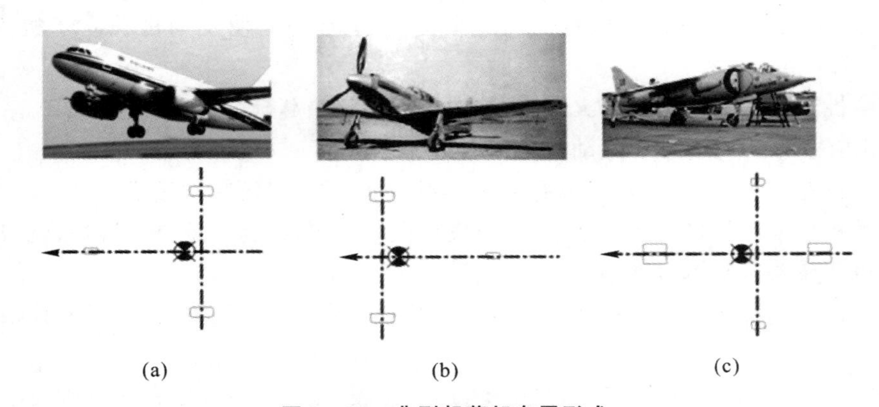

(a) (b) (c)

图 9-32 典型起落架布置形式

(a)前三点式; (b)后三点式; (c)自行车式

9.6.1 前三点式

前三点式是现代飞机最常用的起落架布置方式,辅助轮位于重心之前,两个主轮位于飞机重心之后。

前三点式起落架有以下特点:

(1)前轮远离重心,允许强烈制动,滑跑时方向稳定;

(2)机身轴线与地面基本平行,飞行员视界较好;

(3)前起载荷较大,尺寸大、结构复杂,较重;

(4)前轮会发生摆振现象。

图 9-33 展示了前三点式起落架布置的主要参数。设计时要考虑支柱长度以防止飞机着陆时机尾擦地。对于多数飞机来说,着陆迎角介于 10°～15°之间。

如果带有螺旋桨,那么螺旋桨至少要有 7 in(18 cm)的离地间隙。

尾坐角(tipback angle)是在缓冲器完全伸展状态,机头上扬导致使尾部擦地的角度。为了防止起飞时尾部擦地,飞机重心与主轮垂线的夹角应该大于尾坐角,且不能小于 15°。

如果前轮承受超过20%的飞机重量载荷，主轮可能距离重心过远了。另外，如果前轮承受的载荷低于5%，将无法产生足够的操纵力。在飞机重心位置的前、后限之间，前轮承受飞机重量载荷最适宜的范围应在8%～15%之间。

侧翻角(overturn angle)用来衡量飞机在大角度转弯滑行时飞机侧翻的趋势。这个角度是飞机的前、主轮与重心构成的平面与地面的夹角。对于大多数的飞机来说，这个角度不应超过63°(舰载机不应超过54°)。

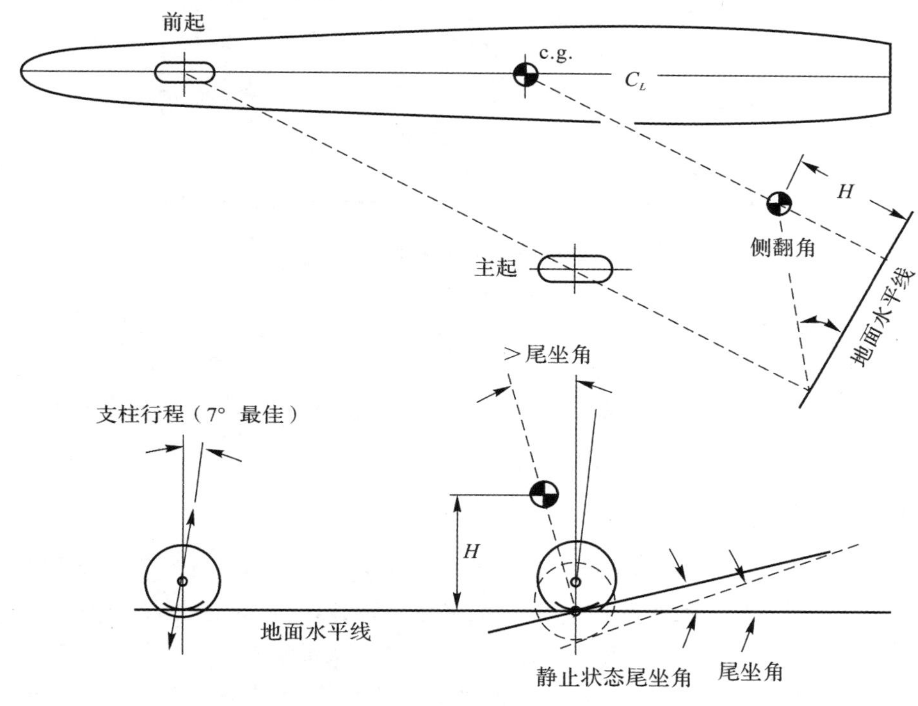

图9-33　前三点起落架的布置

9.6.2　后三点式

后三点式起落架的两个主轮布置在重心前面，在尾部有一个附加尾轮。后三点式也曾被称为常规布局起落架，因为在飞机发展过程的前40年里，这是一种最普遍使用的方式。后三点式起落架使得螺旋桨距地面间隙更大，具有更低的阻力和重量，在粗糙跑道上滑跑时能使机翼产生比前三点式更大的升力。

(1)后三点式滑跑时是不稳定的。飞机开始转弯的时候，由于重心在主轮后面，会加剧转弯趋势而失控旋转(或称地转)。这可能会引起飞机的翼尖拖地、起落架断裂或飞机滑出跑道。为了防止这种事情发生，后三点式飞机的驾驶员在着陆时必须使飞机严格平行于跑道，并且要频繁踩踏脚蹬来控制方向，仿佛在脚蹬上跳踢踏舞。

(2)后三点式起落架的飞机在停放状态通常是上仰的，会影响飞行员的向下视野。

图9-34给出了后三点式起落架的安装条件。其中擦尾角(tail-down angle)在轮胎静态位置时应在10°～15°之间(静态位置为：飞机以起飞重量停放在地面，轮胎和缓冲器由自重压缩至稳定状态)。

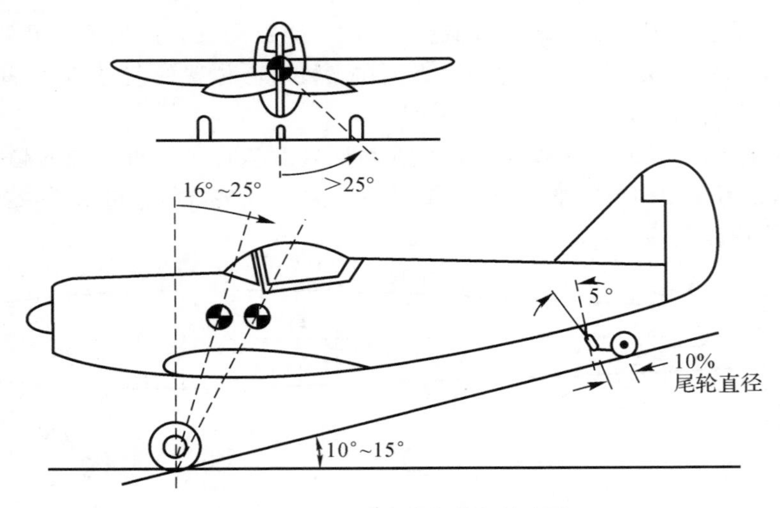

图 9-34 后三点式起落架的布置

起飞状态下，螺旋桨离地间隙至少要有 9 in(23 cm)。

飞机重心位置前后范围应该在主轮垂线向后 16°～25°范围内，重心位置太靠前则飞机容易向前翻倒，位置太靠后飞机则容易发生地转。为了防止飞机翻倒，在尾轮着地状态，主轮与重心连线与铅垂线横侧方向的夹角应该大于 25°。

9.6.3 自行车式

自行车式起落架有两个主轮，分别布置在重心的前后。在两侧机翼安装辅助小轮以防飞机侧倾。自行车式的后主轮一般距重心较远，因而采用这种方式的飞机在起飞时只能有相对小的俯仰角，这使得自行车式起落架只能应用于小迎角下可以获得较大升力的飞机(如大展弦比、翼型弯度较大和/或带有增升襟翼)。自行车式起落架一般被用在机身较窄和翼展较大的飞机上。

“鹞”式垂直起降飞机也采用了自行车式起落架：一方面由于它是上单翼布局，发动机布置也比较独特，没有足够的空间容纳常规前三点式起落架；另一方面也由于它具备垂直起降能力，可以在不抬迎角的状态起飞。

9.6.4 其他起落架形式

对于很轻的飞机，如滑翔机，可以采用简单的单主轮起落架式(见图 9-35)。这种方式一般将主轮布置在重心前面，如果布置在重心之后，那么需要在驾驶舱下另外布置一个小轮。

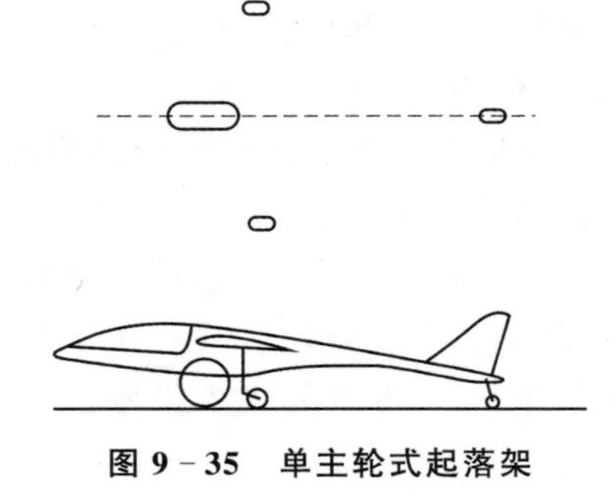

图 9-35 单主轮式起落架

为了避免机体擦地，一般会在机尾和机翼外段安排小的辅助轮。

四轮式起落架很像自行车式，但是在机身的两侧布置机轮，常用于大型运输机（见图9－36）。这种方式同样将起飞着陆姿态限制在较小的角度。这种布局可以使货舱地板距离地面更近，因而在B－52和其他几种货运飞机上得到采用。

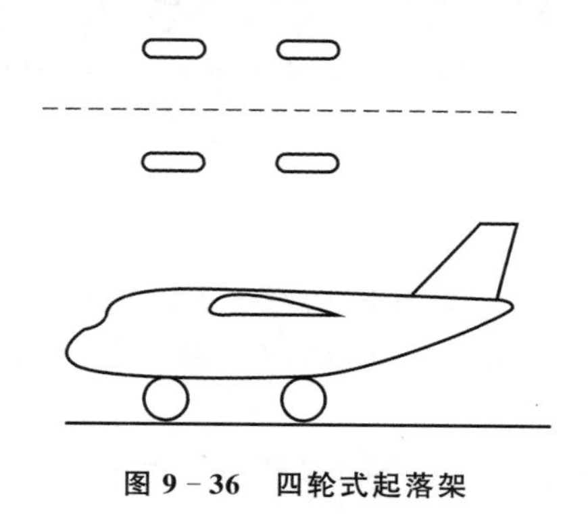

图9－36　四轮式起落架

思　考　题

1．莱特兄弟最早成功飞行的飞机是鸭翼布局，为什么这种布局又很快失去关注？

2．无尾布局的优势是什么？在设计时最重要的关注点是什么？

3．讨论伯特鲁坦的不对称布局飞机“Boomerang”的设计特征，分析它的设计思路。

4．上单翼、中单翼、下单翼布置的优、缺点各是什么？在总体设计中应如何选择机翼的垂直位置？

5．尾翼的主要功能有哪些？总体设计中如何选择尾翼的尺寸？

6．伯特鲁坦的不着陆环球飞机“旅行者”(Voyager)同时配置了推进和拉进螺旋桨，这样的设计有什么好处？

7．在波音737发展系列中，发动机安装方式和位置一直在变化，讨论其变化情况并分析原因。

8．起落架布置的主要参数有哪些？

第10章 机体结构

飞机方案优化过程中，最主要的优化目标通常是降低阻力和减轻重量。不幸的是，减阻的措施通常会增加结构重量，因此需要仔细权衡。本章简要介绍飞机机体的主要结构形式和设计思路。

10.1 飞机结构设计的要求

飞机结构设计的主要目标有：

(1)保证气动外形。这是一种前提性的要求，即必须满足的要求。气动外形必须保持在适当的精度范围之内。比如说，机翼的外形直接影响着升力，机体的表面质量影响阻力的大小，进而影响到全机性能。

(2)保证结构强度和刚度。所谓强度是抵抗破坏的能力，刚度是抵抗变形的能力。结构在承受各种规定的载荷和环境条件下，应具有足够的强度和刚度，不产生不能容许的残余变形，或出现不能容许的气动弹性问题与振动问题。尤其要注意操纵面或翼尖等部件，如果出现过大变形，会在很大程度上影响飞机的操纵性和动态响应特性。另外，结构部件还需要具有足够的寿命和损伤容限，以及高的可靠性。

(3)尽量降低结构重量。

(4)适当的维护性。结构要有一定的开敞性，以便于检查和维修，因此要合理布置和设计各种分离面、开口、锁扣等。

(5)较好的工艺性，容易加工、成本低。这方面需结合产品的产量、机种、需要的迫切性与加工条件等综合考虑。

(6)合理的成本。成本包括材料成本、加工成本和使用成本等。

10.2 常用材料

10.2.1 木材

莱特兄弟的飞机采用云杉木作结构材料，早期的很多飞机也是由木材制造的。现在很少有用木材来制造飞机了。木材具有较好的比强度①，而且易于加工和维修。它像复合材料一

① 比强度，又称强度-重量比，指材料的强度与其密度的比值。它表征了单位质量的材料承受载荷的能力。类似还有“比刚度”(或“比模量”)的概念，指材料的弹性模量与其密度的比值。

样在不同的方向具有不同的力学性能，选择纤维按长度方向分布的材料，可以制作强度较高的部件，如飞机的抗弯梁等。休斯公司的“H-4大力士”水上飞机是木制的，将很多层木质薄板用胶黏结在型架上，并且在凝固过程中加压。层板方向互相交错，如现代复合材料飞机一样。这种材料构造形式获得了良好的力学性能。

木材的缺点是对潮湿环境很敏感，易腐烂，易生虫。木结构必须经常保养，而且不宜于长期暴露在恶劣环境中。

目前，木材主要用于自制飞机和一些小型飞机。对于手工制作飞机的人，木材还有一个突出的优点，就是易于加工。不过在自制飞机的圈子里，木材已经渐渐被泡沫夹芯材料和玻璃纤维/环氧复合材料替代。

10.2.2 铝合金

铝合金是用途最广泛的航空材料。它的比强度高，易加工成型，价格适中，而且有很好的抗腐蚀性能。

铝合金由铝和其他金属（如铜、锰、镁、锌等）合成，可以有多种配比，以标号来区分，如2024，7075，7010等。不同性能的铝合金适于不同的应用。

另外，铝合金零件的强度和刚度属性还取决于成型工艺（板材、棒材、挤压成型件、锻件）及其热处理工艺和温度。总体来说，合金的强度和刚度越大，其脆性也就越大。

尽管复合材料被认为是轻质飞机结构的最新材料，但也有诸如铝-锂合金这样的新型铝合金，采用传统的合金工艺制造，却可以达到几乎相同的减重效果。铝作为重要的航空材料，还将在很长时间内占有重要地位。

10.2.3 钢

钢被用在需要高强度和抗疲劳的结构中，例如机翼接头上。另外，钢也被用在诸如发动机的隔离舱和安装接头等需要耐高温的结构中。

钢基本上是铁和碳的合金，用碳来增加铁的强度。随着碳含量的增加，钢的强度和韧性都随之增加。钢的物理性能受其热处理工艺和温度的影响很大。同一种合金钢可能具有中等强度和较好的韧性，也可以牺牲韧性换来更高的强度。

钢价格低廉，大约为铝合金的1/6，而且还具有易加工的优点。

10.2.4 钛合金

钛合金被视为理想的航空材料。它具有比铝合金更好的比强度的和比刚度，而且几乎和钢一样耐高温。钛合金的耐腐蚀性能也很好。正因为这些优点，钛合金很难加工成型。大多数的钛合金要在超过500℃的高温下加工。另外，钛合金的物理特性在成型过程中受杂质的影响非常大。其中使其脆化最严重的杂质是氢，其次是氧和氮。成型后，为了防止其变脆，一定要进行酸洗，或者在严格的条件下进行热处理。

钛合金的价格很高，为铝合金的5～10倍。过去其加工成本也比铝合金高得多。随着科技的发展，目前其加工成本已得到很大控制，只比铝合金略高。

10.2.5 镁

镁具有良好的比强度，耐高温，易成型，尤其是易于锻造、铸造以及机械加工，目前在飞机上被用来制作引擎支座、机轮、控制系统铰链、托架、加强板、油箱，甚至机翼。但是，镁非常易受腐蚀，必须加上一层保护涂层。镁是可燃的，因此，美军标中不建议使用镁，除非可以获得很大的减重效果。另外，镁不应被使用在难检查的位置，或者易遭受雨淋腐蚀（比如前缘）和接近发动机排气的位置。

10.2.6 复合材料

复合材料是由两种或多种材料复合而成的，它的比强度和比刚度都很高。典型的飞机构件使用碳/环氧复合材料代替铝合金，可以获得至少 25%的减重。

复合材料是将纤维增强材料置入基体材料内制成的，基体材料将纤维增强材料连接起来获得很好的物理特性。复合材料一般采用模压成型，整个过程可以在室温条件进行，也可以在高温、高压下获得更好的强度和质量。

不同于金属材料，复合材料是各向异性的。在纤维方向上有最大的强度，而其他方向的强度很小。这也使得设计结构部件时可以根据预定承受的载荷来设计不同方向的力学特性。如果一个结构单元，例如梁缘条，只承受单一方向的载荷，所有纤维都可以沿这个方向布置，这样会大大减轻结构重量。

航空结构中使用的纤维和基体材料有很多种。环氧基体的玻璃纤维材料（玻璃钢）已经在雷达罩和小整流罩这些非承力部位中使用了很多年。一些自制飞机也使用玻璃纤维/环氧材料。

尽管玻璃纤维/环氧复合材料具有很好的强度，但它的柔韧性过大，限制了它在商用和军用飞机的主承力结构上的应用。不过由于这种材料便宜而且易于加工，其应用还是相当广泛的。

石墨/环氧复合材料是目前最常用的先进复合材料。石墨/环氧复合材料具有优秀的比强度特性而且容易成型。这种材料比铝合金贵很多（大约 20 倍），但是与金属材料在磨削和切削等加工中的大量损失不同，这种材料在加工过程中几乎不损失。

美国人最先使用了硼/环氧复合材料，最初应用于部件的整体编织成型。F-111 的垂尾和 F-4 的方向舵就是用这种材料制成的。但是，硼纤维比碳纤维还要贵 4 倍左右，所以目前只应用于为碳纤维结构提供额外的刚度，尤其是压缩方向的刚度。

10.3 承载形式

所谓结构，就是将载荷从一个位置传递到另一个位置的部件。结构的承载形式主要有拉、压、弯、剪、扭（见图 10-1）。

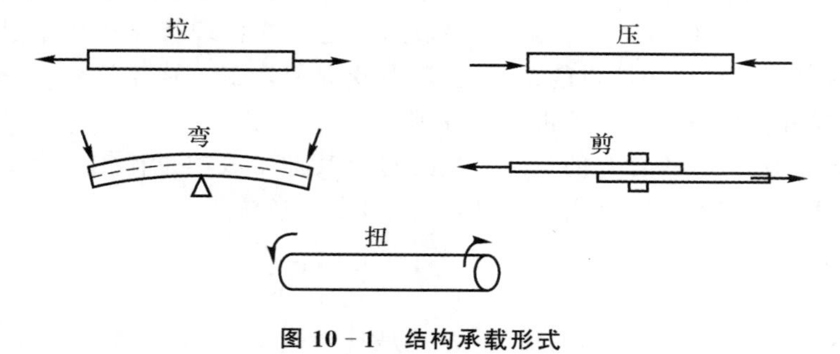

图 10-1 结构承载形式

10.3.1 拉

这是最简单的承载方式，它没有稳定性问题，通常结构重量也是最轻的。需要注意的是，这种承载方式的失效通常意味着结构完全破坏，如果是重要结构，可能需要考虑备份方案。

10.3.2 压

理想受载情况下的受压结构也是稳定的。但既然实际中无法达到理想状态，设计受压结构时就需要考虑稳定性问题。通常需要在承载方向之外附加多余的材料。有三种基本的失稳形式：

(1)整体失稳，压杆整体弯曲，无法承载；

(2)局部失稳，结构边缘或者凸边或者其他部分发生小范围的屈曲；

(3)扭曲，结构整体扭曲，不过通常难以与局部失稳区分。

受压元件在失稳后经常还可以承受一定的载荷，有时在结构设计时可以利用这种特性。

10.3.3 剪

尽管剪切是一种基本载荷，但受剪元件从承载机理上可以认为是斜拉应力和压应力的组合，因而可以承受较高的载荷。不过，薄板受剪失稳时表面会扭曲变形，因此对于蒙皮等气动外形部件要注意，不要使它的载荷接近承载极限，以免结构变形影响气动性能。

10.3.4 弯

梁是承弯元件，但它承载的方式却不是单一的。弯矩其实是通过拉、压和剪的组合来承受的。以典型的梁结构来说，在受到向下的弯矩时，梁的上缘条会受拉，下缘条受压，梁腹板受剪，组合起来达到载荷平衡。观察常见的工字梁结构，可以清楚看出上、下缘条和腹板的分布。

10.3.5 扭

扭转实际上是一种特殊的剪切。结构外径越大，承载能力越强。飞机上多为盒式结构，如机翼、机身主结构，具有较强承扭能力。但要注意，如果盒式结构的截面被打断(结构不连续)，那么无法承扭，需要其他部件来承受扭矩。

10.4 主要结构元件

飞机结构基本上属于薄壁结构，构造上主要分为蒙皮和骨架结构(见图10-2)。骨架结构中，纵向构件有翼梁、长桁、墙(腹板)，横向构件主要是翼肋(包括普通肋和加强肋)。从形式上看，飞机结构可分为翼面结构和机身结构，其基本构造类似，只是翼面偏重于外形和气动性能，而机身结构更偏重装载、连接和使用功能。

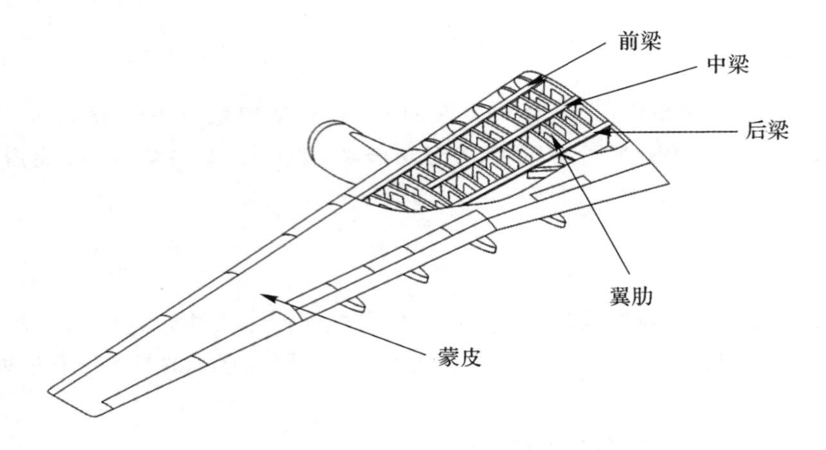

图 10-2 机翼结构元件示意

10.4.1 蒙皮

蒙皮形式如图 10-3 所示。蒙皮的直接作用是形成机体外形。为了使飞机阻力尽量小，需要保证蒙皮光滑、过渡平缓，没有凸、凹、转折等外形缺陷。从受力方面看，蒙皮直接承受气动载荷(有相当一部分是垂直于蒙皮表面的)。另外，蒙皮也参与总体受力——与梁或墙的腹板一起组合成封闭盒段，承受扭矩。

当蒙皮较厚时，它与长桁一起组成壁板，承受弯矩引起的轴力。某些结构形式的蒙皮很厚，可达几毫米甚至十几毫米，常做成整体壁板的形式。此时，蒙皮甚至取代梁缘条，成为承受弯矩引起轴力的主要元件。

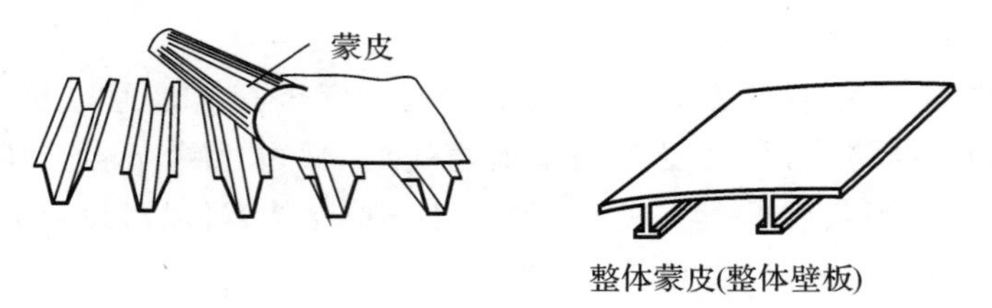

图 10-3 蒙皮形式

10.4.2 长桁

长桁形式如图 10-4 所示。长桁(桁条)是组成横向框架的构件，它的主要作用是支撑蒙皮，现代飞机结构中，长桁通常也承受总体力(由弯矩引起的轴力)。蒙皮连接于长桁和翼肋组成的框架上，蒙皮上所受的气动载荷通过框架传递到主要受力构件，并在支撑处达到力平衡。

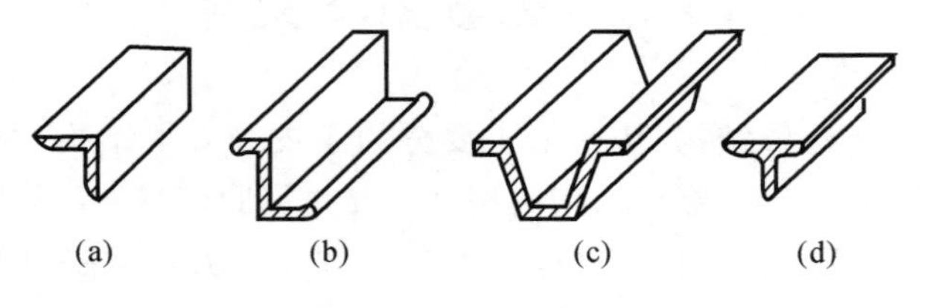

图 10-4 长桁形式

10.4.3　翼肋

普通翼肋(见图10－5)的功用是维持机翼的截面形状(翼型)。它也为蒙皮和长桁提供垂直方向的支撑。翼肋周边支持在蒙皮和梁(墙)的腹板上,在翼肋受载时,也受到蒙皮、腹板提供的支撑。因为翼肋与翼梁是交叉的,为保证翼梁的完整,通常翼肋会分成两段或三段。

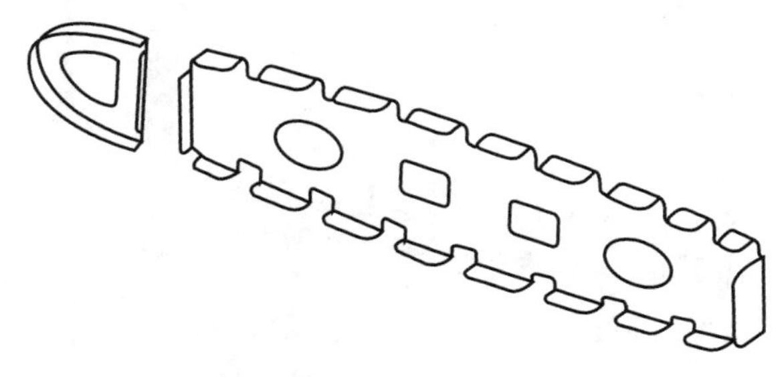

图10－5　翼肋

加强肋主要作用是承受并传递自身平面内较大的集中载荷,如起落架接点、发动机挂架等的载荷,或承受结构不连续(如大开口)引起的附加载荷。

10.4.4　翼梁

翼梁由缘条和腹板构成,主要承受弯矩和剪力。在有些结构形式中,翼梁(见图10－6)是主要的机翼纵向承力件,承受机翼全部或大部分的弯矩。翼梁根部大多与机身固接。

10.4.5　纵墙

纵墙(见图10－7)与梁的区别在于:纵墙的缘条要弱得多,一般与长桁接近;纵墙与机身的连接为铰接。墙一般不能承受弯矩,但与蒙皮组成封闭盒段可以承受机翼的扭矩。

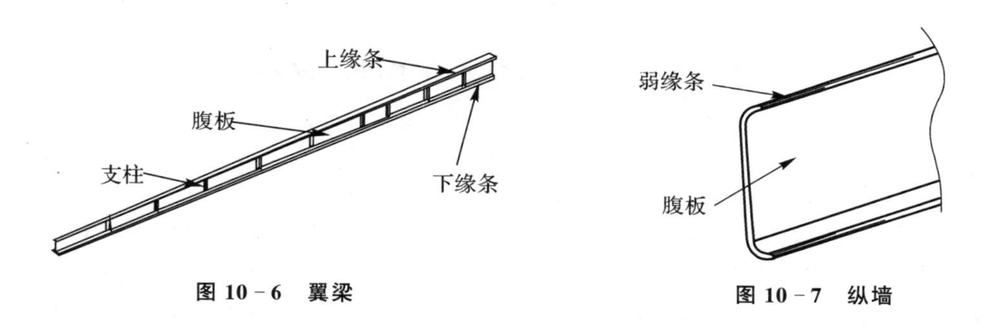

图10－6　翼梁　　图10－7　纵墙

10.4.6　机身隔框

现代飞机的机身结构通常是由纵向元件(长桁、桁梁)、横向元件(隔框)和蒙皮组成的。机身结构各元件的功用与机翼相应元件的功能基本相同。

隔框分为普通框和加强框两大类。普通框用来维持机身的截面形状;加强框主要用在承受集中载荷的部位,将集中力扩散,以剪流形式传递到蒙皮。图10－8中是一种典型的客机机身隔框形式。

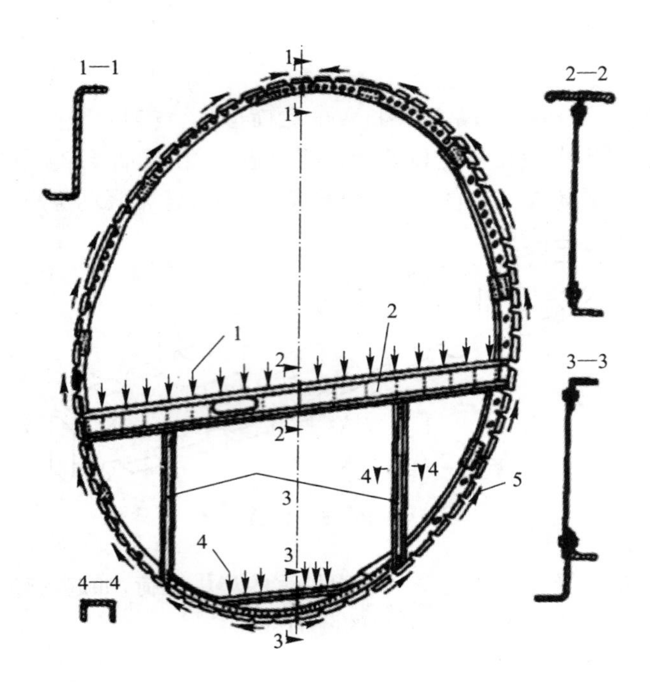

图 10－8 某客机机身框

1—地板载荷； 2—横梁； 3—支柱； 4—货舱地板载荷； 5—支反(支承)剪流

10.4.7 机身长桁与桁梁

机身结构中的长桁主要承受机身弯曲时产生的轴力。另外，长桁对蒙皮有支撑作用，它可以提高蒙皮的受压、受剪失稳临界应力。它还可以承受部分作用在蒙皮上的气动力，并传给隔框。

桁梁与长桁的作用类似，只是截面尺寸比长桁大。

10.5 结构设计方面的考虑

10.5.1 传力路线

要设计出好的结构方案，最主要出发点是提供有效的传力路线——承受作用力与支反力的结构元件。这其中最主要力是机翼上的升力和飞机主要部件的重力，如发动机、装载等。在布局设计时，将这些相对应的力安排得越近，相应的结构部件就可以尺寸更小、重量更轻。

在理想状况下，如果使飞机沿展向的重量分布与升力分布相同，称之为"展向加载"，这种情况下不需要笨重的结构来承受机身到机翼的载荷。结构设计只需考虑较少的因素，如起落架载荷等。

虽然理想的展向加载几乎是不可能的，展向加载的思路却可以在普通飞机上加以应用，比如将重量较大的部件(如发动机等)沿展向分布开来，如图 10－9 所示，可以获得可观的减重效果。不过还得与其他代价相权衡，如阻力增加等，尤其要注意是否需要更大的垂尾来应对单侧发动机失效的情况。

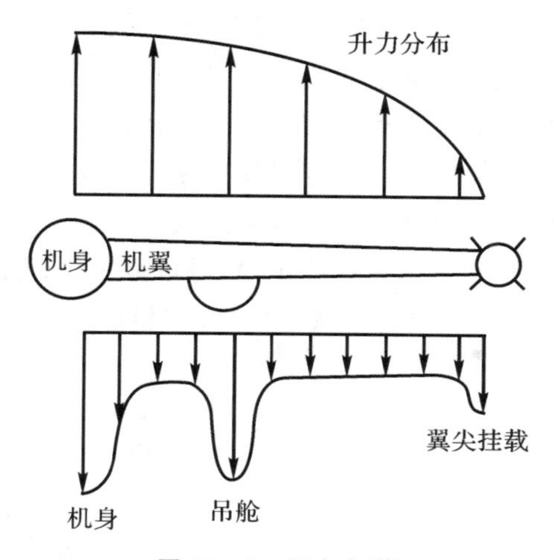

图 10－9　展向加载

如果升力与重力作用点不能安置在一起，就必须要有相应的结构来进行载荷传递。结构减重的关键在于提供最短、最直接的传力路线。

图 10－10 所示为一架小型战斗机的结构布置。机身的主要载荷通过纵梁传递到机翼。纵梁一般为工字形或 H 形截面，贯穿飞机前后，与机身蒙皮相连。纵梁很重，因此在飞机设计时要尽量保证它是直的，以减轻重量。

举例来说，在图 10－10 中，纵梁位于合适的高度，可以从翼盒上方通过。假如它的位置太低，就必须转折后才能绕过翼盒。

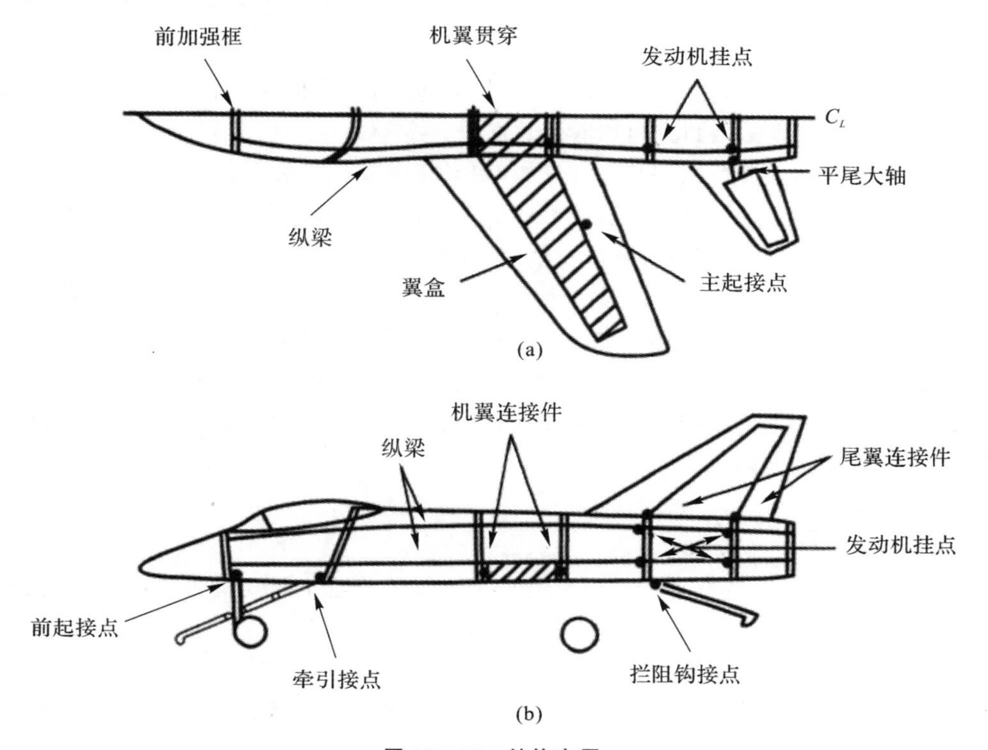

图 10－10　结构布置

纵梁的作用是防止机身弯曲。这就意味着当上、下纵梁在垂直方向的距离最大时，纵梁结构重量最轻。在图 10－11 中，上、下纵梁的位置分得更开，但需要转折以便绕过翼盒。对于具体飞机来说，需要做权衡分析才能最终确定哪种方式更轻。

如果将下纵梁布置在接近底部的位置，可以使下纵梁从翼盒下方通过，而不需要转折。这样的布置使重量最轻，但同时又会增加制造和维修的复杂性。

比起战斗机，运输机的开口和集中载荷要少，机身可以采用桁条结构。这些桁条沿机身周围分布(见图 10－12)。保持桁条平直且连续，可以使重量最小。

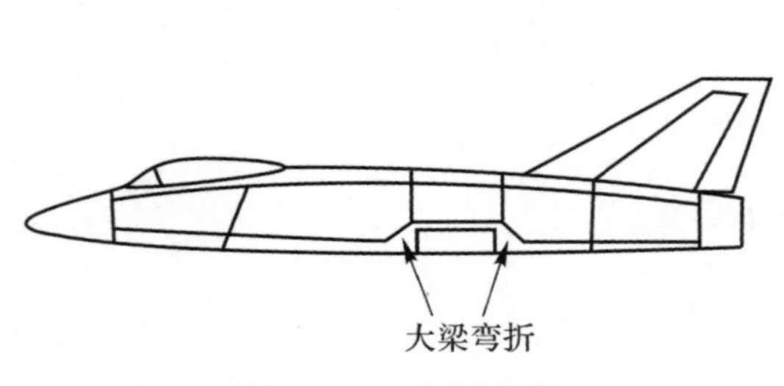

图 10－11　下梁弯折

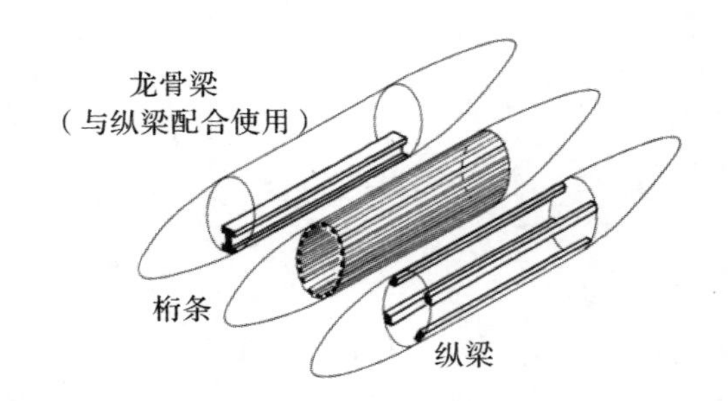

图 10－12　机身结构形式

另一种承受机身弯矩的主要构件是“龙骨梁”。在机身底部安装大梁，就像船上的龙骨一样。龙骨梁经常用来承受机身结构被起落架舱打断处的弯矩。

因为机翼是产生升力的部件，将重量较大部件尽量安排在机翼附近可以缩短传力路线。同样，将结构上的开口远离机翼也可以降低重量。结构开口包括座舱区和各种门(旅客门，武器舱门，起落架、发动机舱口等)。

将主起落架收纳在翼盒位置是一种非常不好的布置，这使得最大载荷区域需要很大的开口，这种布置在有些早期战斗机上可以看到。

只要可能，就该尽量避免结构开口。例如，如果将发动机安装在机身内部，那么就至少需要进气道和排气口的开口。一般来说，还需要一个拆卸发动机的开口。相比于吊舱式安装的发动机，其重量上代价较大，但具体还要权衡阻力问题。

图 10－10 还展示了结构布置中另一个重要的概念：大的集中载荷(如机翼和起落架载荷等)必须由很重的加强构件来承受，如机身加强框。为了减少框的数量，设计中可以使单个加强框承受多个载荷，而不要针对每个集中载荷设置一个加强框。图 10－10 中用两个加强框来承受发动机、尾翼和拦阻钩的载荷。如果设计时没有考虑这些，就需要 4～5 个加强框来承受这些载荷，而不是图中的两个。

10.5.2　贯穿结构

机翼上的升力在翼身连接处产生巨大的弯矩。如何使这个弯矩传过机身，是结构布置中的一个关键问题，它极大影响着飞机的结构重量和气动阻力。

图 10－13 所示为 4 种主要的传力结构形式。“翼盒贯通”基本上是高速运输机和通用航空飞机的标准选择。中央翼盒直接穿过机身，机身结构不需要承受机翼上的弯矩，因而重量最轻。

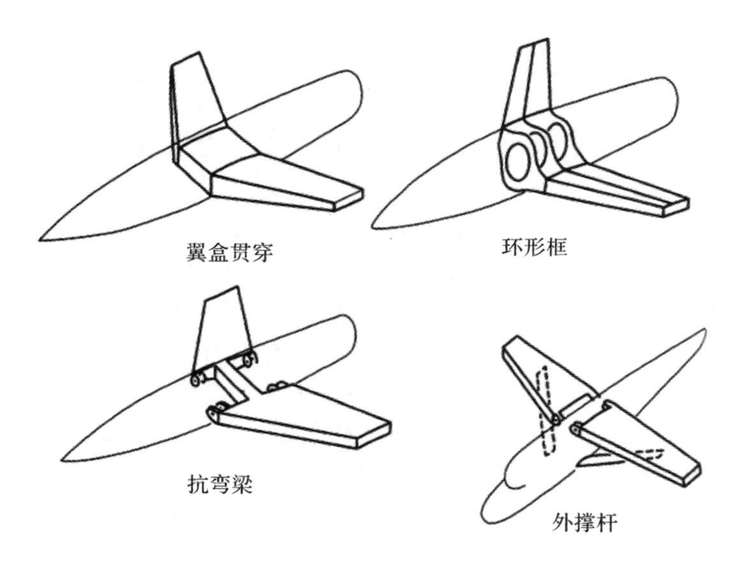

图10-13　机翼贯穿结构

中央翼盒占据相当大的机身内部容积，并且往往在对波阻最不利的位置增加截面积。另外，中央翼盒会干扰纵梁的传力路线。

环形隔框形式采用笨重的大型隔框来传递弯矩。机翼安装在隔框侧边的接头上。虽然从结构观点来看这种形式是比较重的，但它可以降低高速阻力，也有利于利用内部空间，因而在大多数现代战斗机上得以采用。

抗弯梁形式可以看作以上两种方法的折中。两边的机翼连接在机身隔框两侧的接头上，升力由此平衡。但是弯矩则由连接两边机翼的一根或几根梁来承受。这种方法比翼盒贯通形式占用的机身空间要小。滑翔机通常会采用抗弯梁形式，一些先进的复合材料通用航空飞机也采用了这种形式。为了简化制造工艺，一般每个半翼有一个单独的抗弯梁。

许多轻型飞机和低速运输机采用外撑杆来承受弯矩。尽管这可能是最轻的结构形式，但在高速飞行时显然会有可观的阻力代价。

10.5.3　间隙和余量

在初步设计阶段，设计师必须估计内部部件周围所需的结构间隙的大小。一位具备“校准过的眼睛”的优秀设计师可以避免大量的徒劳工作——如果在后续结构分析中发现结构部件需要更大的空间，那么可能会需要进行大量的重新设计。

大型客机从客舱内壁到外蒙皮（“模线”）大约需要10 cm的间隙。一般战斗机模线到内部部件之间通常要有5 cm的距离。对于小型的通用航空飞机，3 cm甚至更小的间距有时也是可以接受的。

内部部件的类型会影响到所需的间隙。安装在铝合金或复合材料机身内部的发动机，可能会需要2～3 cm的附加空间，以安装隔热罩。隔热罩可以采用钛合金、钢或防热垫制造。相反，整体油箱只是将现成结构密封起来储存燃油，它的结构间隙只是蒙皮的厚度而已。

对于结构间隙，并没有简单的估算公式，设计师必须依靠经验来判断。除了实际参与设计之外，获取经验的最好方法就是参考现有的设计。

10.5.4 颤振

(1)颤振是气动和结构耦合的一种不利现象。它的基本原理是,飞机的某些结构变形(如机翼弯曲)引起气动力增量,这个气动力增量又会加剧结构变形,引发的结构振荡越来越严重,直到结构破坏。

(2)颤振有许多种可能的模式。副翼重心如果在铰链后方并距离较远,在机翼弯曲振荡模式下,当机翼加速向上时,副翼运动将会滞后,其作用相当于副翼下偏,增加升力;而增加的升力又促使机翼弯得更厉害。机翼向下的过程中,副翼的滞后产生上偏,促使机翼更加下弯。

如果升降舵和方向舵的重心在铰链后面,也会有类似的颤振模态。早期曾有一架利尔喷气(Learjets)因为升降舵铰链后部积水结冰,产生颤振而引发失事。可以想象,这个失事原因很难发现——当事故调查人员赶到现场时,冰已经融化了。

(3)解决这种操纵面颤振的方法:不要将重心放在铰链后方,可以在铰链前方设置配重,尽量消减铰链后方的重量。如果控制面的重心正好在铰链位置,称之为静平衡。许多二战时期的飞机上的控制面采用蒙布结构,以使重心向前,避免颤振。

如果操纵系统内部存在松动,那么很容易发生舵面颤振。另外,操纵面的形状也对颤振有影响。

另一种颤振与操纵面无关,是机翼的弯-扭组合振荡。这时,机翼的扭转引起气动力,使机翼产生上下弯曲的运动。机翼上下弯曲和扭转同步振荡,在机翼上弯时,迎角增大,下弯时,迎角减小。这种升力变化量增大了机翼弯曲的幅度,有可能引起颤振和结构发散(机翼破坏)。为避免这个问题,可以增强机翼的扭转刚度,或将机翼重心的弦向位置放置在结构刚心上或刚心前方。换句话说,尽量减少在机翼后部的重量分布,并尽量提供刚强的翼盒结构。

还有一种高速飞机特有的颤振形式:蒙皮表面的气动载荷会引起鼓起-吸入的振荡,有可能将蒙皮撕掉。为解决这个问题,需要确保蒙皮没有太大的跨度,或采用蜂窝结构或其他类型的加强型蒙皮。在总体设计阶段通常不处理这种蒙皮颤振。

思考题

1. 飞机结构设计的要求有哪些?它们之间有什么样的相互关系?
2. 飞机的主要结构材料有哪些?各有什么特点?
3. 飞机机翼结构有哪些主要元件?在承载方面各有什么特点?
4. 飞机的机身结构有哪些主要元件?在承载方面各有什么特点?
5. 解释"传力路线"的概念。在飞机结构设计中应如何优化传力路线?
6. 翼吊式发动机、翼下挂载等展向加载是有利于结构承载的,那么它会在哪方面带来不利影响?
7. 机翼贯穿结构有哪些类型?设计时应如何选择?
8. 颤振问题发生的原因是什么?设计中应如何避免?

第11章 推进系统

推进系统在很大程度上决定着飞机的性能，如速度特性、高度特性、续航特性、机动性等。在飞机方案设计的过程中，首先会遇到发动机的选择问题，这就需要对飞机的飞行要求和推进系统自身性能特性有深入的了解。

11.1 推进系统的选择

航空活动中所用的发动机，大类上可以分为吸气式发动机和火箭发动机两类。吸气式发动机的重量较大，但燃料消耗率低；火箭发动机则相反。因此，吸气式发动机主要用于长时间的应用，而火箭发动机多用于短时间或空气很稀薄的高空应用。

近年来，电动飞机的研究也是一个热点，但由于能源供给的限制，电动机还主要限制在小型的和短程的应用中。

吸气式发动机主要有活塞发动机、涡轮发动机、冲压喷气发动机和脉动喷气发动机等。这类发动机的工作原理为：引入外部空气，加压并与燃油混合，燃烧后高速喷出。在燃烧过程中，燃油的化学能转化为机械能。

11.1.1 活塞发动机

活塞-螺旋桨组合是最早应用的飞机推进装置。经过不断的发展，活塞发动机在功率-重量比、耗油率、阻力、推力和可靠性方面都有很大改善。如今，活塞发动机主要用于轻型飞机和农用飞机。

活塞发动机典型的工作过程为四冲程奥托（Otto）循环（见图 11－1）。

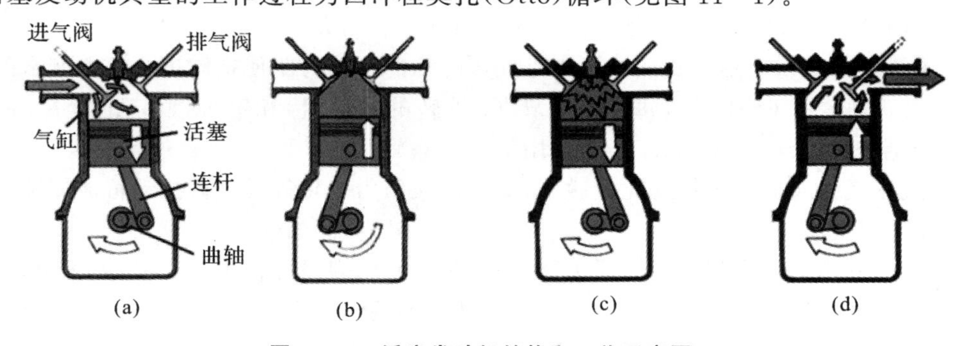

图 11－1 活塞发动机结构和工作示意图

(a)进气冲程；(b)压缩冲程；(c)工作冲程；(d)排气冲程

(1)进气冲程。活塞向下移动,进气阀打开,与雾化燃油混合的空气进入气缸。

(2)压缩冲程。活塞达到下死点后,进气门关闭,活塞向上运动,使空气压缩,直到活塞达到上死点,完成压缩冲程。

(3)工作冲程。火花塞点火,将高压混合气体点燃,燃烧后的高温、高压气体推动活塞下行,由连杆机构驱动发动机曲轴,输出轴功率。

(4)排气冲程。活塞上行,排气阀打开,将燃烧后的废气排出。活塞达到上死点时,排气门关闭,完成4个冲程构成的热力循环。然后,进气门打开,开始一个新的循环。

可以看出,发动机只在工作冲程是主动做功的,其他3个冲程则是被动运行的。

另外也有一种模式,是在两个冲程中完成进气、压缩、燃烧和排气,即在燃烧膨胀冲程的后期至压缩冲程前期完成进气和排气。采用这种模式的发动机称为二冲程活塞发动机,它的效率低、噪声大、振动大,但结构简单,在某些超轻型飞机和无人机上有所采用。

活塞-螺旋桨推进系统具有两个优点:价格低廉,耗油率低。但它们重量太大,噪声和振动也很大。螺旋桨的特性决定了它所产生的推力随着飞行速度的增加而减小。另外,活塞发动机也不适合在高空使用。

11.1.2 涡轮发动机

涡轮发动机由压气机、燃烧室和涡轮构成,如图11-2所示。这些部件分别实现活塞发动机的几个冲程的功能。

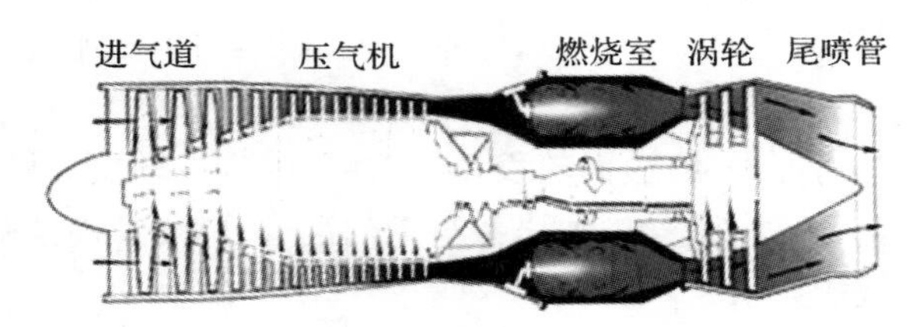

图11-2 涡轮喷气发动机构造

压气机将进气道引入的空气加压到大气压的许多倍,并将高压空气传送到燃烧室。在燃烧室中喷入燃油,与高压空气混合,使其燃烧。

燃烧后的热空气本可以直接喷出,产生推力,但是它首先要通过涡轮提供足够的机械能来驱动压气机。

压气机有离心式和轴流式两种。离心式的原理是利用离心力将空气“甩”进一个逐渐收窄的通道,使气压增高。而轴流式压气机则是利用叶片的气动力驱使空气进入逐渐变窄的通道。轴流式压气机通常有6～10级,每一级由转子(旋转的叶片组)和定子(固定的叶片组)组成。转子在驱动空气时会产生旋涡,定子的作用就是消除旋涡。

轴流式压气机对进气的扰动比较敏感,如旋涡或压力变化等。这些扰动可能使叶片失速,造成压力损失甚至发动机熄火。

离心式压气机对这类扰动的承受力要强得多,但它的迎风面积很大,会增大飞机阻力。离心式压气机的增压比也不如轴流式的大。有一些小型的涡轮发动机就在轴流式压气机后面又增加了离心式压气机,试图同时获得二者的优点。

涡轮螺旋桨和涡轮风扇式发动机都是利用涡轮从排气中获取机械能,然后用这些能量加速大量的空气，提高低速飞行状态下的效率。

(1)涡轮螺旋桨使用常规的螺旋桨来加速空气。还有一种“桨扇”或称“无外涵道风扇”发动机，基本上可以认为它是涡桨式，但配备了先进气动设计的螺旋桨，可以在接近声速的速度下工作。

(2)涡轮风扇式发动机采用一级或多级涵道风扇加速空气。加速后的空气分成两路：一路进入发动机内部，进一步加压并燃烧；另一路则绕过(bypassed)发动机。

(3)涵道比(bypass ratio)是指绕过发动机的空气与进入发动机内部的空气重量比。涵道比的范围可以高达 6 以上，也可能低至 0.25。

理想的涡轮发动机应该喷射足够的燃油使所有的空气参与燃烧，这样可以产生最大的推力。完全燃烧状态对应的空气与燃油的化学计量混合比为 15∶1。但遗憾的是，这样的燃烧产生过高温度——远超过目前已知材料所能承受的温度，会烧毁涡轮叶片。

为了降低涡轮叶片所处环境的温度，需要加入额外的空气。目前发动机涡轮限制温度为 2 000～2 500℉(1 090～1 370℃)，这需要 60∶1 的混合比，也就是说，只有约 1/4 的空气参与燃烧，排气中 3/4 的热空气是未燃烧的。

如果在这些空气中再加入燃油，燃烧后可以产生多达两倍的推力，这就是所谓的“加力燃烧”(after burning)。其缺点是耗油率太高，加力燃烧室产生单位推力所消耗的燃油大约为正常发动机状态下的两倍。

由于要产生高热，加力燃烧必须安置在发动机后部，而且通常需要将通过压气机的气流分出一部分来冷却加力燃烧室和尾喷管的壁面。安装加力燃烧室的发动机长度会加倍。

11.1.3　冲压发动机

如果飞机飞的足够快，进气道本身就可以使空气加到足够的压强，这就是冲压(ramjet)的原理。只有飞行马赫数超过 3 以后，冲压发动机效率才会比涡喷发动机更高。

超燃冲压(scramjet)是工作在超声速内流情况下的冲压发动机，目前超燃冲压还未被广泛验证。它大概只适合于 $Ma\,5$～$Ma\,6$ 的飞行速度。冲压发动机和超燃冲压都需要某种辅助推进系统来完成起飞和加速过程。

推进系统类型的选择——活塞螺旋桨、涡轮螺旋桨、涡轮风扇、涡轮喷气、冲压等，通常可以从设计要求直接看出。飞行速度制约着选项，如图 11-3 所示。

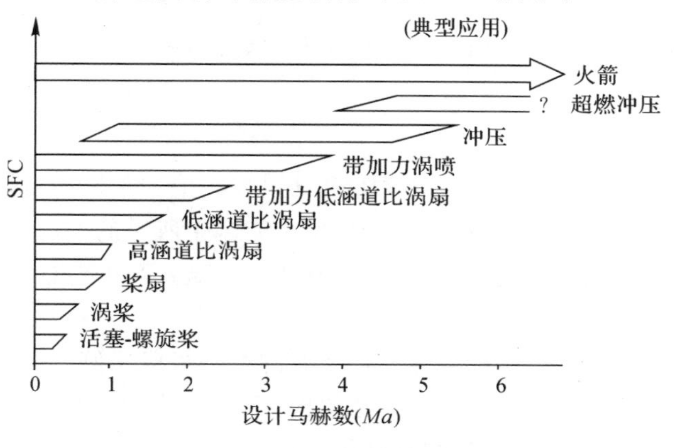

图 11-3　推进系统速度限制

注：? 为未知之意。

活塞螺旋桨和涡轮螺旋桨之间的选择还可能取决于几种额外考虑：对于同样的功率输出，涡桨的耗油率高一些，但整机重量可以显著减轻，可靠性高，通常噪声也小。因此涡桨发动机在直升机、双发商务机和短程通勤机领域大量替代了活塞发动机。活塞发动机要便宜得多，在近期仍是轻型飞机的唯一选择。

11.2 喷气发动机与机体匹配设计

在飞机方案设计中，发动机与机体的匹配是相当复杂的。布局设计之前预先要进行许多计算，尤其是所需的推力水平(用于选择发动机或估定大小)和进气道尺寸。方案设计中必须为发动机留出合适的空间，使冷空气可以流过发动机周围，也要留出检修和拆卸发动机的空间。还需要考虑发动机控制系统、燃油管路，以及发动机驱动附件，确保它们有合适的安装位置。

在发动机的安装接点需要有很强的结构构件。一般商用发动机的接点在顶部，通常靠近前端和尾部的地方各有一个；军用发动机一般是在顶部靠前方有一个，在中部两侧的位置各有一个，或者相反。

图 11－4 所示是一种喷气(SAAB Draken 的 RM6)发动机的安装示意图，主要包括进气道、远端安装的尾喷管(本方案为了调节重心和平衡的特殊考虑)、控制线缆、燃油管道和燃油系统的部件，以及各种发动机驱动附件如液压泵、发电机等。注意：发动机周围的冷却空气流动空间和环形的机翼承力结构。

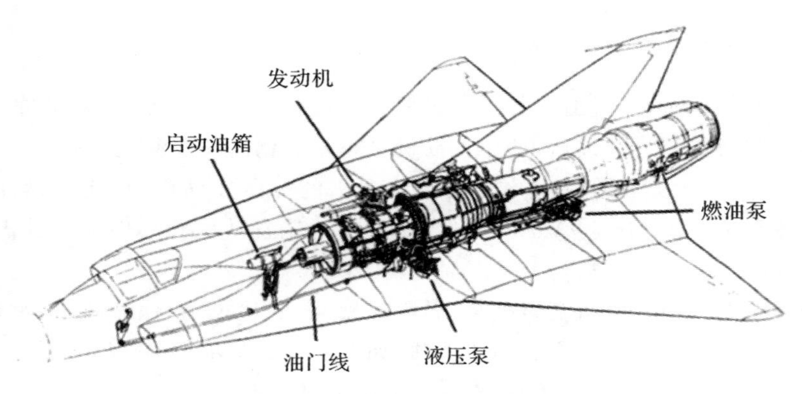

图 11－4 发动机的安装示意图

11.2.1 发动机尺寸

要是采用现成的发动机，可以从制造商处查到尺寸。但如果采用“橡皮”发动机，就需要以某个名义发动机为基础，乘以适当的比例系数，使它能产生所需的推力。主流飞机公司的设计师可以从发动机公司那里获取假想发动机的估算数据。这些数据包括名义发动机的尺寸和精确的比例规律。

还有一种办法，是假设新发动机会与某种现有的发动机成比例，并由于新技术的应用在性能方面有一定的提升。比方说，设计新型战斗机时，可以先采用 P&W F－100 的尺寸和性能数据，F－100 是 F－15 和 F－16 装备的发动机。

作为对新技术应用效果的估计，可以假定新发动机在耗油率方面降低一定比例，比方说，

10%或20%;在重量方面也可以有类似比例的降低。这体现了当今更好的材料、更高的工作温度和更高效的压气机和涡轮技术的效果。

图11-5给出了需要按比例改变的名义发动机尺寸。比例系数SF是实际所需推力和名义发动机推力之比。

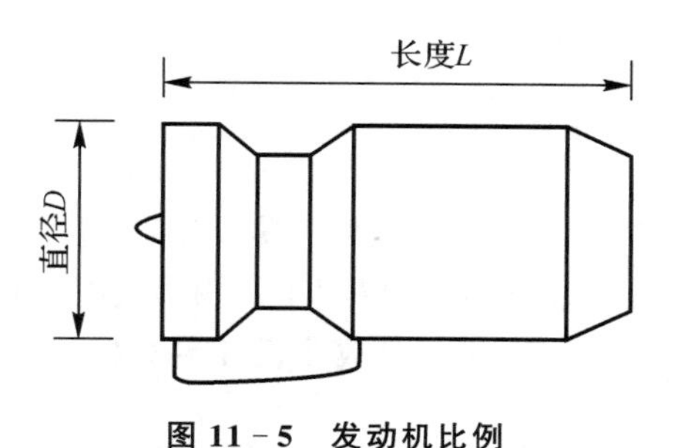

图11-5　发动机比例

通过下式可以计算典型喷气发动机的长度、直径和重量随比例系数变化的关系(下标actual表示实际尺寸),即

$$L = L_{\text{actual}}(\text{SF})^{0.4} \tag{11.1}$$

$$D = D_{\text{actual}}(\text{SF})^{0.5} \tag{11.2}$$

$$W = W_{\text{actual}}(\text{SF})^{1.1} \tag{11.3}$$

这些尽管是统计公式,但还是比较直观的。发动机的推力大致与吸入的空气重量成正比,这取决于发动机的截面尺寸。因为截面积与直径的二次方成正比,所以发动机直径应该与推力比例系数的二次方根成正比。

发动机还要配备一个附件包,其中的附件包括燃油泵、滑油泵、动力-启动齿轮箱、控制箱等。对于不同种类发动机来说,附件包的尺寸和位置各不相同。没有设计图时,可以假定它在发动机下方超出20%～40%半径的范围内。在某些发动机上,附件包装在压气机整流轴毂内或其他位置。

如果既没有参数平台,也找不到特性比较接近的现成发动机,那么可以采用参数统计法来定义名义发动机。

下面定义两种喷气发动机的一阶统计模型:

(1) 不带加力发动机为

$$W = 14.7T^{1.1}e^{(-0.045\,\text{BPR})}\,(\text{kg}) \tag{11.4}$$

$$L = 0.49T^{0.4}Ma^{0.2}\,(\text{m}) \tag{11.5}$$

$$D = 0.15T^{0.5}e^{(0.04\,\text{BPR})}\,(\text{m}) \tag{11.6}$$

$$\text{SFC}_{\max T} = 19e^{(-0.12\,\text{BPR})}\,[\text{mg}/(\text{N}\cdot\text{s})] \tag{11.7}$$

$$T_{\text{cruise}} = 0.35T^{0.9}e^{(0.02\,\text{BPR})}\,(\text{kN}) \tag{11.8}$$

$$\text{SFC}_{\text{cruise}} = 25e^{(-0.05\,\text{BPR})}\,[\text{mg}/(\text{N}\cdot\text{s})] \tag{11.9}$$

(2) 带加力发动机为

$$W = 11.1T^{1.1}Ma^{0.25}e^{(-0.81\,\text{BPR})}\,(\text{kg}) \tag{11.10}$$

$$L = 0.68T^{0.4}Ma^{0.2}\,(\text{m}) \tag{11.11}$$

$$D = 0.11T^{0.5}e^{(0.04\,\text{BPR})}\,(\text{m}) \tag{11.12}$$

$$\mathrm{SFC}_{\max T}=60\mathrm{e}^{(-0.12\ \mathrm{BPR})}[\mathrm{mg}/(\mathrm{N}\cdot\mathrm{s})] \tag{11.13}$$

$$T_{\mathrm{cruise}}=0.59T^{0.74}\mathrm{e}^{(0.023\ \mathrm{BPR})}(\mathrm{kN}) \tag{11.14}$$

$$\mathrm{SFC}_{\mathrm{cruise}}=30\mathrm{e}^{(-0.186\ \mathrm{BPR})}[\mathrm{mg}/(\mathrm{N}\cdot\mathrm{s})] \tag{11.15}$$

式中：W —— 重量(kg)；

T —— 起飞推力(kgf)；

BPR —— 涵道比；

Ma —— 最大马赫数。

巡航状态为：高度约为 11 000 m，飞行速度为 Ma0.9 左右。

第一组针对亚声速不带加力发动机，主要用于商用运输机，可以处理涵道比从 0 到 6 的情况；第二组是带加力发动机，主要用于超声速战斗机和轰炸机(速度低于 Ma2.5)，涵道比限于从 0 到稍小于 1。

这些公式属于非常粗略简单的估计。使用时要注意，不能超出给定的涵道比和速度范围。另外，这些公式代表着现今的技术水平，估算未来发动机时应当乘以改善系数。

11.2.2 进气道几何特性

为了使涡轮喷气或涡轮风扇发动机有效工作，必须使进入发动机的气流速度降到 Ma0.4 ~ Ma0.5，这可以使压气机叶片尖端的速度保持在声速以下。进气系统的主要作用就是降低来流速度。

发动机的装机性能主要取决于进气系统。进气道及其唇口的类型和几何特性将影响进入发动机的气流的压力损失和畸变，从而进一步影响发动机的推力和耗油率。大概说来，进气道压力恢复系数(进到发动机的空气的总压除以远方自由来流的总压)损失 1%，就会导致推力降低 1.3%。

进气道的外形(包括外罩和附面层隔道)对飞机的总阻力也有很大影响。

进气道有 4 种基本形式，如图 11-6 所示。NACA 嵌入式进气道曾用于几种早期喷气飞机，不过现在已经很少见到了，因为它的压力恢复系数很低(即压力损失很大)。

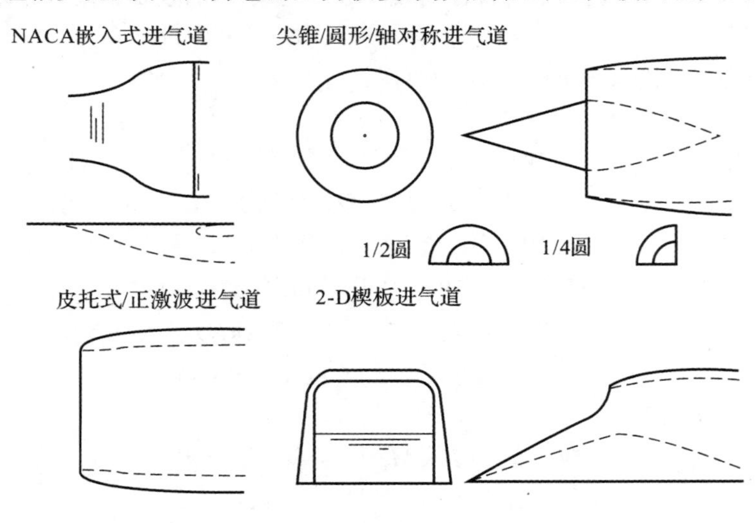

图 11-6 进气道类型

在适合于 NACA 进气道的亚声速范围，皮托型(pitot-type)进气道实际上可以达到 100% 的总压恢复，而仔细设计的 NACA 进气道却只能到 90%左右。尽管如此，当发动机安装在机身内部时，NACA 型进气道可以减小全机的浸湿面积和总重。

NACA 型进气道主要用于对总压恢复要求不太高的情况，如冷却气流入口或辅助动力单元(APU)。

依据图 11-7 和表 11-1 可以设计出性能良好的 NACA 嵌入式进气道，当工作在质量流量比(mass flow ratio)为 0.5 的状态(即流入进气道的空气的质量等于 0.5 倍的流过同样截面积的自由流的质量)时，可以获得高达 92%的气压恢复。

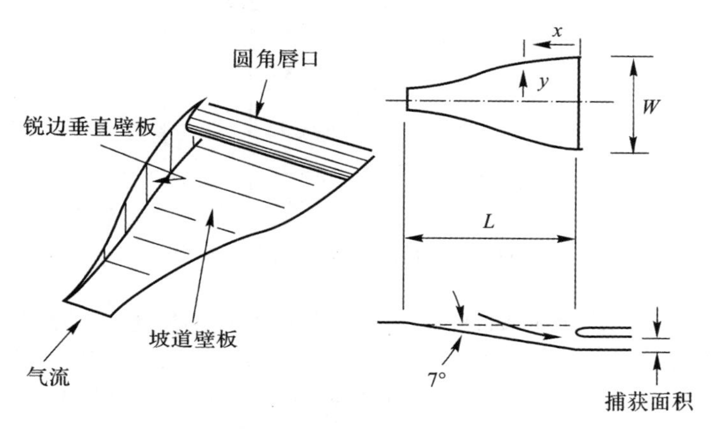

图 11-7　嵌入式进气道几何参数

表 11-1　嵌入式进气道内壁形状

x/L	$y/(W/2)$
1.0	0.083
0.9	0.160
0.8	0.236
0.7	0.313
0.6	0.389
0.5	0.466
0.4	0.614
0.3	0.766
0.2	0.916
0.1	0.996
0.0	1.000

皮托进气道只是个简单的前向开孔。它在亚声速下工作得很好，在较低的超声速状态工作得也不错。如果用于超声速，又称它为“正激波进气道”(所谓的正是指法线方向)。图11-8

所示为相关的设计指导。

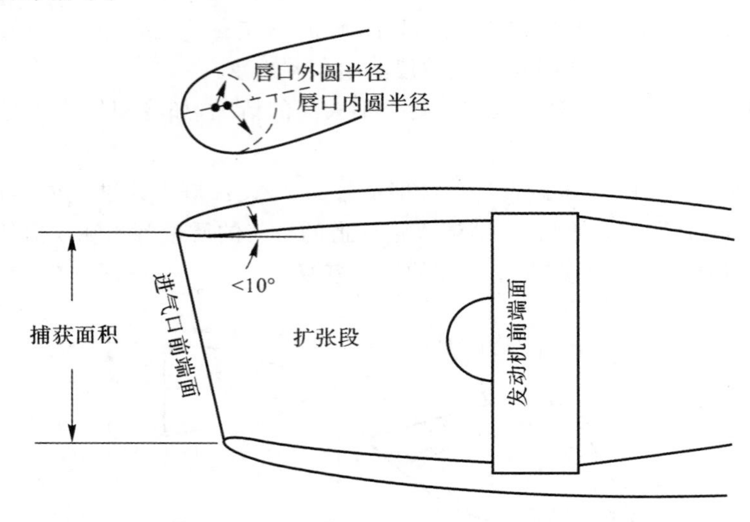

图 11-8　皮托(正激波)进气道布局

唇口半径对于发动机性能和飞机的阻力都有重要影响。大唇口半径可以减轻气流扭曲，尤其在大迎角或侧滑状态。另外，大唇口半径还可以为起飞状态的推力需求提供额外的空气供应，因为这个阶段空气的冲压作用很小。但接近声速时，较大半径会使进气道外廓产生激波(见图 11-9)分离，使阻力剧增。

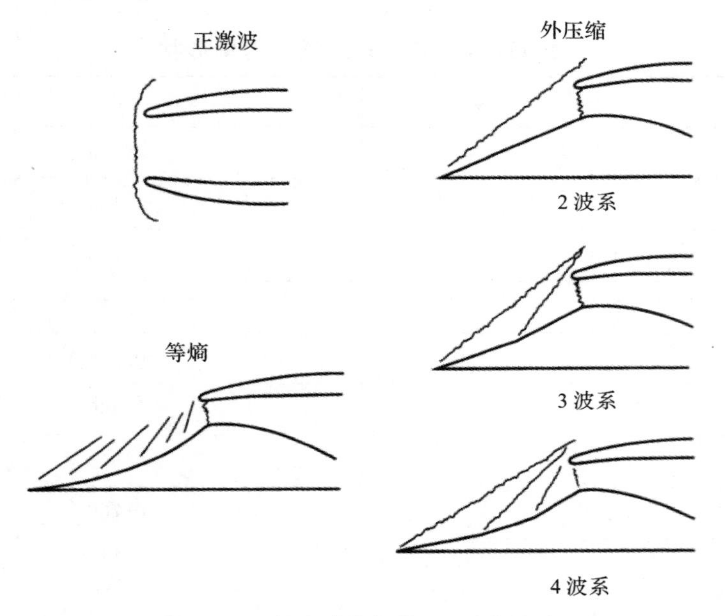

图 11-9　超声速进气道——外部激波

超声速飞机的进气道唇口应该是接近尖锐的，通常半径为进气口迎面半径的 3%～5%。亚声速飞机的这个比例为 6%～10%。

为了减小气流畸变，亚声速飞机的经常使内唇口半径较大一些，比方说内唇口半径为

8%,外唇口半径为4%。也有很多飞机唇口下部的半径超过上部分达50%,主要为了降低起飞着陆时大迎角的效应。

注意:进气道入口不一定垂直于发动机轴线。进气口方向取决于进气道的安装位置和飞机的迎角范围。通常进气口应该尽量与巡航时的当地来流垂直,但如果需要在大迎角飞行,则需要在大迎角和巡航迎角之间作权衡。

图11-6中其余类型的进气道用于超声速飞机,在较高的马赫数下,它们的性能优于正激波进气道。锥形进气道(或称尖锥、圆形或轴对称进气道)可以有效利用超声速气流在圆锥顶端产生的激波面。类似地,二元楔板进气道(也称D型进气道)利用楔板产生斜激波。

锥形进气道通常重量比较轻,总压恢复能力也稍微强一些(5%),但外罩阻力高。另外,为了实现几何参数可变,需要很复杂的作动机构。楔板进气道多用于飞行马赫数不超过 *Ma* 2 的飞机,而锥形进气道常用于超过二倍声速 *Ma* 2 的飞行速度。

理论上最好的是等熵楔面(isentropic ramp)进气道,产生无数斜激波,因而可获得100%的压力恢复(忽略摩擦损失)。纯粹的等熵楔面进气道只有在设计马赫数下才能完美工作,因此极少单独使用,除了在那些"单一速度"的靶机上,如洛克希德·马丁公司的D-21,它使用了针对巡航速度优化的等熵锥面进气道。不过,等熵楔面进气道经常和平面楔形组合使用,如协和超声速客机上所采用的。

图11-10所示是典型的三波系外压缩进气道,它可以看作二元进气道的侧视图,也可以看作是尖锥进气道的剖面图。

注意:第二个斜面可调角度,在亚声速飞行时可以折叠起来,提供较大的口径。

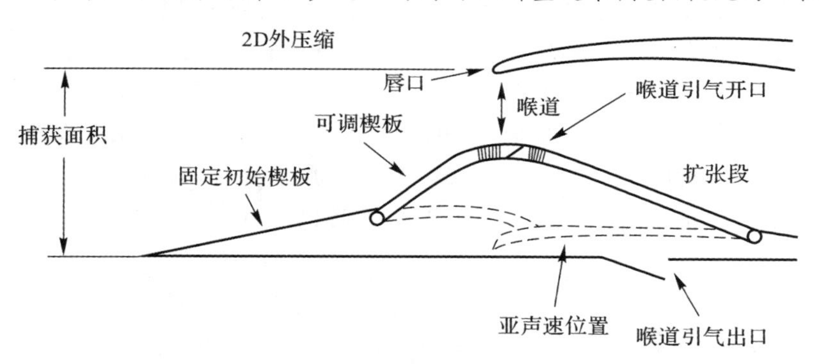

图11-10 几何可变进气道

有一种进气道系统不需要外流偏转——内压式进气道,如图11-11所示。在这种进气道中有一对向内的斜面,产生的斜激波在最终的正激波前方相交。

如果工作在设计马赫数,这种类型的进气道可以达到非常高的效率。不过,这种进气道需要"启动"。如果直接把它放在超声速气流中,会在它前方形成一道正激波。为了产生如图11-11所示的有效激波结构,需要在后方打开通气口将正激波"吸入"喉道。激波结构形成后也是不稳定的,温度、压力或者迎角的变化都会造成"止动",使正激波跳出进气道外面,这会引起发动机停车。

图11-11所示的"混合压缩进气道"同时应用了外部和内部压缩,可以在较宽的马赫数范围获得较高效率,外部气流偏转的次数也可以接受。通常有一到多个外部斜激波,加上一道内部斜激波,再加上一道最终的正激波。

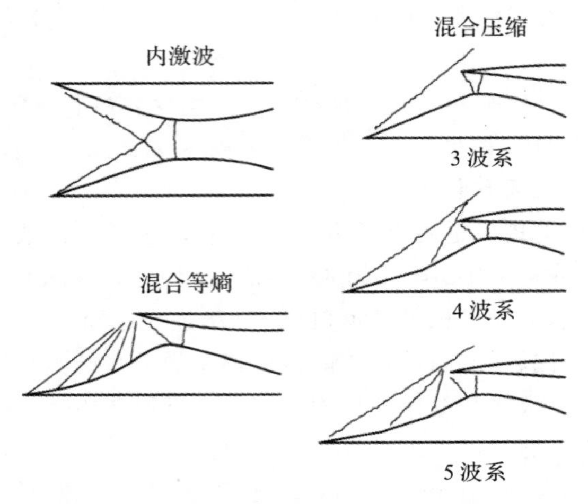

图 11-11　超声速进气道——内压缩和混合压缩

大多数飞行速度超过 *Ma*2.5 的飞机都采用这种进气道，包括 B-70 和 SR-71。B-70 采用的是二元进气道，SR-71 配置的是轴对称进气道。

11.2.3　进气道位置

进气道位置对发动机性能的影响不亚于进气道几何形状。如果进气道所在位置可能吸入机身或机翼的分离涡，在进气道内部产生的气流畸变可能会使发动机停车。F-111 的进气道在翼身交界处折起，曾有过很严重的问题。A-10 在机翼前缘固定有一个边条，以解决尾流吸入问题。

图 11-12 展示了内埋式发动机进气道的不同位置。机头进气方式可以获得完全干净的气流，大多数早期战斗机(如 F-86，MiG-21 等)都采用这种方式，以避免机身引起的气流畸变。不过，这种进气道很长，重量大，压力损失大，并且也占用很大的机身容积。

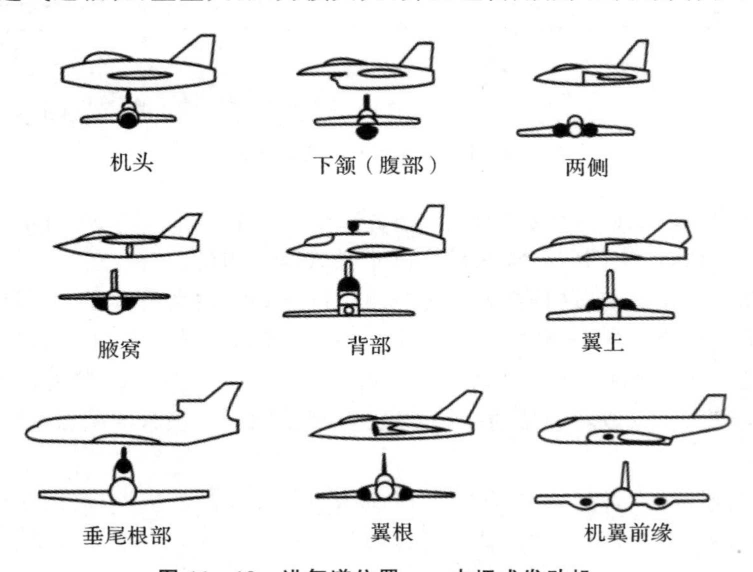

图 11-12　进气道位置——内埋式发动机

像F-16所采用的机腹进气道具有机头进气的大部分好处，而且长度较短。尤其在大迎角时，由于前机身能帮助气流转向，这种进气道更有优势。

但前起落架的位置很难安排，它不能位于进气口前面，因为这样会阻塞和干扰气流，并且前轮转动时会将水和砂石甩入进气道。因此，通常将前起安置在进气口的紧后方，这就需要进气道整流罩足够深，能容得下起落架。但这又会增加整流罩阻力，同时也要求它有足够的强度来承受起落架载荷。

(1)如果使用两台发动机，前起落架可以放置在两个下颌进气道的中间。北美罗克韦尔公司的F-15提案和苏霍伊的Su-27都采用了这种形式。

机腹进气还面临异物吸入的问题。经验准则是：如果采用低涵道比发动机，进气道离跑道平面的距离至少要达到进气口的高度的80%；高涵道比发动机至少要达到50%。

对于双发动机安装在机身内部的飞机，两侧进气道基本上已近成为标准配置。两侧进气道长度较短，气流也相对干净。不过在大迎角时，可能会因为前机身底部的旋涡而出现问题，尤其当前机身形状比较接近方形时问题更严重。

(2)如果单台发动机采用两侧进气，需要使用分叉进气道，但这容易使气压不稳，可能导致发动机停车。为了尽量降低这种风险，最好使两侧进气道完全分开，直到发动机前端。当然，有些飞机的进气道在发动机前面融合，也飞得很好。

有些上单翼飞机将两侧进气道安置在机翼下方翼身交接的位置，这称为腋窝进气。这样做是很危险的。前机身和机翼的附面层混合起来，可能会使翼身交会处的附面层厚度非常大，无法去除(后面会讨论附面层的移除问题)。这种进气道对于迎角和侧滑角尤其敏感，很容易产生畸变。不过，在大多数情况下，这种进气道可以做得非常短。

机背进气就像是翻转的下颌(机腹)进气，也有管道短的优点，并且不存在前起落架安装问题。在大迎角时前机身阻挡了气流，所以机背进气的性能很差。经过仔细设计的前机身可以产生脱体涡并将其引导进入进气道，能在一定程度上弥补这个缺点。另外，许多驾驶员害怕在紧急跳伞时被吸入机背进气道。

(3)如果在机翼上方靠近机身的位置，也会遇到类似反置腋窝进气所面临的问题。它还会受迎角的影响。

L-1011和B-727有一台发动机装在后机身内部，进气道在机身上方垂尾根部。将发动机安排在这个位置，使喷流位于机身后方，可以减弱机身气流分离并降低阻力。但这需要S形的进气道，必须仔细设计以避免管道内的气流分离。另外，还要使进气口在离开机身较高的位置，避开厚厚的附面层。

将进气口放在机翼前缘可以减小全机的浸湿面积，因为不需要单独的整流罩，但是它会扰乱机翼上的气流，并增大机翼重量。如果比较靠近翼根，还可能吸入机身引起的乱流。

吊舱式发动机比内埋式的浸湿面积大，但几个显著的优点使它成为商用和公务喷气机的标准配置：吊舱式发动机的进气道远离机身，处于未受扰动的流场，而且进气道也很短；同样因为远离机身，吊舱式发动机噪声较小；维修时，吊舱式发动机通常更容易接近。大多数吊舱式发动机安装在挂架上，但也可保形安装在机翼或机身上。图11-13中是不同的布置形式。

机翼安装的吊舱式发动机是喷气运输机最常采用的形式。在地面可以接近发动机，并且发动机离客舱也比较远；发动机的重量对机翼有“卸载”作用，可以减轻机翼结构重量；短距起飞时，还可以通过襟翼直接将发动机喷流偏转向下，大幅提高升力。

其缺点是：吊舱和挂架会干扰机翼上的气流，增大阻力，减小升力。为了将这种影响降至最低，挂架不应伸出到机翼前缘上方或包住前缘（曾有早期喷气运输机上采用过这样的布置）。

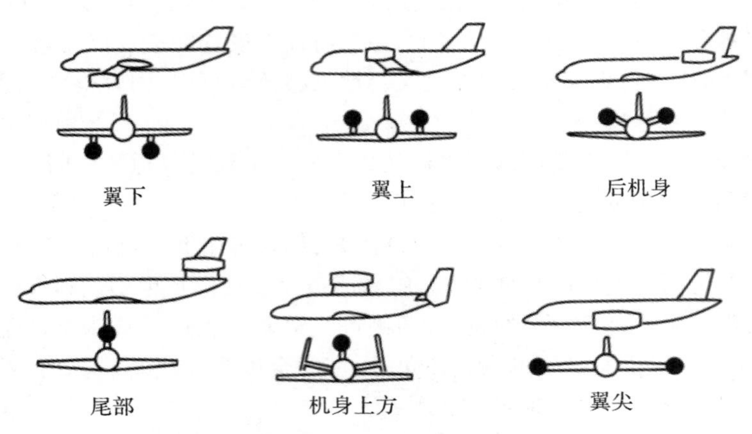

图 11－13　进气道位置——发动机短舱

在多年风洞试验研究的基础上，人们总结出使发动机短舱挂架与机翼之间干扰最小的设计指导。作为一条经典的经验准则，在机翼上安装的进气口应该大致位于机翼前缘向前两倍进气口直径、向下一倍直径的位置。不过，现代计算流体力学（CFD）方法可以控制部件干扰，在不引起阻力过分增大的情况下，使短舱更接近机翼，甚至保形安装在机翼上。

机翼安装的短舱应该有 2°～4°的下俯角并内斜约 2°，以便与机翼下方的当地气流方向一致。

为了避免吸入杂物，高涵道比发动机离地距离至少要等于自身的半径值。对于下单翼飞机，这会使起落架的高度增加。

将短舱放在机翼上面可以减小起落架高度，也可以降低对地面的噪声，但不利于维修。为了减小气流畸变，可以将进气口置于机翼前方或上方。如果是保形安装在机翼上方，可以让喷流直接从襟翼上方流过，由于柯恩达（Coanda）效应会使喷流向下偏转，从而增大升力。

后机身安装也是一种喷气运输机的标准布置，通常用于 T 形尾翼。它避免了发动机与机翼的相互干扰，也允许采用较短的起落架。不过，机舱后部的噪声会比较大。

后机身安装使得全机重心后移，这就需要将整个机身相对于机翼前移。造成的后果是尾力臂变短，并且机翼前方的机身面积增加，从而需要更大的垂尾和平尾。

为了使后机身的发动机短舱与气流方向一致，建议使它下俯 2°～4°并外倾 2°。

伊留申（Illyushin）的伊尔－76 有 4 台发动机，安装在两个短舱内。B－727 和三叉戟（Trident）结合了后机身外挂短舱和机身内埋发动机，内埋发动机的进气道在垂尾上。

DC－10 同时采用了机翼挂装发动机和一个装在垂尾短舱的发动机，这与 L－1011 所采用的进气道在垂尾上的内埋式发动机类似。它不需要采用 S 形进气道，但是这种布局增大了垂尾重量，也没有对机身减阻的作用。总体来说，这两种安装方式可能是等效的。

图波列夫的 Tu－22（Blinder）超声速飞机将两台发动机短舱安装在尾翼上，不过在苏联后来的超声速飞机设计方案中，没有再见过这种布置。

在机身上方安装短舱的情况非常少见，罗克韦尔（Rockwell）公司在为它的涡轮螺旋桨飞机 OV－10 加装喷气发动机时，采用了这种布置。对这种安装形式来说，可接近性和客舱噪声都难以接受。

发动机安装在翼尖，在发动机失效时显然会产生操纵问题。苏联 Myasishchev 设计局的超声速轰炸机 M－52(Bounder)采用了这种布置，它同时还有翼下的发动机吊舱。

11.2.4 附面层分流器

所有在空气中移动的物体都会在其表面形成附面层。飞机的前机身也会产生附面层，如果这些低能量的紊乱气流进入发动机，亚声速状态下会降低发动机性能；超声速状态下会影响进气道的正常工作。除非进气道离机头很近(2～4 倍进气道直径之内)，进气道前面总需要某种形式的附面层移除装置。

图 11－14 所示是附面层移除装置的 4 种主要形式。

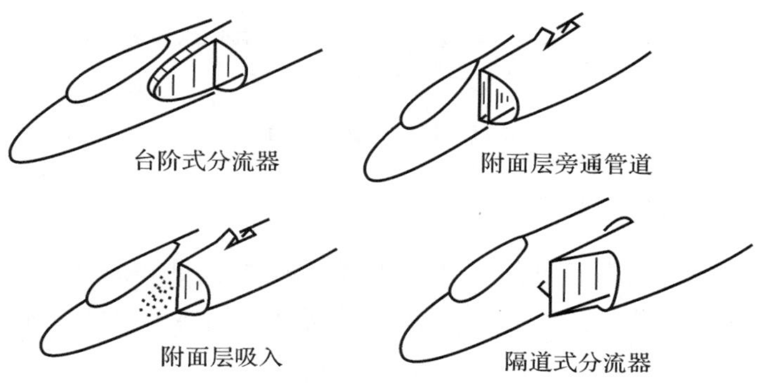

图 11－14 附面层移除装置

台阶式分流器只适用于亚声速，它的运作需要依靠附面层自身特性。附面层中的空气相对能量较低。台阶式分流器迫使附面层气流通过台阶，将高能空气推出附面层之外，而能量较低的空气则顺着台阶绕开。如果台阶式分流器外形恰当，后一种趋势会占优势。

台阶式分流器应像翼型那样，以光滑的流线型过渡到发动机短舱。分流器应该延伸到进气口之前大约等于进气口直径的距离，厚度为进气口之前机身长度的 2%～4%。

附面层旁通管道(简单地采用了一个单独的进气管道)容许边界层空气进入，并把它引向后面的排出孔。这种形式的内部通道应扩张大约 30%以补偿内部的摩擦损失。

附面层吸入式分流器与旁通管道式类似，紧靠在进气口前方分布的孔或缝吸入附面层层空气，然后将其导向后面的排出孔。这种形式的分流器不能利用附面层的冲压作用，因而工作得并不好。

图 11－14 所示的隔道式分流器是超声速飞机上最常用的。大多数情况下，它的重量最小而且性能最优。进气口离开机身一段距离，并有溢流隔板以防止附面层气流进入进气道。附面层气流进入溢流隔板和机身之间的隔道内，通过分流器斜板后被挤出隔道。分流器斜板前缘楔角最大不应超过 30°。

分流器隔道的高度由附面层本身的厚度决定，无法简单算出。传统的附面层公式是基于平板的。由于机身的三维效应，实际的附面层比平板所产生附面层的厚度要小。

有一个很好的经验法则：分流器所需的高度最好介于进气口之前的机身长度的 1%～3% 之间。战斗机由于需要做大迎角飞行，应选较大的值。

隔道式分流器的阻力取决于它的迎风面积。在进行机身和进气道方案设计时，应使这部分面积尽可能减小，如图 11－15 中的阴影部分所示。

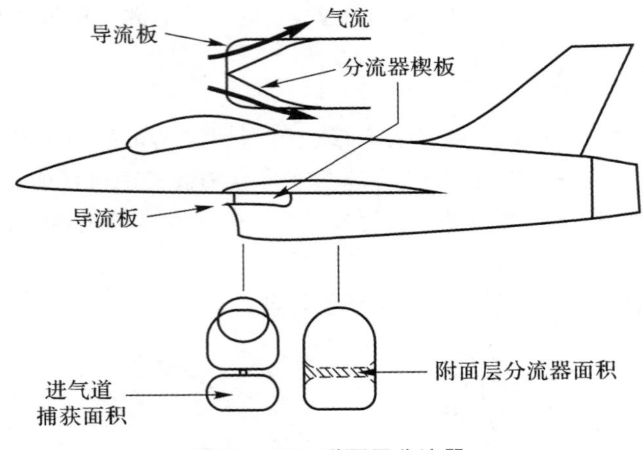

图 11－15 附面层分流器

11.2.5 尾喷管与机体匹配设计

发动机尾喷管设计的根本问题在于：不同的飞行速度、高度和推力设置需要匹配不同的出口面积。发动机产生亚声速的高压气体，而尾喷管将这些气体加速到所需的出口速度。出口速度的大小取决于出口面积。

如果出口速度为高亚声速，那么需要收敛喷管，而如果出口为超声速，那么需要收敛-扩张喷管。

如果喷气速度一定，那么出口面积大小取决于发动机的质量流量（即推力水平）。对于带加力的发动机来说，这个问题尤其困难，因为超声速开加力情况下所需的出口面积可能是亚声速/部分推力状态下的 3 倍。

图 11－16 所示是一些典型的喷管形式。过去，尾喷管曾被认为是发动机的一部分，直接安装在飞机上，没什么问题，也不需要改变。目前，对于亚声速商用飞机还可以直接安装，但对于超声速军用飞机，随着 2D 矢量和其他新型尾喷管的出现，情况已不是这样了。

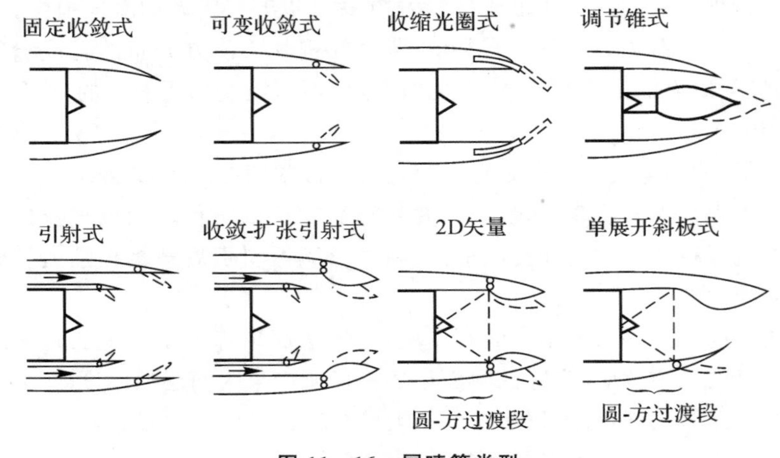

图 11－16 尾喷管类型

固定式收敛尾喷管几乎是亚声速商用喷气或涡扇发动机的通用选择。按最高巡航效率设计喷管出口面积，虽然会使低速状态的性能有所损失，但在大多数情况下，简单性和重量上的收益超过了性能的损失。

如果飞机偶尔作高亚声速或略超声速的飞行，可以采用可调式收敛喷管，以便在低速-非全推力状态和最大速度-最大推力状态之间获得更好的匹配。图 11－16 所示的尾喷管外廓是固定的，因而在喷管内部收缩时会造成“底部”面积。

早期跨声速战斗机多采用这类尾喷管，不过现在很少用了，取而代之的是收敛光圈式，它在改变出口面积时不会增加底部面积。

改变出口面积的另一种方法是在喷管内部加一个塞子。Me－262——第一种大规模部署的喷气战机，采用了这种形式。塞子向后移时出口面积减小。

引射尾喷管将发动机外涵道的气流与发动机排气混合，这股气流对加力燃烧室起到冷却作用，同时也可以冷却尾喷管。可调式收敛-扩张引射尾喷管用于超声速喷气机，它可以在整个飞行包线内针对最优发动机性能调节喷管出口大小。最先进的形式还可以独立调节喉道面积。

尾喷管的布局对于底部阻力有着重要影响。所谓底部阻力是由于后机身和尾喷管周围的气流分离所产生的阻力。为了将这部分阻力降至可接受的程度，后机身的收缩角应小于 15°，喷管外轮廓的收缩角应在 20°以下。

相邻安置的发动机会产生相互干扰，降低净推力。为了减小这种干扰，应使尾喷管彼此间隔为其最大出口直径的 1～2 倍。它们之间的结构也应逐渐收缩，像翼形后部一样，终止在喷口前方。不过，这样又会增大重量和浸湿面积，所以许多战斗机不顾增加干扰，直接将两台发动机紧挨在一起。

11.2.6　发动机冷却设施

喷气发动机集成设计中有一个关键问题，就是发动机工作时所产生的热量和发动机舱的冷却问题。包括 F－22 在内的许多飞机的后机身结构采用大量钛合金，因为发动机附近的温度超出了铝合金和大多数复合材料的承受能力。甚至大量采用了耐高温的不锈钢材料的 B－70，在发动机(6 台)周围也需要复杂的冷却系统，参阅图 11－17。图 11－17 所示上方是低速状态下的工作方式，进气道的旁通气流、进气道附面层引气和地面冷却口的附加进气都用来冷却。由图 11－17 可以看出，每台发动机外面包覆着冷却罩，以防机体结构过热损坏。

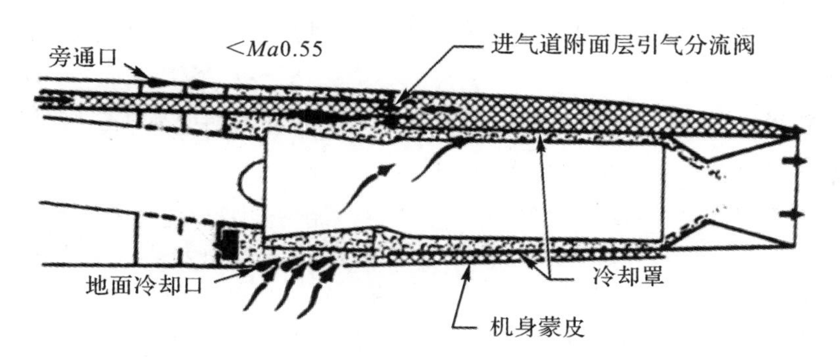

图 11－17　B－70 发动机冷却设备

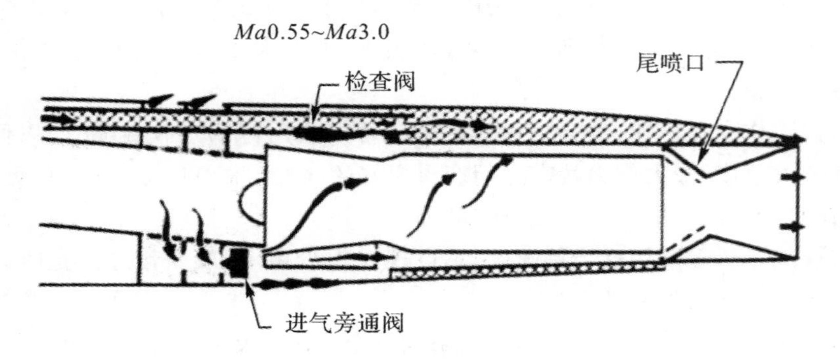

续图 11－17　B－70 发动机冷却设备

图 11－17 下方是 $Ma3$ 的正常工作状态。冷却空气来自发动机前方的进气道，包括附面层引流。在所有速度下，冷却空气都可分成两部分：①混入发动机喷流，从尾喷管喷出；②通过发动机周围，从后方流出。

方案设计时可以参考相似的飞机为发动机冷却系统留出余量。不能使飞机外蒙皮“收缩包裹”住发动机，要留出冷却系统的空间，有时还可能需要隔热护罩，要留出发动机与飞机结构之间的空隙，还要加上机体或发动机短舱的结构高度。

11.3　燃油系统

飞机的燃油系统包括油箱、油管、油泵、通气孔和燃油管理控制装置。通常只有油箱会影响到飞机总体设计。

油箱有独立式、软油箱和整体油箱 3 种类型。独立油箱是单独制造的，用螺栓或绑带连接到飞机上。独立油箱一般只用于小型通用航空和自制飞机，通常做成翼形前部的形状，安装在机翼内段前缘，或在机身内直接放在发动机后面，驾驶员脚部上方。

软油箱是将成型的橡胶囊填塞进飞机结构的空腔而成的。橡胶囊很厚，会损失约 10％的容积。但软油箱可以做到自封闭，因此获得广泛应用。如果子弹打穿自封闭油箱，橡胶材料会填充这些孔洞，阻止大量燃油泄漏，避免起火的危险。这大大提高了飞机的生存率，大约有1/3的战斗损失归因于油箱被击中。

整体油箱是将飞机内部结构的空腔封闭而成的。理想情况下，只需将现成结构密封即可，如机翼盒段或机身隔框之间。

尽管经过多年研究，整体油箱依然容易泄漏。为了降低漏油或战斗损伤时的起火危险，整体油箱要远离人员舱、进气道、武器舱或发动机。

在油箱内填充一种多孔泡沫材料，可以降低起火危险，不过要损失一定的容积。大约有 2.5％的容积被泡沫占据。另外，由于泡沫的吸附作用，还会再损失 2.5％的燃油，这增加了不可用燃油量。泡沫本身也有质量，其密度约为 21 kg/m^3。

油箱的容积取决于需用燃油量，这在任务段分析中已经计算了，不同燃料的密度见表 11－2。较小的密度值对应热天，较大的值对应 0°F(－17.8 ℃)。

表11-2 燃油密度

单位：kg·m^{-3}

	0℉(-17.8℃)	100℉(37.8℃)	军标密度
航空汽油	0.73	0.68	0.72
JP-4	0.80	0.77	0.78
JP-5	0.86	0.82	0.82
JP-8/JETAI			0.80

如果油箱为简单的几何形状，可以直接算出容积。可以将翼盒油箱近似为梯形盒段来计算容积。对于复杂的整体油箱和软油箱，可以大致画出油箱容积图来计算。测量出机身不同位置的油箱截面积，然后用类似计算机身容积的方法，在容积图上画出各个截面积。

如果采用独立油箱，实际可用内部容积等于外部尺寸减去壁厚算出。对于整体油箱和软油箱，实际可用容积是从测量值中除去壁厚、内部结构和橡胶囊的厚度。

可以参考一个经验准则：机翼整体油箱可用容积约为从外部蒙皮测量出容积的85%，机身整体油箱则有92%的可用容积。如果采用软油箱，机翼油箱的比例值变成77%，机身油箱变为83%。

对于燃油系统，还有一个需要考虑的问题：由表11-2可以看出，当燃油温度增加时，体积明显膨胀。飞机的燃油通常是从地下的油库泵出的，因此温度较低。在炎热天气，随着温度的升高，燃油会显著膨胀。通常需要为这种膨胀提供3%～5%的额外空间。F-18和几种民航机的垂尾上装备了“扩充”油箱，燃油升温膨胀时可以流入。

油箱还可以用来优化飞机的气动性能。平尾在配平飞机时的升力(通常是向下的)会产生“配平阻力”，重心相对于压力中心越靠前，配平阻力越大。超声速飞行时，由于机翼压力中心显著后移，这个问题变得尤其严重，需要很大的平尾下压配平载荷。为了尽量减小这种配平阻力，有些飞机(如“协和”“B-70”等)在达到巡航高度和速度后，将燃油泵向后方。许多商用飞机在平尾上装有“配平油箱”，也是出于这个目的。图11-18展示了B-70的燃油系统，占据了飞机内部的绝大部分空间。

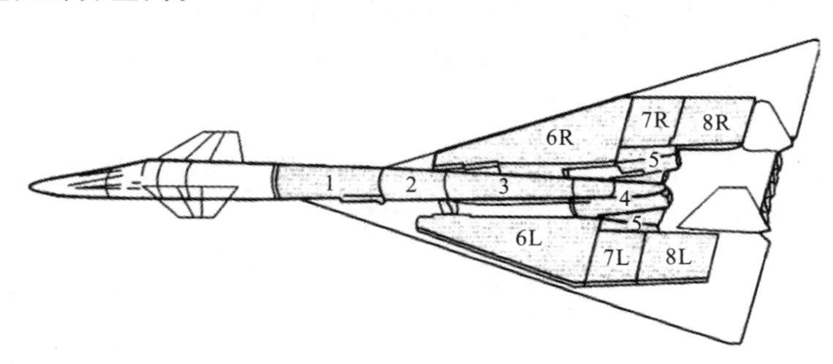

图11-18 B-70的燃油系统

即使对于亚声速商用飞机，在稳定性和安全性界限内使重心尽量靠后也是有好处的。MD-11(DC-10的发展型)在平尾内安装了一个油箱，飞机巡航状态下可以将燃油导入，使重心位于后限。

对于军用飞机的燃油系统设计，最后还有一点要考虑的，即空中加油能力。有两种空中加油方式，“伸缩套管式”（也称伸缩桁管式、飞桁式，简称“硬式”）加油系统和“软管-浮锚式”（或称插头-锥管式，简称“软式”）加油系统。硬式加油系统需要专门的加油机，飞机尾部装有加油杆。专门有操作人员操纵加油杆插入需要加油的飞机背部的受油口（受油机只需在加油机下方保持位置）。受油口必须设置在很靠近飞机中线的位置，靠近飞机前部但又不能在驾驶舱之前，因为在加油管脱出时总会喷溅出一些燃油。

软式加油系统工作时，从由加油机拖出一个漏斗状的浮锚，中间有插入式接头。受油机有一个受油插头，基本上就是一个前伸的导管，在加油时要插入漏斗。受油插头可以固定在机身外部，不过那样会增大阻力。因此大多数飞机装备了可收放式受油插头。在加油过程中，驾驶员要能看到插头并易于对接，所以它一般就装在座舱右前方。

硬式加油可以使用较高油压，因而速度较快，并且也较能容忍驾驶员的误操作和疲劳，但需要一个编队的昂贵的专用加油机。反之，软式加油系统可以放在吊舱中，像副油箱一样安装在不同的飞机上。甚至可以完成“伙伴”加油——比方说，两架 F－18 同时起飞，飞到一半时，其中一架将自己的大部分燃油加给另一架然后返航，这样被加油的飞机就能够攻击比正常情况远得多的目标。

思　考　题

1. 活塞发动机的工作原理是什么？
2. 涡轮发动机有哪些主要部件？
3. 活塞发动机与涡轮发动机相比，各有什么特点？
4. 航空用的发动机主要有哪些种类？各适应什么样的飞行状态？
5. 飞机设计所关注的发动机主要参数有哪些？
6. 分析进气道设计的主要思路。
7. 如何选择进气道位置？
8. 尾吊式发动机布置有什么优、缺点？
9. 机体附面层对发动机会有什么样的影响？如何应对这种影响？
10. 低速飞机与超声速飞机的发动机尾喷管的形状一样吗？为什么？

第12章 机载系统

飞机的机载分系统包括液压系统、电气系统、压缩空气系统和辅助/应急的动力系统等。另外，航电系统也可以归到分系统(尽管对航电工程师来说，飞机结构只不过是其航电产品的可移动分系统而已)。

一般说来，在方案设计阶段较少考虑分系统的影响。但是，详细设计的迭代过程中，结构设计师需要考虑到各分系统而尽量满足其要求，所以本章对这些系统做一个概要的介绍。本部分内容没有列举实例或提供设计指导，因为对于不同种类的飞机，分系统硬件的差别非常大。

12.1 液压系统

图12-1所示是一个液压系统原理示意图，液压油被油泵加到一定的压力并存储在油罐中。当阀门打开时，液压油流入作动筒产生压力并推动活塞运动，从而推动了操纵面的运动。如果要使操纵面向另外一个方向运动，那么需要另外一个阀门使油液通过并推动活塞向相反方向运动。最后液压油通过液压回路回到泵中。

为了得到快速的舵面响应，阀门必须离作动筒足够近。因此，阀门一般不装在座舱内或其附近，而安装于作动筒附近。

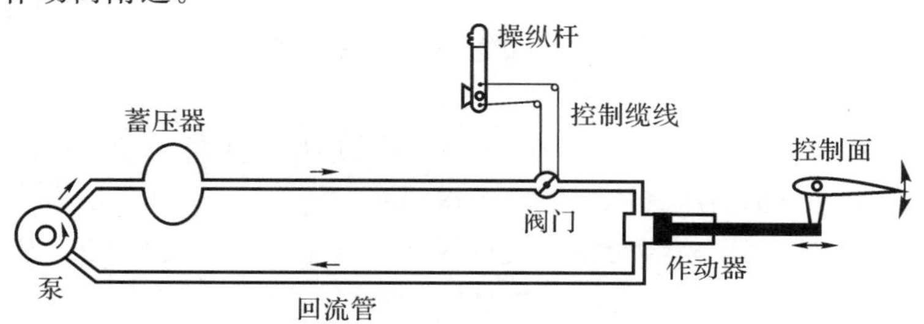

图12-1 液压系统原理示意图

早期飞机的操纵一般采用机械传动方式，飞行员通过连接在操纵杆或脚蹬上的钢缆来控制阀门和作动筒的运动。现代飞机则多采用“电传”方式操纵机电式的阀门。最新的设计中还有用光纤来传输操纵指令的，称“光传”。

液压系统主要用来操纵舵面、起落架、扰流板、刹车、弹舱等。操纵系统必须为飞行员提供一定的感觉反馈，例如在高速飞行时飞行员应该感觉操纵偏硬，而在大过载的紧急转弯情况则应感觉到操纵变沉。这些感觉一般由弹簧、配重、阻尼器和气囊等组成。

大多情况下，在概念设计中只考虑液压泵的安装位置，一般选取在发动机附近。

12.2 电气系统

电气系统为航空电子设备、液压系统、环境控制系统、照明和其他分系统提供电力，它包括电池、发电机、整流器、电气控制、断路器和导线等。

飞机上的发电机一般安装在发动机附近，产生交流电，然后利用整流器将交流电变为直流电。欧洲战机“台风”是一个现代战斗机电气系统设计的典型，它包括两个 30 KVA 发电机驱动，提供 115/200 V，400 Hz 的三相交流电，并且利用变压器的整流单元将其转化为 28 V 的直流电。如果仅用电池作为发动机启动的能源，那么电池将会非常大、非常重，所以通常用电池启动辅助动力单元（APU），然后由 APU 发电启动主发动机。

现代运输类飞机电气系统设计的典型为波音 767 飞机，它配置两台发动机，可以驱动 90 KVA 发电机提供 115/200 V，400 Hz 的三相交流电。另外，辅助动力单元（APU）还带有一个 90 KVA 发电机，以应付紧急情况，也在地面操作时供电。

先进的电气技术的发展越来越明确地显示出电作动器必将代替液压作动器的趋势，采用电动机通过减速器驱动舵面，从根本上舍弃液压系统。这种系统在多年来一直在无线电控制的航模上使用，但直到近年才在重量和成本方面具备一定竞争力，可以用在大型飞机上。这种系统取消了中央泵和储压器，以及遍布在整个机体的高压油路。不过它可能比下一代的常规液压作动器重一些。它的优点还包括易于更换，只需断开电源和信号线接头即可。电作动器已经经过了飞行测试，并且正在不断发展。

在 F－16 飞机上电动刹车也已测试成功，这可以解决液压刹车系统柔韧性不好和收放起落架时易出故障的问题。电动刹车系统更像安装在汽车上的碟式刹车，但用电动马达驱动滚珠螺杆进行刹车。它的反应速度是液压作动刹车的两倍，这也可以提高其防打滑的能力。其重量和液压刹车系统相当。

12.3 气源系统

气源系统用于增压、环境控制、除冰，在某些情况下还用于引擎启动。一般来说，气源系统是靠从发动机的压缩机引出高压气体产生增压作用的。

空压机里出来的气体利用外部的冷空气在热交换器里冷却。冷空气一般从进气道引入，有时也从机身下部单独的引气口或者附面层吸气装置引入。

冷却的压缩空气这时就可以被引进驾驶舱进行增压或者调节空气温度。除冰时，压缩机从进气道引气至机翼前缘、进气道整流罩或者驾驶舱风挡。

有时在一个发动机靠电力启动后，用其产生的压缩空气启动其他发动机。有时军用飞机也使用地面能源车提供压缩空气启动发动机。

12.4 辅助/应急动力供应

大型或高速的飞机一般完全依靠液压系统来进行飞行控制。如果液压系统因为某种原因停止供压，那么飞机就处于不能操纵的状态。如果液压泵直接由发动机驱动，那么发动机熄火会使飞机立刻失控。因此，必须要有某种形式的应急液压动力供应。另外，在发动机重新启动之前还需要保持电力的供应。

应急动力单元(EPU)即为此而设。EPU 有冲压涡轮、单组元推进剂应急动力单元和喷气燃料应急动力单元 3 种主要类型。

冲压涡轮伸出飞机外部，靠气流驱动涡轮旋转；也可以打开小的引气口引入气流，驱动涡轮。

单组元推进剂应急动力单元是靠单组元燃料，例如肼，来驱动涡轮。所有的单组元燃料都是有毒性和腐蚀性的，因此这种燃料的操作很不方便。

然而，这种装置具有不需要任何引气口的优点，并且在飞机的任何高度、速度和姿态下都可以立即提供所需动力。单组元推进剂应急动力的安装，应该考虑到少量的燃料泄漏不会腐蚀飞机结构甚至使其分解。

喷气燃料应急动力单元是一个小型的喷气燃料发动机，它带动涡轮产生应急动力。也可以用它来启动主发动机。这种装置不需要单独、危险的燃料，但是它需要独立的进气道。

大多数的商用运输机和越来越多的军用飞机采用喷气燃料辅助动力单元(APU)。APU 和 EPU 在很多地方很相似，但它在设计和安装方面需要能够持久操作。

通常 APU 的功能是为飞机在地面上的空调、客舱灯光和发动机启动提供动力。这可以使飞机不依赖地面动力供应车。APU 也用来在飞行应急状态提供电力，有时也在飞行过程中为液压或电气系统提供持续的动力支持。

APU 实际上是一个单独的喷气发动机，在早期设计时就必须多注意它的安装方式。APU 需要单独的进气口和出气口，而且要安装在具备防火墙的结构中。它有很高的维护性要求，因此要能够自由接近。

为了避免大的噪声，进气口和出气口都应该布置为向上的。为了在飞行期间使用 APU，进气口应该布置在高压区，而出气口应该布置在低压区。同时在安排进气口位置时应避免受到主发动机尾流的影响。APU 排气温度高、噪声大，不应直对着飞机的结构和地面的人员。

运输类飞机一般将 APU 安装在尾部以避免乘客区域遭受噪声的影响，如图 12-2 所示。APU 的防火墙很小，但要保证足够的接近空间。

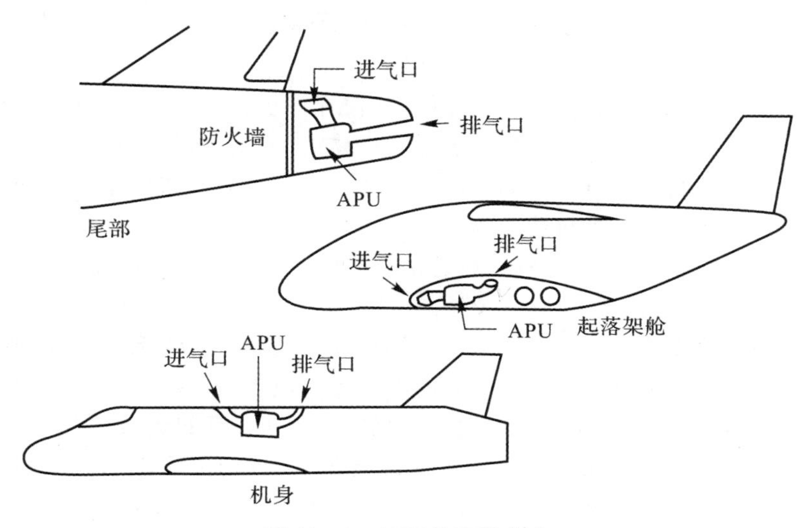

图 12-2　APU 的安装方式

带有起落架舱的军用运输机可以将 APU 布置在该舱内，这可以方便地面维修，但仍然需要安装独立的防火墙。

战斗机的 APU 一般布置在机身内靠近液压泵源的位置，需要防火墙将其完全隔离。

12.5 附件传动机构

很多高性能的飞机上都装有一个特别的齿轮箱，称为机体安装附件传动机构（AMAD）。在早期飞机上，液压泵、发动机、启动马达和另外一些由发动机带动的附件都是安装在发动机位置。它们一般位于发动机下方，有时也直接安装在压气机前面，再加上一个特大的整形鼓包。需要拆卸发动机的时候，这些附件必须被一个个地拆掉。而典型 AMAD 则是将所有与发动机相关的附件传动机构安装在一个齿轮箱内，如图 12－3 所示，齿轮箱通过传动轴和发动机相连，很容易拆卸。

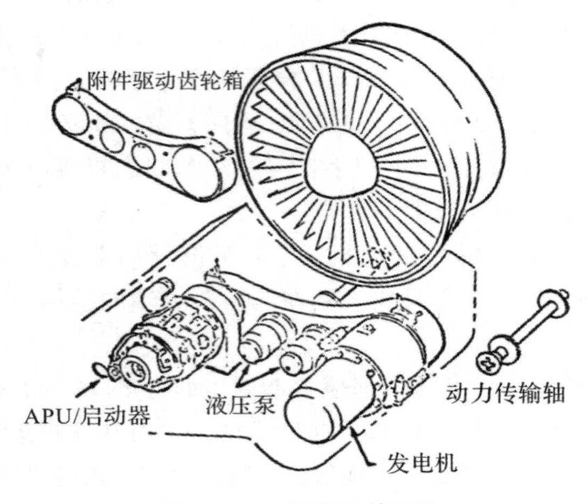

图 12－3　机体安装附件

12.6 航空电子系统

航空电子系统包括无线电、飞行指令、导航、飞控计算机、雷达、红外监测以及其他一些设备。早期飞机的电子设备一般在首飞前才装备到机体上，但是现代飞机的电子设备却在打样设计阶段就成为飞机的组成部分。早期的电子设备成本只占总成本的很小部分，而现代的某些军用飞机上其成本已经接近整机成本的 1/3。

电子设备可以有很多种分类方法，一种分法是按照功能分成通信导航、任务设备和飞行管理 3 种类型。

早期的电子设备完全用于通信和导航，包括简单的无线电和以无线电为基础的导航设备。后来又加进了用于适应不同气候飞行和着陆的辅助无线电设备，以及用于航向和高度保持的简单自驾功能。二战以后，天气雷达和雷达发射机的使用可以帮助地面雷达识别其控制范围内的飞机。电子设备的稳步发展带来了基础通信、导航、全球定位系统（GPS）卫星定位以及使飞机自主飞行的自驾技术等领域的惊人发展。现代飞机的座舱中也用电脑屏显替代了早期的压力表或示波器等传统显示方式。

随着电子设备的发展，军用飞机越来越依赖机载电子设备来提升执行任务的质量。早期的例子有二战期间的机载雷达夜航战机和类似于洛克希德·马丁公司的P-2V海王星的反潜战机。现代的任务电子设备包含了空对空和空对地雷达、电子对抗、红外搜索与感知、红外对抗、目标识别(友机和敌机)、航炮和导弹瞄准、地形跟随自驾、主动隐身技术以及其他任务设备的主机。这些任务设备需要很多机载计算机的支持。

很多情况下，通信导航和任务电子设备仍然可以被称为“附加”的东西，飞机可以不依靠它们飞行。驾驶员可以像林德伯格年代一样沿着铁路线飞行。但是飞行管理设备对飞机来说却是至关重要的。很多电传飞机是静不稳定的，需要靠高效的计算机和快速作动器来实现稳定。曾有X-31飞机曾因大气参数传感器结冰不能给机载计算机传送信息，造成坠毁事故。

现代的军用战斗机和轰炸机，甚至一些商用运输机，其实不是由飞行员来驾驶的，飞行员只是给飞行控制计算机提供一些建议。如果飞行员想做使飞机抬头的动作，他会拉杆，意图使升降舵上偏。但是机载计算机会判断机头是否已经抬起，或者已经过高，甚至判断这时抬头会否带来气动或结构的问题，从而最终决定升降舵的动作。曾有先进客机由于迎角传感器故障造成机载计算机错误判断飞机状态，而机载计算机强行给出的错误指令压制了驾驶员的修正，最终造成坠毁事故。

飞行管理系统的功能远远超出上述的主动控制计算机。已经有些方案在考虑只输入高度和转弯率，或是地图坐标(航路点)，让飞机自动飞行。如果再加上自动起飞和着陆功能，那么任何人都可以操纵飞机了。实际上，“全球鹰”无人机就是这样飞的。

飞行管理系统可以衰减颤振趋势，抑制结构振荡，甚至可以使机翼展向气动力重新分布以达到更高的气动效率，或减少结构弯曲提高疲劳寿命。洛克希德·马丁公司的L-1011的载荷缓解系统在很多年前就取得了认证，这种系统可以在阵风条件下自动调节副翼的偏转。B-1B飞机为了减弱在200 ft(61 m)高度接近声速飞行时阵风激励下的机身弯曲，安装了一个用于结构模态主动控制的小翼(接近头部位置的鸭翼)。

毋庸置疑，飞行控制系统需要强大的计算机支持，并且还要有备份计算机应付紧急情况。

航空工业目前面临的一个重要问题是，新型飞机的操作需要的计算机程序代码越来越多。在过去的数十年里，典型的军用飞机需要的程序代码比原来多了几倍。在开发成本和维护成本方面都是很大的负担，而且代码多也意味着其中隐含的错误增多，严重威胁着飞行安全。当计算机瘫痪的时候，飞机也就随之瘫痪了。

对于简单的通用类飞机，电子系统的设计通常只要在目录里挑选成熟的产品。联邦航空规范(FAR)中对于不同的操作，都给出了所需的无线电、导航辅助和其他设备。不同的用户群体对他们自己期望的设备也有很多不错的想法。组件的重量、外形、电力以及冷却设备都可以在制造商那里找到。

对于更复杂的飞机，电子系统的设计升级为系统集成问题，其复杂程度可以比拟飞机机体设计本身。飞机设计师通常和电子系统设计师一起与电子部件生产商打交道。对于新型军用飞机来说，大部分的任务设备也都是新的，很难给出电子部件的安装图，因为这些部件根本还没设计出来。部件重量、几何尺寸、电力供应以及冷却需求等需要电子设备专家进行估算，这个过程需要6个月到一年的时间。

但是，在方案设计阶段，只需要对电子设备的安装提供足够的空间。如果电子设备还没有设计出来，那么这个空间只能由事先估算出的重量初步确定。这个重量由电子系统专家根据所需的功能(雷达半径、电力需求等),用统计学的方法得出。重量和尺寸估算时要充分考虑到军用的、商用的以及用户的不同需求。这是一个不断优化和集成的过程,例如主动相控阵雷达带来了雷达设计的重大变革,使雷达和侦听接收机的重量减少了大约30%。微缩相控雷达甚至可以将天线埋入飞机蒙皮中。这种智能蒙皮可以在编织时将雷达天线和雷达对抗设备事先集成在蒙皮中。同时机载计算机和GPS接收机也越来越小(或者同样重量可以获得更强的能力)。

电子设备舱的位置非常重要。电子设备对振动、冲击和高温非常敏感。它们应该被安装在离机组人员足够近的地方,以减少线路上的信号衰减。应该有足够的电力供应给电子设备,而且还有一点很重要,安装环境需要一定的冷却机制。航空电子设备在维护时应该方便接近。

考虑到以上这些问题后,一般的飞机都会将电子设备舱布置在驾驶舱前面或者下面。有些轰炸机和运输机甚至直接将其布置在驾驶舱内。很多战斗机从机头开始,依次布置雷达罩、雷达、机身第一框、电子设备舱、驾驶舱。

对于通用类飞机来说,很多情况下电子设备都安装在仪器板后面。在方案设计时应该留下足够的空间安装这些设备,还要考虑线路和管路布置以及维护空间,尽量避免所有的设备和线路装完。

方案设计时必须考虑雷达的安装,这通常会决定机头的外形。雷达盘面的大小和电力需求是由雷达检测范围、敌机的雷达反射面积(RCS)、雷达频率等因素决定的。这仍然需要电子设备专家用雷达范围公式(麦斯威尔方程的导出式)来估算其尺寸和外形。初步设计中,雷达尺寸可以参照同类飞机,或者可以这样估算:轰炸机的雷达为40 in(100 cm),大型的战斗机用35 in(90 cm)的雷达,小型战斗机用22 in(56 cm)的雷达。运输机的雷达一般只用来规避不良天气,因此它与机头的尺寸关系很小。

军用飞机一般还会安装很多其他的电子传感器和设备,例如电子对抗设备、红外搜索和跟踪设备,以及红外干扰发射机等。安置这些设备时还必须保证适当的驾驶员视野。

12.7 武器系统

装载武器是大多数军用飞机的任务之一。传统武器包括机炮、炸弹和导弹。也许以后可能要装载激光和其他新型武器,不过本书中不讨论这些。

武器占飞机的总重相当大的部分。这就需要将武器布置在飞机重心的附近,否则,武器投放时会引起飞机的下俯或上仰。

导弹与炸弹的主要区别在于导弹具有动力,而且导弹都具备某种制导系统。大多数炸弹是“愚笨的”,没有制导能力,只能由某种轰炸瞄准具预先计算轨迹,在适当的位置和速度下释放,自由下落到指定目标。“灵巧炸弹”则具备一定的制导能力,一般采用激光制导或GPS定位。

12.7.1 武器发射

导弹的发射有两种方式。大多数小型导弹,如AIM-9等,采用导轨发射。导轨发射器安装在飞机上,通常在翼尖或机翼挂架上。导弹上安有几个带凸缘的耳片,可以在导轨中滑动,如图12-4所示。在发射时,导弹发动机推动导弹从导轨中滑出,脱离飞机。

弹射发射主要用于较大的导弹。用可以快速释放的挂钩将导弹安装在飞机上,用炸药驱动释放机构。炸药同时驱动两个活塞,将导弹以极大加速度推离飞机。在离开飞机一定距离后，导弹发动机点火。

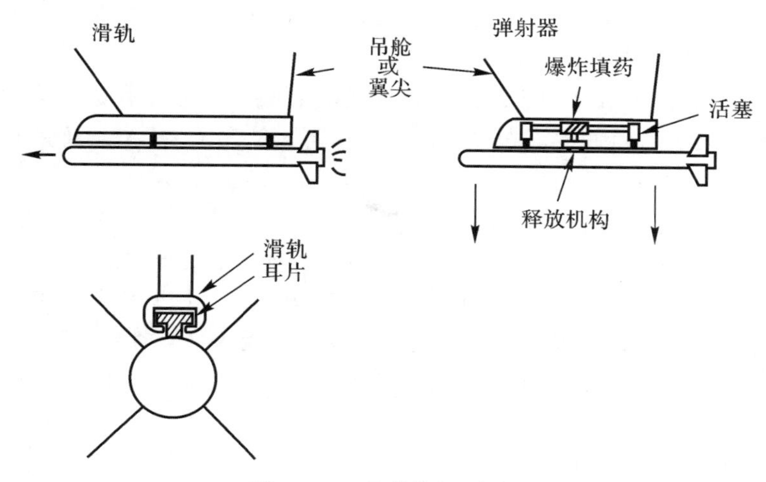

图 12-4　导弹挂架/发射

炸弹可以采用弹射发射，或者简单地释放，任其自由下落。

12.7.2　武器装载

有 4 种典型的武器装载方式，各有其优、缺点，适用于不同的任务。

外部挂装是最简单的，也是最轻的，同时又具备最大的灵活性，可以换装多种武器。

尽管大多数飞机主要是为空战设计的，但它们将常会被指派来执行对地攻击任务。为了避免影响“干净”外形（即准备空战）时的性能，大多数战斗机在机翼和机身下方布置有“硬点”，可以安装武器挂架，如图 12-5 所示，主要用于携带附加的外部武器，而当主要任务为空战时，就不用安装这些挂架。

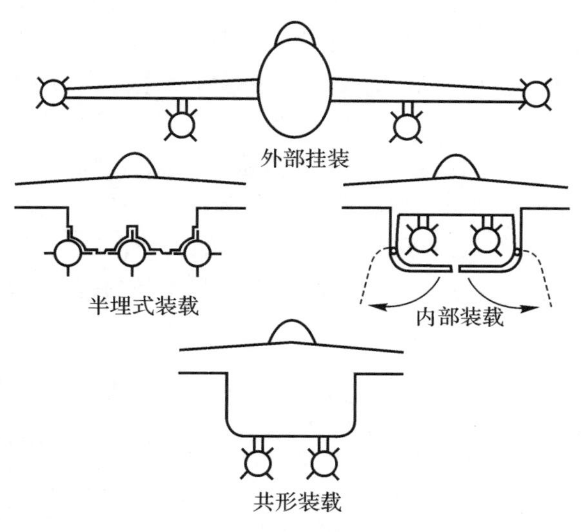

图 12-5　武器挂载方式

大多数战斗机都可以在武器挂架上挂装副油箱，进入空战时就可以抛掉。

外挂武器阻力极大。在接近声速时,外挂炸弹的阻力甚至可能超过飞机其余部分的总阻力。由于阻力和震动问题,带着外挂武器的飞机基本上不可能做超声速飞行(翼尖安装的导弹较小,其阻力也相当低)。

为了解决这个问题,可以采用半埋式或共形武器装载。共形装载是将武器与机翼或机身底面齐平。半埋式装载是将武器嵌在飞机上的凹槽里。F-4 的空-空导弹就是这样安装的。

半埋式装载可以明显降低阻力,但也会降低不同装载武器的灵活性。同时,凹槽也带来一定的结构重量代价。共形装载并不侵占结构空间,但比半埋式的阻力稍大一些。

阻力最小的方式是内部装载。多年以来,内部武器舱一直是轰炸机的标准配置,但只在少数战斗机和战斗-轰炸机上使用,如 F-106,FB-111 和 F-22。其中部分原因是内部武器舱的重量代价大,且另需舱门;也因为人们普遍希望得到最优的格斗性能,而宁可牺牲一些其他方面的性能。尽管如此,内部武器舱可以完全消除武器对雷达反射面积的影响,因此有可能成为战斗机的主流配置。

方案布置过程中,如果选定了挂装方案,有几个相关问题需要考虑。首先是要为装卸人员着想,必须有足够的工作空间,他们要装卸又大又重而且极度危险的炸弹和导弹;他们可能要在夜晚、在暴风雪中、在摇晃的甲板上或是在遭受攻击时工作。导弹要靠人力安装到挂钩上或滑入导轨,用锁紧机构固定,然后接通制导系统的线路,并移除点火系统的保险丝。对于弹射式发射装置,还要加入发射火药。

导弹和炸弹周围的空间对于安全性也是很重要的。为了避免撞地,设计师需要保证在飞机的任何姿态下,武器离地至少有 8 cm 的空隙。这些姿态包括单边轮胎压瘪和支柱完全压入的最糟糕着陆状态,飞机最大尾沉姿态(仰角可达 15°或更大)和飞机 5°滚转的姿态。如果飞机要在粗糙跑道起降,上述最小间隙要求还需加倍。

如果武器比较密集,它们之间至少要有 8 cm 的间距。武器和螺旋桨旋转面之间要有 30 cm 或更大的间隙。

导弹或炸弹的发射轨迹也是需要考虑的。对于导轨发射的导弹,飞机上的任何部件都要在导弹发射方向的 10°锥角之外。另外,也要考虑到导弹的尾焰对于飞机结构的影响。

对于弹射发射或自由下落的武器,需要保证下落垂线之外 10°的空隙,武器释放空间如图 12-6 所示。

图 12-7 所示是一种特殊的旋转式内置武器舱,所有的武器可以通过一个尺寸较小的舱门来发射。在超声速飞行时,可能很难甚至无法将武器发射出武器舱,因为振动或气动载荷会将武器推回舱内。采用较小的舱门可以缓解这个问题。另外,旋转发射器可以简化将多件武器装载入单独舱室的任务。实际上,可以设计出事先装好,并能一次性装进飞机的旋转发射器。

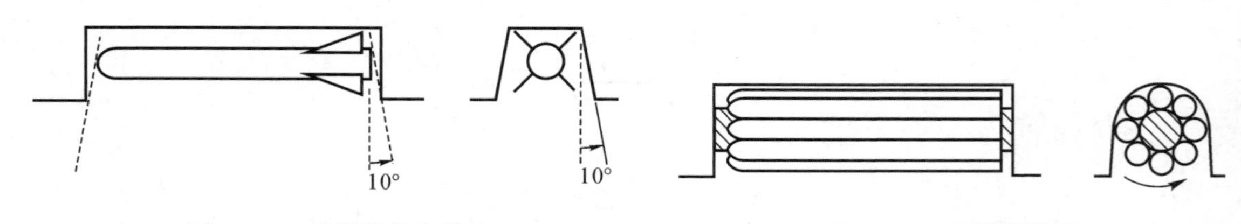

图 12-6 武器释放空间　　**图 12-7 旋转武器舱**

12.7.3　武器安装

自从在一战中，侦察机飞行员第一次拿出手枪向对方射击开始，机炮一直是空战的最主要武器。在 1950 年代曾经认为以后的空战中，导弹将取代机炮。实际上，有几种飞机，如 F－4 和 F－104 等，原始设计是不带机炮的。不过，经验表明不能完全依赖导弹，因而之后的飞机又重新开始装备机炮。

目前，美国标准配置的空战机炮是 M61A1“火神”六管格林机关炮(Gatling，或译作加特林)，如图 12－8 所示，已经在 F－15，F－16，F－18 和一些其他飞机上装备。

注意： 它的弹箱必须装在机炮尾部附近，炮弹从弹箱中通过输弹道进入机炮。装弹时是用一个装弹车联到输弹道，将炮弹装入弹箱，因此这个输弹道必须可以从地面接近。

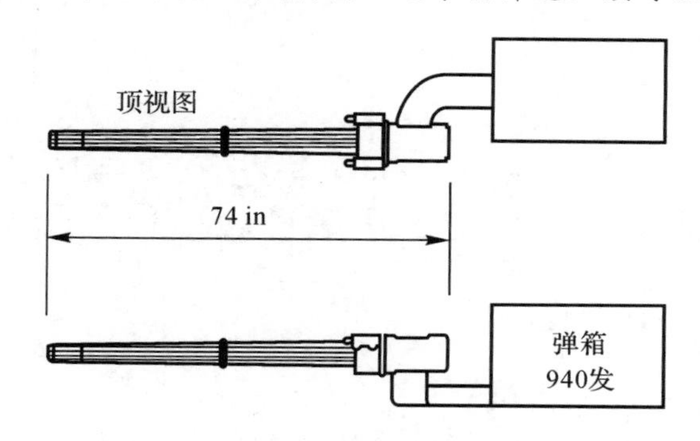

图 12－8　M61Al“火神”六管格林机炮

像 M61A1 这样的空战机炮能产生 2 t 量级的后坐力。更大的反坦克机炮(如 A－10 配备的 GAU－8)所产生的后坐力还要大 5 倍。为避免开火时突然产生偏航运动，机炮尽量布置在靠近飞机中线的位置。A－10 的前起落架偏移到一边，以使机炮安装在正中的位置。对于小型的空战机炮则不需要这种极端作法。

机炮开火时，产生刺眼的闪光和大量的烟。布置炮口位置时，要注意不要使上述因素影响到飞行员的视线。另外，由于噪声太大，应使机炮远离座舱。如果机炮开火时的烟雾被吸入发动机，很容易引起发动机停车。通过加装集烟室，可以同时解决发动机吸入问题和驾驶员视线问题，但会增加飞机的重量和体积。

思　考　题

1. 一般的民航客机主要有什么机载系统？它们的功用是什么？

2. 飞机辅助动力单元(APU)的功能是什么？APU 对于飞机总体方案设计有什么影响？

3. 现代飞行控制系统的功能越来越强大，几乎成为飞机不可缺少的主要分系统。讨论这对于飞机总体设计思想有什么样的影响。

4. 战斗机的武器挂载主要有几种方式？各有什么特点？

第四部分　飞行性能与操稳特性

第 13 章　基本气动考虑

飞机的飞行性能在很大程度上取决于飞机的气动设计，如翼型、机翼和尾翼几何形状等。本章主要介绍翼型和机翼/尾翼几何形状对于气动特性的影响，以及基本气动特性的估算、升力面布置等方面的内容。

13.1　翼　　型

翼型是飞机的核心。翼型影响着飞机的巡航速度、起飞着陆距离、失速速度、操纵品质(尤其在接近失速时)和在所有状态的总体气动效率。

13.1.1　翼型基本参数

翼型的主要几何参数(见图 13－1)有以下几种。

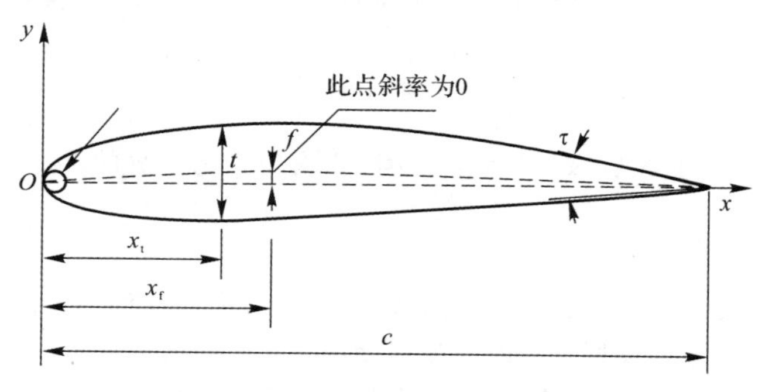

图 13－1　翼型的几何参数

1. 几何弦长 c

连接前缘和后缘的直线称为翼型的弦线，翼弦的长度为几何弦长，简称“弦长”。其中，后缘点为翼型尖尾点(但实际上，因为很难造出理想的尖锐后缘形状，大多数翼型都采用具有较小厚度的钝后缘)；前缘点为翼型轮廓上与后缘距离最大的点。

弦长 c 经常作为翼型几何参数的一个基本参考。

2. 厚度 t

翼型的上、下表面曲线用弦线长度相对坐标 $\bar{x}$ ($\bar{x}=x/c$) 的函数表示为

$$\bar{y}_u = y_u/c = f_u(\bar{x})$$

$$\bar{y}_l = y_l/c = f_l(\bar{x})$$

上、下翼面间的距离为$(\bar{y}_u - \bar{y}_l)$，其最大值定义为最大相对厚度，也是以弦长为基准的相对值，即

$$\bar{t} = \max(\bar{y}_u - \bar{y}_l)$$

3. 最大相对厚度位置 x_t

最大相对厚度位置 x_t 为翼型最大相对厚度处距前缘的距离，通常除以弦长无量纲化为百分比。

4. 中弧线

关于中弧线的定义有几种，一般比较通用的定义是翼型厚度中点的连线，即

$$\bar{y}_f = \frac{1}{2}(\bar{y}_u - \bar{y}_l)$$

5. 弯度 f

中弧线与弦线的最大距离称为最大弧高，它表征翼型的弯曲情况，故将其定义为翼型弯度，即

$$f = \max(\bar{y}_f)$$

如果弯度为零，说明中弧线是一条直线(与弦线重合)，翼型为对称翼型。

6. 最大弯度位置 x_f

最大弯度位置 x_f 为翼型最大弯度位置到前缘的距离，同样除以弦长无量纲化为百分比。

7. 前缘半径 r_1

前缘半径 r_1 为对于圆头翼型为前缘点处的曲率半径。在超声速气流中使用的翼型通常采用尖前缘或近乎尖锐的前缘，以减小激波阻力。

8. 后缘角 τ

后缘角 τ 为上、下表面在后缘处切线的夹角(也有定义为夹角的 1/2)。

13.1.2 翼型升力和阻力

翼型通过改变流过其上、下表面的气流速度而产生升力。翼型的迎角和/或弯度使得流过翼型上部的气流速度比流过翼型下部的气流速度快。

根据伯努利方程可以知道，流速越高，压力越低。因此，翼型上表面压力低于环境气压，会有被拉起的趋势；下方压力高于环境气压，会将翼型向上推起。上、下表面的压力差产生了升力。

图 13-2 所示为亚声速状态下翼型产生升力时的典型的上下表面压力分布。

注意：上表面对升力的贡献大约占 2/3，因此设计师要尽量避免破坏机翼的上表面。

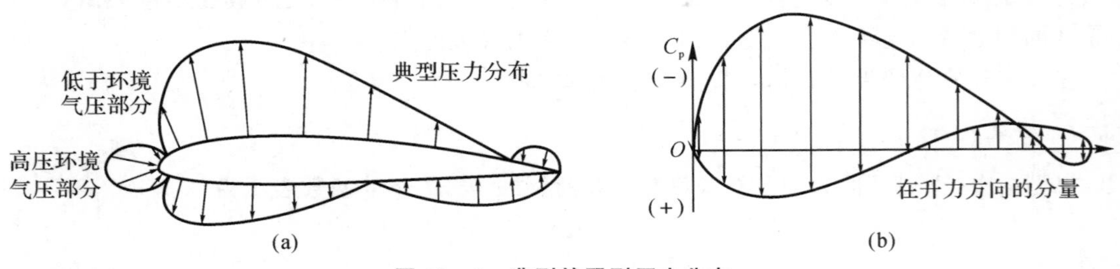

图 13-2 典型的翼型压力分布

图 13－3(a)所示为一个典型的翼型周围流场，用箭头表示方向，箭杆的长度表示当地速度的大小。图 13－3(b)中将当地速度减去自由来流速度，仅剩下由于翼型存在而产生的速度变化，看起来是一个绕翼型的环。在图中翼型头部向左的情况下，转动方向是顺时针的。

这个“环量”就是升力和升致阻力经典计算方法的理论基础。环量越大，升力也越大。环量通常写作符号 Γ，用类似图 13－3(c)中环流来表示。

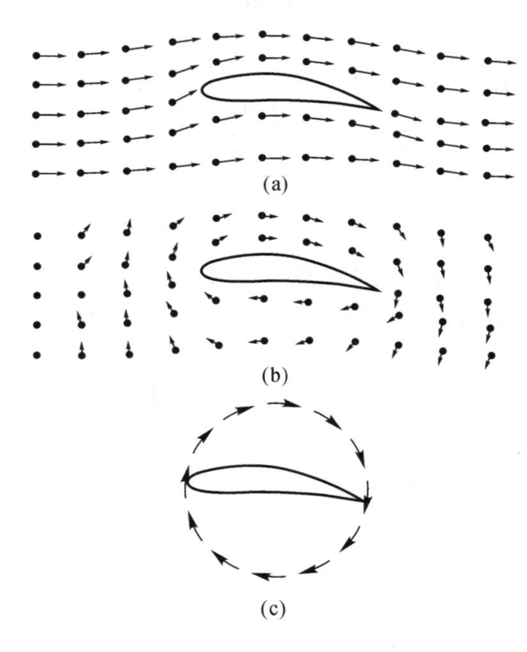

图 13－3　翼型流场与环量

在气流当中，如果具有迎角的话，一块平板也可以产生升力。但是，流过平板“翼型”上表面的气流很容易分离，从而降低升力并大大增加阻力(见图 13－4)。将翼型弯曲(即产生弯度)，可以保持气流附着，从而增大升力并减小阻力。弯度同时还增大流场的环量而增大升力。

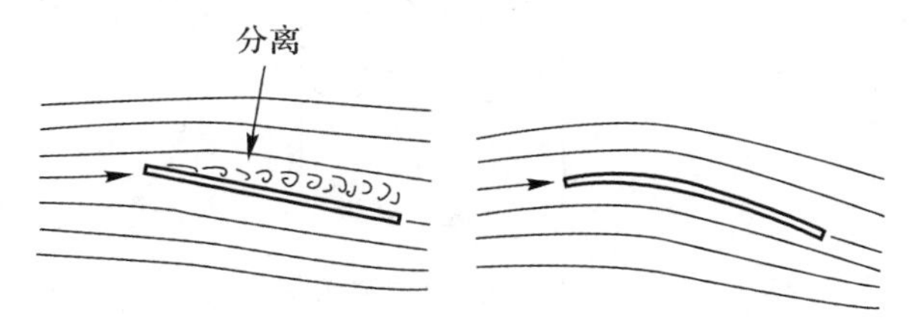

图 13－4　翼型弯度对分离的影响

实际上，带弯度的翼型即使在弦线与气流方向平行(即迎角为零)时，也可以产生升力。对于有弯度的翼型，在某一负迎角下它的升力为零，称为“零升迎角”。这个零升迎角(以°为单位)大约等于翼型的相对弯度值。

但翼型在二维流场中实际上并不产生升致阻力。由压力差产生的升力与来流方向垂直。二维流场中翼型的所有阻力都是由表面摩擦阻力和气流分离或激波引起的压差阻力构成的。只有在三维流动中，才会有升致阻力产生。

翼型的升力、阻力和俯仰力矩是以无量纲形式定义的：

升力系数为

$$C_l = \frac{\text{翼型升力}}{qc} \tag{13.1}$$

阻力系数为

$$C_d = \frac{\text{翼型阻力}}{qc} \tag{13.2}$$

力矩系数为

$$C_m = \frac{\text{翼型力矩}}{qc^2} \tag{13.3}$$

式中：c—— 弦长；

q—— 动压，$q=\rho V^2/2$。

按照定义，升力垂直于飞行方向，阻力平行于飞行方向。绕气动中心的俯仰力矩通常为负，也就是对飞机有一个低头力矩。一般习惯上，用小写的下标（如 C_l）来表示二维的翼型特性，用大写的下标（如 C_L）来表示三维的机翼特性。

不同迎角下，翼型针对某一特定点的俯仰力矩为常值，该点称为“气动中心”（焦点）。气动中心与翼型的压力中心（或升力作用点）并不重合。通常压力中心在气动中心的后方，对大多数翼型而言，其位置随着迎角而改变。

俯仰力矩是相对某些参考点来测量的，通常取 1/4 弦线点（距前缘 25% 弦长的位置）。在亚声速下，大多数翼型相对于 1/4 弦线点的俯仰力矩几乎与迎角无关（也就是说，气动中心通常位于 1/4 弦线点）。

由图 13－5 可以看到典型的升力、阻力和俯仰力矩特性。

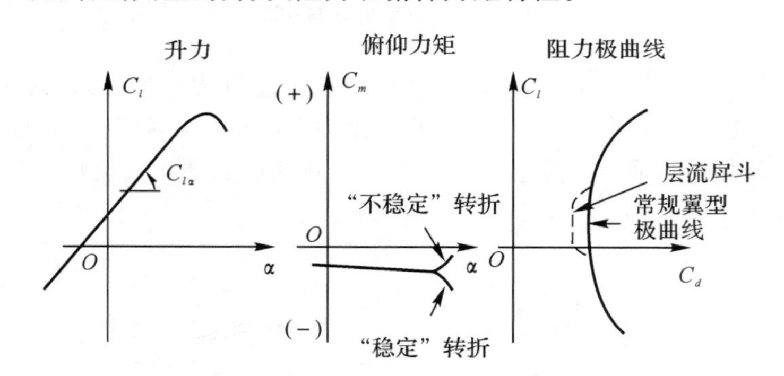

图 13－5　翼型升力、阻力和俯仰力矩特性

翼型的特性很大程度上取决于它所处环境的“雷诺数”。雷诺数是流体惯性力和黏性力之比，表达式为 $Re=\rho Vl/\mu$，其中 V 是速度，l 是流体流过物体表面的距离，ρ 为流体密度，μ 为流体黏性系数。雷诺数关系到流场是层流状态还是紊流状态和流动是否会发生分离。通常机翼在飞行中的雷诺数为千万量级。

从图 13-5 中可以看到所谓的“层流戽斗”。层流翼型如果工作在设计雷诺数下，在某一升力系数区间，翼面上可以保持相当大范围的层流流动，从而使阻力显著减小。

然而，这种效应对雷诺数和飞机表面光滑度非常敏感。例如，前缘上的灰尘、雨滴或昆虫的残骸都可能使流动变成紊流，使得阻力增大到图 13－5 中虚线所示的程度。同时，这一现象还可能对升力和力矩特性产生影响。

有一些自制的采用层流翼型的鸭式布局飞机，飞进小雨中就会引起鸭翼上的气流变成紊流，减小了鸭翼的升力，从而造成飞机下俯。而早期的非层流翼型在设计时就假定所有状态下都是紊流，所以不会受到类似影响。

1.1.3　翼型族

图 13－6 展示了多种翼型。早期的翼型一般是通过试错法得到的。在 1930 年代，NACA 研究出广为应用的“四位数”系列翼型，用数学方法精确定义其形状。编号中的第一位数字代表弯度的百分值，第二位数字指最大弯度的位置，最后两位数字表示了翼型最大相对厚度的百分值。“四位数”系列翼型现在已很少用在机翼设计中，不过，无弯度的四位数翼型依然广泛用于亚声速飞机的尾翼。

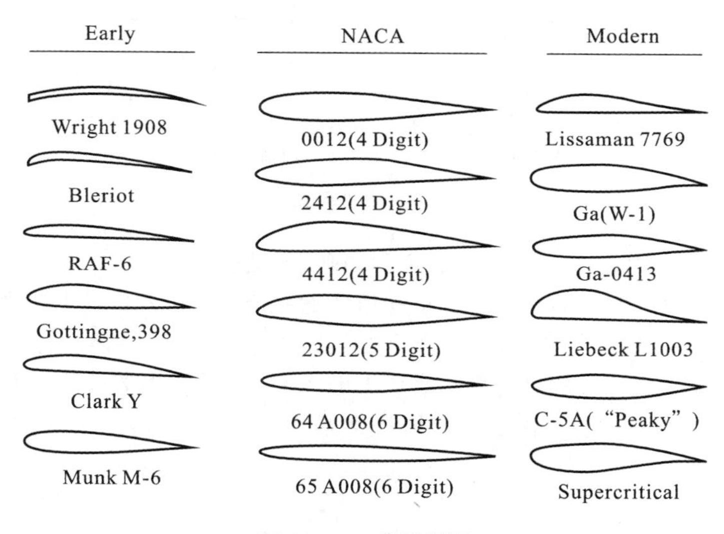

图 13－6　典型翼型

NACA 五位数翼型是为了获得更大的最大升力系数，将最大弯度位置前移而成的。六位数翼型的设计使翼面上层流增加，从而减小了阻力。六位数翼型经常被用作高速机翼设计的初始参考，如 64A 系列。F－15 战斗机的飞行速度可达 $Ma\,2$，它采用的就是修改了前缘弯度的 64A 翼型。

13.1.4　设计升力系数

在概念设计的早期，设计师通常只能参照现有翼型，并从中选择特性最接近设计要求的翼型。

初步选择翼型的第一个考虑是“设计升力系数”，它对应着翼型的最佳升阻比（参阅图 13－7 中过原点的直线与极曲线的切点）。

亚声速时，设计优良的翼型，在设计升力系数下，其阻力几乎相当于单纯的表面摩擦阻力。所以在设计飞机时，应使其飞行在设计升力系数状态或其附近，以获得最高气动效率。

作为第一级近似,可以假定机翼的设计升力系数 C_L 等于翼型的设计升力系数 C_l。在水平飞行时升力必须等于重力,所需要的设计升力系数可以按下式求出,即

$$W = L = qSC_L \approx qSC_l \tag{13.4}$$

$$C_l = \frac{1}{q}\left(\frac{W}{S}\right) \tag{13.5}$$

式中:动压 q 是速度和高度的函数。再按照后面介绍的方法,选定一个翼载(W/S),就可以求出在设计任务指定的速度和高度下的设计升力系数。

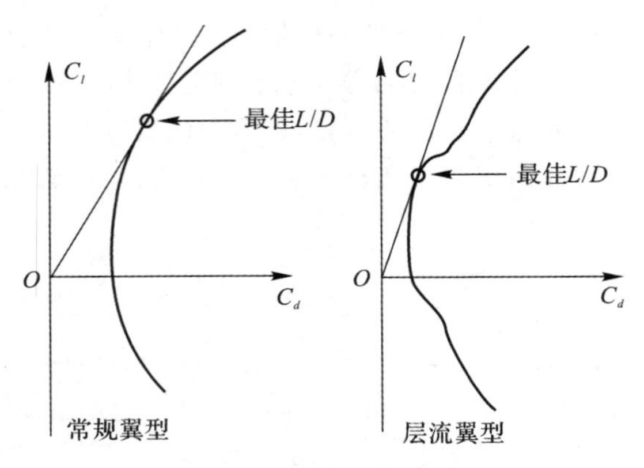

图 13-7 设计升力系数

需要注意的是,在实际飞行中,随着燃油的消耗,翼载会逐渐减小。因此,为了保持在设计升力系数状态,需要相应地减小动压。减小动压的途径有两个:一是减小速度,通常不希望这么做;二是爬升到更高的高度,即所谓的“爬升巡航”,可以获得最大的航程。

在实际设计中,设计升力系数通常基于过去的经验,对于大多数飞机来说,这个数值通常为 0.3~0.5。在设计初始阶段,翼型的选取通常基于以前的经验,或干脆就照抄某些成功的设计。

13.1.5 失速

选择翼型时,失速特性是一个重要因素。在失速时有些翼型升力逐渐降低而有些翼型升力剧减,同时俯仰力矩也剧烈变化。根据这些差异,可以将翼型的失速分为 3 种完全不同的种类。

“胖”翼型(前缘为圆弧,相对厚度大于 14%)的失速从后缘开始。紊流附面层随着迎角的增大而加厚,迎角增加到 10°左右时后缘开始出现分离;随着迎角更进一步增加,分离区向前扩展。在这个失速过程中,升力是逐渐降低的,俯仰力矩也只有小量变化。

薄翼型的失速从前缘开始。如果翼型为中等厚度(6%~14%),在迎角很小时,前缘附近就会出现气流分离,但立即又重新附着在翼型表面,因此几乎感觉不到它的影响。当迎角大到一定程度时,分离的气流无法重新附着,整个翼型几乎立即失速,使升力和俯仰力矩产生突变。

非常薄的翼型会表现出另一种失速形式。在初期小迎角时类似上一种形式,前缘出气流分离,然后几乎立即重新附着。但随着迎角的增加,这个“分离泡”持续向后延伸。当“分离泡”延伸到后缘位置时,获得最大升力。超过了最大升力对应的迎角,气流在整个翼面分离,翼型失速。在这个过程中,升力的下降平缓,但力矩变化剧烈。图 13-8 描述了这 3 种失速类型。

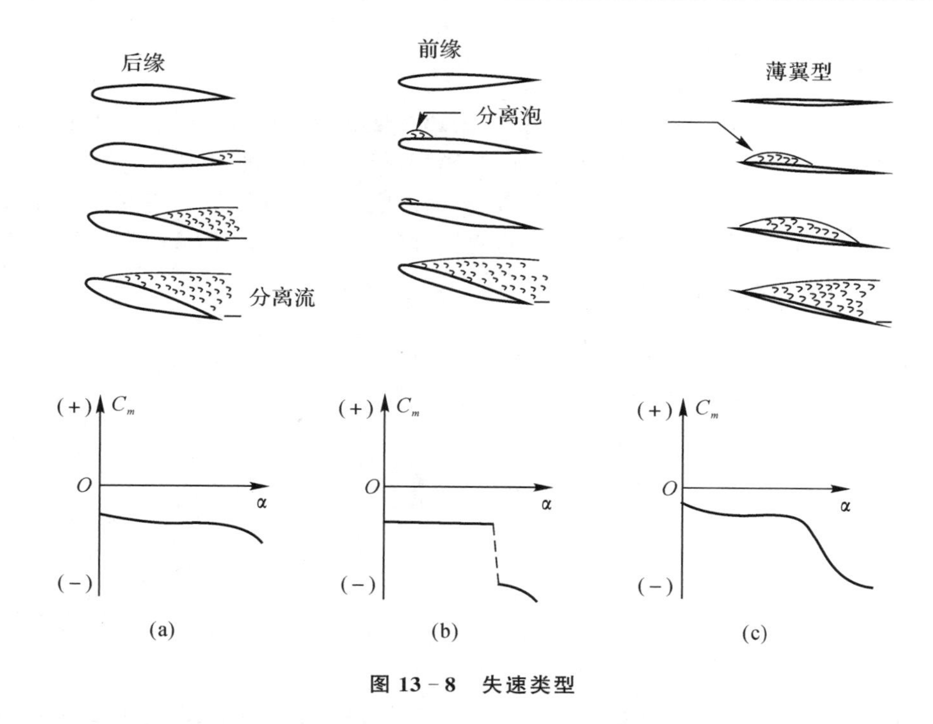

图 13-8　失速类型

如果将机翼扭转,使得翼尖的迎角小于翼根("外洗"),可以使翼根先失速。这样的机翼,即使翼型的失速特性很差,也可以获得平稳的失速。另外,翼根失速时拖出的紊流会使平尾产生振动,可以提醒驾驶员临近失速了。

同样道理,设计师也可以选择在翼尖和翼根采用不同的翼型,例如在翼尖采用失速迎角较大的翼型。这样可以在翼根失速时,外翼段仍有较好的流场,使副翼仍有足够的操纵能力。

如果翼尖和翼根采用了不同的翼型,设计师需要通过内插得出中间的过渡翼型。这些中间翼型的特性也介于翼尖和翼根翼型之间,可以通过插值估算。但这种插值法不适于现代超临界翼型或层流翼型,在那些情况下的剖面特性必须通过数值方法计算。

可以采用前缘装置改善薄翼型的失速特性,如开缝、前缘缝翼、前缘襟翼、克鲁格襟翼等,还可以采用主动方法(如吸气或吹气)。

只有在展弦比很大,且没有后掠的情况下,机翼的失速特性直接与翼型相关。对于小展弦比或大后掠角的机翼,3D 效应对失速特性起着主导作用,所以在选择翼型时基本可以不用考虑翼型失速特性。

俯仰力矩也是一个重要的因素。平尾或鸭翼的尺寸直接取决于机翼产生的需要配平的俯仰力矩的大小。有些超临界翼型采用了"后加载"技术,可以在增大升力的同时不增加超声速区。这可以获得极好的升阻比,但可能产生很大的低头力矩。如果需要过大的平尾面积,那么最终全机的总阻力可能会增加,而不是减小。

对于稳定的无尾布局或飞翼布局的飞机,俯仰力矩必须接近于零。这通常需要尾部反弯上翘的 S 形翼型。反弯翼型的升阻比要差一些,这也在一定程度上减小了飞翼布局浸湿面积的优势。有计算机参与的主动飞行控制系统可以去掉对中立稳定性的要求,因而可以采用非反弯的翼型。

13.1.6 翼型相对厚度

翼型相对厚度直接影响着阻力、最大升力、失速特性和结构重量。图 13-9 显示了亚声速下翼型厚度对阻力的影响。随着厚度的增加，分离变得严重，因而阻力变大。

图 13-10 表示了翼型厚度对临界马赫数(翼面上刚开始出现激波对应的马赫数)的影响。超临界翼型有助于推迟激波的形成，因而可以在同样的厚度下减小阻力，或在满足同样的阻力水平要求时，采用更大的翼型厚度。

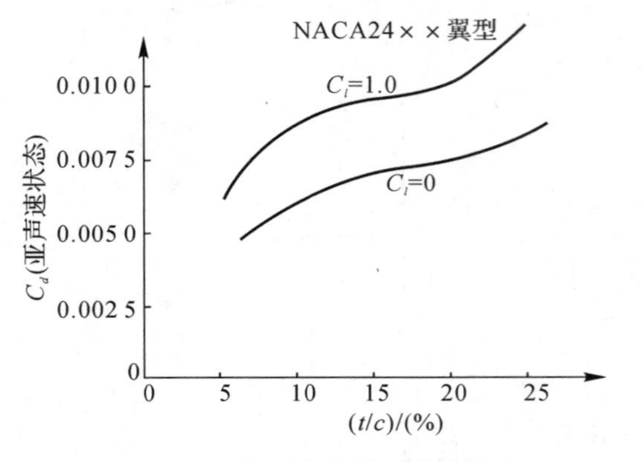

图 13-9 相对厚度对阻力的影响

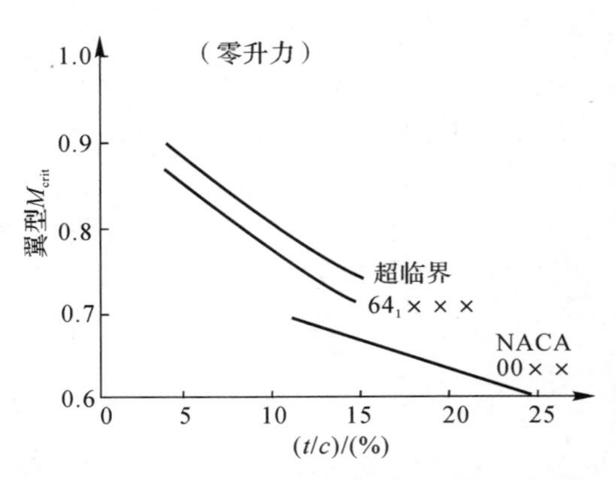

图 13-10 相对厚度对临界马赫数的影响

翼型厚度对最大升力系数和失速特性的作用，主要是由厚度对前缘形状的影响来体现的。对于很大展弦比和中等后掠的机翼，较大的前缘半径对应较高的失速迎角和较大的最大升力系数，如图 13-11 所示。

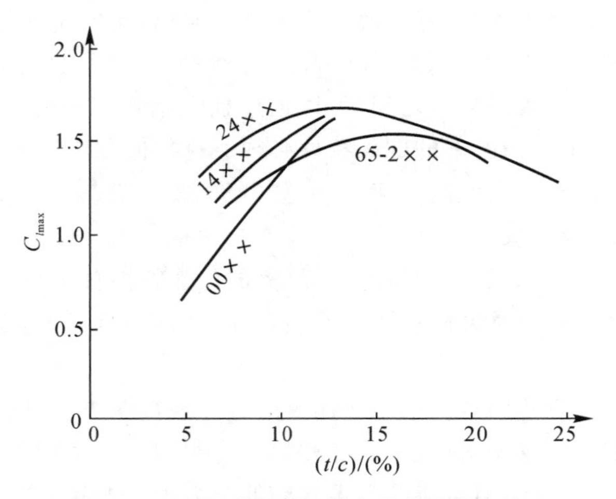

图 13-11 相对厚度与最大升力系数的关系

对于小展弦比后掠机翼，或是三角翼，情形则相反。这时，比较尖的前缘可以获得较大的最大升力。其原因是气流在流过前缘时形成了涡，这些前缘涡可以推迟失速。

相对厚度还影响结构重量。机翼重量统计公式表明，机翼结构重量大约与翼根相对厚度的二次方根成反比。相对厚度减半会导致机翼结构重量增加大约 41%。一般机翼大约占空机重量的 15%，因此相对厚度减半可能导致空机重量增加约 6%。

初步选择翼型厚度时，可以参阅图 13－12 中的经验曲线。对于超临界翼型来说，厚度可以比经验曲线中所示值大 10%左右(即常规翼型厚度乘以 1.1)。

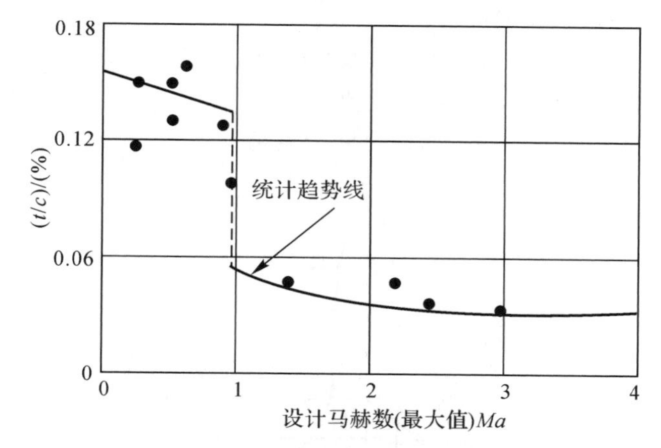

图 13－12　相对厚度统计数据

大多数情况下，从翼根到翼尖的厚度是变化的。亚声速飞机由于机身的作用，翼根的翼型厚度可以比翼尖大 20%～60%而不太影响阻力。这是一个很大的优点，可以使结构重量减轻，同时也有更多的空间装载燃油和安置起落架。这种较厚的翼型沿着展向分布一般不超过 30%展长。

13.1.7　翼型选择的其他考虑

选择翼型时，还有一个重要考虑，就是预期的雷诺数。每个翼型都是针对特定雷诺数设计的。如果在较大偏离设计雷诺数的状态使用(半个数量级左右)，翼型特性可能会与预期的大不相同。

对于层流翼型尤其如此，特别是在低于设计雷诺数的情况下更为严重。在早期这个问题一直困扰着自制飞机和滑翔机设计师，不过现在已经有专为这些飞机设计的低雷诺数翼型了。

层流翼型需要极其光滑的表面，并且需要精确控制实际加工的形状。这可能导致成本显著增加。另外，军用飞机喷涂的伪装漆要比金属表面更粗糙，在选择某些翼型之前要考虑到这一点。

尽管这些选择翼型的因素是很重要的，在初期概念设计时并不需要花太多时间去精确选择“正确”的翼型。后期的权衡研究和分析设计工具将会得出所需的翼型特性和几何参数。初期的方案布局时，选择翼型的要点体现在翼型厚度，它决定了结构件、起落架和燃油等的可用空间。

13.2　机翼几何参数

飞机布局设计初期经常采用“参考机翼”——基本形状机翼。图 13－13 标出了机翼的主要几何参数。

参考机翼是假想的，并且左、右机翼向内延伸到机身的中线，所以参考机翼面积包括延伸到机身之内的部分。对于参考机翼来说，翼根翼型是指梯形机翼在机身对称面处的翼型，而不是机翼和机身连接处的真实机翼的翼型。

机翼的主要几何参数如下：

翼展 b—— 机翼左右翼尖之间的长度。

翼弦 c—— 翼弦是指机翼沿机身方向的弦长。

平均几何弦长 c_{av}—— 简单梯形机翼可以取根弦和尖弦弦长的平均值。对于复杂的机翼形状,则可以用机翼面积除以翼展得出。

展弦比 A(或 AR)—— 翼展与平均几何弦长的比值。

梢根比 λ—— 翼尖弦长与翼根弦长的比值。

后掠角 Λ—— 机翼与机身轴线的垂线之间的夹角。

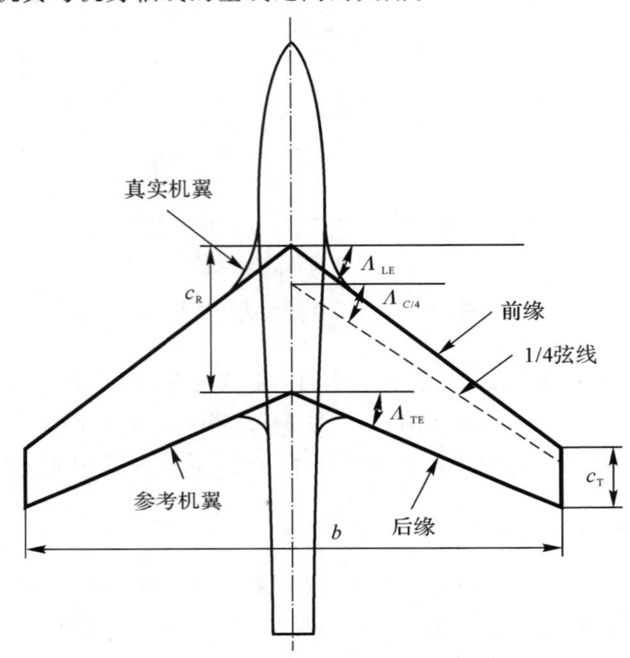

图 13-13　机翼几何参数

图 13-13 所示有两个重要的后掠角:① 前缘后掠角,主要关系到超声速飞行,为了减小阻力,选择时通常要使机翼前缘位于激波锥之后;②1/4 弦线后掠角,主要与亚声速飞行有关。这两个后掠角的概念一定要区分清楚。

亚声速流中,翼型的俯仰力矩通常是相对于 1/4 弦线点给出的,在这个点上,俯仰力矩基本不随迎角改变(也就是所谓的“气动中心”)。对于整个参考机翼来说,这个点也是采用类似方法,基于“平均气动弦”定义的。

平均气动弦(MAC)是参考机翼某一处的翼弦,从定义上说,它是指与当前机翼等效的矩形机翼的弦长。图 13-14 是用图解法确定平均气动弦的示意,取一半机翼,在翼根处向后延伸尖弦长度,在翼尖处向前延伸根弦长度,两端连线。这条直线与翼根中点与翼尖中点连线的交点即是平均气动弦所在的位置。

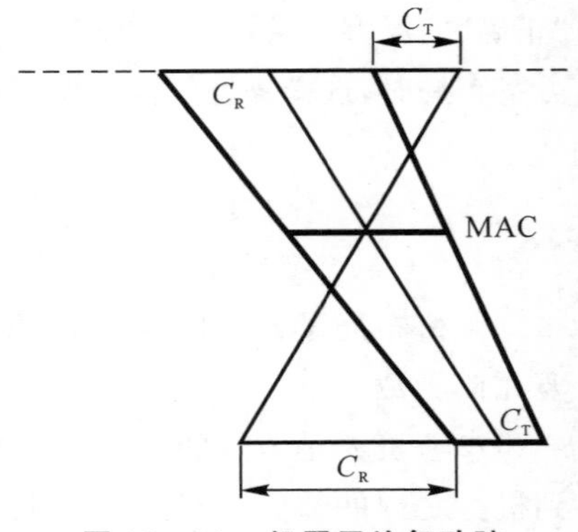

图 13-14　机翼平均气动弦

对于比较复杂的机翼形状,平均气动弦的计算公

式为

$$l_{\mathrm{MAC}}=\frac{2}{S}\int_{0}^{b/2}C^{2}\mathrm{d}y \tag{13.6}$$

$$x_{\mathrm{MAC}}=\frac{2}{S}\int_{0}^{b/2}xC\mathrm{d}y \tag{13.7}$$

$$y_{\mathrm{MAC}}=\frac{2}{S}\int_{0}^{b/2}yC\mathrm{d}y \tag{13.8}$$

式中：l_{MAC} —— 平均气动弦的弦长；

x_{MAC}，y_{MAC} —— 平均气动弦前缘点的 x，y 坐标。

需要注意的是，式中的 C 为机翼在各个展向位置的弦长是变量。

机翼的气动中心与平均气动弦处翼型的气动中心大致在同一位置。亚声速状态下，一般位于1/4弦线点；超声速状态下后移到大约40%弦线位置。平均气动弦和相应的气动中心确定了机翼的特性。另外，平均气动弦对于稳定性计算也是很重要的。

参考机翼面积在起飞总重确定以后才可以确定。参考机翼形状可以用展弦比、梢根比和后掠角来描述。

13.2.1　展弦比

最早详细研究展弦比的人是莱特兄弟。他们在自制的风洞进行了一系列试验，发现在产生同样大升力的前提下，细长（大展弦比）的机翼比短宽（小展弦比）的机翼阻力小。这是3D效应造成的。

当机翼产生升力时，上表面的气压减小，而下表面的气压增加，所以气流会从下表面向上表面“逃逸”（见图13-15）。

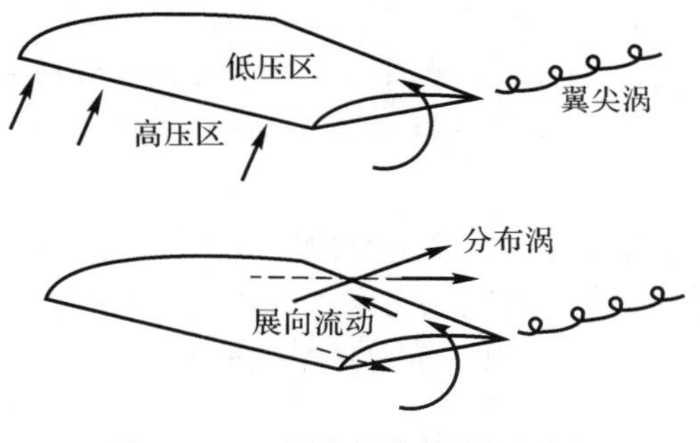

图13-15　翼尖处的气流“逃逸”

从翼尖溢出的气流降低了机翼上下表面的压力差，减小了翼尖处的升力。从前面看，翼尖处的空气呈环状流动，产生将机翼下压的作用。这种作用使得机翼的有效迎角减小，在翼尖处程度最大。这种环形的，或称“涡”状的气流在机翼后方持续伸展。

相对于小展弦比机翼，大展弦比机翼的翼尖离得更远。因此，翼尖涡对大展弦比机翼的影响更小一些，并且翼尖涡的强度也较低。可想而知，对于同样面积的机翼，大展弦比机翼受翼尖效应影响导致的升力下降和阻力增加的程度，要低于小展弦比机翼。

展弦比的另一个效果是改变失速迎角。翼尖处有效迎角的减小，使得小展弦比机翼的失速迎角变大（见图13-16）。这也是尾翼比机翼展弦比小的原因，可以使尾翼在机翼失速后很久才失速，保证飞机有适当的操纵性。

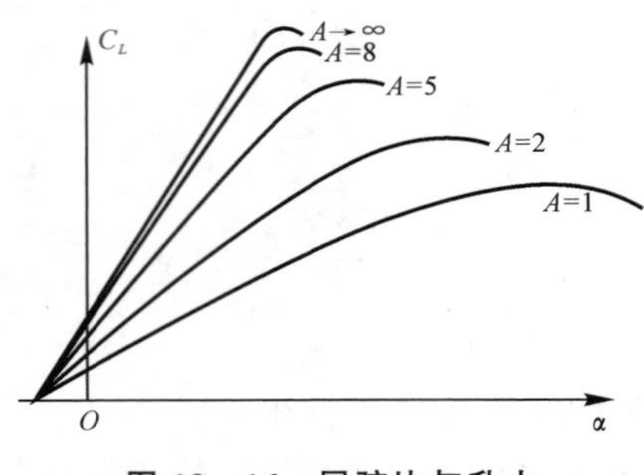

图 13-16 展弦比与升力

相反，鸭翼可以做得很细长，使它在机翼之前失速。这可以提醒驾驶员，避免机翼失速。在一些自制飞机上常可看到这种做法。

在后续设计过程中，展弦比需要通过权衡分析来确定。大展弦比在气动方面的高效率对应着结构重量的增加。

大多数情况下会根据爬升要求来确定展弦比，尤其是多发动机飞机在单台发动机失效的情况下。如果在推力受限制时还要求达到指定的爬升率，那就需要减小阻力，措施之一就是增大机翼展弦比。在研制 DC-10 的时候，就曾因后期重量增加导致发动机单发故障时爬升率不足，为解决这个问题，将翼展增大了 10 ft(3 m)。

13.2.2 后掠角

机翼后掠主要是为了减小跨声速和超声速时的不利影响。理论上，激波的形成并不取决于实际气流速度，而是由垂直于机翼前缘的气流分速度决定的。对于后掠翼来说，气流垂直于前缘的分速度较低，导致激波形成得更晚，这也是采用后掠翼提高临界马赫数方法的理论基础。

在超声速飞行时，将机翼后掠至马赫锥 arcsin(Ma1)以内，可以减小超声速流动造成的升力损失。

图 13-17 所示是前缘后掠角与飞行马赫数的统计关系。注意后掠角定义的基线是与飞行方向垂直的，但马赫角却是基于飞行方向来定义的。因此，图中标出了“90－arcsin(1/Ma)”对应的曲线，这个角度意味着机翼前缘刚好在马赫锥边界上。

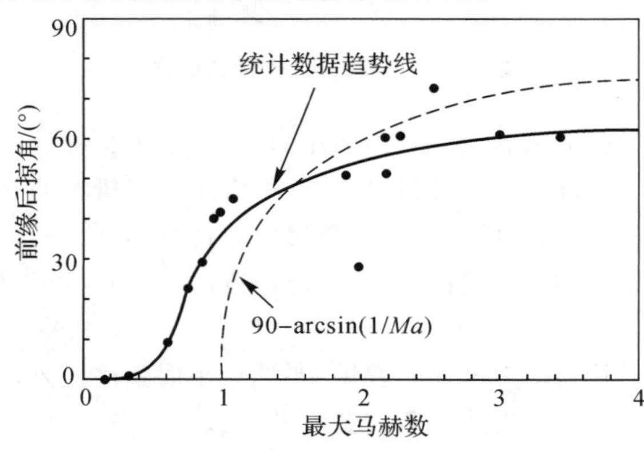

图 13-17 机翼后掠角统计曲线

统计数据大多与上述理论值不同，主要有两种原因：高速飞行时，如果要使机翼前缘位于激波锥后面，将导致后掠角过大，以至于结构上无法实现；当飞行速度低于 1.0*Ma* 时，如果按照马赫锥的角度来选择，机翼后掠角应该是零。在跨声速范围(*Ma*0.9～*Ma*1.2)，最重要的考虑是提高临界马赫数。这要求流过翼型上表面的气流速度小于声速(垂直于前缘测量)，因此需要一定的后掠角。

到底多大的后掠角可以获得预定的临界马赫数，取决于所选择的翼型、相对厚度、梯形比和其他一些因素。

理论上，将机翼向前掠和向后掠没什么不同。之所以绝大多数机翼都向后掠，是因为前掠翼会引起结构发散。现在，随着复合材料的应用，只需要很小的重量代价就可以避免这个问题。

也没什么理由不允许将一边机翼前掠，另一边机翼后掠，成为“斜翼”。这种布局会引起异常的操纵响应，不过现代计算机飞控系统可以很容易地提供正常的飞行品质。斜翼布局的体积分布更合理，因而具有减小波阻的潜力。

还有其他原因需要使机翼后掠。例如：机身布局使得机翼无法在合适位置穿过机身；推进式鸭式布局飞机重心通常过于靠后，需要将机翼后掠以使气动中心后移。这也是大多数推进式鸭式布局飞机采用后掠翼的原因。

机翼后掠可以增强横向稳定性。后掠翼先天具备上反效应。实际上，很多时候需要在后掠翼布局上采用零度甚至负的上反角，以避免过分稳定。另外，由于需要将重心前移以保持平衡，带有外洗的后掠机翼通常具备更大的俯仰稳定性。

如果垂直尾翼装在翼尖上，机翼后掠可以使垂尾位置更靠后，从而提高效率。很多推进式鸭式布局飞机采用这种方式。

在图 13－17 中，*Ma*2 处有一个数据点，前缘后掠角只有 30°。这是洛克希德·马丁公司的 F－104(见图 13－18)，它采用了另一种思路来降低超声速飞行的阻力。F－104 的翼型非常薄，相对厚度只有 3.4%，它的机翼前缘非常锋利，以至于在地面停放时需要加上一个护罩，以防伤到地勤人员。

图 13－18　洛克希德·马丁公司的 F－104

后掠角和展弦比对于单独机翼的上仰特性有很大影响。所谓“上仰”是指某些飞机在迎角达到一定程度，接近失速迎角时，会突然不可控地增大迎角，直到失速，飞机完全失控。这是一种人们非常不希望出现的趋势。F－16 在迎角 25°左右时会出现严重的上仰问题，必须靠一个计算机控制的迎角限制器来避免这个问题。

高速飞行时，后掠翼是有利的。但在巡航或起降状态，不带后掠的机翼是有利的。那么，可变后掠角的机翼可以获得这两方面的好处。变后掠翼飞机从1950年代开始试飞,现在已经在多种军用飞机上采用,如美国的F-111,F-14,B-1B,欧洲的“狂风”(Tornado)和苏联的“逆火”(Backfire)等。

变后掠翼在设计时,应该以非后掠状态为基准,在高速飞行时后掠到需要的角度。机翼的转轴必须在接近翼型最大厚度的位置,一般在30%~40%弦线处。另外,还需要做好机翼在不同角度位置翼根外形的光滑过渡。

设计变后掠翼飞机,主要问题在于平衡。当机翼后掠时,气动中心也随之后移,重心也会有所后移,但幅度不会像气动中心那么大。为了保持平衡,要么需要移动燃油分布来改变重心位置,要么需要平尾上产生巨大的向下配平力,或者同时需要两者。

重量代价是变后掠翼的又一个问题,机翼的转轴机构本身会增加重量;同时,结构上无法保证优化的传力路线,也使重量增加。

13.2.3 梢根比

机翼梢根比,用λ表示,是机翼翼尖的弦长与飞机对称面处翼根弦长的比值。大多数小后掠角机翼的梢根比在0.4~0.5之间。后掠机翼的梢根比通常为0.2~0.3。

梢根比影响机翼展向的升力分布。20世纪早期普朗特(Prandtl)的机翼理论已经证明,在升力分布为椭圆形时升致阻力(诱导阻力)最小。如果机翼没有扭转和后掠,那么当机翼平面形状为椭圆形时升力分布为椭圆形,如图13-19所示。二战时英国著名的喷火(Supermarine Spitfire)战斗机优雅的椭圆形机翼即源于此。

椭圆形机翼加工困难而且成本高,最容易制造的是矩形机翼($\lambda=1$)。但是,由于矩形机翼的弦长沿翼展方向为常值,相当于在翼尖位置比椭圆机翼多出一些面积,因而“加载”了翼尖,导致翼尖处升力值大于理想值。最终的结果是无扭转的矩形机翼的升致阻力比同样展弦比的椭圆机翼大7%左右。

将矩形机翼逐渐收缩,减小翼尖的弦长,可以改善上述问题。实际上,对于无后掠的机翼,如果梢根比为0.45,其升力分布非常接近理想的椭圆形(见图13-20),几乎可以完全避免以上诱导阻力增大的问题。它的升致阻力比理想的椭圆机翼大不到1%。如果再考虑到翼尖缩短带来的减重效果,对于大多数无后掠机翼,梢根比0.4将是一个理想的选择。

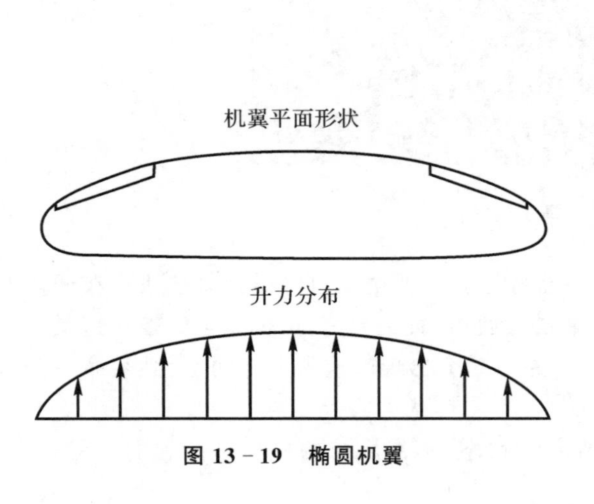

图13-19 椭圆机翼

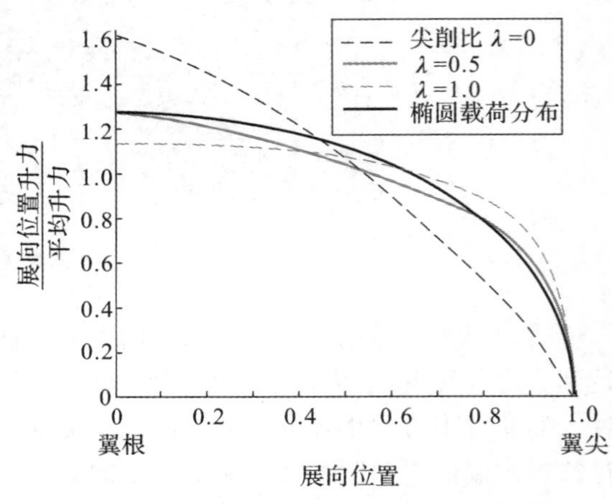

图13-20 梢根比对升力分布的影响

后掠机翼具有将气流向外推向翼尖的趋势，这相当于使翼尖加载，在翼尖处产生了比无后掠机翼更大的升力。为了保持合适的椭圆形升力分布，需要更大的尖削程度（即减小梢根比的数值）。

13.2.4　扭转

通过扭转机翼可以防止翼尖失速和改善升力分布。一般来说，机翼的扭转角在 0°～5°之间。机翼的扭转有“几何扭转”和“气动扭转”两种形式。

“几何扭转”是指翼型倾角的扭转，通常相对于翼根翼型测量。如果翼尖翼型的倾角相对于翼根为负（低头），称为“外洗”。具备外洗的机翼翼根处比翼尖先出现失速，在失速时可以提高操纵性，并有助于减小机翼滚转。如果机翼是线性扭转的，那么机翼任一截面的扭转角与其距翼根的距离成正比。

“气动扭转”是指翼型零升迎角之间的角度差。如果从翼根到翼尖采用相同翼型，那么气动扭转角等于几何扭转角。

没有几何扭转的机翼也可能具备气动扭转。举例来说，如果翼根为对称翼型（零升迎角为零），但翼尖翼型有较大弯度（零升迎角为负值），则机翼具有负的气动扭转。机翼总的扭转角等于几何扭转角加上翼根翼型的零升迎角，再减去翼尖翼型的零升迎角。

当扭转机翼调整升力分布时，沿展向某一剖面处的升力的改变量，与翼型新旧迎角的比值成正比。因此，对于升力分布的影响取决于机翼的原始迎角。更进一步说，取决于飞行时机翼的升力系数。

换句话来说，扭转机翼优化升力分布的做法，只有在某一特定升力系数下是有效的。在其他的升力系数下，无法获得扭转带来的全部好处。在设计升力系数下扭转得越多，当升力系数变化时它的性能就恶化越严重。因此要尽量避免过大的扭转角（大于 5°）。

优化任意平面形状机翼的扭转角非常困难，在大型公司里会应用计算机工具来协助解决。在初始设计阶段，可以参考统计数据。一般来说，3°的扭转角可以提供适当的失速特性。

13.2.5　机翼安装角

机翼安装角是指机翼相对于机身的倾角。如果机翼没有扭转，那么安装角就是机翼翼型的弦线和机身轴线之间的夹角。如果机翼带扭转，通常用机翼上某一特定剖面来定义安装角，例如用平均气动弦或者外露机翼的翼根处的翼型。大多数情况会同时给出翼根和翼尖的角度，这也同时表达出扭转角。

选择机翼安装角的原则是：在某个特定设计状态（通常是巡航状态）下阻力最小。在选定的设计状态下，保持机翼在适当的迎角，使机身位于适当的迎角从而获得最小总阻力。

对典型的圆形截面的直机身，经常会取抬头几度的迎角，以使机身可以对升力有所贡献。对于旅客机，则要仔细选择，以免乘务员推着食品车时总要爬坡。

机翼安装角基本上要靠风洞试验来确定的。在大多数初步设计方案中，可以取通用航空和自制飞机的安装角为 2°，运输机为 1°，军用飞机大约为 0°。在后期的设计阶段，可以通过气动计算来检验设计状态下所实际需要的安装角。

这些数值是针对无扭转机翼的，如果机翼是带扭转的，那么扭转角平均值应该等于上述值。

13.2.6 上反

机翼上反角是指从机头方向看去，机翼与水平线之间的夹角。当飞机倾斜时，正的上反角(翼尖位置高)趋向于使飞机滚转回水平姿态。这经常被错误地解释为由于下沉方向的机翼投影面积更大造成的。

实际上，倾斜造成侧滑，从而产生了滚转力矩。当飞机“滑”向下沉机翼的方向时，增加了它的迎角，从而增大了升力。由此产生的滚转力矩与上反角大致成正比。

后掠机翼在侧滑时同样会产生滚转力矩，其原因在于，侧滑时，气流方向相对于左、右机翼的角度不同，使左、右机翼上升力不对称。对于后掠的机翼，这种滚转力矩为负值，正比于两倍后掠角的正弦值。这相当于产生了附加的上反效应。

粗略地说，10°后掠角可以提供1°的上反效应。而前掠机翼会产生负的上反效应(下反效应)，需要增大几何上反角，以维持正常的横滚稳定性。

另外，机翼在机身上的位置也会影响有效上反，上单翼的程度最大。这常常被错误地归因于钟摆效应。

实际上，在侧滑过程中，气流由于机身的阻挡被迫流向机身的上方和下方。对于上单翼飞机来说，向机身上方流动的气流会将迎面方向的机翼向上推，从而产生附加的上反效应。下单翼的情况则与此相反。

由于机翼后掠角和安装位置的附加效应，许多上单翼的运输机，如洛克希德·马丁公司的C-5，采用了下反安装，以避免过度的上反效应。过度的上反效应使飞机容易发生“荷兰滚”——周期性的左右摆动同时带有滚转的运动。为了避免产生“荷兰滚”趋势，需要加大垂尾面积，这又会引起重量和阻力的增加。

不幸的是，在选择上反角时，还没有一种可以包括以上所有因素的简单方法。与初始设计中的许多参数一样，上反角也需要根据统计数据来估计，然后通过后续的设计方案分析来修正。

13.2.7 翼尖

亚声速下翼尖形状对气动性能的影响体现在两方面：翼尖形状影响全机的浸湿面积，但只是在很小的程度上；另一个重要得多的影响是对于翼尖涡横向空间的影响，这主要取决于机翼下方压力更高的空气绕过翼尖“逃脱”到机翼上方的难易程度。

光滑的圆弧型翼尖(从前方看)可以使空气轻易地流过，但如果翼尖带有锐边(从前方看)，空气就难于流过，因此可以使诱导阻力减小。多数新型低阻翼尖都采用了某种形式的锐边。实际上，即使将翼尖简单截断，由于上、下边都是硬棱，其阻力也会比圆弧型翼尖小(见图13-21)。

最常用的低阻翼尖形式是霍纳翼尖。这种翼尖形式为：上表面为机翼上表面的延伸，下表面切去下角，与水平线大约成30°夹角，边缘是锋利的。下表面也可以是内凹的。

“下垂”或“上翘”翼尖与霍纳翼尖类似，但翼尖向下方或上方弯曲，这样的构造可以在不增加实际翼展的情况下提高有效翼展。其作用机理类似于翼尖端板。

翼尖的后掠也影响阻力的大小。翼尖涡往往位于翼尖的后缘位置，而翼尖带有后掠角时后缘长度较大，因此，一般阻力较小。但这种形式会使机翼的扭矩增大。

前掠翼尖，或叫作切角翼尖，有时用于超声速飞机。翼尖的切角按照马赫锥的角度来取，因为在激波锥内的机翼面积几乎对升力没什么贡献。另外，这种翼尖形状可以减小机翼的扭矩。F－15 的主机翼和水平尾翼都采用这种翼尖形式。

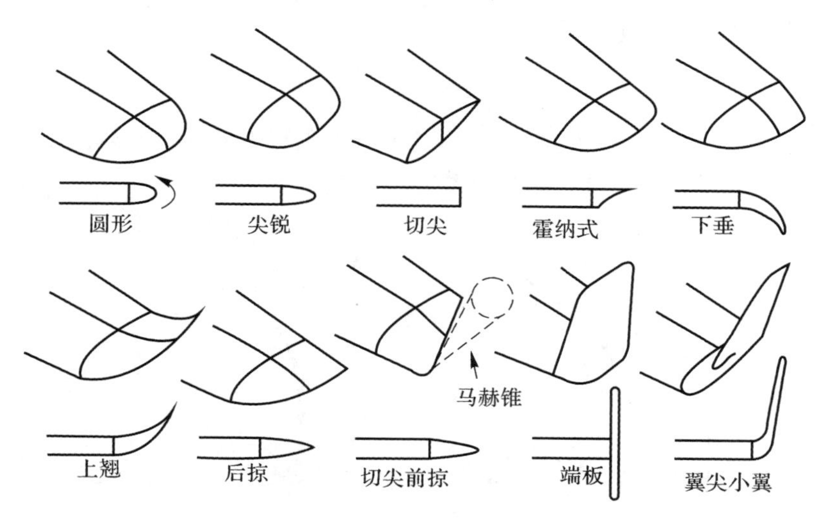

图 13－21　翼尖形式

诱导阻力是由于空气从机翼下方绕过翼尖流到机翼上方而产生的。因此，防止这种现象的最直接的办法就是在翼尖加一块挡板。

人类几乎在飞行的开始阶段就已经知道翼尖端板效应了，但翼尖端板却很少使用。一方面是因为端板本身会增加浸湿面积；另一方面，端板对有效翼展的增加量只相当于本身高度的 80％。不过，当翼展受到限制时，端板不失为一种选择。

由 NASA 的惠特科姆(R. Whitcomb)所设计的翼尖小翼(winglet)，是一种先进形式的端板，其减阻效果超过在翼展方向增加同样的面积。翼尖小翼利用翼尖涡内的可用能量，可以使升阻比提高多至 20％。

翼尖小翼本身带有弯度和扭转，使得旋涡流过小翼时产生的升力具有向前的分量，这个分量抵消了部分阻力。

设计良好的翼尖小翼可以使有效翼展的增量达到两倍的小翼高度的数量值。当翼尖涡很强时，小翼的作用更大。因此，翼尖小翼在小展弦比机翼上的作用，与在本身效率已经很高的大展弦比机翼上相比，要明显得多。

翼尖小翼的问题之一是它会增加机翼刚心后方的重量，这会恶化颤振特性。另外，小翼的弯度和扭转只能针对一个速度优化，而在设计点之外的其他速度下，小翼的作用较小。

由于上述原因和一些其他的原因，翼尖小翼往往作为一个添加件，使用在需要一定的性能提升但又不愿作大的设计修改的机翼上。如果是全新的设计，通常更趋向于增加展弦比来提高气动效率。

13.3　升力和阻力估算

在研究飞机的气动特性时，通常用无量纲升力系数和阻力系数来衡量，即

$$L = qSC_L \tag{13.9}$$

$$D = qSC_D \tag{13.10}$$

式中：S—— 机翼参考面积，是延伸到飞机中心线的整个梯形机翼面积。

自由来流的动压用 q 表示，则有

$$q = \frac{1}{2}\rho V^2 \tag{13.11}$$

根据定义，升力是垂直飞行方向的，阻力是平行于飞行方向的。一般用小写下标（如 C_l）表示二维翼型的特性，用大写下标（如 C_L）表示三维机翼。

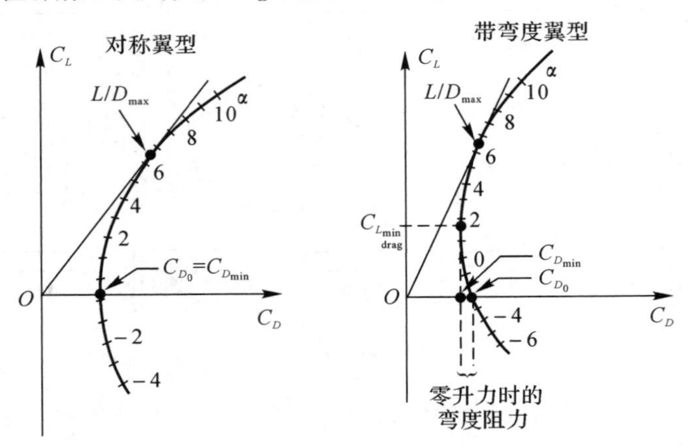

图 13-22 阻力极曲线

图 13-22 表示的是阻力极曲线，这是性能计算中气动数据的标准表达格式。阻力极曲线表达了升力系数与阻力系数的关系。

图 13-22 中在曲线上标注出一系列点来表示迎角，通常并不标出这些点，此处只是为了有助于理解升力、阻力和迎角之间的关系。

对于没有弯度的机翼，当升力为零时，阻力（C_{D_0}）最小，极曲线近似于一条抛物线。

对于有弯度的机翼，最小阻力（$C_{D_{min}}$）在升力为某个正值（$C_{D_{min\ drag}}$）时取得。这种情况下的极曲线也近似一条抛物线，只是在垂直方向上偏移了一些而已。

对于有弯度机翼，有

$$C_D = C_{D_{min}} + K(C_L - C_{L_{min\ drag}})^2 \tag{13.13}$$

对于具有中等弯度的机翼，这个偏移量通常很小，表明 C_{D_0} 近似等于 $C_{D_{min}}$，可以直接使用方程。

对于无弯度机翼，有

$$C_D = C_{D_0} + KC_L^2 \tag{13.12}$$

K 是诱导阻力因子，会在后面讨论。

过原点作极曲线的切线，切点就是升阻比最大的点。注意，这个点并不是阻力最小的点！

13.3.1 升力

图 13-23 所示为典型的机翼升力曲线。无弯度的机翼在零度迎角时升力为零；带弯度机翼在零度迎角时具有正的升力，而在某个负迎角时升力为零（即零升迎角）。

当达到失速迎角时可以获得最大升力，超过这个值，升力急剧下降。当机翼失速时，机翼上大部分气流都已经分离。

除了在失速迎角附近，升力曲线基本上是线性的，所以在计算小于失速迎角情况下的升力系数时，只需升力线斜率乘以迎角大小(相对于零升迎角)。在失速迎角附近，曲线变为非线性的，所以最大升力所对应的迎角要比按线性推算出来的值大，这个差值在图中 $C_{L_{max}}$ 处表示为 $\Delta\alpha$。

图 13－23 也表示出了展弦比对升力的影响。对于无限展长的机翼(也就是二维翼型的情况)，低速下升力线斜率的理论值是 2π(每弧度)。实际翼型的升力线斜率大概在理论值的 90％～100％。这个百分比有时称为翼型效率(η)。

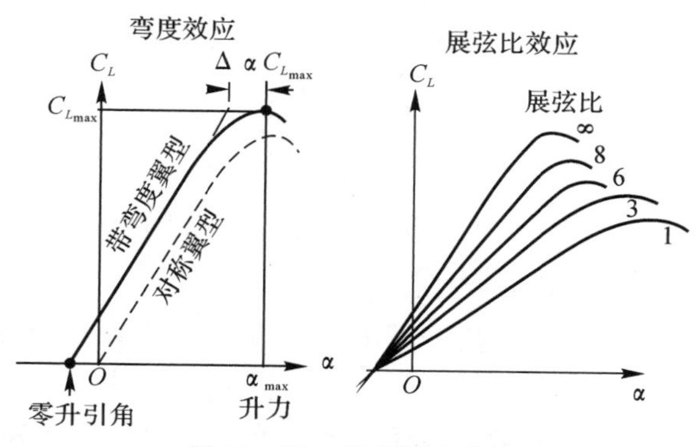

图 13－23　机翼升力曲线

由图 13－23 中可以看出，随着展弦比的减小，升力线斜率变小。当展弦比很小时，气流绕翼尖的流动趋向于阻止机翼失速，使之可以到达很大的迎角。还需注意，展弦比非常小的机翼的升力线会变成非线性的。

增大后掠角的效果类似于减小展弦比。大后掠机翼的升力线斜率和图中展弦比为 3 的曲线很类似。

图 13－24 所示为马赫数对升力线斜率的影响。二维翼型升力线代表了无后掠、无限展长机翼的升力曲线的上边界，真实机翼的升力线在它的下面。

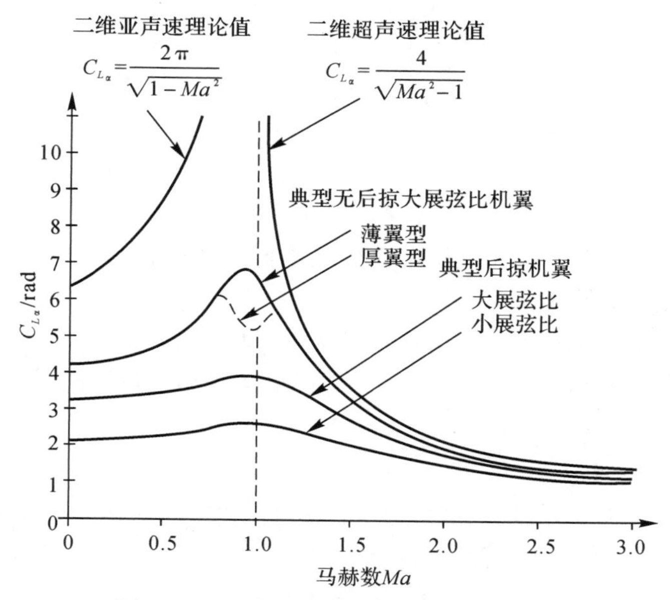

图 13－24　升力曲线斜率与马赫数的关系

另外，真实机翼在跨声速区的升力曲线是由亚声速的上升趋势过渡为超声速的下降趋势。还要注意，无后掠的厚机翼在跨声速区时会损失升力，但后掠薄机翼却不会。

1. 亚声速升力线斜率

下式是相关参考文献中计算完全机翼的升力线斜率(单位：rad)的半经验公式，即

$$C_{L_\alpha}=\frac{2\pi A}{2+\sqrt{4+\frac{A^2\beta^2}{\eta^2}\left(1+\frac{\tan^2\Lambda_{\max t}}{\beta^2}\right)}}\left(\frac{S_{\text{exposed}}}{S_{\text{ref}}}\right)F \tag{13.14}$$

式中

$$\beta^2=1-Ma^2 \tag{13.15}$$

$$\eta=\frac{C_{l_\alpha}}{2\pi/\beta} \tag{13.16}$$

式中：$\Lambda_{\max t}$—— 翼型最大厚度位置的后掠角。

直到阻力发散马赫数，这个公式都是精确的；对于后掠机翼，直到接近 $Ma1$ 时也还足够精确。

如果翼型升力线斜率相对马赫数的函数关系不知道，可以近似取翼型效率 η 为 0.95(有些教科书中直接假设在所有马赫数下 η 都等于 1.0，而把这一项略掉了)。

S_{exposed} 是指外露机翼的平面面积，即机翼的参考面积减去被机身遮盖部分的面积。F 是机身升力系数，表示因为机翼升力的“外溢”而使直径为 d 的机身产生的一部分升力，即

$$F=1.07(1+d/b)^2 \tag{13.17}$$

有时候计算出的 $\left(\frac{S_{\text{exposed}}}{S_{\text{ref}}}\right)F$ 值比 1 要大，这说明机身比所被覆盖的机翼产生了更大的升力。实际中通常不会出现这种情况，因而应该限制这个值，使之略小于 1，比如说 0.98。

展弦比 A 是整个参考机翼的几何展弦比。有效展弦比还会因为端板或者翼尖小翼而有所增加。

端板展弦比：

$$A_{\text{effective}}=A(1+1.9h/b) \tag{13.18}$$

式中：h—— 端板高度。

小翼展弦比：

$$A_{\text{effective}}\approx 1.2A \tag{13.19}$$

在后面的诱导阻力计算中会用到这些有效展弦比。要注意，式(13.19)是基于中等展弦比机翼有限的数据的粗略近似。

使用小翼获得的有效展弦比实际增量是速度和升力系数的函数，并且依赖于小翼的翼型、相对位置、几何形状和机翼与小翼的扭转。一般来说，大展弦比机翼使用翼尖小翼获得的效益相对较小。

2. 超声速升力线斜率

对于完全在超声速流动中的机翼，升力线斜率可以用下式完美定义，如图 13-24 所示。当机翼前缘为超声速，即马赫角大于前缘后掠角 Λ_{LE}，认为机翼完全处于超声速状态，即

$$C_{L_\alpha}=4/\beta \tag{13.20}$$

式中

$$\beta=\sqrt{Ma^{2}-1} \tag{13.21}$$

其条件为

$$Ma>1/\cos\Lambda_{LE} \tag{13.22}$$

超声速飞行时实际机翼的升力线斜率是很难预测的，一般需要使用复杂的计算机程序。图 13-25 大概是现有最好的近似方法了。它们是 *USAF DATCOM* 中发布的，被很多教科书所引用。

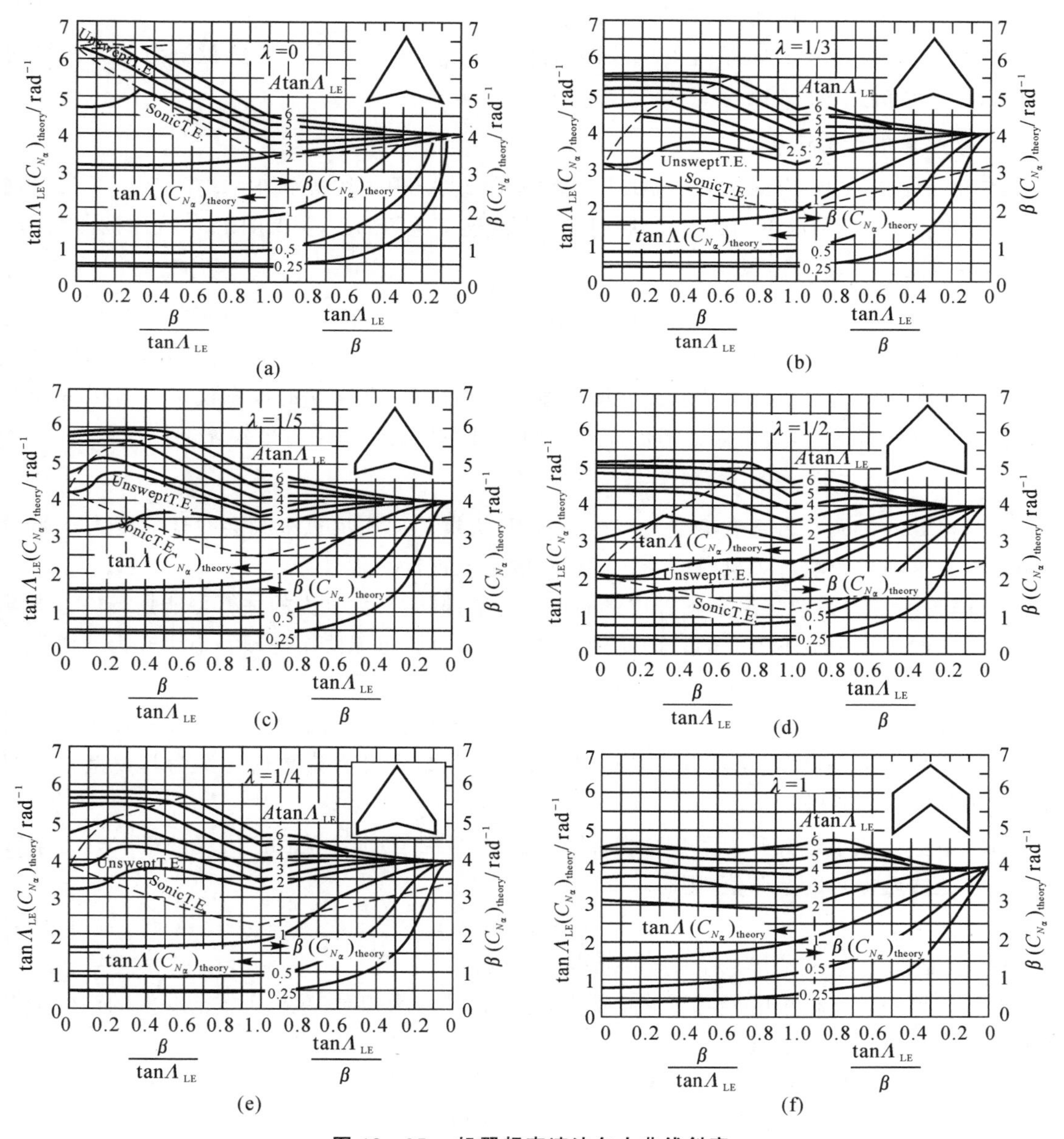

图 13-25　机翼超声速法向力曲线斜率

这些图表实际上是估算“法向力”系数(C_N)曲线的斜率，也就是垂直于机翼表面方向上的升力线斜率。对于小迎角情形，这个值近似等于升力线斜率。

使用这些图时，需要机翼展弦比、梢根比以及前缘后掠角的值。这6幅图代表不同梢根比的机翼。如果机翼的实际梢根比未在图中列出，需要使用插值的方法。

图13-25所示的水平轴为β除以前缘后掠角的正切值。当这个值大于1时，则取其倒数，标在图13-25的右边。然后计算机翼展弦比乘以前缘后掠角的正切值，选定合适的曲线，直接读出垂直坐标轴的数值。

如果是在这个图的左半部分，只需要将读出数值除以前缘后掠角的正切即得到升力线斜率的近似值；如果是在图表的右半部分，就除以β。

当这个值对应机翼的外露面积时，需要乘以$(S_{\text{exposed}}/S_{\text{ref}})$。为了考虑机身对升力的影响还要乘以$F$，参阅式(13.14)。

3. 跨声速升力线斜率

对于跨声速区(一般为$Ma0.85 \sim Ma1.2$)，没有什么好的升力线斜率初始估算方法。一般分别画出亚声速和超声速情况下的曲线，然后用光滑曲线连接这两部分，类似图13-24中的曲线。

4. 非线性升力的影响

对于很大后掠角或者很小展弦比机翼(小于2或3)，在给定迎角下，机翼前缘和翼尖附近逃逸的气流会形成很强的涡流，从而产生附加的升力。这部分附加升力近似随迎角的二次方而变化。这部分升力线斜率中的非线性增量通常很难估算，在早期的概念设计中可以保守地忽略掉。需要注意的是，由于涡的形成而产生的增量在最大升力中占很大比例。

5. 最大升力(干净机翼)

通常机翼的最大升力系数决定着机翼的面积，机翼的面积反过来又会对巡航阻力产生很大的影响。这强烈影响着飞机对应于设计任务的起飞重量。

因此，最大升力系数是决定飞机重量的重要因素；同时最大升力的估算可能是飞机方案设计阶段所有的计算中最不可靠的。即使很精细的风洞试验也无法精确预测最大升力。通常需要在试飞过程中进行修正才能获得预期的最大升力。

对于大展弦比、中等后掠角并具有较大前缘半径的机翼来说，最大升力很大程度上是由翼型特点决定的。干净机翼(无襟翼或其他增升装置)的最大升力系数通常约为其翼型在相似雷诺数下最大升力系数的90%。

机翼后掠会减小最大升力系数，此时的最大升力系数大约为无后掠机翼的最大升力系数乘以1/4弦线后掠角的余弦值，则有

$$C_{L_{\max}} = 0.9 C_{l_{\max}} \cos\Lambda_{0.25c} \tag{13.23}$$

式(13.23)适用于大多数中等后掠角的亚声速飞机。

如果机翼展弦比很小的或者后掠角很大，并且机翼前缘相对尖锐，机翼前缘涡的产生会提高最大升力。机翼前缘上表面的形状对该涡的形成有着重要的影响。

最大升力系数也常常被机翼颤振、可操纵性或弹性所限制，可以参考相似设计的风洞试验和飞行测试数据进行初步的评估。

6. 具有增升装置的最大升力

在机翼设计中始终有一个基本的矛盾：为提高巡航效率，机翼应该有较小的弯度和较大的翼

载;而对起飞和着陆而言,机翼应该有很大的升力系数,这意味着需要大弯度和较小的翼载。

图 13－26 所示为几种常用的增升襟翼。

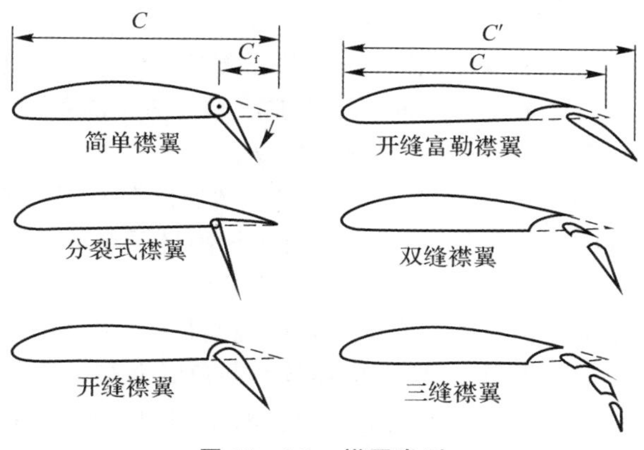

图 13－26　襟翼类型

简单襟翼就是在机翼后端使用铰链链接的可偏转的舵面,襟翼弦长 C_f 一般为翼型弦长的 30%。简单襟翼通过增加机翼弯度来增加升力。对于常规翼型,襟翼的下偏角为 40°～45°时机翼的升力达到最大。

开裂式襟翼与简单襟翼相似,只不过开裂式襟翼只是偏转下表面。开裂襟翼与简单襟翼增升的效果基本相同,不过产生的阻力更大一些,但同时俯仰力矩的变化比较小,这在某些设计中可能会有好处。开裂式襟翼在二战时期很普遍,不过现在已经很少采用了。

开缝襟翼相当于简单襟翼与机翼之间开出一条缝隙,允许机翼下表面的高压气体通过缝隙流向襟翼的上表面,这样可以减小气流分离的趋势,从而增加升力、减小阻力。

富勒襟翼看起来很像开缝式襟翼,但通过机械装置使襟翼在偏转的时候向后滑动。这样可以同时增加机翼的面积和弯度,富勒襟翼的运动机构可以通过机翼下方的简单铰链连接,也可以用机翼内部某种形式的导轨。

为了进一步改善富勒襟翼的气流,有些航线飞机采用双缝甚至三缝襟翼。这样可以增大机翼的升力,但在很大程度上增加了成本和复杂性。

后缘襟翼不会增大失速迎角,实际上还可能减小失速迎角,因为翼型上方的压强降得更低,会促使气流的分离。为了增加失速迎角,需要某种形式的前缘装置,如图 13－27 所示。

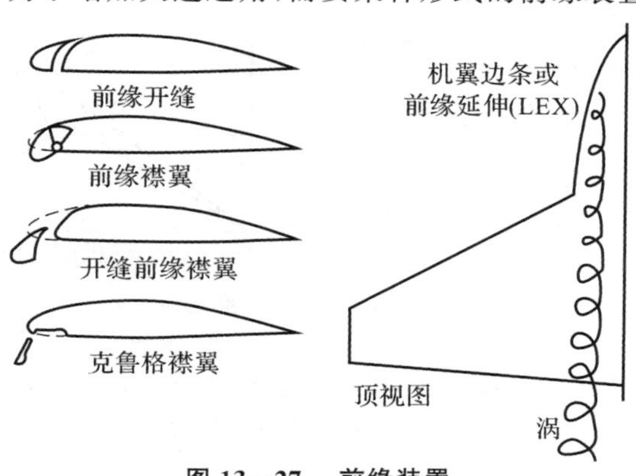

图 13－27　前缘装置

简单来说，前缘开缝即是在前方打开一个通道，使机翼下方的高压气流可以流向机翼上方，延迟气流的分离和失速，通常这样的开缝是固定的，但为了减小高速时的阻力，也可以采用一个可关闭的口盖。

前缘襟翼是机翼前端的可下偏的铰接部分，用以增加机翼弯度。这可以增加上表面的曲率。曲率增大已被证明是决定最大升力的一个主要因素。前缘襟翼通常用于改善高速战斗机的跨声速机动表现，因为超声速飞行需要很薄的机翼。

开缝前缘襟翼（缝翼）同时具备增加弯度、开缝和增加机翼面积的功能。前缘缝翼广泛用于低速和跨声速机动。在跨声速阶段，前缘缝翼对于减小抖振趋势也是很有效的，抖振会限制可用升力。在 Ma0.9 的状态，F-4 的前缘缝翼对可用升力的提升超过了 50%。

克鲁格襟翼主要用于大型民航机。它的工作原理类似于空气坝，迫使气流上行流过机翼的上表面。克鲁格襟翼比前缘缝翼重量轻，但在较小迎角时会产生更高的阻力。

前边条，或者称为“前缘延伸”，与垂尾前方的背鳍很相似。像背鳍一样，在大迎角时前边条会产生涡从而延迟气流分离和失速。不好的方面是，前边条的使用会增进上仰趋势，因此使用时务须多加小心。

图 13-28 所示为这些增升装置对机翼升力曲线的影响。无外伸的襟翼（如简单襟翼、开裂襟翼、开缝襟翼等）增加了机翼弯度，会使机翼的零升迎角左移，并且增加最大升力。升力曲线的斜率没有发生变化，失速迎角会略有减小。

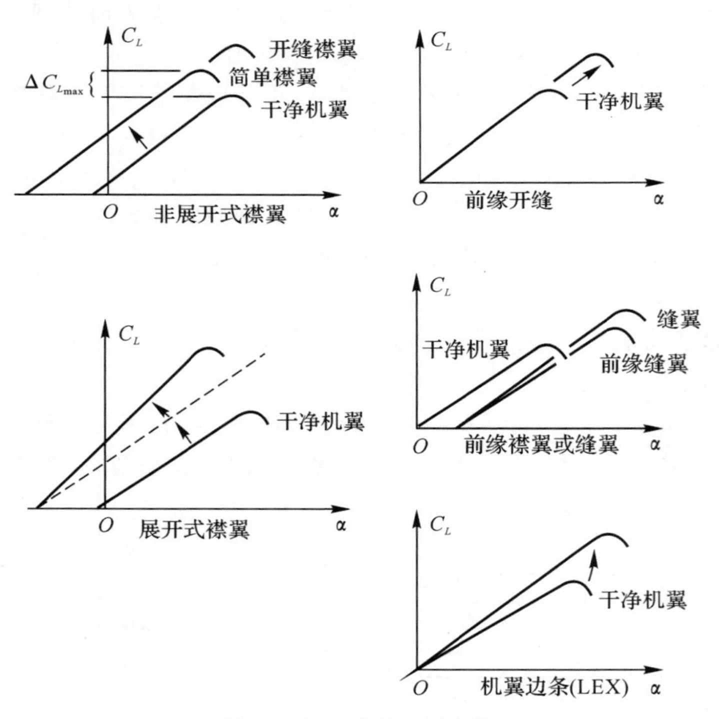

图 13-28　增升装置效果

外伸的襟翼（如富勒襟翼），就零升迎角和失速迎角而言，和其他襟翼很相似。不过，当襟翼偏转时机翼的面积会增加，因此相比于无外伸的襟翼，在给定的迎角下，该种机翼会产生更大的升力。

由于机翼的升力系数是以原始的机翼面积为参考的，而不是延伸后的机翼面积，因此外伸襟翼的有效升力线斜率大约按外伸后的机翼总面积与原始机翼面积的比值相应增加。

双缝或者三缝式襟翼与单缝富勒式襟翼很相似，不过最大升力会有所增加。

前缘缝翼的作用仅仅是延迟了失速。前缘襟翼或缝翼延迟了失速，但同时在给定的迎角下会减小升力（即升力曲线会向右移动）。这是因为前缘下垂会使从前缘到后缘所测量的有效迎角减小。注意：前缘缝翼会增加机翼的面积，会像富勒襟翼那样增大升力线的斜率。

前缘装置本身对提升起飞和着陆升力的作用不大，因为只有在相当大的迎角时它们才有效。然而，当它们和后缘襟翼结合使用时，就会有很大的作用，因为它们会阻止由襟翼引起的过早的气流分离。

机翼前边条，或前缘延伸，在大迎角（超过 20°）时可以延迟失速。另外，延伸部分提供了附加的升力，会增大升力线的斜率。不过，在起飞和着陆迎角时，前缘延伸对增加升力的作用不大，前缘延伸不会延迟与后缘襟翼有关的过早失速。

有许多复杂的方法可以用来估算增升装置的效果。对于初步设计，下式提供了适用于多种形式的襟翼和前缘装置在着陆状态对应于最佳角度时的最大升力增量和零升迎角变化的合理估算值，即

$$\Delta C_{L_{\max}} = 0.9 \Delta C_{l_{\max}} \left(\frac{S_{\text{flapped}}}{S_{\text{ref}}} \right) \cos \Lambda_{\text{H. L.}} \tag{13.24}$$

$$\Delta \alpha_{0L} = (\Delta \alpha_{0L})_{\text{airfoil}} \left(\frac{S_{\text{flapped}}}{S_{\text{ref}}} \right) \cos \Lambda_{\text{H. L.}} \tag{13.25}$$

$\Delta C_{L_{\max}}$ 见表 13－1。式（13.24）和式（13.25）中的下标“H. L.”表示增升面的铰链线。“S_{flapped}”表示襟翼影响的机翼面积，其定义如图 13－29 所示。在大迎角时前缘延伸的升力增量可粗略估计为 0.4。

表 13－1　增升装置升力贡献的近似值

增升装置	$\Delta C_{L_{\max}}$
襟翼	
简单襟翼和开裂襟翼	0.9
开缝襟翼	1.3
富勒襟翼	1.3 c'/c
双缝襟翼	1.6 c'/c
三缝襟翼	1.9 c'/c
前缘增升装置	
固定开缝	0.2
前缘襟翼	0.3
克鲁格襟翼	0.3
缝翼	0.4 c'/c

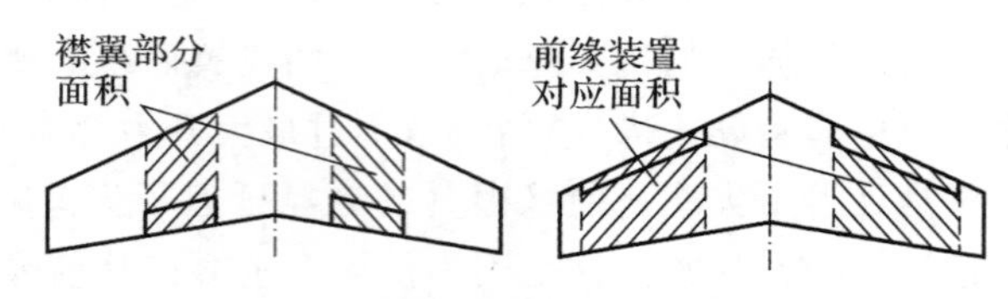

图 13-29　襟翼影响的机翼面积($S_{flapped}$)

其他增大升力系数的方法还有利用吸除或者吹除的主动流动控制。吸除是用空气泵把不断变厚的边界层在分离之前从机翼上面吸除。这样增大了失速迎角,因此与机翼前缘襟翼增加最大升力的方式近似。吹除用的是压气机引流或者空气泵的高压空气阻止气流分离,同时增加了自由流的回转。这些压缩空气通过向后开的缝隙流过襟翼或前缘襟翼上方。

13.3.2　零升阻力

估算零升阻力时,可以采用等效表面摩擦阻力方法或部件构成法。等效表面摩擦阻力方法的出发点是:亚声速巡航时飞机的零升阻力主要是表面摩擦阻力,再加上小部分的分离压差阻力。对于不同类型的飞机,后者会占据表面摩擦阻力相当稳定的百分比。

部件构成法是先用平板的表面摩擦阻力系数结合"形状因子"的影响计算每个部件的亚声速零升阻力,再加上部件阻力之间的相互干扰的影响。

1. *等效表面摩擦阻力方法*

首先提出"等效表面摩擦阻力系数"(C_{fe})的概念,它包括表面摩擦阻力和分离阻力(见表 13-2)。

表 13-2　等效表面摩擦阻力系数

类　型	C_{fe}
轰炸机和民用运输机	0.003 0
军用运输机(大上翘角)	0.003 5
空军战斗机	0.003 5
海军战斗机	0.004 0
干净构型超声速巡航飞机	0.002 5
轻型飞机(单引擎)	0.005 5
轻型飞机(双引擎)	0.004 5
螺旋桨水上飞机	0.006 5
喷气水上飞机	0.004 0

C_{fe} 乘以飞机的浸湿面积可以得到零升阻力的初始估算值为

$$C_{D_0}=C_{fe}\frac{S_{wet}}{S_{ref}} \tag{13.26}$$

2. 部件构成法

部件构成法先计算每个部件的亚声速零升阻力，然后求和。亚声速的零升阻力构成见下式，即

$$(C_{D_0})_{\text{subsonic}}=\frac{\sum(C_{f_c}FF_cQ_cS_{\text{wet}_c})}{S_{\text{ref}}}+C_{D_{\text{misc}}}+C_{D_{\text{L\&P}}} \tag{13.27}$$

式中：C_f—— 平板的表面摩擦因数；

FF—— 形状因子，表示于黏性分离引起的压差阻力的影响；

Q—— 部件阻力之间的相互干扰。

下标“c”意味着对于不同部件的该值是不同的。

部件总阻力由浸湿面积、C_f、FF 和 Q 的乘积决定。

杂项阻力（$C_{D_{\text{misc}}}$）对应于飞机的特殊构型（如襟翼、不可收回的起落架、尾部上翘和底部面积等），另外还有泄露阻力和鼓包阻力（$C_{D_{\text{L\&P}}}$），将它们一起加入总阻力。

对于超声速状态，表面摩擦力就是平板表面摩擦因数乘以浸湿面积。所有的超声速压差阻力（底部阻力除外）都包含在波阻当中，它由整架飞机的体积分布决定。

对于跨声速飞行，用亚声速和超声速曲线的插值来求解。超声速和跨声速阻力的计算将在后面讨论。

3. 平板表面摩擦因数

平板表面摩擦阻力系数 C_f 由雷诺数、马赫数和表面粗糙度决定。影响表面摩擦力最重要的因素是飞机表面层流的范围。

当地雷诺数为百万量级时，湍流表面的摩擦因数是层流表面摩擦因数的 3 倍。只有当地雷诺数小于 50 万，且表面非常光滑（模制复合材料或者不带铆钉的抛光铝蒙皮）时才可能保持层流。

现代飞机基本上在整个浸湿表面都是湍流，尽管有时在机翼和尾翼的前缘可以见到一些层流。典型的现代飞机在机翼和尾翼上或许有 10% ～ 20% 的层流，而在整个机身上几乎是没有层流的。

精心设计的现代复合材料飞机，如 Piaggio GP180，在机翼和尾翼处的层流可以高达 50%，在机身处也可达到 20% ～ 35%。

对于层流部分的机体，平板摩擦因数可以用下式来确定：

$$C_f=1.328/\sqrt{R} \tag{13.28}$$

式中：R—— 无量纲的雷诺数，定义为

$$R=\rho Vl/\mu \tag{13.29}$$

式(13.29)中的 l 代表特征长度。对于机身而言，l 就是整个机身的长度；对于机翼和尾翼，l 是平均气动弦长。

注意： *在跨声速和超声速状态几乎不可能有层流，除非在形状和光滑度方面下很大的功夫。*

湍流（大多数情况下覆盖整个飞机）情况下，平板摩擦因数用下式计算：

$$C_f=\frac{0.455}{(\lg R)^{2.58}(1+0.144Ma^2)^{0.65}} \tag{13.30}$$

注意，分母中的第二项为马赫数的修正，在低亚声速时趋近于 1.0。

如果表面相对粗糙，摩擦因数会比式(13.30) 算出的要高。考虑到这一点，引入下式定义的“截止雷诺数”($Re_{\text{cut off}}$)，其中 l 为特征长度，k 为表面粗糙度，可以从表 13-3 中查到。

亚声速：

$$Re_{\text{cut off}} = 38.21(l/k)^{1.053} \tag{13.31}$$

跨声速或超声速：

$$Re_{\text{cut off}} = 44.62(l/k)^{1.053} Ma^{1.16} \tag{13.32}$$

在式(13.30) 中应使用实际雷诺数和截止雷诺数中较小的值。

一旦算出层流和湍流的平板表面摩擦因数，就可以计算两者的加权平均值。这需要估算层流所能达到的百分比。这种估算要基于以往的经验，同时也必须查阅最新文献以确定目前水平所能达到的层流百分比。

表 13-3　蒙皮粗糙度 k

表　面	k/m
铝蒙皮带伪装漆	1.015×10^{-5}
光滑油漆	0.634×10^{-5}
量产金属板	0.405×10^{-5}
抛光金属板	0.152×10^{-5}
光滑模制复合材料	0.052×10^{-5}

4. 部件形状因子

亚声速阻力估算的形状因子见下式。

机翼、尾翼、撑杆和挂架为

$$\text{FF} = \left[1 + \frac{0.6}{(x/c)_{\text{m}}}\left(\frac{t}{c}\right) + 100\left(\frac{t}{c}\right)^4\right]\left[1.34Ma^{0.18}(\cos\Lambda_{\text{m}})^{0.28}\right] \tag{13.33}$$

机身和光滑座舱盖为

$$\text{FF} = \left(1 + \frac{60}{f^3} + \frac{f}{400}\right) \tag{13.34}$$

短舱和光滑的外挂物为

$$\text{FF} = 1 + (0.35/f) \tag{13.35}$$

式中

$$f = \frac{l}{d} = \frac{l}{\sqrt{(4/\pi)A_{\max}}} \tag{13.36}$$

直到阻力发散马赫数都可以认为这些算式是有效的。式(13.33) 中的$(x/c)_{\text{m}}$ 是翼型最大厚度点的弦向位置，大多数低速翼型大约为 30% 弦长，高速翼型约为 50% 弦长。Λ_{m} 指最大厚度线的后掠角。

尾翼如果带有铰链连接的方向舵或升降舵，其形状因子会比式(13.33) 的预测值大 10% 左右，这是由尾翼和舵面间隙的附加阻力造成的。

式(13.34) 主要用来估算机身的形状因子,但是也可以用于鼓包或整流罩(如起落架舱)。

对于后机身具有陡峭收尾角的后置推进式螺旋桨布局,分离阻力会比用以上形状因子方程算出的值要小一些。

如果机身是方形的,由于拐角处引起的附加分离,实际形状因子会比式(13.34) 算出的值大 30% ~ 40%。对拐角进行倒圆处理可以适当减少分离。水上飞机的船身的形状因子会高出大约 50%,浮筒的形状因子大约是估算值的 3 倍。

5. 部件干扰系数

部件之间的干扰会增加零升阻力。对于直接安装在机身或机翼上的发动机短舱和外挂物,干扰系数 Q 大约为 1.5。如果短舱或外挂物的安装距离小于其直径,那么干扰系数 Q 大约是 1.3。如果安装距离远大于直径,那么系数 Q 接近 1.0。翼尖安装的导弹的干扰系数大约为 1.25。

对于上单翼、中单翼或仔细整流的下单翼,干扰可以忽略不计,系数 Q 接近 1.0。无整流的下单翼的干扰系数 Q 可达 1.4。

大多数情况下,机身的干扰系数可忽略不计(即 $Q=1.0$)。附面层隔道的干扰系数 Q 亦为 1.0。对于尾翼,干净 V 形尾翼干扰影响程度约为 3%($Q=1.03$),H 型尾翼为 8%($Q=1.08$),正常布局尾翼可认为是 4% ~ 5%。

6. 超声速零升阻力

超声速零升阻力的计算与亚声速类似,但有两处例外:① 蒙皮摩擦阻力中没有对关于外形和部件干扰影响的修正(即 $FF=Q=1.0$);② 多了激波阻力项,这是由于激波形成而引起的压差阻力。超声速零升阻力组成的计算公式为

$$C_{D_{0\text{超声速}}}=\frac{\Sigma(C_{fc}S_{\text{浸湿c}})}{S_{\text{参考}}}+C_{D_{\text{杂项}}}+C_{D_{\text{L\&P}}}+C_{D_{\text{波阻}}} \tag{13.37}$$

超声速飞行时,激波阻力通常比其他所有阻力加在一起还要大。波阻是由激波形成的压差阻力,与飞机的体积分布直接相关。

理想的体积分布为 Sears-Haack 分布,它由下式定义:

$$\frac{r}{r_{\max}}=\left[1-\left(\frac{x}{l/2}\right)^2\right]^{0.75} \tag{13.38}$$

$$-l/2\leqslant x\leqslant l/2 \tag{13.39}$$

式中:r—— 截面半径;

l—— 纵向尺寸。

其激波阻力可由下式计算。对于具有相同长度和体积的圆截面封闭体,这是可能达到的最小激波阻力。

$$(D/q)_{\text{波阻}}=\frac{9\pi}{2}\left(\frac{A_{\max}}{l}\right)^2 \tag{13.40}$$

式中:$A_{\max}$—— 最大截面积。

根据线性面积率理论,飞行速度为 $Ma\,1$ 时的激波阻力理论上与具有相同体积分布的旋成体的激波阻力相同。换句话说,飞行速度为 $Ma\,1$ 时实际横截面形状对激波阻力没有影响,起决定作用的是各个纵向位置的截面积以及截面积在纵向的变化方式。

由此产生了使激波阻力最小的面积律原理。Sears-Haack形体的纵向曲率总和最小，在飞行速度在$Ma1$的状态下，飞机的体积分布越接近Sears-Haack分布，阻力越小。当飞机完全符合 Sears-Haack 体积分布时，激波阻力最小。

$Ma1$时的激波阻力直接与纵向体积分布的二次导数(即曲率)有关。为了使阻力最小，应合理安排构型以使体积分布光滑过渡，并呈“钟形”。

一般的飞机，机翼的体积会使得全机体积分布产生一个“肿块”。为了消减这种突起，可以收缩对应位置的机身，构成符合面积率的所谓“可乐瓶”机身。

7. 跨声速零升阻力

跨声速的范围为$Ma0.8 \sim Ma1.2$。飞机加速通过跨声速区时阻力的升高称为“阻力增长”。这源自激波的形成，实际上就是跨声速部分的激波阻力。

飞机上开始形成激波时对应的马赫数为临界马赫数(M_{cr})。阻力发散马赫数(M_{DD})是激波开始显著影响阻力时对应的马赫数。不过，实际中临界马赫数和阻力发散马赫数经常会混用。

阻力发散马赫数M_{DD}的定义比较随意，目前有几种定义方法。波音公司的定义是:M_{DD}是阻力增长到20个阻力单位(count)时的马赫数。M_{DD}(波音)通常大约比M_{cr}高0.08。道格拉斯公司的定义是:M_{DD}为零升阻力随马赫数的变化率首先达到0.1。美国空军也用这种定义。

在典型情况下，道格拉斯的M_{DD}约比波音的M_{DD}高0.06。喷气运输机的巡航速度通常在波音的M_{DD}附近，而最大平飞速度约为道格拉斯的M_{DD}。

由于局部流速的增加，激波会先在机翼上表面形成，因此，随着升力系数增加，M_{DD}会减小。例如:波音727的升力系数为0.1时，M_{DD}大约为0.86;但当升力系数提高到0.3时，M_{DD}降到约0.82。

13.3.3 升致阻力(诱导阻力)

在适度迎角之内，升致阻力系数与升力系数的二次方成正比，其比例系数称作“升致阻力因子”(用K表示)。

通常有两种估算K值的方法:

(1) 基于奥斯瓦尔德(Oswald)翼展效率系数e的经典方法，该法可以计算亚声速单翼机和双翼机的阻力，同时也给出用于超声速飞机的经验公式。

(2) 基于前缘吸力概念，可以更好地估算高速飞行状态的K值。其中考虑了升力系数变化时黏性分离变化的影响。该方法也表达出如何根据不同升力系数下升致阻力的变化来选择设计升力系数。

1. 奥斯瓦尔德翼展效率方法

根据经典机翼理论，具有椭圆升力分布的三维机翼的诱导阻力系数等于升力系数的二次方除以展弦比与π的乘积。然而，实际上很少机翼具有椭圆升力分布。另外，该理论也未考虑机翼的分离阻力。

由非椭圆升力分布及流动分离引起的额外阻力，可通过奥斯瓦尔德翼展效率系数e予以考虑。该系数显著减小了有效展弦比，可得K值公式为

$$K = \frac{1}{\pi A e} \tag{13.41}$$

奥斯瓦尔德翼展效率系数通常为 0.7～0.85。多年来，已发展了大量的估算 e 值的方法，如由 Glauert 和 Weissinger 发展的方法，这些方法得到的结果要比真实飞机的 e 值高。基于真实飞机的更实际的估算公式为

直机翼：

$$e = 1.78(1 - 0.045A^{0.68}) - 0.64 \tag{13.42}$$

后掠翼（$\Lambda_{LE} > 30°$）：

$$e = 4.61(1 - 0.045A^{0.68})(\cos\Lambda_{LE})^{0.15} - 3.1 \tag{13.43}$$

这些公式只适用于“常规”展弦比和后掠角，对于很大展弦比（如滑翔机）则不适用。如果机翼具有端板或小翼，要折算出有效展弦比代入式(13.41)。

超声速时升致阻力因子（K）显著增加。当飞行速度为 Ma 1.2 时，奥斯瓦尔德翼展效率系数 e 减小到 0.3～0.5。下式用来快速估算超声速时的 K 值，不过后面讲到的前缘吸力法要更好一些：

$$K = \frac{A(Ma^2 - 1)\cos\Lambda_{LE}}{(4A\sqrt{Ma^2 - 1}) - 2} \tag{13.44}$$

2. 前缘吸力法

带迎角飞行时阻力受到黏性分离的强烈影响。式(13.12)的中认为 K 值固定，所确定的极曲线为抛物线，而在高升力系数状态，阻力极曲线偏离了这条抛物线的形状。奥斯瓦尔德翼展效率方法忽略了 K 值随升力系数的这种变化。对于大前缘半径的机翼这是可以接受的，但对大多数超声速飞机，其近似程度较差。

有一种估算 K 值的半经验方法，考虑了 K 值随升力系数及马赫数的变化。该方法基于前缘吸力，如图 13－30 所示。

左边是一个迎角较小（低于出现显著分离时的迎角）的厚翼型。流线迅速弯曲，贴合前缘半径流到机翼上翼面。这样的快速弯曲，在前缘上表面产生压降，压力降低在前缘沿向前方向产生吸力。图 13－30 的下方显示了该前缘吸力 S，它与法向力 N 垂直。

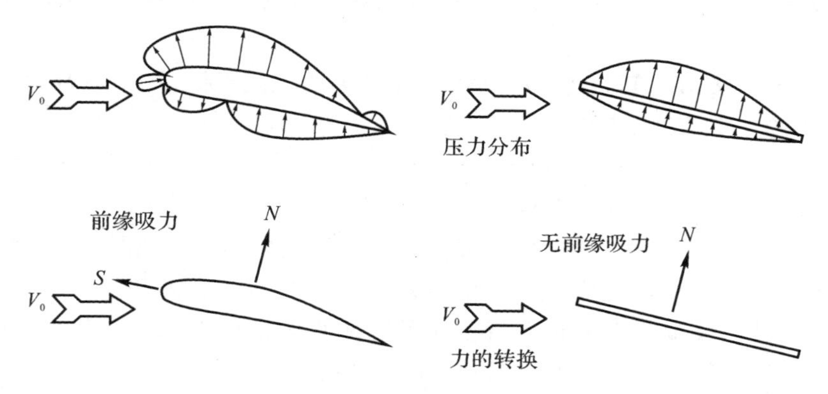

图 13－30　前缘吸力的定义

如果没有黏性分离或诱导下洗，前缘吸力正好与法向力向后的分量相平衡，翼型阻力为

零。这就是达朗贝尔疑题所描述的理想二维情况，称作“100% 前缘吸力”。

对于三维机翼，当奥斯瓦尔德翼展效率系数 e 精确等于 1.0 时，可认为它具有 100% 前缘吸力。当奥斯瓦尔德翼展效率系数 e 等于 1.0 时，诱导阻力常数 K 精确等于展弦比与 π 乘积的倒数。

图 13-30 的右侧为零厚度平板翼型。即使不考虑前缘分离(这几乎肯定要出现)，由于没有前缘压力可作用的前向的面积，这种翼型肯定具有更高的阻力。零厚度平板的所有压力必定作用在与平板垂直的方向，如图中所示的 N。前缘吸力为零，那么升力及诱导阻力为 N 乘以迎角的余弦或正弦，则有

$$L = N\cos\alpha \tag{13.45}$$

$$D_i = N\sin\alpha = L\tan\alpha \tag{13.46}$$

或者

$$C_{Di} = C_L\tan\alpha \tag{13.47}$$

但(假定 α 很小)

$$C_{Di} = KC_L{}^2 \approx \alpha C_L \tag{13.48}$$

可得

$$K = \frac{\alpha C_L}{C_L{}^2} = \frac{\alpha}{C_L} = \frac{1}{C_{L_\alpha}} \tag{13.49}$$

因此，在前缘吸力为零的最坏情况下，升致阻力因子 K 仅为如上所确定的升力曲线斜率(弧度)的倒数。

所有的真实机翼工作状态对应的前缘吸力都在 0 ～ 100% 之间的某一位置。机翼获得的前缘吸力的百分比称为 S。

亚声速巡航时，具有中等后掠角及大前缘半径机翼的 S 为 0.85 ～ 0.95(85% ～ 95% 前缘吸力)。超声速战斗机机翼在大过载转弯时的 S 接近零。

下面估算高速飞机 K 值的方法基于对机翼可获得的前缘吸力百分比的经验估算。用该百分比结合计算出前缘吸力为 100% 及 0 时的 K 值，加权平均得出实际的 K 值，则有

$$K = SK_{100} + (1-S)K_0 \tag{13.50}$$

上文已经确定：K_0 值为升力曲线斜率的倒数；亚声速飞行时的 K_{100} 值为展弦比与 π 乘积的倒数。

跨声速飞行时，从 M_{DD} 开始，激波的形成与前缘吸力互相干扰，使 K 值增大。当前缘变为超声速时，吸力趋于零，因而 K 值等于 K_0 值。

这对应于马赫角[arcsine(1/Ma)] 等于前缘后掠角。超过该速度，机翼前缘吸力为零，因此 K 值一直等于升力曲线斜率的倒数。

对于初始分析，K_{100} 线的超声速特性可以用一条光滑曲线近似，如图 13-31 所示。该图显示出典型的 K_{100} 及 K_0 值随马赫数的变化关系。

现在剩下的唯一未知量是 S，即飞行条件下机翼可获得的实际前缘吸力百分比。S 很大程度上取决于前缘半径，也受后掠角和其他几何参数的影响。

S 同样与机翼的设计升力系数和实际升力系数密切有关。所有的机翼，当工作在设计升力系数时，其 S 值最大。对大多数机翼来说，当工作在设计升力系数时，S 近似等于 0.9。

具有大前缘半径及中等后掠角的亚声速机翼，直到机翼接近失速迎角，S 值随升力系数变

化都很小。对于超声速飞机通常采用的薄后掠机翼，S 值随升力系数变化很大。如果机翼在设计升力系数 0.5 时 S 值等于 0.9，当升力系数为 1.0 时 S 可能小于 0.3。

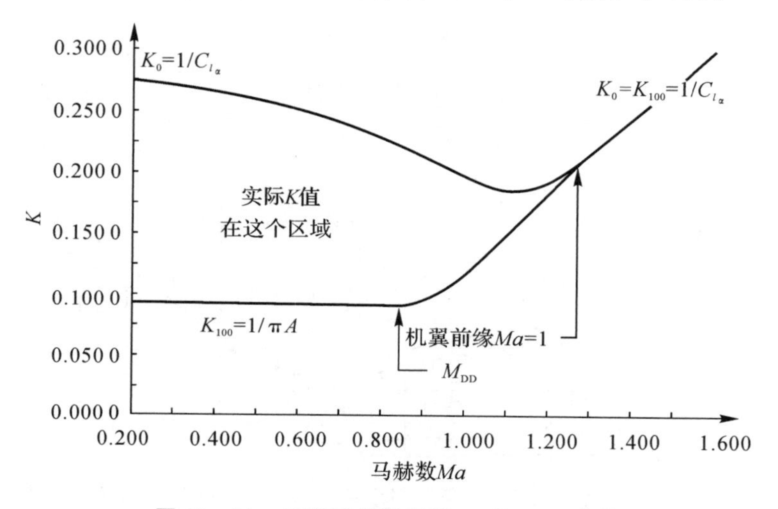

图 13－31　不同马赫数下的 K_0 和 K_{100} 曲线

计算实际机翼 S 值是非常复杂的。在方案设计阶段可以采用经验方法。图13－32 提供了一种对于典型超声速机翼的一阶近似法，根据实际升力系数和设计升力系数(来确定使用哪根曲线）来查出前缘吸力百分比。注意，该图的前提是良好的机翼设计，为了达到这样的值，气动部门必须要对扭转和弯度做出优化。

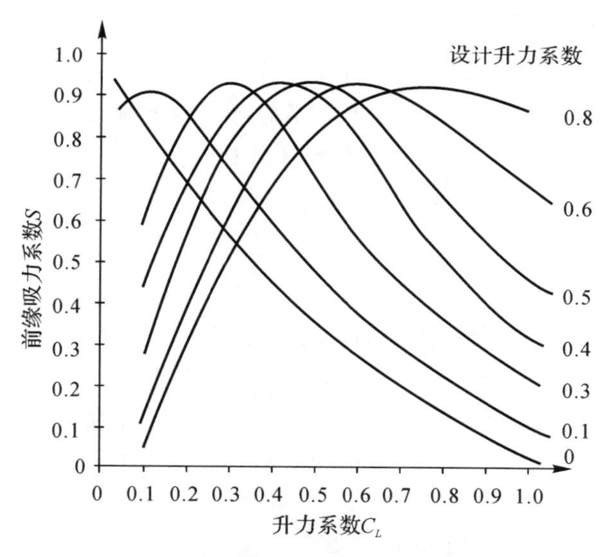

图 13－32　不同 C_L 下的前缘吸力(超声速飞机的典型设计目标值)

由图 13-32 可以得出不同升力系数对应的前缘吸力。把这些曲线加到图 13-31 上就可以得到不同马赫数、不同升力系数时的 K 值，如图 13－33 中的示例，然后代入式(13.12) 可以估算总阻力。

对于大展弦比机翼，前缘吸力作用基本上是展弦比的函数，展弦比增大时机翼 S 值可以增到 0.95 ~ 0.97。用前缘吸力法时最好参照相同形状机翼的前缘吸力试验数据。如果没有试验数据，可以先假设在设计升力系数下机翼的奥斯瓦尔德展向效率因子 e 为某一定值(通常为 0.8)，可由下式解出对应的 S 值：

$$e=\frac{1}{(\pi A/C_{L\alpha})(1-S)+S} \tag{13.51}$$

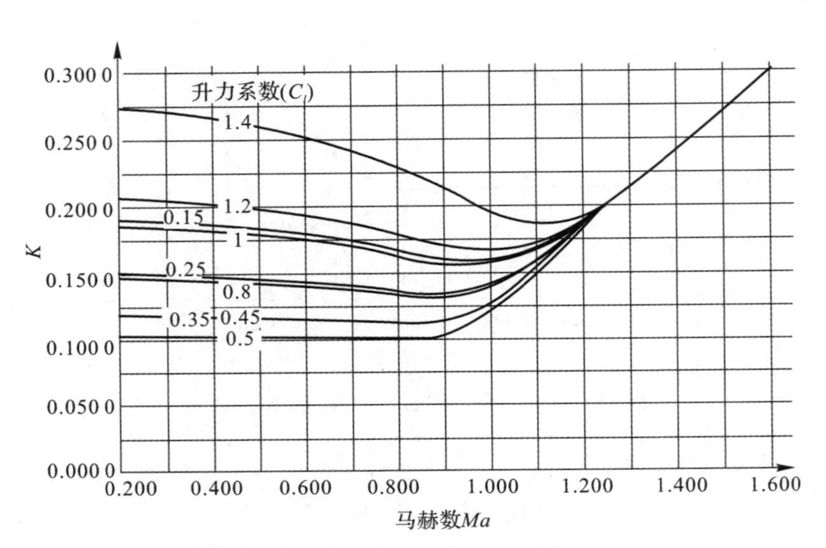

图 13－33　示例 —— 不同马赫数和 C_L 下的 K

算出的 S 值可以适用于升力从零到高出设计升力系数 C_L 大约 10%(即 0 ~ 1.1C_L)的范围。然后一直下降，到了失速升力系数，S 降为设计值的 80%。尽管粗糙，但这种方法与实际飞机的数据符合更好，它比简单的、未考虑升力系数修正的奥斯瓦尔德系数法更真实。

式(13.51)列出了 S 与 e 的关系，可以作为比较。

13.3.4　其他阻力

1. 配平阻力

计算性能时，阻力中应该包括配平阻力。为了保证在各种飞行状态下绕飞机重心的总俯仰力矩为零，平尾需要产生附加的配平力，从而造成配平阻力。

平尾的配平力通常向下。机翼需要产生额外升力来抵消平尾的配平力，造成了机翼诱导阻力的增加，这也计入配平阻力中。不过，由于平尾处在机翼的下洗气流中，所以它的向下的配平力会稍向前偏斜，这又会减小一部分配平阻力。

如果确定了平尾的配平力，用前述诱导阻力方法可确定配平阻力，包括平尾的诱导阻力、机翼附加的诱导阻力和平尾/升降舵偏转造成的零升阻力。

2. 地面效应

当机翼距地面很近时，比方说小于 1/2 翼展，升致阻力会显著减小。其原因从理论上可以解释为诱导下洗角减小，不过也可以形象地看作机翼下方形成了一个“气垫”。可以将 K 乘以一个系数来反映这种效应，则有

$$\frac{K_{\text{effective}}}{K}=\frac{33(h/b)^{1.5}}{1+33(h/b)^{1.5}} \tag{13.52}$$

式中：h—— 机翼距地面的高度。

3. 襟翼对阻力的影响

襟翼同时影响零升阻力和诱导阻力。襟翼对零升阻力的影响主要在于襟翼上表面的气流分离。

襟翼对诱导阻力的影响表现为：当偏转襟翼时，希望升力增加，增加的升力作用在机翼安装襟翼的部分。襟翼周围的升力影响了机翼的展向升力分布，进而影响到升致阻力：好不容易获得的椭圆升力分布被破坏了，因而估算的升致阻力也需要调高一些。

对于这种情况，最好用可预计襟翼对升力分布影响的计算机程序来计算，然后转换为升致阻力，或者也可以利用类似构型的风洞试验数据来估算。

13.4　升力面布置

在设计阶段，机翼和尾翼的参数一般是按飞机的使用和布局要求来确定的。确定机翼的几何参数时，主要考虑 4 个方面，即性能要求、飞行品质、结构框架和内部容积。

(1) 性能要求包括指令性要求(适航规范或军用规范的要求) 和设计指标(巡航速度、爬升率、场长、使用速度等)。

(2) 飞行品质会影响到机翼几何参数的选择，如起降性能、阵风响应、高速时的气动弹性和抖振特性等。对于操纵性和稳定性来讲，各个模态的响应也都需要考虑。

(3) 结构框架方面的主要考虑是安全和重量。机翼框架必须能够承受其他部件的载荷，如起落架或发动机等，还要能够安置控制部件和增升装置，如副翼、襟翼、扰流板等。结构设计方面，必须要易于制造，并要易于维护。

(4) 内部容积，主要指燃油、起落架和其他部件的容纳能力。

13.4.1　机翼布局

在常规的单翼机布局方面，首先要考虑的问题是机翼相对于机身的位置，要从机翼的高、中、低位置来选择，即所谓的下单翼、中单翼和上单翼。每一种情况下，在考虑气动和结构问题的同时，还必须考虑对发动机的地面间距、起落架布置、机身结构和座舱布局方面的影响。

影响机翼位置的因素有以下几种：

(1) 气动特性。

(2) 结构布置。

(3) 翼身连接。

(4) 对座舱的影响。

(5) 翼吊发动机到地面的间距。

(6) 发动机的维护。

(7) 起落架安装方案。

(8) 飞机地面迫降和水上迫降的安全性。

(9) 对旅客的影响。

大多数民用喷气机都是下单翼布局，这种布置主要有以下优点：

(1) 结构简单，并且有减重优势。机翼盒段可以贯穿，从座舱地板下面穿过，因而翼身连接也比较容易。

(2) 起落架可以比较短，也会比较简单。

(3) 翼吊发动机和襟翼距地面较低，容易维护和修理。

(4) 机翼强度很高，在迫降时可以充分保护机身及旅客舱；水面迫降时，也可以起到浮垫的作用，使机身处于水面上方。

下单翼有以下缺点：

(1) 由于机翼上表面的气流被干扰，气动效率会有所降低。为了减小干扰阻力，机翼和机身连接位置需要较好的整流。

(2) 为避免发动机在接近地面时吸入杂物，需要使其离地一定的高度，这使得发动机的安装比较困难。

(3) 机翼会遮蔽机舱某些位置的向下视界。

相对来说，上单翼由于上表面气流未被扭曲，因而气动效率会更高一些。不过在制造方面，整流的难度更高。翼吊发动机和襟翼离地很高，会增加维护方面的难度。军用运输机偏爱这种布局，主要是为了使货舱地板接近地面，以便于装载。

中单翼更容易与机身组合，形成流线形。但它的难处在于结构方面，由于翼盒无法贯通，需要机身有很强的隔框。现代战斗机通常采用这种布局。

对于特定的设计，需要对机身的位置进行权衡，分析各自优、缺点的重要程度，以便得到综合性能最优的方案。

在确定翼身相对位置后，下一步就是考虑机翼的几何形状，选择主要几何参数，包括翼型、相对厚度、展弦比、梢根比、后掠角、安装角、上反角等。

13.4.2 尾翼布局

尾翼的作用包括配平、稳定和操纵。尾翼本身也是小尺寸的机翼，所以关于机翼的设计方法大多数适用于尾翼。尾翼和机翼之间最主要的差别在于：机翼的设计目标是稳定地产生相当量值的升力，而尾翼在实际应用中只会用到它的升力潜力的很小一部分。飞行中，如果在某个时刻尾翼上的升力值接近其最大升力，也就是说快到了失速迎角，那一定是出了严重的问题！

所谓配平，是指尾翼上产生的升力乘以尾力臂的长度，产生绕飞机重心的力矩，用以平衡飞机其他部分产生的力矩。

对于水平尾翼，配平主要是指平衡机翼的力矩。后置的水平尾翼通常具有 2° ～ 3° 的负安装角，以平衡机翼产生的俯仰力矩。由于机翼的俯仰力矩随着不同状态而变化，水平尾翼的安装角一般也是可调的，通常在上下 3° 的范围内变化。

至于垂直尾翼，由于大多数飞机都是左右对称的，在正常的飞行中并没有需要配平的偏航力矩。螺旋桨飞机会遇到一种称作“p 效应(p-effect)”的偏航力矩，原因有几方面，都与推力相关。当螺旋桨旋转平面(桨盘) 与气流方向有夹角时，例如爬升状态，向下运动的桨叶具有较高的迎角，同时前行速度也稍快一些，那么相比于另一边向上运动的桨叶，其产生的推力(或拉力) 要大一些，因此在这个方向上产生了偏航力矩。另外，由于螺旋桨“拖动” 气流以旋转方式运动，这个旋流达到垂尾时使垂尾产生侧向力，由此产生的偏航力矩也加重了 p 效应。为了抵消 p 效应，许多单引擎螺旋桨飞机的垂尾会偏置几度。

多发动机的飞机的垂尾必须能够在单台发动机失效的情况下实现配平。这时，一方面由于失效发动机的推力丧失，另一方面由于发动机停转或风车转动产生附加阻力会造成偏航力矩。对于螺旋桨飞机，在发动机失效的情况下，如果仍在运转的发动机的下行的桨叶位于机身外侧，偏航趋势尤其严重。有些多发飞机的螺旋桨是对转的，以减小发动机失效时的偏航问题。

尾翼也是保持稳定的关键部件，使飞机在受到俯仰或偏航的扰动时恢复稳定状态。当然，也可以设计出无尾翼但仍然稳定的飞机，但这种设计通常会在其他方面付出代价。

尾翼的另一个作用是操纵。尾翼尺寸必须合理选择，在所有临界状态都要具备足够的操纵效能。对于平尾或鸭翼来说，这些临界状态一般包括起飞抬前轮、低速飞行时放下襟翼、跨声速机动。对于垂尾，临界状态一般包括低速飞行时发动机失效、最大速率滚转、螺旋改出。

注意：操纵效率不光与尾翼本身尺寸有关，也与舵面的尺寸和类型有关。例如，有些客机采用双铰链方向舵，以便在发动机失效时提供更大的操纵效能，同时又不至于使垂尾面积过大，超过“荷兰滚”阻尼所要求的值。有些战斗机采用全动的垂直尾翼以增大操纵效能。

13.4.3　尾容量系数

在初始布局阶段，可以基于历史数据估计尾翼尺寸。尾翼产生绕重心力矩的能力正比于它产生的操纵力（如升力）和它的力臂长度。

尾翼最根本的功能是抵消机翼产生的力矩。因此，可以想见尾翼尺寸应该和机翼尺寸有某种程度的联系。实际上，两者之间存在着一个直接的比例关系，对于特定类型的飞机，尾翼面积与机翼面积的比值将会表现出某种一致性（还要考虑尾翼力臂长度的效应）。

尾翼产生升力的能力与它的面积成正比。因此，尾翼的效率正比于其面积与力臂长度的乘积。这个乘积具有体积（容量）的量纲，这就是估计尾翼尺寸的“尾容量系数法”的出发点。

为了将这个参数无量纲化，先除以机翼面积，再除以某个带长度单位的量。垂尾需要克服的机翼偏航力矩与翼展 b_W 有最直接的关系，因此“垂尾容量系数”定义为垂尾面积乘以垂尾力臂长度，再除以机翼面积和翼展，则有

$$c_{VT}=\frac{L_{VT}S_{VT}}{b_W S_W} \tag{13.53}$$

平尾或者鸭翼需要克服的俯仰力矩则与机翼的平均气动弦长有着最直接关系，因此“平尾容量系数”定义式的分母为机翼面积和平均气动弦长，则有

$$c_{HT}=\frac{L_{HT}S_{HT}}{\bar{C}_W S_W} \tag{13.54}$$

力臂长度通常近似为从尾翼平均气动弦的 1/4 弦线点（即从平均气动弦的前缘向后 25% 弦长的位置）到机翼平均气动弦的 1/4 弦线点的距离。

图 13-34 所示为尾翼力臂和尾翼面积的定义。

注意：平尾的面积通常量取到机身中线处，而鸭翼则只计算外露部分的面积。如果采用了双垂尾，那么垂尾面积为两者之和。

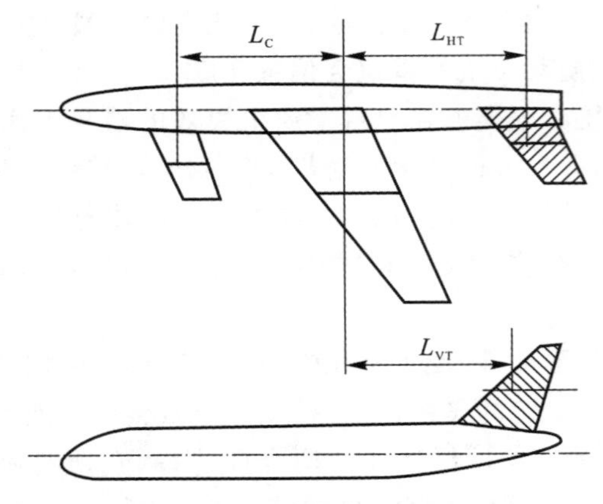

图 13-34 尾力臂和尾翼面积

不同类型飞机的典型的尾容量系数见表 13-4。

表 13-4 尾容量系数

	平尾 c_{HT}	垂尾 c_{VT}
滑翔机	0.50	0.02
自制飞机	0.50	0.04
通用航空(单引擎)	0.70	0.04
通用航空(双引擎)	0.80	0.07
农用飞机	0.50	0.04
双涡桨	0.90	0.08
飞船	0.70	0.06
喷气教练机	0.70	0.06
喷气战斗机	0.40	0.07
军用运输/轰炸机	1.00	0.08
喷气运输机	1.00	0.09

计算尾翼尺寸之前,需要先估计力臂长度。在当前设计阶段,可以取机身长度的某个百分比作为预估值。

对于螺旋桨安装在前面的飞机,尾力臂长度大约为 60%机身长度;发动机安装在机翼上的飞机,尾力臂为 50%~55%的机身长度;发动机安装在机身尾部的飞机,尾力臂为 45%~50%的机身长度;滑翔机的尾力臂约为机身长度的 65%。

全动尾翼的尾容量可以减小 10%~15%。对于 T 形尾翼,由于端板效应,其垂尾的尾容量可以减小 5%左右,而且由于平尾处于干净气流中,其尾容量也可减小 5%左右。同样,H 形尾翼的平尾尾容量可以减小 5%左右。

采用操纵型鸭翼的飞机,其尾容量系数大约为 0.1,这种飞机相对较少,统计数据也比较少。对于鸭式飞机来说，尾力臂长度的范围相当大，一般来说为机身长度的 30%～50%。

对于升力型鸭翼，就不能再用尾容量系数法了。这时，设计师必须要决定面积如何分配。通常可以分配为鸭翼占 25%，主机翼占 75%，但这个比例也可能在很大范围里变化。如果按各占 50%的比例分配，就成了串列翼飞机。

如果采用了计算机主动控制技术，在满足配平、发动机失效和起飞抬前轮等要求的前提下，尾翼面积可以比统计估算值减小 10%左右。

13.5　气动布局的特殊考虑

13.5.1　机身设计安排

机身的总体设计和光滑程度对气动效率有着显著影响。设计较差的机身可能会引起额外的气流分离、跨声速阻力增量，甚至超声速波阻。同样，不好的翼机布置可能会引起升力损失或破坏升力椭圆分布，甚至可能导致不好的操纵品质，包括尾旋趋势等。

对于几乎所有的飞机来说，气动方面最有效的措施就是浸湿面积最小化。浸湿面积直接影响摩擦阻力。机身的浸湿面积可以通过压缩内部装载和采用小长细比来实现(即短而宽的机身)。但是，内部装载不能过分密集，以免产生维护问题；而短宽的机身在超声速飞行时会产生更高的激波阻力。

机身设计时，气动方面的另一个重要考虑是纵向过渡要平滑，可以使用光滑的纵向控制线来实现。一般来说，机身轮廓纵向转折的曲率半径至少应该等于此处机身的直径。

为了避免气流分离，后机身与自由来流方向的偏角不应该超过 10°～12°(见图 13－35)。但如果采用推进式螺旋桨，那么则有助于避免气流分离，后机身轮廓角可以达到 30°或更大的角度。

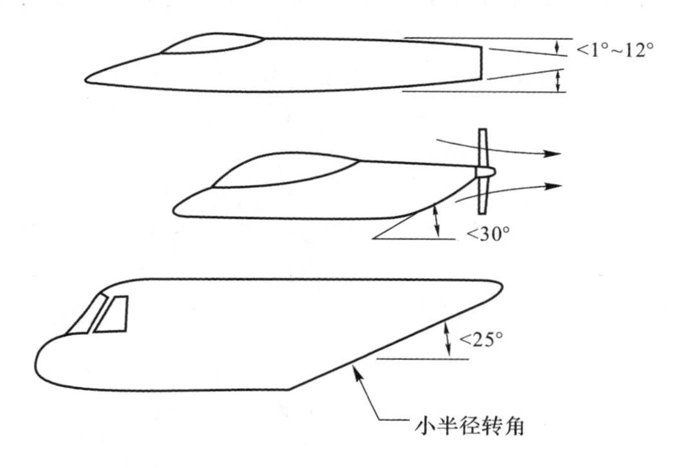

图 13－35　纵向轮廓线示意

对于后部装载的运输机，如果机身下表面转折比较尖锐的话，可以承受大概 25°的上翘角。这样的尖锐转折产生的涡流谱有助于减小阻力。总体来说，后机身的上翘角要尽可能小，尤其是对于高速飞机。

翼身的整流很重要，对于高速下单翼飞机(如喷气客机)，翼身整流尤其重要。

“底面积”(base area)是机身后方的不光滑的横断面。由于断面之后产生低压区,底面积会带来非常大的阻力。

如果底面积是位于尾喷管之间或与尾喷管距离非常近,它可能被尾喷管的高压区所“填充”,一定程度上降低其阻力代价。T-38 的喷口之间就有这样一块底面积。底面积填充的效果是很难预测的。

在飞机设计过程中,需要设想不同部件之间的气动干扰。比如说,布置鸭翼位置时要注意:在任何可能迎角下,都要避免它的尾流进入发动机进气道。尾流吸入可能会造成发动机停车甚至损坏。

如果前机身具有尖锐的下角,大迎角时会产生分离涡,可能会被进气道吸入,带来不良后果。另外,这种分离涡对机翼和尾翼的影响很难预测。

13.5.2 超声速面积律

对于超声速飞机的布局设计来说,气动方面最重要的努力在于降低超声速激波阻力——一种由于激波形成而产生的压差阻力。这与飞机的总的截面积的纵向分布解析相关。事实上,波阻是用体积分布图的二次导数(即曲率)来计算的。因此,从波阻的观点来看,好的体积分布应该使内部容积在纵向合理分布,以使体积分布图具有最小的曲率。对于简单的旋成体,通过数学解析方法可以得出 Sears-Haack 体积分布的波阻最小。

如果飞机的体积符合 Sears-Haack 分布,那么在给定的长度和内部容积的条件下,在 $Ma\,1$ 飞行时波阻最小。但是对于实际飞机来说,通常不可能精确地甚至近似地做到 Sears-Haack 体积分布。幸运的是,只需要简单地光顺体积分布,就可显著减小阻力。

由图 13-36 可以看出,对截面积影响最大的是机身和机翼两部分。常规机身和梯形机翼组合会产生不规则的体积分布,其截面积最大值在机翼中心附近。通过“压挤”这附近的机身,可以光顺全机的体积分布,并减小最大截面积的值。

这种设计技术,称作“面积率”或“可乐瓶”,是由 NACA 的惠特科姆(Whitcomb)研究得出的,它可以使波阻降低 50%。注意,中间部分体积的缩减必须在其他部分补偿:要么加长机身,要么增大其他部分的截面积。

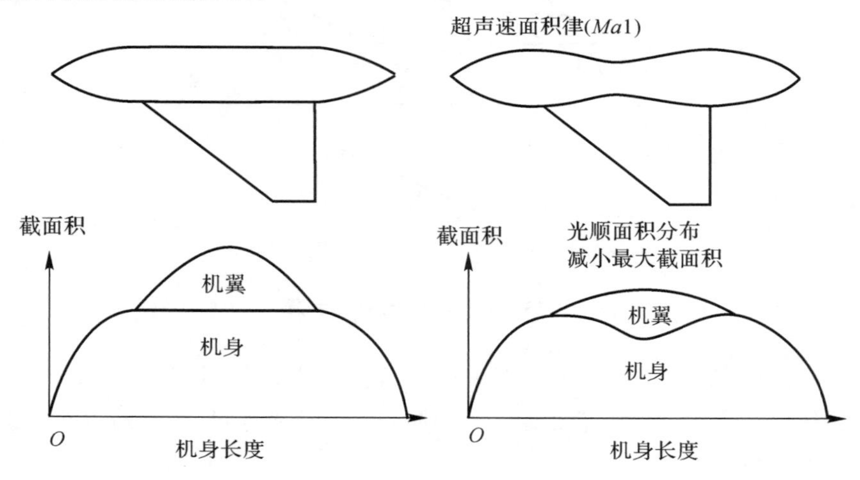

图 13-36 降低波阻的设计

尽管面积率是为了减小超声速激波阻力而提出的，但有理由相信即使低速飞机也可以由此获得一定程度的益处。机翼上的气流趋向于向后缘分离。如果一架飞机将机身设计成向机翼后缘方向截面积逐渐增加，可能会将气流“推”向机翼，从而降低气流分离的趋势。

13.5.3　设计“修正”

真实飞机上会有很多设计方案中“看不到”的东西。其中：有些是设备，如天线、灯等；有些是较小的设计细节，如燃油排放和冷却管道等，通常在方案设计时是不考虑的。另外，还有些东西是对后续设计和试飞过程中所发现问题的修正。在方案设计时无法预见这些问题，显然，如果预先知道的话，将会修正总体布置来避免这些问题。而在后期，修改总体布置代价过大，因此如果出现了什么未曾预料的问题，就必须有些其他的方式来修正它。

气动问题通常可以归结为两种现象：气流分离和“有害”涡的形成。图 13－37 是修正气动问题的常见的装置。它们的工作原理基本上是产生和控制“有利”涡系。

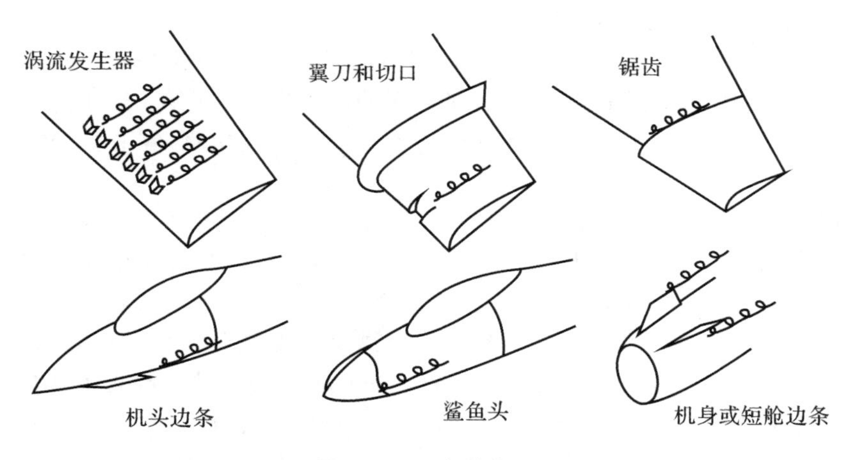

图 13－37　气动修正

机翼或机身上的气流分离的主要原因是，飞机附近的空气由于黏性的作用过分减速，没有足够能量。在外形转弯的地方，这部分低能量的空气无法随之转弯，因而产生分离。为了改善这个问题，将一系列小的薄片弯成 L 形，按一定角度安装在气流分离区的前方。这样可以产生小的涡流，激起表面附近的空气，将高能量空气代入附面层中，由此可以容许气流更大幅度地弯折。这种“涡流发生器”一般安装在机翼上表面和较长机身的后部。不过，除了机头顶端，飞机其他部分都可能找到它们的踪影。

对于某些特定问题，涡流发生器的最佳安装位置需要通过试错法来确定，包括风洞试验和飞行试验。奇怪的是，涡流发生器几乎不引起寄生阻力的增加，即使对于平板也是如此。它们的尺寸非常小，几乎完全在附面层之内，自身的阻力效应基本可以忽略。然而，如果它们可以阻止分离，就可以大幅度降低全机的阻力。

很大迎角的情况下，气流会形成一种灾难性的分离形态，称之为机翼失速。合理地布置涡流发生器可以延迟失速。机翼上的涡流发生器也基本上是为此而设的。不过最好还是不要使机翼达到它的最大升力系数。

机翼失速通常始于翼根并向外扩散。如果在失速初现的地方设置一道“栅栏”（翼刀），就可以阻止失速向外翼扩散，直到迎角继续增大到外翼自身发生失速。

翼刀还可以改善大后掠翼存在的一个普遍的问题：机翼的后掠趋向于将空气向外推，尤其是附面层里能量较低的空气。附面层的空气从翼根处一直向外流动直到翼尖的情况并非少见。这增加了附面层厚度，更容易造成气流分离和机翼失速。翼刀可以切实地阻止这种现象，从而改善失速特性。

在机翼的失速起始处外侧布置切口或锯齿也可以制造一个“虚拟翼刀”。这会产生涡流，将失速区的气流与非失速区分隔，如翼刀一样，阻止进一步失速。

将切口外端的机翼前缘向下扭转，可以更进一步地减小外翼段的失速趋势，如果布置合理的话，还可以大幅减低尾旋趋势，提升尾旋恢复特性。对于通用航空和教练机强烈推荐这种方法。

机头边条，或者与此类似的“鲨鱼头”，用于大迎角情况下迫使前机身的旋涡对称产生。圆形机头在大迎角下，可能在某一侧先产生旋涡，这种不对称的旋涡会产生强大的侧力，将机头推向一侧，进入螺旋。锐利的边缘可以避免这个问题。

最后，可以专门布置大尺寸边条或鳍，有意形成旋涡并获得一定益处。比如说，F－18 的垂尾存在着结构疲劳问题，原因是机翼尾流的旋涡冲击垂尾。为了解决这个问题，在机身上方增加了一个小的边条，它产生的旋涡使机翼尾流转向。可以想见，在总体方案中没有这一部分。

许多客机在发动机短舱上装置了类似的边条，用于改善流过襟翼的气流，或解决平尾处的气流问题，或两者兼顾。DC－10 大概是首先采用这种短舱边条的，目的是解决发动机短舱和吊架引起气流分离造成过早失速的问题。短舱边条解决了气流分离，并提升了最大升力。

DC－9 的改进型在垂尾位置存在气流问题，导致在中度侧滑状态下就出现方向稳定性降低的问题。通过在座舱后方安装边条解决了这个问题，尽管这个边条离垂尾有 30 m 远。

另一种产生涡流的边条称为“涡流发生吊架”(vortilon)，在机翼前缘下方，顺着飞行方向布置(看起来像一个微型发动机吊舱)。在大迎角飞行时，前缘处的气流转向外侧，朝向翼尖方向流动，“吊架”与气流方向不平行，因而产生涡流。这种涡流起着类似翼刀的作用，卷绕到机翼上表面，增加了附面层能量。

思 考 题

1. 总体设计阶段最关心的翼型参数有哪些？各影响什么性能？
2. 选择翼型厚度时有什么考虑？
3. 翼型的前缘半径影响什么性能？对于尖前缘的翼型，如何表征前缘几何特性？
4. 选择机翼展弦比时，有什么样的考虑？
5. 如何选择机翼的后掠角？什么情况下关注 1/4 弦线后掠角？什么情况下关注前缘后掠角？
6. 用 13.3 节中的公式计算不同展弦比和后掠角的机翼的升力线斜率，并分析其规律。
7. 如何选择设计升力系数？
8. 在亚—跨—超声速的飞行过程中，焦点位置会有什么样的变化？
9. 不同类型的飞机，在使用增升装置方面有什么不同的考虑？

10. 水平尾翼可不可以选择高升力翼型？为什么？

11. 方案设计中常采用尾容量系数法确定尾翼参数，通常平尾的尾容量系数会比垂尾的大一个数量级左右，分析其原因。

12. 平尾尾容量系数适用于鸭翼吗？查证统计数据并讨论。

13. 翼刀的作用是什么？为什么现代飞机很少使用了？

14. 有人说尾翼其实是“小尺寸的机翼”，那么为什么一般飞机的尾翼平面形状与机翼平面形状（展弦比、梢根比、后掠角等）通常是不一致的？

第 14 章　飞 行 性 能

14.1　运 动 方 程

分析性能时，主要研究飞行力学中的平动部分。图 14－1 为飞行力学的几何定义。在坐标系定义方面，我国以前主要采用苏联体系，即 x 轴向前，y 轴向上，z 轴指向右方；而现在较多采用欧美坐标系，即 x 轴向前，z 轴向下，y 轴指向右方。本章采用欧美坐标系的定义。

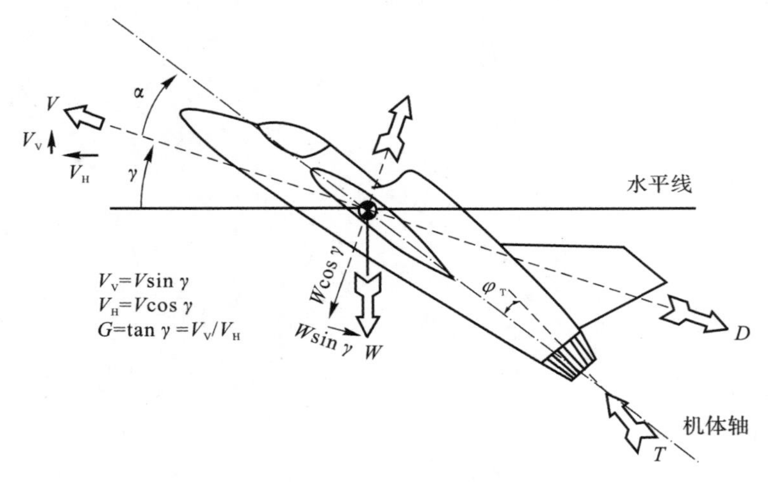

图 14－1　性能计算所用的一些几何定义

图 14－1 所示的几个角度如下：

(1) 迎角 α 为相对气流方向与机体 x 轴或翼弦的夹角。

(2) 爬升角 γ 是飞行速度方向与水平面的夹角。爬升角的正切值表示爬升率 G，即单位水平距离上获得的高度增量。

(3) 发动机安装角 φ_T 是发动机推力线与机体 x 轴的夹角。

下式是 x 向和 z 向的合力表达式，即

$$\sum F_x = T\cos(\alpha + \varphi_T) - D - W\sin\gamma \tag{14.1}$$

$$\sum F_z = T\sin(\alpha + \varphi_T) + L - W\cos\gamma \tag{14.2}$$

飞机在 x 向和 z 向的加速度等于该方向上的合力除以飞机的重量。

常规的飞机在飞行过程中的总重是变化的，重量随时间的变化率如下式所示，等于单位耗

油率 C 乘以推力，即

$$\dot{W} = -CT \tag{14.3}$$

对于活塞-螺旋桨发动机，可以用下式将 C_{power} 或 C_{bhp} 转换为 C，即

$$C = C_{\text{power}} \frac{V}{\eta_P} = C_{\text{bhp}} \frac{V}{550\eta_P}(\text{W}) \tag{14.4}$$

螺旋桨的推力为

$$T = P\eta_P / V = 550\,\text{bhp}\eta_P / V(\text{HP}) \tag{14.5}$$

主流飞机公司所用的大多数定参数和性能分析程序都是基于以上这些简单的公式。通过改变迎角和推力水平以获得所需的总升力和纵向加速度（对应于不同的机动状态，如水平巡航、爬升、加速、转弯等）。迎角和升力受限于最大可用升力；推力水平受限于可用推力，可从各个高度和速度（马赫数）的发动机装机推力表格中求得。

计算给定迎角和推力水平下的飞机响应并不复杂，在定参数和性能计算过程中，真正复杂的是，在某种机动状态下，如何确定应该采用的迎角和推力。

比如说，飞机的爬升率随着速度而变。那么应该采用什么样的速度和推力组合使飞机爬升到巡航高度，并使整个任务过程的油耗最低？本章主要讨论这类性能方面的问题。

大多数飞机，在大多数飞行状态，迎角较小，推力线与机体纵轴的夹角也很小，这使式(14.1)和式(14.2)可简化为

$$\sum F_x = T - D - W\sin\gamma \tag{14.6}$$

$$\sum F_z = L - W\cos\gamma \tag{14.7}$$

14.2　定常平飞

如果飞机恒速水平飞行，那么爬升角 γ 为零，并且外力和为零，可得到最简单的平动方程为

$$T = D = qS(C_{D_0} + KC_L^2) \tag{14.8}$$

$$L = W = qSC_L \tag{14.9}$$

式(14.8)和式(14.9)指出，在平飞状态，推力等于阻力，升力等于重力。此处将它们表示为气动系数的形式，以利于后面的分析。

转换式(14.9)，可以将平飞速度表示为翼载、升力系数和空气密度的函数，即

$$V = \sqrt{\frac{2}{\rho C_L}\left(\frac{W}{S}\right)} \tag{14.10}$$

这些公式表明，在平飞时，实际推重比 T/W 必须等于飞行升阻比 L/D 的倒数。将式(14.9)代入式(14.8)，可得平飞状态的 T/W 和 L/D 与翼载和动压的关系为

$$\frac{T}{W} = \frac{1}{L/D} = \frac{qC_{D_0}}{W/S} + \left(\frac{W}{S}\right)\frac{K}{q} \tag{14.11}$$

14.2.1　平飞最小需用推力

由式(14.11)可以得出，在给定重量下，对应于最小推力状态即是最大升阻比的状态。为

了求出对应最小推力或最大升阻比的速度,令式(14.11)对速度的导数为零。导数表达式为

$$\frac{\partial(T/W)}{\partial V}=\frac{\rho V C_{D_0}}{W/S}-\left(\frac{W}{S}\right)\frac{2K}{\frac{1}{2}\rho V^3}=0 \tag{14.12}$$

求解可得

$$V_{最小推力或阻力}=\sqrt{\frac{2W}{\rho S}\sqrt{\frac{K}{C_{D_0}}}} \tag{14.13}$$

将这个速度代入式(14.9),可得平飞最小阻力对应的升力系数为

$$C_{L\,最小推力或阻力}=\sqrt{\frac{C_{D_0}}{K}} \tag{14.14}$$

这个最优的升力系数只依赖于气动参数。对于给定的重量,飞机可以选择适当的速度和空气密度(高度)来获得最优升力系数。与速度相关的量只有动压;如果阻力系数、升致阻力因子甚至密度随速度改变,那么导数关系就复杂了。上述问题常对应于高速飞行状态,此处暂不讨论。

如果将最小阻力对应的升力系数代回到式(14.8),那么其中的诱导阻力项会等于零升阻力项。总的阻力等于两倍零升阻力,则有

$$D_{最小推力或阻力}=qS\left[C_{D_0}+K\left(\sqrt{\frac{C_{D_0}}{K}}\right)^2\right]=qS(C_{D_0}+C_{D_0}) \tag{14.15}$$

14.2.2 平飞最小需用功率

最小推力和最小功率对应的状态并不一样。功率等于力乘以速度,在定常平飞状态就等于阻力乘以速度,则有

$$P=DV=qS(C_{D_0}+KC_L^2)V=\frac{1}{2}\rho V^3 S(C_{D_0}+KC_L^2) \tag{14.16}$$

将平飞状态的升力系数代入式(14.9),可得

$$P=\frac{1}{2}\rho V^3 SC_{D_0}+\frac{KW^2}{\frac{1}{2}\rho VS} \tag{14.17}$$

将式(14.17)对速度求导,令其等于零,则有

$$\frac{\partial P}{\partial V}=\frac{3}{2}\rho V^2 SC_{D_0}-\frac{KW^2}{\frac{1}{2}\rho V^2 S} \tag{14.18}$$

$$V_{最小功率}=\sqrt{\frac{2W}{\rho S}\sqrt{\frac{K}{3C_{D_0}}}} \tag{14.19}$$

将它代入式(14.19)可得最小功率对应的升力系数为

$$C_{L\,最小功率}=\sqrt{\frac{3C_{D_0}}{K}} \tag{14.20}$$

再代入式(14.18)可得最小功率状态对应的阻力为

$$D_{最小功率}=qS(C_{D_0}+3C_{D_0}) \tag{14.21}$$

注意:最小功率对应的速度大约是最小推力对应速度[见式(14.13)]的0.76倍。最小功率状态飞行时的升力系数比最小速度对应的升力系数[见式(14.14)]大73%左右。

最小功率状态下的诱导阻力等于3倍的零升阻力,因此总的阻力等于4倍零升阻力[见式(14.21)],阻力系数等于最小阻力系数的2倍[见式(14.15)]。

记住:在最小功率状态飞行的速度低于最小阻力状态的飞行速度(因此动压也较低),所以实际阻力的增量并不是2倍。实际阻力的增量是2乘以动压(0.76^2),即只比最小阻力状态的阻力高出15.5%。因此,最小功率状态对应的升阻比为最大升阻比乘以1/1.155,即0.866倍。

14.2.3 需用推力和功率的作图分析

14.2.1节和14.2.2节中的分析和优化基于以下几种假设:零升阻力系数不随速度改变;升致阻力系数符合抛物线规律;K不随速度变化。不过,除非是低马赫数的大展弦比飞机,否则这些假设其实是不怎么准确的。

为了确定水平飞行所需的实际推力(或功率),可以将不同速度或马赫数的气动结果绘制成曲线,与发动机数据相参照。

活塞发动机的功率基本上不随速度变化,唯一的影响因素是气流在进气歧管的冲压作用。对于喷气发动机,在不同的速度下等效功率变化很大,但可粗略认为推力保持不变。

因此,通常会绘制出飞机的动力需求-速度曲线,喷气飞机采用推力,螺旋桨飞机采用功率,如图14-2所示。需用功率等于阻力乘以速度。图14-2中也画出了螺旋桨飞机的等效推力,这只是作为演示,实际中很少会画出。

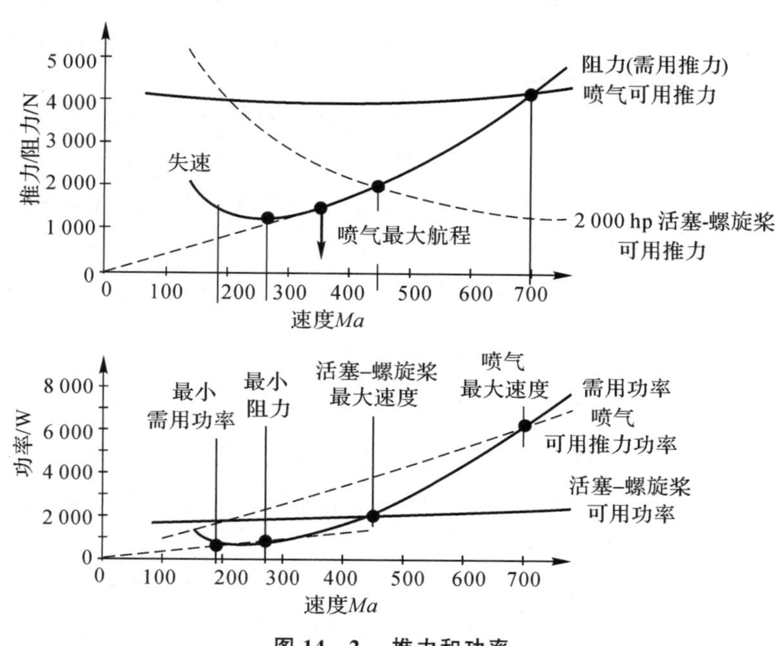

图14-2 推力和功率

图14-2所示为最小推力和最小功率对应的速度。注意:最小功率对应的速度约为最小推力对应速度的86.6%,与14.2.2节中的预期相符。从中也可以明显看出在高速飞行时喷气发

动机的优势。

不同高度的推力(功率)-速度图是不一样的。

14.2.4 航程

飞机的航程等于飞行速度乘以它的留空时间。留空时间等于飞机携带的燃油量除以燃油消耗率。燃油消耗率等于需用推力乘以单位耗油率。

不幸的是,在实际应用中无法使用上述简单关系,因为在飞行中飞机的重量会随着燃油的消耗而降低,这会改变阻力,从而改变需用推力。最终结果是:飞机可以飞得更远,但计算更复杂了。

不过,可以用以上关系得出“即时”航程导数,则有

$$\frac{\mathrm{d}R}{\mathrm{d}W}=\frac{V}{-CT}=\frac{V}{-CD}=\frac{V(L/D)}{-CW} \tag{14.22}$$

式中:$\frac{\mathrm{d}R}{\mathrm{d}W}$—— 从当前时刻开始,消耗掉单位燃油可以获得的航程增量。这也同样可以表达为升阻比和重量。瞬时航程是一个常用的评估标准。瞬时航程对重量求积分,可得布雷盖(Breguet)航程公式为

$$R=\int_{W_i}^{W_f}\frac{V(L/D)}{-CW}\mathrm{d}W=\frac{V}{C}\frac{L}{D}\ln\left(\frac{W_i}{W_f}\right) \tag{14.23}$$

积分过程中假定速度、单位耗油率和升阻比基本为常量。

这些假定要求飞机保持恒定的升力系数。随着飞机越来越轻,为保持恒定的升力系数就需要降低动压。既然还要保持飞行速度,唯一减小动压的方法是爬升高度、降低空气密度。其结果就是所谓的爬升巡航,可以获得最大航程。

对于运输机,通常不允许爬升巡航,因为空中交通管制部门希望所有的飞机保持指定高度和速度。基于这个前提推导出的航程方程会是相当复杂凌乱的。

尽管如此,如果将航程分成多个较短的任务段,根据每段的升阻比和重量应用布雷盖公式计算,最终结果在精度方面的损失不大。

远程飞行时,空中管制可能会允许“阶梯”飞行策略,即随着飞机燃料的消耗,多次爬升到更好的巡航高度。

14.2.5 航程优化 —— 喷气飞机

布雷盖航程公式既可以用于喷气飞机,也可以用于螺旋桨飞机,利用式(14.4)可以求出螺旋桨飞机的等效推力单位耗油率。不过,喷气飞机和螺旋桨飞机最大航程对应的状态是不同的,原因在于飞行速度会影响螺旋桨推力。

布雷盖航程公式中与重量无关的项[即 $V/C(L/D)$]称为“航程参数”,它是巡航性能的一个指标。对于亚声速喷气飞机,单位耗油率基本不随速度改变,因而航程参数可以展开为

$$\frac{V}{C}\left(\frac{L}{D}\right)=\frac{V}{C}\left(\frac{C_L}{C_{D_0}+KC_L^2}\right)=\frac{2W/\rho VS}{CC_{D_0}+(4KW^2C)/(\rho^2V^4S^2)} \tag{14.24}$$

令式(14.24)对速度的导数为零,即为喷气飞机最大航程对应的速度,则有

$$V_{\text{最佳航程}}=\sqrt{\frac{2W}{\rho S}\sqrt{\frac{3K}{C_{D_0}}}} \tag{14.25}$$

对应的升力升系数为

$$C_{L\text{最佳航程}}=\sqrt{\frac{C_{D_0}}{3K}} \tag{14.26}$$

对应的阻力为

$$D_{\text{最佳航程}}=qS\left(C_{D_0}+\frac{C_{D_0}}{3}\right) \tag{14.27}$$

喷气飞机最佳航程对应的阻力系数为1.33倍的零升阻力系数，低于最大升阻比对应的两倍零阻系数。不过，最大航程状态对应的速度更高[高出31.6%，式(14.25)除以式(14.13)]。这增加了动压，也就增大了实际阻力。

结果是，飞机以对应于最大航程的速度飞行时，其阻力大于最佳升阻比状态的阻力。两者之间的比值为阻力系数比值(1.33/2.0)乘以动压比(1.316^2)，约为1.154。

因为阻力项在升阻比(L/D)的分母项，所以最佳航程对应的升阻比为最佳升阻比的86.6%(1/1.154=0.866)。

航程优化公式的前提是：对式(14.23)积分时，认为航程参数[$(V/C)(L/D)$]不随重量而改变。这需要在巡航过程中保持升力系数为恒定值，需要靠爬升巡航来实现。但在爬升过程中单位耗油率会改变，因为喷气发动机和活塞发动机的耗油率都会随着高度而变化。另外，在对式(14.24)求导时，隐含假定C_{D0}和K不随速度变化，这也只是一种近似。因此，式(14.25)～式(14.27)在真实世界中并不是绝对准确的。

可以通过全局搜索来确定更准确的巡航最优状态——根据当前飞机重量，搜索整个飞行包线，找出使航程参数[$(V/C)(L/D)$]最大的位置。这是主流航空公司的计算机程序采用的方法。后面的待机优化也存在同样的问题。

14.2.6　航程优化——螺旋桨飞机

将式(14.4)代入式(14.23)，可得螺旋桨飞机的布雷盖航程公式为

$$R=\frac{\eta_P}{C_{\text{power}}}\frac{L}{D}\ln\left(\frac{W_i}{W_f}\right)=\frac{550\eta_P}{C_{\text{bhp}}}\frac{L}{D}\ln\left(\frac{W_i}{W_f}\right) \tag{14.28}$$

喷气机航程公式中有速度项，而螺旋桨飞机公式中则消去了这一项。既然其他项都不随速度变化，可知螺旋桨飞机最大航程的速度和升力系数对应于最大升阻比状态，如式(14.13)和式(14.14)所定义的。

14.2.7　待机时间

飞机可以在空中停留的时间等于飞机燃油量除以燃油消耗率(推力乘以单位耗油率)。但飞机总重随着燃油消耗而减轻，这使得问题变复杂了。

下式定义的“即时”航时导数表示从当前时刻开始，消耗掉单位燃油可以获得的航时增量。后面的表达式是升阻比和重量与即时航时的关系，则有

$$\frac{\mathrm{d}E}{\mathrm{d}W}=-\frac{1}{CT}=-\frac{1}{CW}\left(\frac{L}{D}\right) \tag{14.29}$$

下式是积分得出的航时。对于螺旋桨飞机，公式中使用式(14.4)算出的等效 C 值，即

$$E=\int_{W_i}^{W_f}\frac{1}{-CT}\mathrm{d}W=\int_{W_i}^{W_f}\frac{1}{-CW}\left(\frac{L}{D}\right)\mathrm{d}W=\left(\frac{L}{D}\right)\left(\frac{1}{C}\right)\ln\left(\frac{W_i}{W_f}\right) \tag{14.30}$$

14.2.8 航时优化 —— 喷气飞机

对于喷气飞机，航时公式中唯一随速度变化的量是 L/D，因此，喷气飞机最大航时对应于最大 L/D 状态，见式(14.13)和式(14.14)。

14.2.9 航时优化 —— 螺旋桨飞机

将式(14.4)代入式(14.30)，可得螺旋桨飞机的航时公式为

$$E=\left(\frac{L}{D}\right)\left(\frac{\eta_P}{C_{\text{power}}}\right)\ln\left(\frac{W_i}{W_f}\right)=\left(\frac{L}{D}\right)\left(\frac{550\eta_P}{C_{\text{bhp}}}\right)\ln\left(\frac{W_i}{W_f}\right) \tag{14.31}$$

转换过程引入了速度项，因此其最佳航时不再简单地对应于最大 L/D 状态。

将式(14.31)中与速度相关的项展开，并令其对速度的导数为零，即

$$\frac{\partial}{\partial V}\left(\frac{L}{DV}\right)=\frac{\partial}{\partial V}\left[\frac{2W/\rho V^3 S}{C_{D_0}+(4KW^2/\rho^2V^4S^2)}\right]=0 \tag{14.32}$$

可得螺旋桨飞机最大续航时间对应的速度为

$$V=\sqrt{\frac{2W}{\rho S}\sqrt{\frac{K}{3C_{D_0}}}} \tag{14.33}$$

最后一个表达式与式(14.19)—— 最小需求功率对应的速度相同。因此，螺旋桨飞机最大航时对应的升力系数和阻力系数等于式(14.20)和式(14.21)所定义的最小功率状态对应值。如前文所述，飞机速度等于最大 L/D 状态速度的76%。最小功率状态对应86%最大 L/D。

14.2.10 待机和巡航的关系

在进行飞机的初步设计研究时，经常需要用现有飞机的待机时间来评估它们对于其他任务的效能。有研究者基于布雷盖公式，推导出航程和航时之间有一个简单关系：对于某架飞机，如果已知航程和续航速度，则可用下式估算待机时间，其结果具备合理的准确度为

$$E_{\text{loiter}}=1.14\frac{R_{\text{cruise}}}{V_{\text{cruise}}} \tag{14.34}$$

14.2.11 风对巡航和待机的影响

虽然在设计任务中通常假设没有风，但现实世界通常不会这么合作。实际上，如果早晨向东飞，晚上向西飞，经常来回都遇到强逆风。这直接影响到式(14.23)计算的航程。如果逆风使飞机地速降低10%(相对于无风状态)，那么在给定燃油量下的航程也会相应降低10%。当根据航程指标定参数时，在计算任务段重量比的算式中需要将任务段距离乘以速度比($V_{空速}/V_{地速}$)，但公式中的速度 V 仍然用空速。如果是顺风，那么航程会增大。

现实世界中的风通常不会只是简单的正逆风或正顺风。如果风不是沿轴向，需要求出它在飞行方向的分量，如图14-3的下图所示。注意：图中的飞机的机头偏向地速矢量的左方，以

抵抗风的影响。如果将风向角 $\Delta_{风向}$ 定义为正顺风 0°，正逆风 π(180°)，则

$$V_{地速}=\frac{V_{空速}\ \sin[\pi-\Delta_{风向}-\sin^{-1}(V_{风速}\ \sin\Delta_{风向}/V_{空速})]}{\sin\Delta_{风向}} \tag{14.35}$$

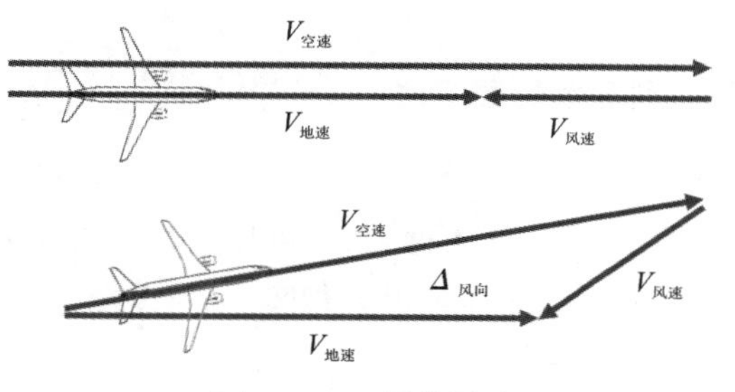

图 14-3　风的影响

风会影响最大航程对应的最佳巡航速度，但这一般只会使空速改变 5%～10%，即使风特别强，对航程的改变量也只有百分之几。为了获得最优航程，也可以做出很复杂的调整，不过通常不会单纯用公式来优化航程。实际工作中会用计算机程序搜索整个飞行包线，找出最大航程参数[$(V/C)(L/D)$]对应的状态。在有风状态下，用前述转换后的速度代入程序，然后用对应的状态参数计算航程。

风对待机时间或最佳待机速度没有影响。除非风速太大，超过待机速度，这时候我们可能发现飞机是被风吹着向后飞的。

14.3　定常爬升和下降

14.3.1　爬升运动方程

爬升率是垂直方向的速度，一般用 m/s 或 m/min 表示。爬升梯度 G 指的是垂直与水平方向飞行距离之比。这近似等于垂直爬升率除以飞行速度，或者爬升角 γ 的正弦值。

下面两式汇总了如图 14-1 所示的爬升角不为零时的合力，如果将合力设为零，则可得定常爬升方程为

$$T=D+W\sin\gamma \tag{14.36}$$

$$L=W\cos\gamma \tag{14.37}$$

用式(14.36)求解爬升角，得

$$\gamma=\sin^{-1}\left(\frac{T-D}{W}\right)=\sin^{-1}\left(\frac{T}{W}-\frac{\cos\gamma}{L/D}\right)\approx\sin^{-1}\left(\frac{T}{W}-\frac{1}{L/D}\right) \tag{14.38}$$

对于正常的爬升角(小于 15°)，式中的余弦项约等于 1。

爬升率，或垂直速度，等于速度乘以爬升角的正弦值，即

$$V_{\mathrm{V}}=V\sin\gamma=V\left(\frac{T-D}{W}\right)\approx V\left(\frac{T}{W}-\frac{1}{L/D}\right) \tag{14.39}$$

由式(14.37)可以得出定常爬升的飞行速度。

不同于水平飞行，爬升状态的推重比不再等于升阻比的倒数。求解式(14.38)可得爬升角 γ 定常爬升所需的推重比，即

$$V=\sqrt{\frac{2}{\rho C_L}\frac{W}{S}\cos\gamma} \tag{14.40}$$

$$\frac{T}{W}=\frac{\cos\gamma}{L/D}+\sin\gamma\approx\frac{1}{L/D}+\sin\gamma=\frac{1}{L/D}+\frac{V_V}{V} \tag{14.41}$$

14.3.2 最佳爬升角和爬升率的图解法

设计师特别关心两种爬升状态：最佳爬升率，对应最大垂直速度(V_V)；最佳爬升角，对应垂直速度较低(见图 14-4)，但水平速度更低，因而可以获得最大爬升角，飞机可以在有限的水平距离升到更高的高度，这对于越过山峰是很重要的。

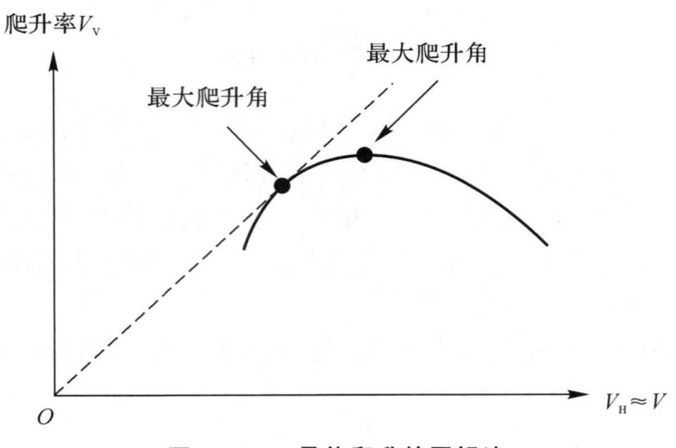

图 14-4 最佳爬升的图解法

确定最佳爬升角和爬升率，最精确的办法是利用式(14.39) 和实际的推力 / 阻力数据绘制爬升率随速度变化的曲线。最佳爬升率显然是曲线的顶点。最佳爬升角则对应从原点作曲线切线的切点，角度值等于该点垂直速度除以水平速度的反正切值。

14.3.3 最佳爬升角和爬升率 —— 喷气飞机

对于最佳爬升角和爬升率的分析优化可能是复杂凌乱的，相比之下，图解法更可靠。不过图解法给不出对于关键变量的敏感度分析。

对于喷气飞机，推力基本上不随速度变化，因此式(14.38) 可以直接确定最佳爬升角对应的状态。既然 T/W 不随速度变化，那么最大爬升角应该对应最大 L/D。这个速度由式(14.13) 确定。

为了确定喷气飞机最佳爬升率对应的速度，需要求出式(14.39) 的最大值。下式是将式(14.39) 中的阻力项展开，并假设 γ 足够小，升力近似等于重力，即

$$\left.\begin{aligned}V_V&=V\left(\frac{T-D}{W}\right)=V\left(\frac{T}{W}\right)-\frac{\rho V^3 C_{D_0}}{2(W/S)}-\frac{2K}{\rho V}\left(\frac{W}{S}\right)\\ \frac{\partial V_V}{\partial V}&=0=\left(\frac{T}{W}\right)-\frac{3\rho V^2 C_{D_0}}{2(W/S)}+\frac{2K}{\rho V^2}\left(\frac{W}{S}\right)\end{aligned}\right\} \tag{14.42}$$

在下式中，将垂直速度相对于飞机飞行速度的导数设为零，求解可得最佳爬升率对应的速度为

$$V=\sqrt{\frac{W/S}{3\rho C_{D_0}}\left[T/W+\sqrt{(T/W)^2+12C_{D_0}K}\right]} \tag{14.43}$$

注意这里如果推力等于零，则方程退化为最小需用功率对应速度的式(14.19)，这也是求解的下限。推力大于零时，最佳爬升率对应的速度会显著提升。

考虑推力效应的最佳爬升率对应速度大概相当于两倍的最小功率对应速度。一般喷气飞机的最佳爬升速度通常在 300 ～ 500 kn。B－70 的最佳爬升速度为 583 kn(1 080 km/h)。

以上爬升优化只适用于某些特定高度。它无法得出最快爬升到给定高度的爬升剖面。对于许多超声速飞机来说，最短爬升时间需要平飞甚至俯冲通过跨声速区，以使这段高阻区域中花费的时间最短。

14.3.4　最佳爬升角和爬升率 —— 螺旋桨飞机

下式是螺旋桨飞机的爬升角，是将式(14.5) 代入式(14.38) 得到的。这个公式可以进一步扩展，求出相对于速度的导数，即

$$\gamma=\sin^{-1}\left(\frac{P\eta_P}{VW}-\frac{D}{W}\right)=\sin^{-1}\left(\frac{550\ \mathrm{bhp}\cdot\eta_P}{VW}-\frac{D}{W}\right) \tag{14.44}$$

由式(14.44) 得出的理论最佳速度通常会太小(有时会小于失速速度)，这时已不能应用阻力的二次函数近似，因为大迎角带来分离阻力。推力也不再符合下式，因为按下式，当速度为零时推力无穷大，即

$$V_{\mathrm{V}}=V\sin\gamma=\frac{P\eta_P}{W}-\frac{DV}{W}=\frac{550\ \mathrm{bhp}\cdot\eta_P}{W}-\frac{DV}{W} \tag{14.45}$$

如果知道低速状态的推力和阻力数据，用图解法可以得到很好的结果。多数螺旋桨飞机的最佳爬升角对应速度为 80% ～ 90% 的最大爬升率对应速度，这可用于初步估算。

将式(14.5) 代入式(14.39) 可以求解最大爬升率，这得出式(14.45)—— 简单地等于可用功率减去需用功率，再除以飞机重量。因此最大爬升率对应于最小需用功率，如式(14.19) 的定义。

14.3.5　爬升时间和爬升油耗

爬升到指定高度的时间等于高度变化量除以垂直速度，则有

$$\mathrm{d}t=\frac{\mathrm{d}h}{V_{\mathrm{V}}} \tag{14.46}$$

燃油消耗为推力、单位耗油率和时间的乘积，即

$$\mathrm{d}W_{\mathrm{f}}=-CT\,\mathrm{d}t \tag{14.47}$$

在爬升过程中，空气密度、飞机重量、阻力、推力、单位耗油率和最佳爬升速度都在变化。对于高度变化较小的情况，可以假设给定重量、油门和速度状态下的爬升速度随着高度线性减小，则有

$$V_{\mathrm{V}}=V_{\mathrm{V}i}-a(h_{i+1}-h_i) \tag{14.48}$$

式中，线性常数 a 可以取两个高度 h_1 和 h_2 的爬升率拟合出来，则有

$$aV_{\mathrm{V}}=\frac{V_{\mathrm{V}2}-V_{\mathrm{V}1}}{h_2-h_1} \tag{14.49}$$

这两个高度应该比较接近所分析爬升状态的起止点，但不一定非要严格相等。如果将爬升过程分成小段(高程小于 1 500 m)，燃油消耗只占飞机总重的很小部分，在对时间的积分中可以忽略。将式(14.48) 代入式(14.46) 并积分，得到从高度 i 爬升到高度 $i+1$ 的时间，即

$$t_{i+1}-t_i=\frac{1}{a}\ln\left(\frac{V_{Vi}}{V_{Vi}+1}\right) \tag{14.50}$$

公式中没有了高度变化项。其实高度的变化体现在爬升率(V_V) 的变化中。燃油的消耗量计算公式：

$$\Delta W_{\text{fuel}}=(-CT)_{\text{average}}(t_{i+1}-t_i) \tag{14.51}$$

如果需要的话，可以通过迭代来提高式(14.50) 的精度。飞机重量减去燃油消耗量[见式(14.51)] 得到新的飞机重量，以此重量重新计算爬升末端的爬升率，然后再重新代入式(14.50)。

14.4 水平转弯

水平转弯时，需要将机翼的升力倾斜，使其水平分量成为飞机转弯的向心力。总升力等于 n 倍的飞机重量，这里的 n 是过载系数。因为升力的垂直分量必须等于重力 W，所以它的水平分量等于(n^2-1) 的二次方根。图 14-5 所示为水平转弯的几何关系。

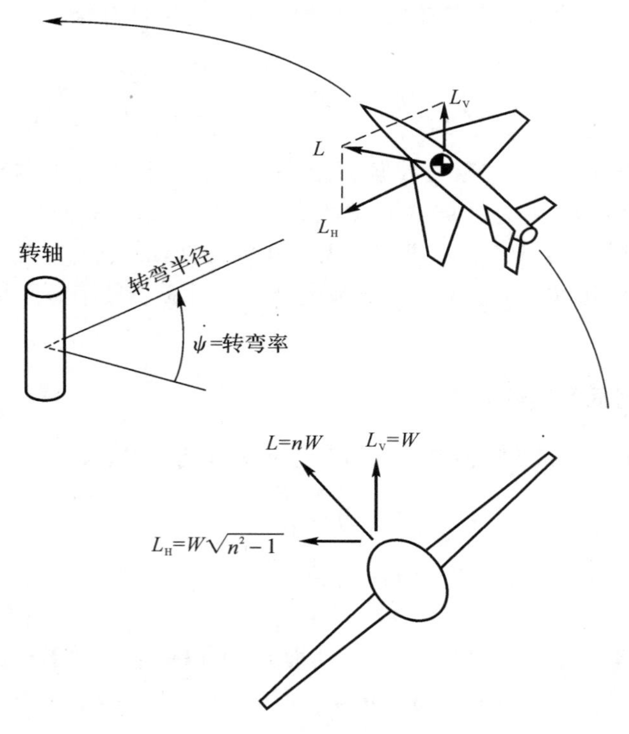

图 14-5 水平转弯几何关系

转弯率($d\psi/dt$) 等于角加速度除以飞行速度，即

$$\dot{\psi}=\frac{W\sqrt{n^2-1}}{(W/g)V}=\frac{g\sqrt{n^2-1}}{V} \tag{14.52}$$

转弯率一般用度每秒(°/s)表示。式(14.52)中得出的是弧度每秒(rad/s),需要乘以 57.3 转换为 °/s。

14.4.1　瞬时转弯率

如果允许转弯时降低速度("瞬时转弯"),那么过载系数 n 只受限于最大升力系数或结构强度。图 14-6 所示为不同速度下典型战斗机转弯率的失速和结构强度限制。

失速限制和结构强度限制的交点定义了角点速度,它对应着最大瞬时转弯率。典型战斗机的角点速度为 560 ～ 650 km/h。在传统空战格斗中,总会尽快达到角点速度。

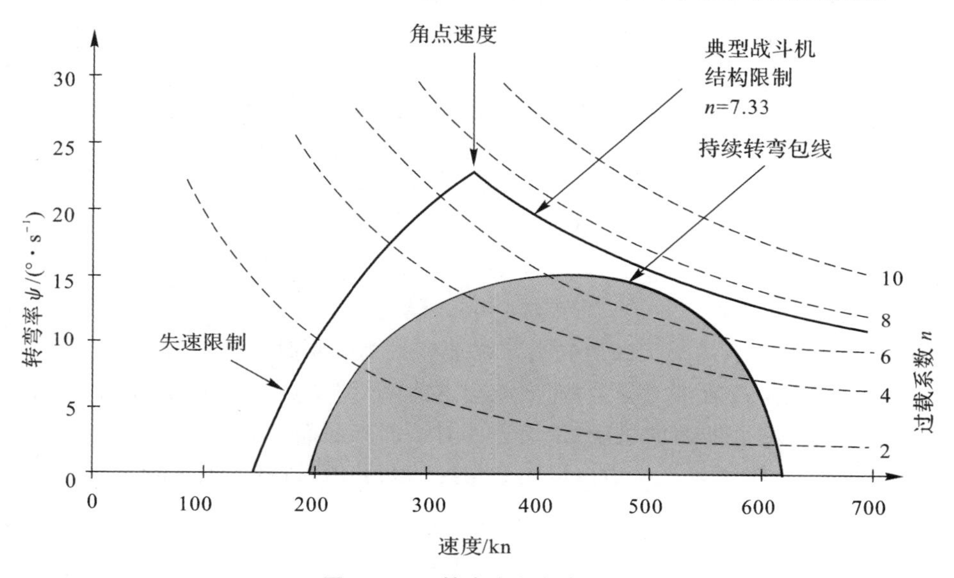

图 14-6　转弯率和角点速度

14.4.2　持续转弯率

对于持续转弯,不允许飞机降低速度或高度。在持续转弯过程中推力必须等于阻力,升力等于过载系数 n 乘以重量。因此最大过载系数可以表达为推重比和升阻比的乘积,这里假定推力线基本与飞行方向平行,则有

$$n=(T/W)(L/D) \tag{14.53}$$

为了以基本气动系数求解持续转弯的过载系数,在阻力表达式中代入 $C_L=nW/qS$,并令其等于零,可以推导出下式,它表示在给定状态下的最大可用持续过载系数,即

$$n=\sqrt{\frac{q}{K(W/S)}\left(\frac{T}{W}-\frac{qC_{D_0}}{W/S}\right)} \tag{14.54}$$

诱导阻力因子(K)是升力系数的函数,又因为 n 也是升力系数的函数,所以求解式(14.54)时需要用迭代的方法。

从式(14.53)可以看出,以最大升阻比[参见式(14.14)]对应的升力系数飞行,可以获得最大持续爬升率。使用这个升力系数,并令升力等于 n 乘以 W,可以求出最大持续转弯过载对应的速度或翼载为

$$L = nW = qS\sqrt{\frac{C_{D_0}}{K}} \tag{14.55}$$

图 14-6 所示为持续转弯率包线。它是使用式(14.52),通过不同飞行状态下的可用持续过载系数计算出的转弯率变化曲线。

14.4.3 推力矢量作用下的转弯率

推力矢量可以改善未来战斗机的转弯性能,并且已经在鹞式垂直起降战斗机上用于增进转弯率。推力的指向取决于要增加的是瞬时转弯率还是持续转弯率。

带推力矢量的水平转弯过程,过载系数乘以重量必须等于升力加上矢量推力的贡献,则有

$$nW = L + T\sin(\alpha + \varphi_T) \tag{14.56}$$

最大过载系数(和转弯率)对应的状态为将式(14.56)对矢量角度求导,并令其等于零,则有

$$\frac{\partial n}{\partial \varphi_T} = \frac{\partial}{\partial \varphi_T}\left[\frac{L}{W} + \frac{T}{W}\sin(\alpha + \varphi_T)\right] = \frac{T}{W}\cos(\alpha + \varphi_T) = 0 \tag{14.57}$$

求解可得

$$\varphi_T = 90^\circ - \alpha \tag{14.58}$$

式(14.58)表明,为获得最大瞬时转弯率需要使推力矢量垂直于飞行方向。

既然在飞行方向上没有推力分量,速度就会迅速降低。鹞式飞机的英国飞行员曾经用 90°的矢量来做出高转弯率并减速的机动,使追逐的对手冲到前面。

如果是持续转弯,阻力等于推力乘以矢量角度的余弦值,过载系数 n 可定义为

$$n = \left[\frac{T\cos(\alpha + \varphi_T)}{W}\right]\left(\frac{L}{D}\right) \tag{14.59}$$

令表达式对于推力矢量角的导数为零,则有

$$\frac{\partial n}{\partial \varphi_T} = \frac{T}{W}\sin(\alpha + \varphi_T)\left(\frac{L}{D}\right) = 0 \tag{14.60}$$

可得

$$\varphi_T = -\alpha \tag{14.61}$$

式(14.61)表明,为获得最大持续转弯率,推力矢量应该平行于飞行方向。如果飞机处于正迎角,推力应该向上偏(相对于机身轴),与自由来流方向平行。

14.5 滑　　翔

14.5.1 直线滑翔

滑翔类似于动力为零的爬升,式(14.36)和式(14.37)变为

$$D = W\sin\gamma \tag{14.62}$$

滑翔角 γ 与爬升中的角度定义相反,则有

$$L = W\cos\gamma \tag{14.63}$$

升阻比等于滑翔角正切值的倒数,则有

$$\frac{L}{D}=\frac{W\cos\gamma}{W\sin\gamma}=\frac{1}{\tan\gamma}\approx\frac{1}{\gamma} \tag{14.64}$$

在滑翔机的术语中,"滑翔比"定义为水平飞行距离与垂直高度降低量的比值,并且它等于升阻比。一架滑翔比达40的高性能滑翔机,高度每降低100 m,其水平飞行距离可以达到4 km。

在指定高度条件下,为了获得最大航程,需要使滑翔比最大化。这就要求飞机飞行在最大升阻比所对应的速度,如式(14.13)中的定义,在下文重新引用为

$$V_{\max L/D}=\sqrt{\frac{2W}{\rho S}\sqrt{\frac{K}{C_{D_0}}}} \tag{14.65}$$

最大升阻比对应的升力系数表达式为

$$C_{L_{\max L/D}}=\sqrt{\frac{C_{D_0}}{K}} \tag{14.66}$$

最大升阻比(滑翔比)式(14.15),此处重列为

$$\left(\frac{L}{D}\right)_{\max}=\frac{1}{2\sqrt{C_{D_0}K}}=\frac{1}{2}\sqrt{\frac{\pi Ae}{C_{D_0}}} \tag{14.67}$$

滑翔状态可以持续的时间取决于"下沉率",即垂直速度V_V,在滑翔状态下为负值。下沉率等于飞行速度乘以下沉角的正弦值,即

$$V_V=V\sin\gamma=\sin\gamma\sqrt{\left(\frac{W}{S}\right)\frac{2\cos\gamma}{\rho C_L}} \tag{14.68}$$

式(14.68)中既有正弦项又有余弦项。在下式中将正弦项转化为余弦项,则有

$$\sin\gamma=\frac{D}{L}\cos\gamma=\frac{C_D}{C_L}\cos\gamma \tag{14.69}$$

然后代入(14.68),得

$$V_V=\sqrt{\left(\frac{W}{S}\right)\frac{2\cos^3\gamma C_D{}^2}{\rho C_L{}^3}}\approx\sqrt{\frac{W}{S}\frac{2}{\rho(C_L{}^3/C_D{}^2)}} \tag{14.70}$$

一般情况下滑翔角比较小,余弦项可以忽略。

使式中包含C_L和C_D的项最大化,可以得到最小下沉率对应的升力系数,其公式为

$$\frac{\partial}{\partial C_L}\left(\frac{C_L{}^3}{C_D{}^2}\right)=\frac{\partial}{\partial C_L}\left[\frac{C_L{}^3}{(C_{D_0}+KC_L{}^2)^2}\right]=0 \tag{14.71}$$

求解,得

$$C_{L_{\text{minsink}}}=\sqrt{\frac{3C_{D_0}}{K}} \tag{14.72}$$

注意:这也是最小需用功率对应的升力系数,速度可以写作

$$V_{\text{minsink}}=\sqrt{\frac{2W}{\rho S}\sqrt{\frac{K}{3C_{D_0}}}} \tag{14.73}$$

最小下沉速度对应的升阻比为

$$\left(\frac{L}{D}\right)_{\text{minsink}}=\sqrt{\frac{3}{16KC_{D_0}}}=\sqrt{\frac{3\pi Ae}{16C_{D_0}}} \tag{14.74}$$

最小下沉率对应的速度等于76%的最佳滑翔比的速度。滑翔机飞行员在"升力"中(即在

上升气流中）按最小下沉率速度飞行；如果“升力”消失，它们加速到最佳滑翔比对应的速度，以便飞得尽量远，寻找下一个上升气流。

图 14－7 所示是滑翔机的下沉率的图示。这种图称为“速度极曲线”（speed-polar）或“速矢图”（hodograph），可以用于图示求解最小下沉率或最小滑翔比对应的速度。

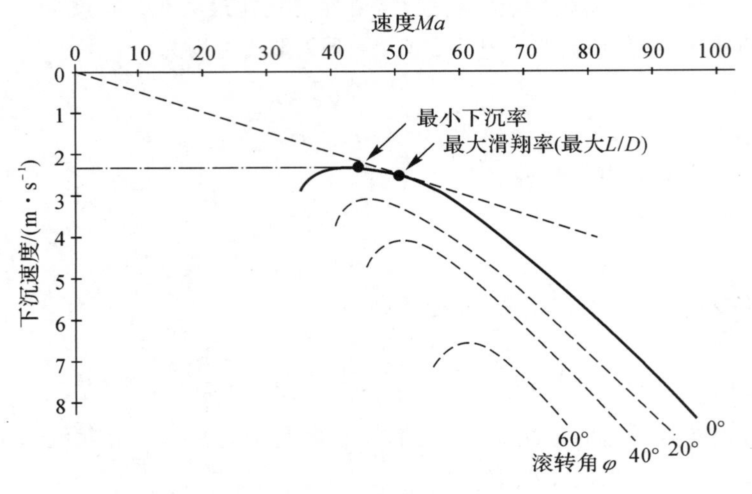

图 14－7　滑翔机下沉率

14.5.2　滑翔转弯

当滑翔机飞行员找到升力时，他们会小半径转弯，使自己留在上升气流中。转弯需要附加的升力，因此滑翔机会受到更高的阻力并会有更大的下沉率。式（14.63）中必须考虑滚转角 φ，即

$$L\cos\varphi = W\cos\gamma \approx W \tag{14.75}$$

转弯率等于向心加速度除以飞行速度，也等于速度除以转弯半径：

$$\dot{\psi} = a/V = V/R \tag{14.76}$$

这样，向心加速度可以表达为速度平方除以转弯半径：

$$a = V^2/R \tag{14.77}$$

在下式中，转弯的力，即升力的水平分量等于飞机质量乘以向心加速度：

$$L\sin\varphi = \frac{WV^2}{gR} = W\sqrt{n^2-1} \tag{14.78}$$

式（14.78）既可以求解滚转角，也可以求解过载系数对应的转弯半径：

$$R = \frac{V^2}{g\tan\varphi} = \frac{V^2}{g\sqrt{n^2-1}} \tag{14.79}$$

在（14.70）中用 $C_L\cos\varphi$ 替代 C_L，可以求出垂直速度（下沉率），其结果为

$$V_V = \frac{1}{\cos^{3/2}\varphi}\sqrt{\left(\frac{W}{S}\right)\frac{2}{\rho(C_L{}^3/C_D{}^2)}} \tag{14.80}$$

它相当于前面的结果除以 $\cos\varphi$，导致了结果中的 3/2 幂次项。将式（14.75）代入式（14.79）可得转弯半径为

$$R=\frac{2W}{\rho SC_L g\sin\varphi} \tag{14.81}$$

因为式(14.80) 中的 φ 项不随速度改变，所以前面关于最佳滑翔比和最小下沉率的结果依然有效。

低速滑翔机在转弯飞行中有一个特殊问题，即沿翼展方向的速度变化。转弯内侧的机翼可能会因速度过低而失速。图 14-8 演示了这个问题。速度以转轴为原点，沿翼展方向线性变化。滚转角导致翼展变短(从前方看去)，下式显示出这种效应：

$$V=V_{\text{c. g.}}\left(1+\frac{Y}{R}\cos\varphi\right) \tag{14.82}$$

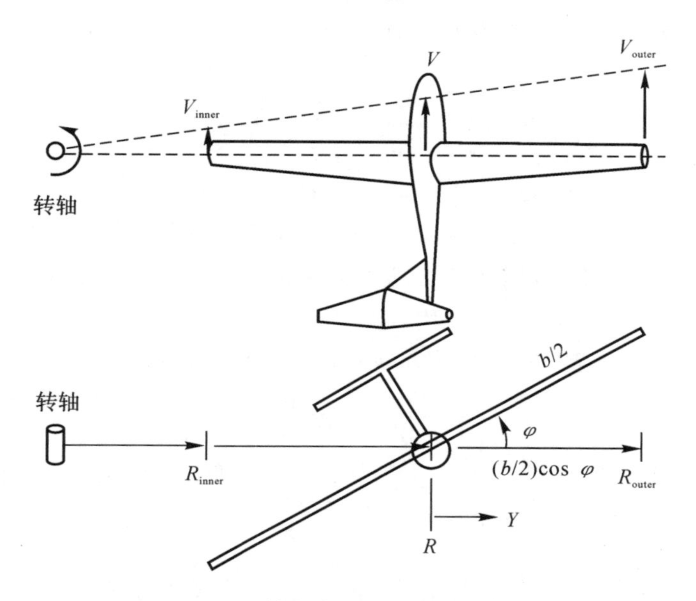

图 14-8　转弯半径对翼尖速度的影响

下式中，内部机翼翼尖的速度表示为翼展、转弯半径和滚转角的函数，则有

$$V_{\text{inner}}=V_{\text{c. g.}}\left(1-\frac{b}{2R}\cos\varphi\right) \tag{14.83}$$

在常规飞行速度下，利用一个小副翼增大内翼升力系数可以很容易地纠正这种速度差异。不过，如果飞行接近失速速度，甚至中等滚转角都可能使内翼翼尖减到失速速度，造成单翼失速，进一步会导致尾旋。McCready 的人力飞机 Gossamer Condor 飞行速度很低，在转弯时曾遇到过这种问题。

14.6　能量机动法

14.6.1　能量方程

战斗机飞行员都知道保持能量是生存和成功的关键。在一战中飞行员总希望从上方进入空战，这样可以将势能转化为动能，以增大速度或转弯率。

喷气战斗机的空战机动很大程度上取决于转换势能和动能以获得位置优势，因此需要管理飞机的总能量。这种直觉上的优势准则可以用分析方法确定，并用于飞机设计。

在任意时间，飞机的总能量（“能量状态”）是动能和势能的总和，即

$$E = Wh + \frac{1}{2}\left(\frac{W}{g}\right)V^2 \tag{14.84}$$

除以飞机的重量可得“单位能量”(h_e)为

$$h_e = \frac{E}{W} = h + \frac{1}{2g}V^2 \tag{14.85}$$

单位能量与距离的量纲相同，也称作“能量高度”，当速度为零时它等于飞机的实际高度。

功率等于所用能量随时间的变化率，因此单位使用功率($P_{s_{used}}$)可以定义为飞机单位时间增加高度或速度的值，则有

$$P_{s_{used}} = \frac{dh_e}{dt} = \frac{dh}{dt} + \frac{V}{g}\frac{dV}{dt} \tag{14.86}$$

由于单位能量的量纲为距离，所以单位功率的量纲为距离除以时间(m/s)。

获取高度或速度增量需要能量。在需用功率和可用功率的讨论中曾提出，剩余功率既可以用来爬升也可以用来加速。剩余功率定义为剩余推力($T-D$)乘以速度，即

$$P = V(T-D) \tag{14.87}$$

单位剩余功率(P_s)为剩余功率除以重量，等于单位使用功率 $P_{s_{used}}$，即

$$P_s = \frac{V(T-D)}{W} = \frac{dh}{dt} + \frac{V}{g}\frac{dV}{dt} \tag{14.88}$$

阻力和 P_s 是飞机过载系数的函数。过载越高，阻力越大，因而可用剩余功率越小。公式(14.88)可以写成过载系数和气动系数的形式：

$$P_s = V\left(\frac{T}{W} - \frac{qC_{D_0}}{W/S} - n^2\frac{K}{q}\frac{W}{S}\right) \tag{14.89}$$

注意：这里的 T/W 和 W/S 都是对应于当时飞行状态的，而不是起飞状态。

单位剩余功率 P_s 与爬升率的单位相同。实际上，如果水平加速度(dV/dt)等于零，则公式(14.88)等同于爬升率公式。当过载系数为1，并且飞行员选择最大功率等速爬升，P_s 实际上等于爬升率。

如果 P_s 等于零，即飞机的阻力等于推力，没有剩余功率。这并不一定意味着不能爬升或加速。事实上，如果总能量等于零，那么飞机会处于等速平飞，或减速上升，或加速下降的状态。

式(14.88)和式(14.89)假设推力线大致与飞行方向平行。如果实际中不是这样，那么需将推力沿升力和阻力方向分解，得

$$P_s = V\left\{\frac{T\cos(\alpha+\varphi_r)}{W} - \frac{qC_{D_0}}{W/S} - \frac{n^2K}{WqS}[W - T\sin(\alpha+\varphi_r)]\right\} \tag{14.90}$$

14.6.2 P_s 图

对于任意指定高度，根据气动系数和发动机装机推力数据，可以用式(14.89)计算出不同马赫数和过载系数对应的 P_s。新研制战斗机的设计要求中会有大量的“必须达到或超过”的 P_s 点，比如说，高度为 10 000 m、速度为 Ma0.9、过载 $n=5$ 时 $P_s=0$。

P_s 通常用各个高度下不同马赫数对应的曲线来表示，如图 14－9 所示。计算机特别适合于这方面的处理。

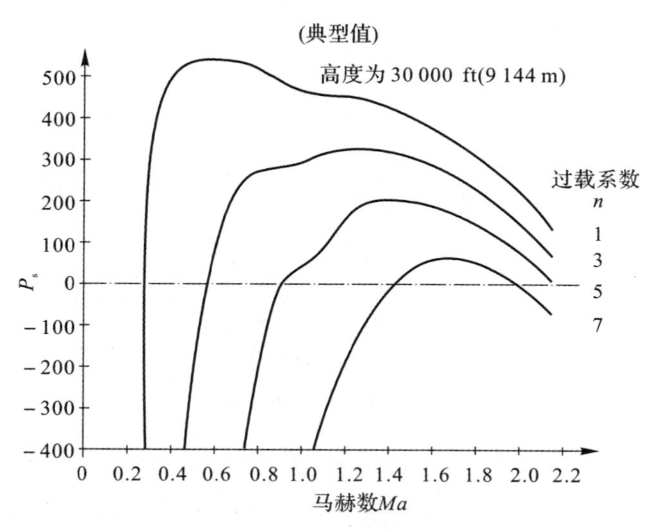

图 14－9　不同马赫数和过载系数下的 P_s

根据不同高度的 P_s 图，可以得出几种附加的图表。

对于给定的高度和马赫数，可以确定不同过载系数对应的水平转弯率，画出与 P_s 对应的曲线(见图 14－10)。图 14－10 中画出了与对手机型的比较 —— 由于在相同的 P_s 下有更高的转弯率，新机型能够在对手内侧转弯，并且不损失相对能量。实际作战过程中，即使 2 °/s 的优势也是相当可观的。

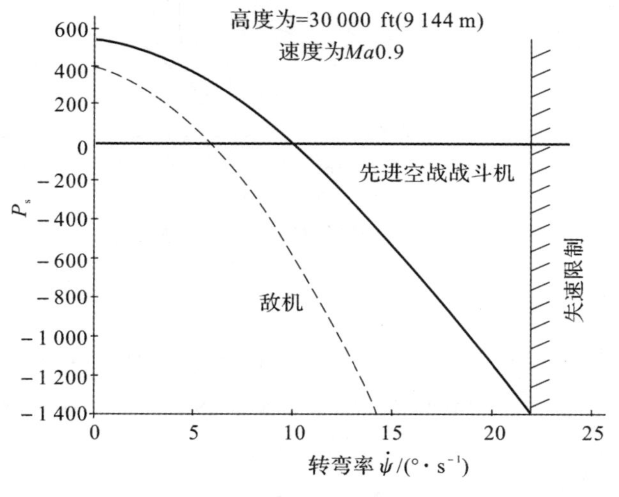

图 14－10　P_s 与转弯率

图 14－11 所示为给定速度和高度范围内不同过载系数下的 P_s＝0 的等值线。这是评估新战斗机方案的主要工具，还可以用来进行两架飞机的比较。为了在空中缠斗中获胜，一架飞机必须拥有涵盖着对手的 P_s＝0 等值线。

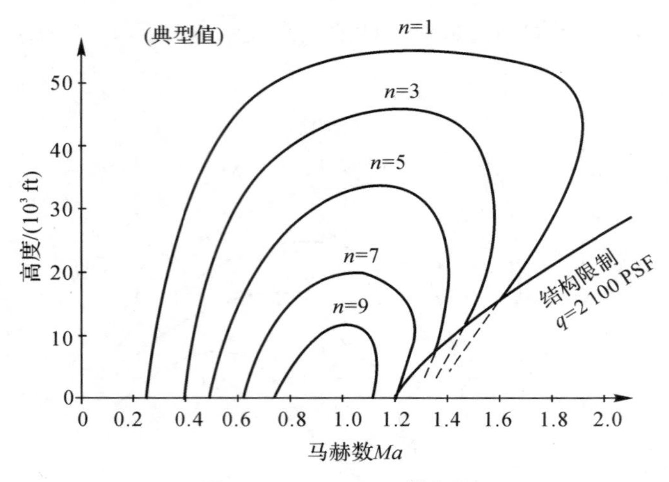

图 14-11　$P_s=0$ 等值线

图 14-12 所示为给定速度和高度范围内给定过载系数下的 P_s 等值线。针对每个过载系数画出单独的曲线。过载等于 1 的曲线特别重要,因为它提供了爬升率和升限,并且也可用于确定最优爬升策略。

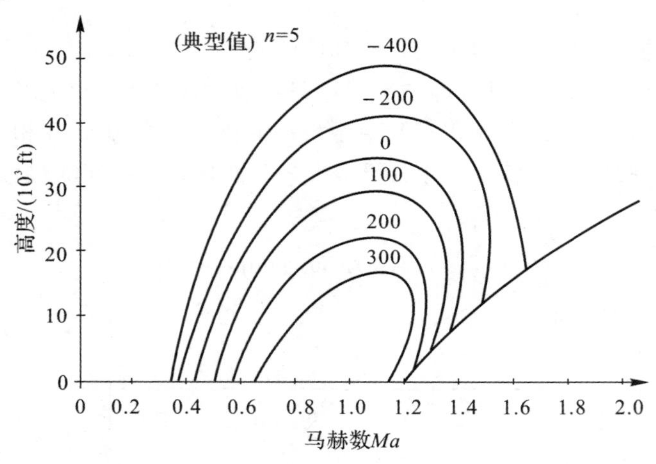

图 14-12　固定过载系数的 P_s 等值线

14.6.3　最短爬升时间轨迹

图 14-13 画出了能量高度与马赫数和飞行高度的关系,它是式(14.85)的直观体现,与具体的飞机无关。比如说,如果飞行速度为 Ma0.9、高度为 10 000 m,那么无论 F-16 或是波音 747,其能量高度都为 13 707 m。

式(14.86)可以重新组织成以下形式:

$$dt=\frac{dh_e}{P_s} \tag{14.91}$$

式(14.91)表达出时间增量等于 P_s 的倒数乘以能量高度的增量。将其积分,可得

$$t_{1-2}=\int_{h_{e1}}^{h_{e2}}\frac{1}{P_s}dh_e \tag{14.92}$$

式(14.92) 即一定量的能量改变所需的时间。

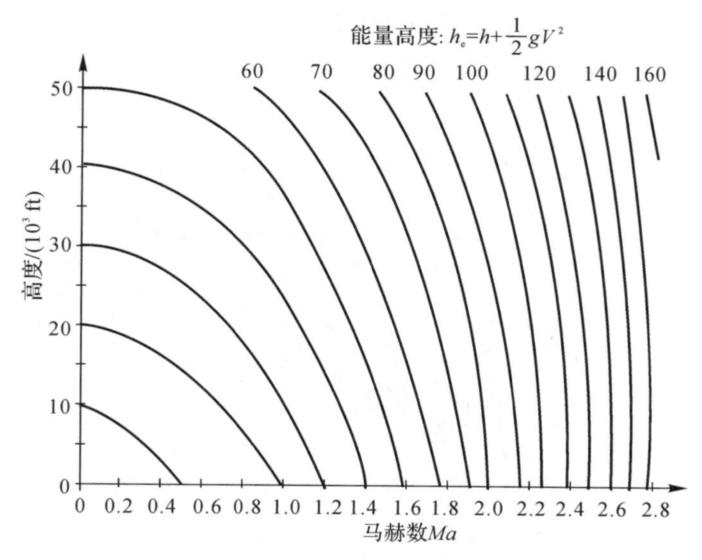

图 14-13　恒定能量高度曲线

式(14.92) 表明,为了在最短时间内改变能量高度,需要在飞行过程中始终保持 P_s 最大。这种情况对应于 $\lg P_s$ 的马赫数-高度图(见图 14-13) 中 P_s 曲线与能量高度曲线(见图 14-14) 相切的点。

在图 14-14 中,将典型现代高推力战斗机的 $\lg P_s$ 曲线覆盖在图 14-14 的 h_e 曲线上。最短爬升时间对应的轨迹通过一系列 P_s 曲线与 h_e 曲线相切的点。对于这架飞机来说,最短爬升时间对应于在低高度加速至跨声速,然后以大约恒定的指示空速(即动压) 急剧爬升,如图 14-14 中最佳轨迹所示。

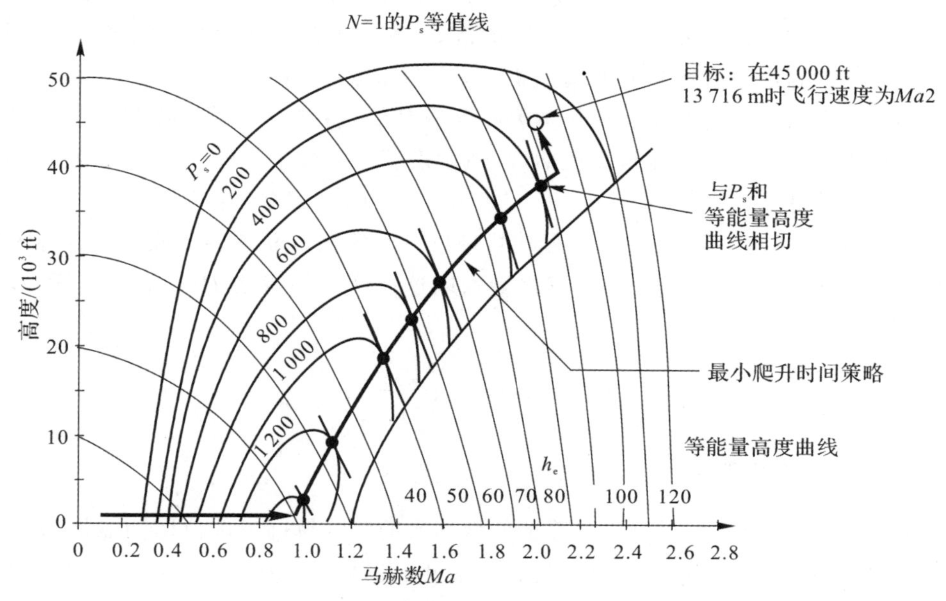

图 14-14　最小爬升时间策略(大推力战斗机)

图 14-15 所示是一架典型的 1960 年代战斗机的 $\lg P_s$ 曲线。这类飞机的推力明显偏小，在跨声速段会遇到“推力紧缺”—— 这时推力与阻力的差值几乎降至零。因此 P_s 等值线形成了“驼峰” 形状。

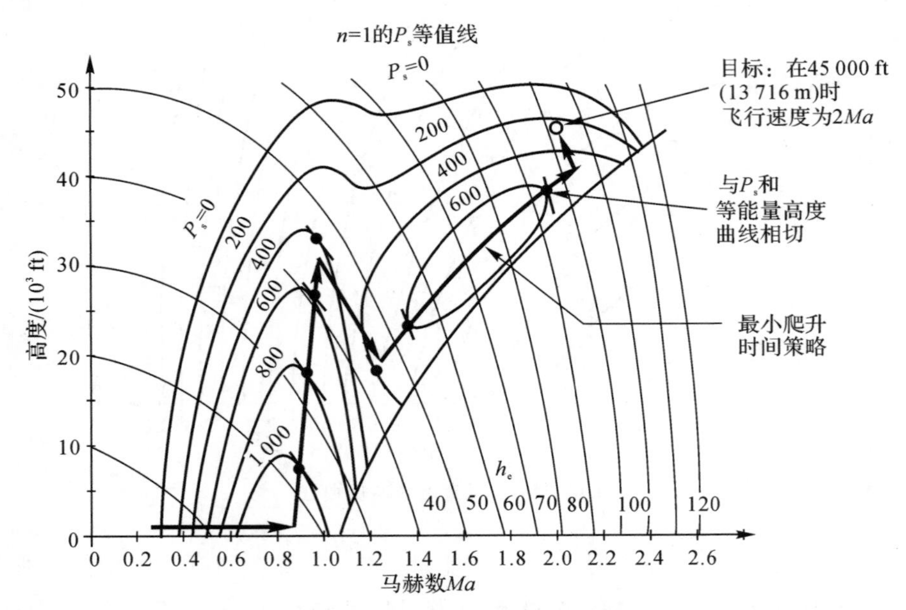

图 14-15　最小爬升时间策略(超声速运输机或小推力战斗机)

为实现最短时间爬升，要求从一个“驼峰” 跳到另一个“驼峰”。这需要沿着与两边“驼峰” 上相同数值的 P_s 曲线相切的能量高度等值线爬升或俯冲，如图 14-15 所示。

在图 14-15 中，为了使爬升时间最短，需要俯冲冲过 $Ma\,1$。这对于早期喷气飞机是很常见的，基本上是出于直觉。因为在跨声速区推力与阻力的差值接近于零，所以加速度很小，可能需要很长时间来加速。俯冲策略可以缩短时间，而在后期随着速度的提高和阻力的降低，可以很容易重新获得高度。有些超声速运输机也采用了这种策略。

这种方法没有限制最终速度。如果需要在爬升到给定高度时还要达到指定的速度，那就需要一直飞到预定最终状态的能量高度曲线，然后沿着这条能量高度曲线爬升或俯冲，达到最终要求的高度和速度。

实际爬升时间可以用式(14.92) 对最佳轨迹进行数值积分获得。改变能量高度所需的时间可以近似用下式来计算，用能量高度变化量除以这一区间的平均 P_s，减小步长可以提高积分精度，则有

$$t_{1-2} \approx \frac{\Delta h_e}{(P_s)_{\text{average}}} \tag{14.93}$$

14.6.4　最低油耗爬升

将能量公式做一些修改，就可以计算最低耗油量的爬升轨迹。单位燃油能量(f_s) 定义为单位燃油消耗所引起的能量变化。从下式可以看出，该值等于 P_s 除以燃油流量，燃油流量为推力乘以单位耗油率，则有

$$f_s = \frac{dh_e}{dW_f} = \frac{dh_e/dt}{dW_f/dt} = \frac{P_s}{CT} \tag{14.94}$$

类似于 P_s，也可以计算出不同速度和高度的 f_s，在马赫数-高度图表上画出等值线，如图图 14－16 所示。

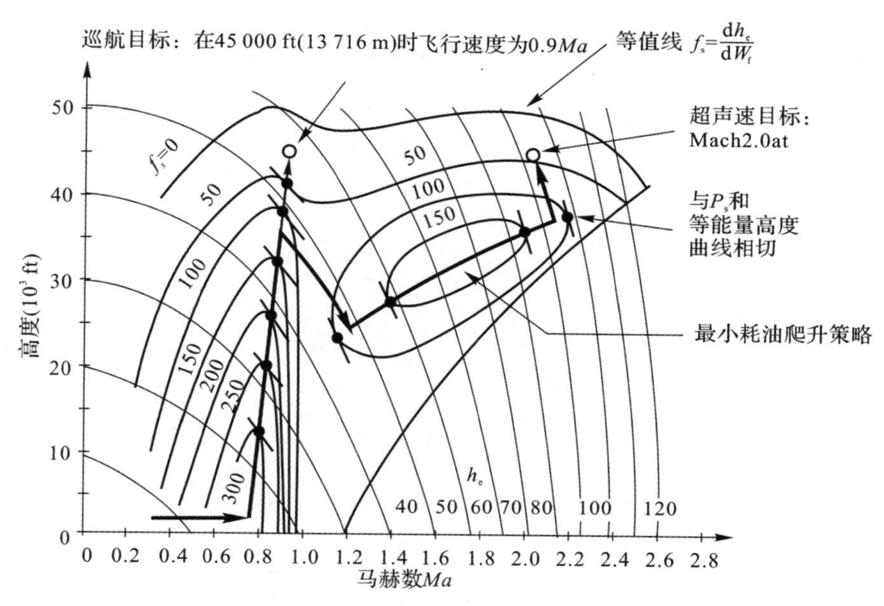

图 14－16 爬升最小耗油量

式(14.95) 是将式(14.94) 重新整理，得出能量高度(h_e) 变化对应的燃油消耗量，则有

$$W_{f_{1-2}} = \int_{h_{e1}}^{h_{e2}} \frac{1}{f_s} dh_e \tag{14.95}$$

当每个能量高度值对应的 f_s 都最大时，燃油消耗最少。这意味着最低油耗爬升轨迹通过一系列 f_s 等值线和 h_e 等值线相切的点，如图 14－16 所示，它与确定最短爬升时间轨迹的图非常相似，则有

$$W_{f_{1-2}} \approx \frac{\Delta h_e}{(f_s)_{\text{average}}} \tag{14.96}$$

沿着最低油耗轨迹数值积分，可以求出爬升过程的燃油消耗，也可以用式(14.96) 近似计算。

14.6.5 任务段重量比的能量法

包括能量高度增大的任意机动飞行的任务段重量比表达式为

$$\frac{W_i}{W_{i-1}} = \exp\left[\frac{-C\Delta h_e}{V(1-D/T)}\right] = \exp\left(\frac{-C\Delta h_e}{V\{1-[1/(T/W)(L/D)]\}}\right) \tag{14.97}$$

式(14.97) 可用于爬升或加速，或二者的组合。记住任务段重量比是任务段结束时的飞机总重除以任务段开始时的飞机总重。在前面章节讨论的定参数过程中可以使用这种方法。

可惜的是，降低能量高度的机动却不能如方程所示的那样生产出燃油(即将负的 Δh_e 值代入方程，会得到重量增大的结果)。

14.7 使用包线

飞机的“使用包线”或“飞行包线”是指飞机可以达到的高度和速度组合。“平飞使用包线”更进一步地把飞机限制为定常水平飞行。

图 14 - 17 所示为典型战斗机的使用包线。战斗机的使用包线是最复杂的，包含了其他各类飞机的所有的情况。

水平飞行的使用包线是由 $P_s=0$ 和失速限制决定的。$P_s=0$ 限制通常画出最大推力和军用(不加力) 推力两种情况。

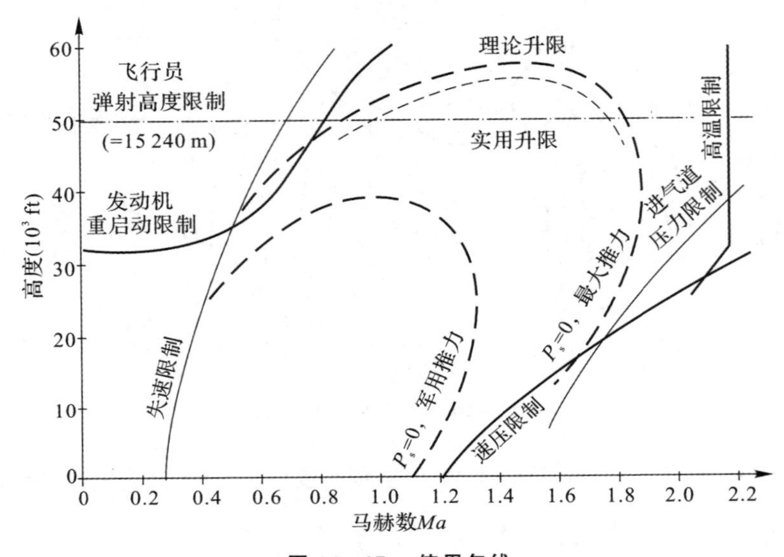

图 14 - 17 使用包线

$P_s=0$ 和失速限制随着飞机的重量而改变，因此必须在重量方面做一些假定。通常分别针对起飞重量、巡航重量或空战重量计算使用包线。

“理论升限”(绝对升限) 是 $P_s=0$ 的最大高度，而在“实用升限”对应的高度还具备较小的爬升能力(即 $P_s>0$)——FAR 要求：螺旋桨飞机为 100 ft/min，约等于 0.5 m/s；喷气飞机为 500 ft/min。军用规范要求实用升限对应 100 ft/min(美国海军规定为 300 ft/min)。

对于某些喷气飞机，可用升限的限制在于飞行员。在 15 000 m 以上，如果没有类似宇航员的加压服或密封舱，弹射逃生的机会相当渺茫。这就限制了图 14 - 17 中的可用升限。

许多喷气飞机的平飞使用包线受限于低速压发动机工作限制。在高空低速条件下，如果发动机熄火，可能没有足够的空气使它重新启动。同样，也可能无法使用或启动加力。这些限制由发动机厂商提供。

在图 14 - 17 中还有结构方面的限制。外部流动的动压直接作用在结构表面，则有

$$q=1/2\rho_\infty V_\infty{}^2=0.7P_{\text{static}}M^2 \tag{14.98}$$

设计要求中会规定最大动压限制，结构设计师作应力分析时也要用到这个限制。典型战斗机的动压限制为 86 ~ 105 kN/m²，这相当于海平面高度跨声速飞行。

进气道里的气压大于自由来流的压力，因为进气道内部速度降低(一般在发动机前端降到

$Ma0.4 \sim Ma0.5$)。可以用下式计算来流的总压,从标准大气表中可以查出所要计算高度的大气静压,则有

$$P_{T_0} = P_{\text{static}}(1 + 0.2Ma^2)^{3.5} \tag{14.99}$$

还有一个温度限制,归因于蒙皮的气动加热,它与所选用的结构材料有关。

14.8　起飞分析

图 14-18 所示为起飞分析中的各个阶段。地面滑跑包括两段 —— 水平滑跑和抬前轮到起飞离地迎角的滑跑。离地后,飞机沿着大致为圆弧的轨迹("过渡段")直到爬升迎角。

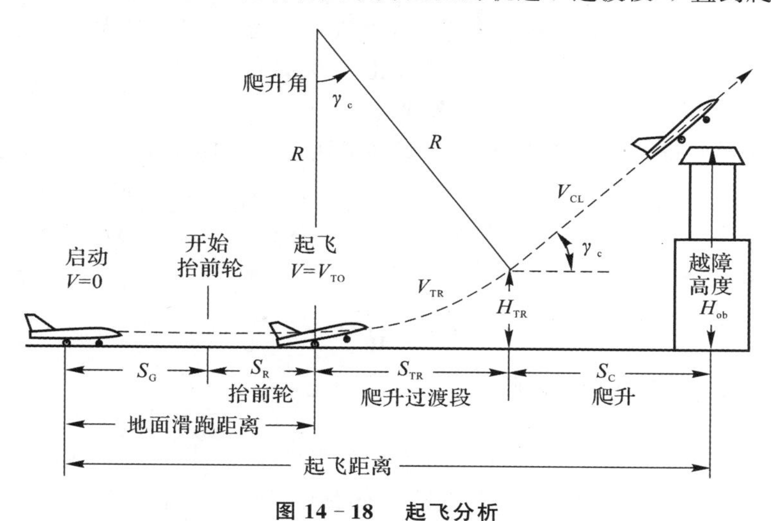

图 14-18　起飞分析

14.8.1　地面滑跑

地面滑跑过程中,飞机的受力包括推力、阻力和机轮摩擦力,其中最后一项可以表达为滚动摩擦阻力因数 μ 乘以机轮所承受的重量($W - L$)。在硬质跑道上,典型滚动摩擦因数为 0.03。不同跑道表面的系数值见表 14-1。

表 14-1　地面滚动摩擦因数

表　面	典型 μ 值	
	滑跑(松开刹车)	刹　车
干燥混凝土/沥青	0.03～0.05	0.3～0.5
潮湿混凝土/沥青	0.5	0.15～0.3
结冰混凝土/沥青	0.02	0.06～0.10
硬草地	0.05	0.4
坚实土地	0.04	0.3
软草地	0.07	0.2
潮湿草地	0.08	0.2

飞机的加速度可以扩展为包含气动系数的形式，即

$$a = \frac{g}{W}[T - D - \mu(W - L)] = g\left[\left(\frac{T}{W} - \mu\right) + \frac{\rho}{2W/S}(-C_{D_0} - KC_L{}^2 + \mu C_L)V^2\right] \tag{14.100}$$

这就需要计算飞机在起落架放下、襟翼处于起飞构型并考虑地面效应的升力和阻力。升力系数取决于飞机在地面的迎角(相对于零升迎角测量)。

将速度与加速度的比值积分，可得地面滑跑距离为

$$S_G = \int_{V_i}^{V_f} \frac{V}{a} dV = \int_{V_i}^{V_f} \frac{1}{a} d(V^2) \tag{14.101}$$

注意：这里有个数学上的简化技巧，把对 V 的积分转换为对 V^2 的积分。

起飞速度不能小于 1.1 倍的失速速度。计算失速速度时，设定最大升力系数，用升力等于重力的平衡关系式即可求出。最大升力系数取起飞构型的襟翼位置。注意，起落架的几何特性可能会限制起降时的最大迎角(和升力系数)。

将(14.101) 展开得到的从初始速度 V_i 到终了速度 V_f 的地面滑跑距离表达式为

$$S_G = \frac{1}{2g}\int_{V_i}^{V_f} \frac{1}{K_T + K_A V^2} dV^2 = \left(\frac{1}{2gK_A}\right)\ln\left(\frac{K_T + K_A V_f^2}{K_T + K_A V_i^2}\right) \tag{14.102}$$

式中：K_T 的定义为

$$K_T = \frac{T}{W} - \mu \tag{14.103}$$

K_T 包含推力项，K_A 包含气动项，则有

$$K_A = \frac{\rho}{2(W/S)}(\mu C_L - C_{D_0} - KC_L^2) \tag{14.104}$$

式(14.102) 可以积分得出任意起始速度到任意终了速度的地面滑跑距离。对于起飞，起始速度为零，终了速度为 V_{TO}。地面滑跑过程中实际推力总会有些变化，所以必须使用平均推力值。因为是对速度平方积分，所以应该使用 70%($1/\sqrt{2}$) 时的推力值。

为了更精确，可以将起飞滑跑过程分成多个小段，分别使用每个小段的平均推力进行积分。平均推力值为每段 70% 速度增量所对应的推力。另外，K 也可能因地面效应而有所降低。

抬前轮的时间主要取决于飞行员，并且通常不会用到最大平尾偏角。一般可以假设大飞机的抬前轮滑跑时间为 3 s，在这期间的加速度可以忽略，因此地面滑行距离约为 $3V_{TO}$。对于小飞机，这段时间为 1 s 量级，因此 $S_R = V_{TO}$。

14.8.2 过渡段

在过渡段，飞机从起飞速度($1.1V_{stall}$) 加速到爬升速度($1.2V_{stall}$)。因此过渡段的平均速度约为 $1.15V_{stall}$。可以假定过渡段的平均升力系数为 90% 的最大升力系数(起飞襟翼构型)。下式为以过载系数表达的平均垂直加速度的方程，即

$$n = \frac{L}{W} = \frac{1/2\rho S(0.9C_{L_{max}})(1.15V_{stall})^2}{1/2\rho SC_{L_{max}}V_{stall}^2} = 1.2 \tag{14.105}$$

垂直加速度等于 1.0 加上飞机沿圆弧轨迹过渡的向心加速度，则有

$$n = 1.0 + \frac{V_{TR}^2}{Rg} = 1.2 \tag{14.106}$$

可以求出圆弧半径为

$$R=\frac{V_{TR}^2}{g(n-1)}=\frac{V_{TR}^2}{0.2g} \tag{14.107}$$

过渡段末端的爬升率 γ 可以用下式求出，即

$$\sin\gamma_{climb}=\frac{T-D}{W}\approx\frac{T}{W}-\frac{1}{L/D} \tag{14.108}$$

爬升角等于过渡段圆弧的圆心角(见图 14－18)，因此可以用下式算出过渡段的水平距离为

$$S_T=R\sin\gamma_{climb}=R\left(\frac{T-D}{W}\right)\approx R\left(\frac{T}{W}-\frac{1}{L/D}\right) \tag{14.109}$$

根据图 14－18 的几何关系也可算出高度增量为

$$h_{TR}=R(1-\cos\gamma_{climb}) \tag{14.110}$$

如果在过渡段结束前就越过了障碍高度，那么可以用下式来计算过渡段距离：

$$S_{TR}=\sqrt{R^2-(R-h_{TR})^2} \tag{14.111}$$

14.8.3 爬升

最后，爬升超过越障高度对应的水平距离为

$$S_c=\frac{h_{obstacle}-h_{TR}}{\tan\gamma_{climb}} \tag{14.112}$$

军机和小型飞机的越障高度为 50 ft(15.24 m)，商用飞机为 35 ft(10.7 m)。

如果在过渡段结束前就越过了障碍高度，则 S_c 等于零。

14.8.4 平衡场长

平衡场长是指单台发动机在决策速度 V_1 失效时，飞机上升到越障高度的起飞距离。所谓“决策速度”，是单发失效的情况下，飞机继续起飞的距离和刹车直到停止的距离相等。如果发动机失效发生在决策速度之前，飞行员很容易刹车停下来；如果超过了决策速度，那么必须继续起飞。

上述提到一个估算平衡场长的经验方法。相关资料中建立了一个更加详细的方程，即

$$\text{BFL}=\frac{0.863}{1+2.3G}\left(\frac{W/S}{\rho g C_{L\_climb}}+h_{obstacle}\right)\left(\frac{1}{T_{av}/W-U}+2.7\right)+\left(\frac{655}{\sqrt{\rho/\rho_{SL}}}\right) \tag{14.113}$$

对于喷气飞机

$$T_{av}=0.75T_{takeoff\_static}\left(\frac{5+\text{BPR}}{4+\text{BPR}}\right) \tag{14.114}$$

对于螺旋桨飞机

$$T_{av}=5.75\text{bhp}\left[\frac{(\rho/\rho_{SL})N_e D_p^2}{\text{bhp}}\right]^{\frac{1}{3}} \tag{14.115}$$

式中：BFL —— 平衡场长(ft)；

G ——$G=\gamma_{climb}-\gamma_{min}$；

γ_{climb} ——$\gamma_{climb}=\arcsin[(T-D)/W]$(单发失效，爬升速度)；

γ_{min} ——$\gamma_{min}=0.024$(双发)，0.027(三发)，0.030(四发)；

C_{L_climb}—— 爬升速度($1.2V_{stall}$)下的升力系数；
$h_{obstacle}$—— 民机为 35 ft,军机为 50 ft；
U ——$U=0.01\ C_{L\max}+0.02$,对应起飞时的襟翼位置；
T_{av} —— 平均推力；
BPR —— 涵道比；
bhp —— 发动机制动马力；
N_e —— 发动机数量；
D_p —— 螺旋桨直径(ft)。

如果要更精确地计算平衡场长,需要先假定一个 V_1,积分计算对应于这个速度单发失效情况下的地面滑跑距离,然后与在 V_1 刹车的距离对比。迭代调整 V_1 的数值直到起飞距离(包括越障 35 ft) 与刹车距离相等。

一般会假定飞行员需要等1 s才能判断出发动机故障,并实施刹车。计算平衡场长时不允许采用反推力。为了在单台发动机失效的情况下仍有正的爬升率,飞行员一般不会以最小起飞速度离地,因为此时升致阻力很大,一般会延迟一会,直到获得稍高的速度,这样可以使总的平衡场长最短。这大概会比最低起飞速度大 20% ~ 40%。

14.9 着陆分析

着陆与起飞很像,只是方向相反。图 14-19 所示为着陆分析的示意,基本上包含着与起飞相同的因素。注意:着陆分析所用的飞机重量是在设计要求中规定的,一般为 80% ~ 85% 的起飞总重。一般情况下,如果起飞后马上要紧急着陆,就需要抛放出大量的燃油。

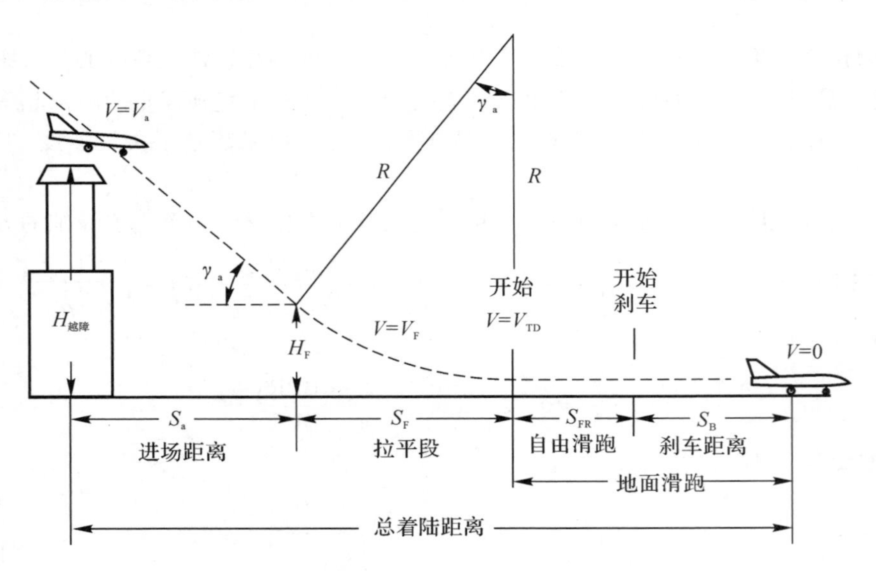

图 14-19 着陆分析

14.9.1 进场

进场始于越障高度(50 ft/15.24 m)。进场速度 V_a 不小于 $1.3V_{stall}$(军机为 $1.2V_{stall}$)。设

定发动机为慢车状态，襟翼完全偏转，用式(14.108)可以算出最陡进场角度。

运输机的进场角不应大于 3°(0.052 rad)，这可能需要推力比慢车状态稍大一些。在公式(14.112)中代入拉平高度 h_f 可以计算进场距离。

14.9.2　拉平

接地速度 V_{TD} 为 $1.15V_{stall}$(军机为 $1.1V_{stall}$)。拉平过程中飞机的速度从 V_a 降到 V_{TD}，因而拉平过程的平均速度 V_f 为 $1.23V_{stall}$(军机为 $1.15V_{stall}$)。在式(14.107)代入 V_f 可以计算拉平弧线的半径，对于典型飞机，其中的 $n=1.2$。

可以用式(14.110)计算拉平高度，用式(14.109)计算拉平段水平距离。

虽然速度从 V_a 降到 V_{TD} 意味着多余出来能量(因而会增大距离)，但这可以忽略，因为飞行员通常会在开始拉平时完全收住油门。

14.9.3　地面滑跑

接地以后，飞机会自由滑跑几秒，然后飞行员踩下刹车。这段距离等于 V_{TD} 乘以设定的延迟时间(1 ～ 3 s)。

刹车距离的计算公式与起飞时所用的相同[见式(14.102)]。初始速度为 V_{TD}，最终速度为零。

发动机推力为慢车状态。如果喷气机配备反推力装置，那么推力可以为负值，大概相当于40%或 50%的最大前向推力。

在很低速度下不能使用反推力，因为可能造成燃气再吸入。反推力截止速度由发动机制造商确定，一般大约为 50 kn(85 ft/s 或 93 km/h)。因此地面滑跑也必须分成两部分，在式(14.102)中分别使用相应的发动机推力值(截至速度之前为负值，低于截至速度后为正的慢车状态推力值)。

反桨可以产生反向推力，大约为 40%的正向静推力(涡桨为 60%)，而且可以在整个着陆滑跑过程中使用。

阻力项中可能包括扰流板、减速板和减速伞的阻力。减速伞的阻力系数为 1.4 乘以展开后的前向投影面积，再除以机翼参考面积。

刹车可以显著增大滑行摩擦力。对于民机，硬质跑道表面摩擦因数 μ 的典型值为 0.5，对军机为 0.3。不同表面的 μ 值见表 14 - 1。

FAA 规定，对于民用飞机，其着陆距离应该对上述计算结果再增加 2/3，以应对飞行员技术的差异。因此 FAR 场长等于进场、拉平和地面滑跑距离总和的 1.666 7 倍。

14.10　其他飞行性能的评价

标准的战斗机评价尺度，如转弯率、角点速度、过载系数和单位剩余功率 P_s 等，并不足以完全区分好的和不那么好的飞机。比如说，如果具有相同的转弯率- P_s 特性，但其中一架在大迎角情况会有不可预测和不可控的响应，那么两者的作战效率会显著不同。近来在建立考虑这种区别的新的战斗机评估准则方面有着广泛的关注。

目前的评价准则有以下不足：它们关注于稳态性能，然而真正的空战是不停改变飞行状态的。例如高速 yo-yo 机动——飞机快速拉起，然后滚转并以接近角点速度转弯数秒，最后滚转到几乎倒飞，再次拉起(向下)，然后滚转改出进入俯冲。

既然在角点速度的转弯率很重要，因而迅速转换飞行状态的能力也是非常重要的。更进一步，这些状态上的转变通常是同时进行的，比如同时俯仰和滚转。

其另一个不足之处在于现有的评价准则是适应于传统的机炮攻击，在这种模式下，最终希望处于尾随前方对手的状态。现代导弹已经非常先进，在战斗中首先瞄准对手的会赢，而不管它处于什么能量状态；更先进的导弹具备更好的“离轴发射”能力，甚至不需要调转机头，只要简单地“看到并发射”。

尽管如此，还是要记得，导弹很贵而且每架飞机只能携带很少量的导弹。未来战斗机仍然需要具备很好的传统空战能力。

目前的评价标准也体现不出非常规机动中所谓“解耦能量管理”的重要性。

“耦合量管理”是指在机动过程中动能和势能相互转换。比如高速 yo-yo 机动中，在初始爬升过程，动能转化为势能，而在转完之后势能转回动能。这使得飞机的运动可预测。

但在解耦能量管理中，动能和势能各自变化。比如说，如果在飞行中使用大尺寸减速板和反推力，可能会很快减速，而同时高度并不增加。

图 14-20 所示是“能量管理包线”的评价准则。在这个能量机动中的扩展版本，画出了转弯率与最大和最小(最大负值)P_s 值对应关系的曲线。如果有合适的控制推力和阻力的手段，飞行员就可以在包线内选择恰当的 P_s 水平来控制自身的能量状态。像图 14-20 中的传统评估方法则只考虑能获得的最大 P_s。

由图 14-20 可以看出，如果飞机在失速之后仍然可控，就可以有巨大的阻力，用来降低自身能量状态。在某些空战状态可以使用这种策略令对手冲过头。

转弯率与速度成反比。如果飞机可以瞬间降到非常低的速度(大大低于失速速度)，那么可以获得远超过常规飞机的转弯率，这样就能有首先发射导弹的机会。*X*-31 试验机已经应用了这种“过失速机动”。

“承载滚转”(loaded roll)主要用于评价迎角对滚转性能的影响。有不少战斗机在大过载时会丧失滚转能力，受限于气动弹性效应、反向偏航和副翼气流分离。如果飞机在高过载转弯时滚转得慢慢吞吞，会成为一个明显的缺点。图 14-21 所示为“好”飞机、“一般”的飞机和一架完全滚转反向的飞机的承载转弯性能的对比。

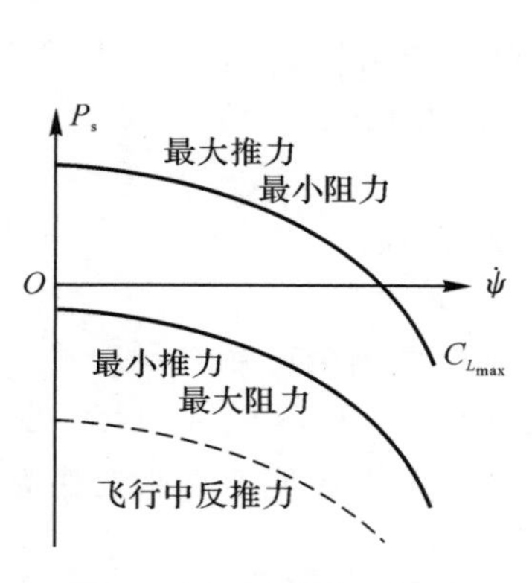

图 14-20　能量管理包线

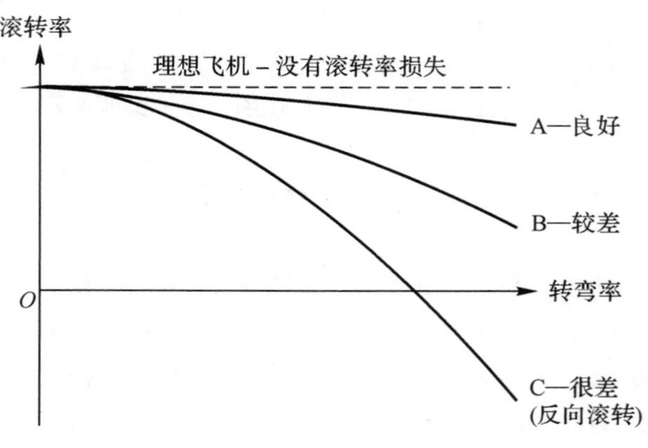

图 14-21　承载转弯对比

14.10.1 超机动和过失速机动

这种能力有多种称呼，如过失速机动、增强机动或超机动，它可以使飞机在近距离格斗中获得显著优势。随着X－31的成功试飞和YF－22演示了60°迎角飞行，这种能力终于达到成熟。超机动能力使战斗机可以更迅速地指向对手，在面对面空战中能够抢先发射导弹。这主要依赖于推力引导转弯和动态转弯，通常会涉及下面描述的大迎角机动。

与科幻电影中的情景相反，火箭只靠与飞行方向垂直的推力就可以在空间转弯(见图14－22)。这个过程中的转弯过载等于推力在垂直飞行轨迹上的分量处于飞行器的重量。转弯率可以简单表达为(gn/V)。

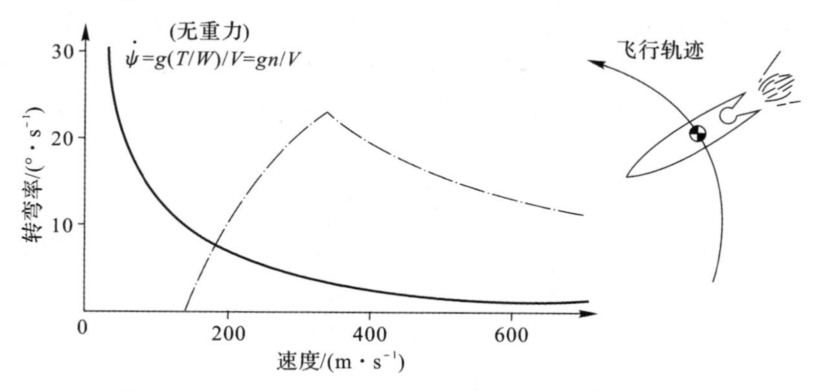

图14－22 推力引导转弯示例的转弯率曲线和飞行轨迹

如果速度为零，那么转弯率似乎会达到无穷大。虽然实际上会受到偏转能力的限制，但如果火箭的速度可以降到很低，则可以获得超高的转弯率。

飞机也可以使用推力来转弯，前提是它的推力可以偏转相当的角度，在垂直于飞行轨迹的方向上有较大分量。这可以通过3种方式实现。

图14－23是其中一种方法，直接将推力方向转到垂直于飞行轨迹，即在飞机重心位置或其附近使用推力矢量。这样，飞行员就可以随意偏转推力方向，无须担心推力造成的力矩。鹞式飞机采用了这种类推力矢量。在反向安装矢量推力垂直/短距起降飞机概念的提案中也有意向采用这种方案。

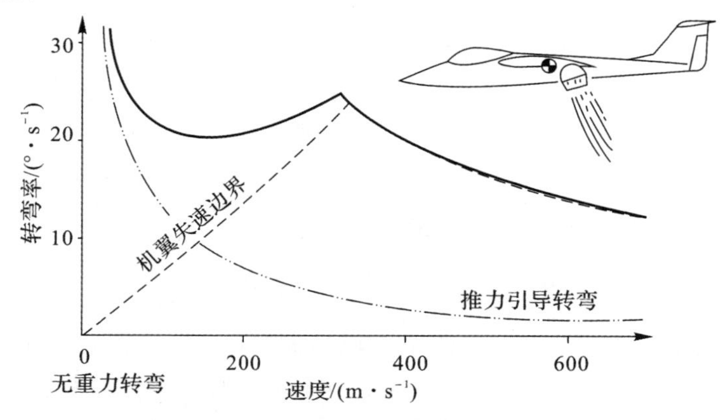

图14－23 矢量推力作用在重心位置的转弯特性的转弯率曲线

对于这种设计，转弯率曲线和矢量推力引导转弯率可以叠加起来。机翼可以保持最大升力对应的迎角，而喷管转到与飞行轨迹大致垂直的方向，从而获得最大瞬时转弯率。

在图 14-23 中，机翼失速限制延伸到零，而不是平飞失速速度。这意味着在飞行中可以暂时忽略重力，横滚到 90°滚转角以获得最大瞬时转弯率。显然，这只能支持几秒。

第二种使推力矢量转到垂直于飞行方向的方案是布置在机身尾部。这对于设计来说相对容易，实际上 F-22 采用的也是这种方案。不过，F-22 的尾喷管不能用于推力引导转弯，因为推力矢量下偏时会产生很大的低头力矩。为了能够使用推力引导转弯，必须有抬头力矩来平衡这部分低头力矩，比如说采用大型的鸭翼。在 F-15 STOL/Maneuver 验证机和洛克希德早期的一个 JSF 设计方案中采用了这种设计。

这种尾部喷管加鸭翼的方案，使飞机可以保留机翼升力所产生的全部转弯能力，并且加上矢量推力引导转弯，可以一直降低到鸭翼失速的速度(见图 14-24)。通过选择鸭翼尺寸，设计师可以控制最低的转弯速度。不过，鸭翼越大，它所带来的阻力和重量代价也越大。

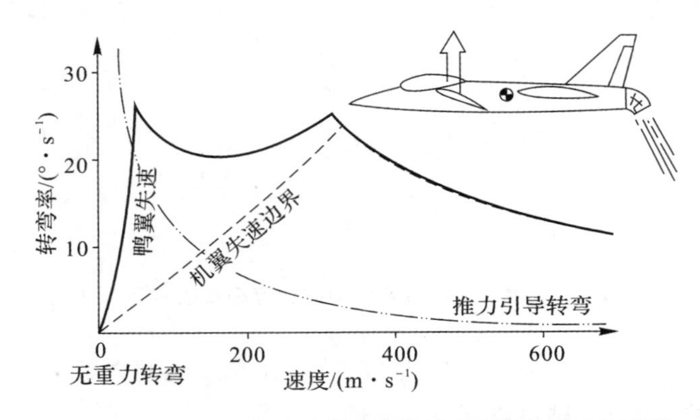

图 14-24　后置喷管加鸭翼方案的转弯特性的转弯率曲线

第三种方式，飞机像火箭一样，将机身转到与飞行轨迹成很大角度(见图 14-25)。注意：尽管图中显示了接近 90°的角度，实际的推力转向通常不会在这么大的角度。

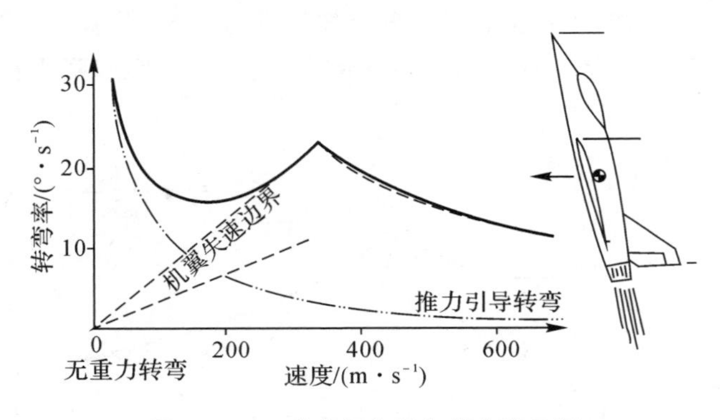

图 14-25　改变机身指向的方案示例

在这种方式中，飞机迎角大大超过失速迎角，因而叫作过失速机动。这显然需要飞机不但要有超过失速迎角飞行的能力，而且还要保留较好的操纵性，并保证流入进气道的空气重量，使发动机继续运转。

X－31 所使用的过失速推力引导转弯有几个问题：因为飞机是向着地板下方飞行，飞行员操纵比较困难。在这个方向，飞行员视野完全被遮蔽；对于飞行员来说，绕速度轴线的滚转感觉像是偏航，因此很容易丧失方位感。

正如它的名称，进入过失速区域意味着机翼已经失速，产生的升力只相当于最大升力的零头。不过，如果速度足够低，只用喷气推力就可以保证较高的转弯率。

无论如何，在极限迎角下阻力总是非常大的，而推力在飞行方向上的分量又很小，所以飞机会急剧减速。如果飞行员不小心的话，很可能会减到零。

不过，这种方案在设计方面所需的折中比前述方案所需的小得多。另外，也有很多研究证明飞行员可以通过训练掌握在这种极限迎角情况下飞行和作战的技术。

图 14－26 展示了战斗机飞行员的沮丧时刻：敌机几乎在视线之内——但还差一点，如果机头指向能稍微再抬一点……

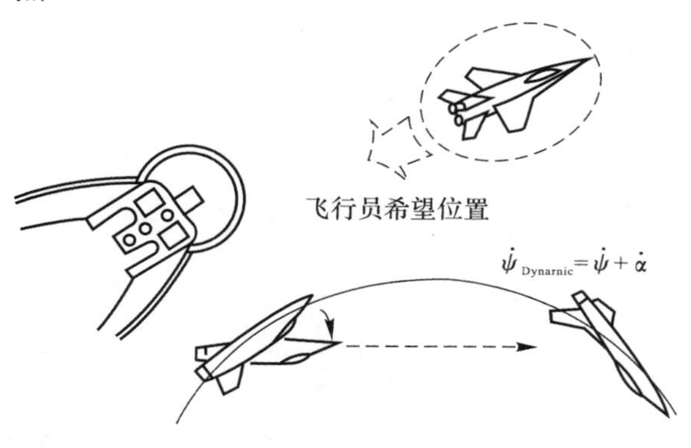

图 14－26　动态转弯

对飞行员来说，在这种情况下俯仰速率相当于转弯率。常规战斗机的抬头速度不能超过转弯率，否则飞机会失速。但对于过失速机动(PSM)战斗机，这不是问题。飞行员只需要拉起机头，超过失速迎角，射击，然后快速平滑地推回正常迎角。

当机头上扬时，转弯率会变得大得多——等于实际转弯率加上当时状态下可达到的俯仰率。图 14－27 展示了这种关系。

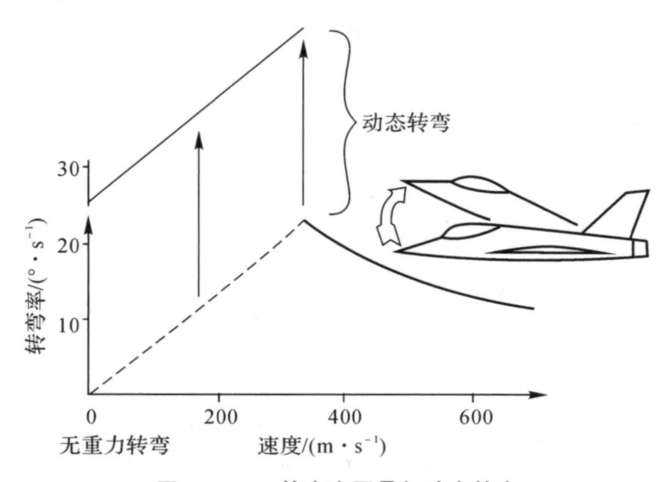

图 14－27　转弯率图叠加动态转弯

这种动态转弯只依赖于飞机的俯仰能力,原则上,飞行员可以想多快就多快。对于现代放宽静稳定性的战斗机,总是有上仰的趋势,机载计算机则要防止这种运动。因此,上仰速度可达 90°/s 甚至更高,它的上限只在于不能使飞机过分敏感,难以飞行。使飞机从大迎角下俯则很困难,保证这方面能力的考虑经常会决定控制面的尺寸。

动态转弯并不是速度矢量变化的结果,因此并不增加飞机的过载系数。因此,这种表面上超出结构限制的情况是可以允许的——飞机实际上没有受到任何附加的过载。

不过还是要知道,这种动态转弯只能在飞机达到最大迎角之前,使用很短的时间,即使这个限制是 90°。另外,随着飞机超过失速迎角,常规转弯率会急剧下降,阻力会增加,速度和能量会降低。动态转弯机动必须迅速完成,否则如果没有击落对手,那么自身会由于能量骤减而陷入极大的被动。

图 14-28 所示为过失速动态转弯和推力引导转弯的组合。可以看出,这种方案在短时间内的转弯率大大超出传统方法。

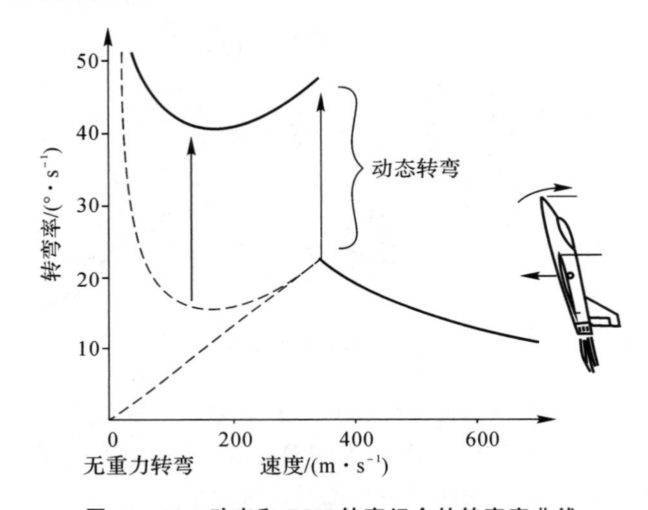

图 14-28 动态和 PSM 转弯组合的转弯率曲线

图 14-29 所示是为 X-31 设计的一种超机动组合,可以在最短时间内获得射击机会。飞机迅速抬头,损失速度,降到非常低的速度并开始转弯。

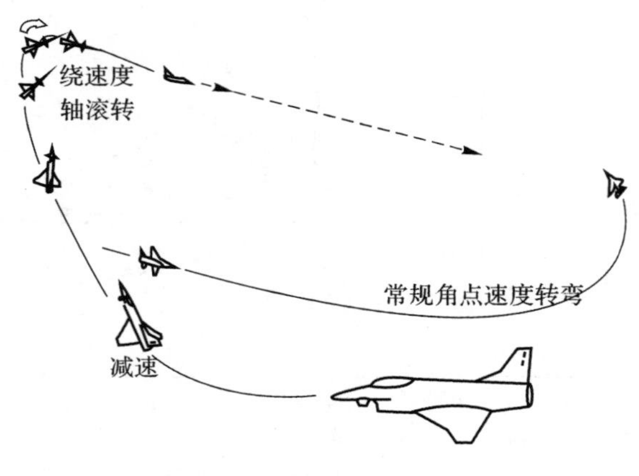

图 14-29 X-31 超机动

在机动动作的顶端，飞机利用矢量推力迅速转过大约 90°，对准敌机。同时，飞机绕速度轴滚转大约 90°(由于迎角很大，这对于飞行员来说感觉像是偏航)，最终结果是飞机机头指向了敌机。

此时，虽然速度矢量并没有对着敌机，但飞行员已经可以射击，然后加速改出大迎角状态。

思　考　题

1. 基本飞行性能主要包括哪些？如何确定基本飞行性能？
2. 喷气飞机的远航状态对应的 L/D 是 $0.866(L/D)_{max}$，详细列出其推论过程。
3. 接上题，实际飞行中符合这个状态吗？如果不是，讨论其原因。
4. 螺旋桨飞机与喷气飞机的远航速度对应的气动状态是不一样的，分析其原因。
5. 讨论“单位剩余功率”的概念。它如何影响飞行性能？
6. “飞行包线”是如何得出的？在飞行包线右侧和右下侧有一些附加的限制，讨论其原因。

第 15 章 纵向静稳定性和机动性

15.1 坐标轴系和坐标转换关系

15.1.1 坐标轴系定义

关于飞机飞行的研究中，有多种坐标系定义，分别用于研究不同问题，如地面坐标系、机体坐标系、气流坐标系、航迹坐标系等。需要注意的是，我国的飞行研究领域早期通常采用苏联坐标体系，近期则常采用欧美坐标体系。两者的区别在于：苏联坐标体系中，x 轴定义为向前，y 轴向上，z 轴向右；而欧美坐标体系中，则定义 x 轴向前，z 轴向下，y 轴向右。本书中主要采用欧美体系。

在欧美坐标系中，还有一种不太常见的机体坐标系（体轴系）的定义：坐标轴固连在飞机上；x 轴与机身平行，指向后方；z 轴指向上方。坐标原点可以随意设置（一般放在机头顶点）。这种定义对于结构设计和制造会显得更"自然"一些。

1．地面坐标轴系（地轴系）

在研究飞行问题时，通常是在地球框架中考虑问题，因此有必要先定义一个以地球为参考的基准，即参考坐标系（$O_0x_0y_0z_0$），O_0 为地球表面某一点，x_0 轴指向北方，轴 z_0 沿重力加速度方向指向地心。显然，（$O_0x_0y_0$）是在点 O_0 与地球表面相切的平面，如图 15－1 所示。对于飞机的飞行，我们通常会采用"平面大地"的假定，因此这种坐标系是适用的。它主要用于导航和某些性能评估。

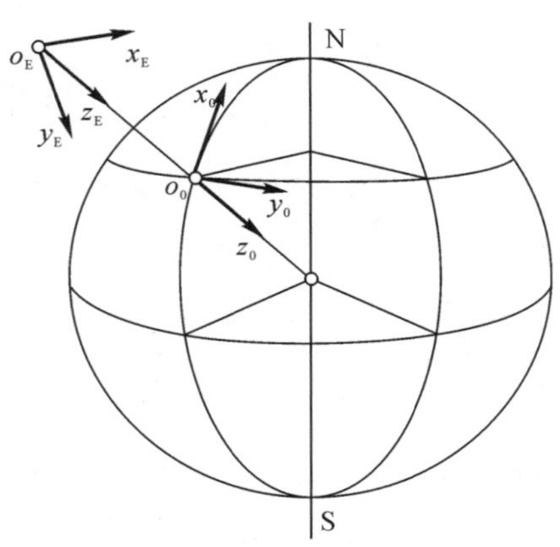

图 15－1 地轴系示意

如果对于越洋甚至环球飞行，就不能使用这种坐标了，这时需要采用球面坐标系。同样，对于需要穿越大气层的航天飞行器，也不宜采用这种坐标系。

如果把原点置于飞行器的质心，而坐标轴与地轴系的相应轴平行，那么构成飞行器牵连地面坐标系($Ox_Ey_Ez_E$)，简写为 S_E。牵连地面坐标系的水平面与参考系平面(x_0y_0)平行，但 x_E 轴可以指向任何方向，如目的地方向，如图 15-2 所示。

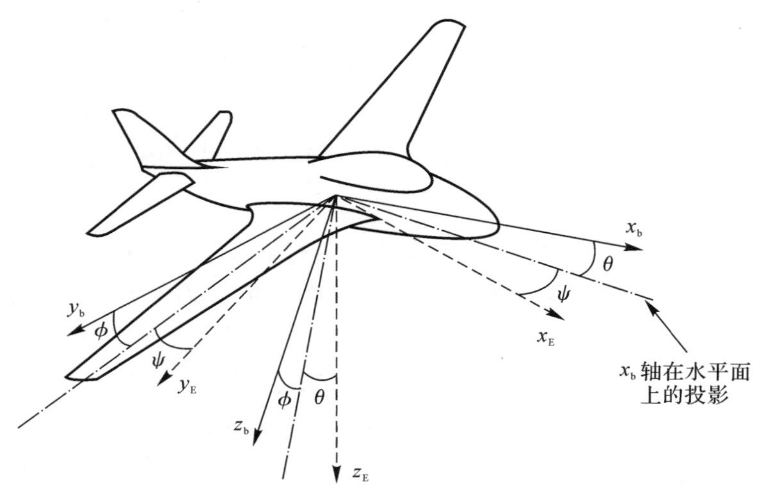

图 15-2　体轴系与地轴系

2. 机体坐标轴系(体轴系)

机体坐标系($Ox_by_bz_b$)(见图 15-3)，简写为 S_b，固连于飞行器，原点通常取在飞行器质心，x_b 轴平行于机身或机翼平均气动弦，指向前方。z_b 垂直向下，(x_bz_b) 为飞行器对称面。y_b 轴垂直于飞行器对称面，指向右方。

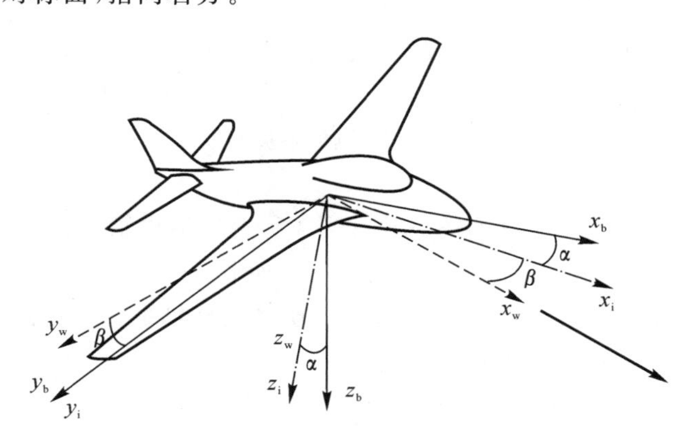

图 15-3　体轴系、风轴系和半机体系

机体坐标系的方位代表了飞行器的空间姿态。

3. 气流坐标轴系(风轴系)

气流坐标系($Ox_wy_wz_w$)(见图 15-3)，简写为 S_w，原点位于质心，x_w 轴沿飞行器空速方向。z_w 轴在飞行器对称面内，指向下方。y_w 轴垂直于(x_wz_w) 平面，指向右方。

由于升力是垂直于相对气流方向的，在气流坐标系可以很方便地定义空气动力，如升力、阻力和侧力等。

气流坐标系并非固连于机体的，它与机体坐标系之间相差迎角 α 和侧滑角 β。随着飞行状态的改变，某些长度在坐标轴上的投影会随着迎角和侧滑角而改变（比如尾力臂长度）。由于角度通常很小，这些长度的变化一般可以忽略。

4．半机体坐标轴系

半机体坐标轴系($Ox_iy_iz_i$)（见图 15－3)，简写为 S_i，是介于机体坐标系与气流坐标系之间的坐标系。其原点通常位于飞行器质心，轴 x_i 沿飞行速度在飞行器纵对称面上的投影方向；轴 y_i 垂直于飞行器纵对称面，指向右方；轴 z_i 在飞行器纵对称面内，指向下方。

5．航迹坐标轴系

航迹坐标系($Ox_py_pz_p$)，简写为 S_p，原点位于飞行器质心，x_p 轴沿飞行器地速矢量方向（亦即航迹切线），指向前；z_p 轴在通过 x_p 轴的铅垂平面内，指向下方。y_p 轴垂直于铅垂平面 x_pz_p（因而是水平的），指向右方。

6．稳定坐标轴系

稳定坐标系($Ox_sy_sz_s$)，简写为 S_s，定义为在受扰运动中固连于飞行器的坐标轴系。它的原点位于飞行器质心，轴 x_s 沿未扰动运动中飞行速度在飞行器纵对称面上的投影方向；轴 y_s 垂直于飞行器纵对称面，指向右方；轴 z_s 在飞行器纵对称面内，指向下方。

15.1.2 角度的定义和坐标系之间的转换

各坐标轴系之间的关系用它们之间的欧拉角来确定，根据这些欧拉角就可以导出坐标轴系之间的转换矩阵。

1．气流坐标轴系与机体坐标轴系之间的角度

气流坐标轴系与机体坐标轴系之间的关系用迎角和侧滑角来确定（见图 15－3)。这两个角度定义如下：

(1) 迎角 α：飞行速度在飞机参考面上的投影与纵轴的夹角。当飞行速度沿竖轴的分量为正时迎角为正。

(2) 侧滑角 β：飞行速度与参考面的夹角。当飞行速度沿横轴的分量为正时侧滑角为正。

气流坐标轴系 S_w 与机体坐标轴系 S_b 之间的转换关系为：

若气流坐标轴系绕 z 轴转过 $-\beta$ 角，即成为半机体坐标轴系；然后再绕 y 轴转过 α 角，即成为机体坐标系。两者之间的转换矩阵为

$$S_w \xrightarrow{\boldsymbol{R}_z(-\beta)} o \xrightarrow{\boldsymbol{R}_y(\alpha)} S_b$$

同样，机体坐标系绕 y 轴转过 $-\alpha$ 角，再绕 z 轴转过 β 角，即成为气流坐标轴系。两者之间的转换矩阵为

$$S_w \xrightarrow{\boldsymbol{R}_z(\beta)} o \xrightarrow{\boldsymbol{R}_y(-\alpha)} S_b$$

2．机体坐标轴系与飞行器牵连地面坐标轴系之间的角度

机体坐标轴系与飞行器牵连地面坐标轴系之间存在 3 个角度关系：

(1) 偏航角 ψ：机体纵轴 x_b 在水平面上的投影与 x_E 轴的夹角。当纵轴正半轴的投影线位于 x_E 轴的右侧时 ψ 为正(即右偏为正)。

(2) 俯仰角 θ：机体纵轴 x_b 与水平面的夹角。当纵轴的正半轴位于过原点的水平面之上时 θ 为正。

(3) 滚转角 ϕ：机体竖轴 z_b 与过纵轴的铅垂平面的夹角。当竖轴的正半轴位于该铅垂平面之左时为正(即右翼下倾为正)。

地面坐标轴系可以经过 3 次转动，达到与机体坐标轴系重合：地面坐标轴系绕 z 轴转过 ψ 角，然后绕 y 轴转过 θ 角，再绕 x 轴转过 ϕ 角，即与机体坐标轴系重合。机体坐标轴系到地面坐标轴系的转换也是类似。转换矩阵为：

$$S_E \xrightarrow{\boldsymbol{R}_z(\psi)} o \xrightarrow{\boldsymbol{R}_y(\theta)} o \xrightarrow{\boldsymbol{R}_x(\varphi)} S_b$$

$$S_E \xrightarrow{\boldsymbol{R}_z(-\psi)} o \xrightarrow{\boldsymbol{R}_y(-\theta)} o \xrightarrow{\boldsymbol{R}_x(-\varphi)} S_b$$

3. 稳定性坐标轴系与机体坐标轴系之间的角度

稳定性坐标轴系与机体坐标轴系之间的关系比较简单，两者之间只差一个迎角关系。其转换矩阵为

$$S_s \xrightarrow{\boldsymbol{R}_y(\alpha)} S_b$$

$$S_s \xrightarrow{\boldsymbol{R}_y(-\alpha)} S_b$$

15.1.3　坐标变换矩阵

(1) 地面坐标系 $Ox_Ey_Ez_E$ 到机体坐标系 $Ox_by_bz_b$ 的转换矩阵。地面系 $Ox_Ey_Ez_E$ 先绕立轴 z_g 转过偏航角 ψ，成为 $Ox'y'z_E$；再绕(横)轴 y' 转过俯仰角 θ，成为 $Ox_by'z'$；再绕纵轴 x_b 转过滚转角 ϕ，达到与机体系 $Ox_by_bz_b$ 重合。注意，x'，y'，z' 是中间过渡轴，它们并不构成正交轴系。

因此，构造 S_E 到 S_b 的变换矩阵为

$$\boldsymbol{B}_E^b = \boldsymbol{B}_x(\varphi)\boldsymbol{B}_y(\theta)\boldsymbol{B}_z(\psi)$$

基元变换矩阵为

$$\boldsymbol{B}_z(\psi) = \begin{bmatrix} \cos\psi & \sin\psi & 0 \\ -\sin\psi & \cos\psi & 0 \\ 0 & 0 & 1 \end{bmatrix}$$

$$\boldsymbol{B}_y(\theta) = \begin{bmatrix} \cos\theta & 0 & -\sin\theta \\ 0 & 1 & 0 \\ \sin\theta & 0 & \cos\theta \end{bmatrix}$$

$$\boldsymbol{B}_x(\varphi) = \begin{bmatrix} 1 & 0 & 0 \\ 0 & \cos\varphi & \sin\varphi \\ 0 & -\sin\varphi & \cos\varphi \end{bmatrix}$$

得

$$
\boldsymbol{B}_{\mathrm{E}}^{\mathrm{b}}=\begin{bmatrix}\cos\theta\cos\psi & \cos\theta\sin\psi & -\sin\theta\\ (\sin\varphi\sin\theta\cos\psi-\cos\theta\sin\psi) & (\sin\varphi\sin\theta\sin\psi+\cos\theta\cos\psi) & \sin\varphi\cos\theta\\ (\cos\varphi\sin\theta\cos\psi+\sin\theta\sin\psi) & (\cos\varphi\sin\theta\sin\psi-\sin\theta\cos\psi) & \cos\varphi\cos\theta\end{bmatrix}
$$

其变换次序:先偏航,再俯仰,再滚转。

以下仅列出一些其他坐标轴系的转换矩阵,略去推导过程。

(2) 机体坐标系 S_{b} 到气流坐标系 S_{w} 的转换矩阵:

$$
\boldsymbol{B}_{\mathrm{b}}^{\mathrm{w}}=\boldsymbol{B}_{z}(\beta)\boldsymbol{B}_{y}(-\alpha)=\begin{bmatrix}\cos\alpha\cos\beta & \sin\beta & \sin\alpha\cos\beta\\ -\cos\alpha\sin\beta & \cos\beta & -\sin\alpha\sin\beta\\ -\sin\alpha & 0 & \cos\alpha\end{bmatrix}
$$

(3) 机体坐标系 S_{b} 到半机体坐标系 S_{i} 的转换矩阵:

$$
\boldsymbol{B}_{\mathrm{b}}^{\mathrm{i}}=\boldsymbol{B}_{y}(-\alpha)=\begin{bmatrix}\cos\alpha & 0 & \sin\alpha\\ 0 & 1 & 0\\ -\sin\alpha & 0 & \cos\alpha\end{bmatrix}
$$

(4) 半机体坐标系 S_{i} 到气流坐标系 S_{w} 的转换矩阵:

$$
\boldsymbol{B}_{\mathrm{i}}^{\mathrm{w}}=\boldsymbol{B}_{z}(\beta)=\begin{bmatrix}\cos\beta & \sin\beta & 0\\ -\sin\beta & \cos\beta & 0\\ 0 & 0 & 1\end{bmatrix}
$$

15.2 稳定性的基本概念

简单来说,飞机稳定的基本原理就是:飞机受到扰动偏离原来的平衡状态之后,具备自动恢复到原始状态的能力(如俯仰角、偏航角、滚转角、速度等)。所谓静稳定,就是指飞机受扰动后的状态所产生的力或力矩的作用方向是使飞机回复原始状态。举例来说,如果迎角增大会导致低头力矩,那么飞机有回到原来平衡状态的趋势。

如果回复力或力矩太大,飞机会超出原始状态,并可能会震荡得越来越厉害,直到完全失控。这种情况下,虽然飞机是静稳定的,但不具备“动稳定”特性。

所谓“动稳定”是指飞机可以最终回复到初始状态。回复过程的特性取决于恢复力(力矩)、飞机的质量分布和阻尼。阻尼力降低回复速率,比如说:单摆在空气中的阻尼很小,可以振荡很长时间;而如果把它放入水中,阻尼则大得多,可能只会振荡几次,甚至没有振荡,直接停到垂直位置。

图 15-4 所示是飞机俯仰角受扰动的各种响应。图 15-4(a) 表示理想的中立稳定性,飞机将保持在扰动导致的俯仰角。有些特技飞机设计成接近中立稳定,不过很少有飞行员愿意在多阵风的环境中驾驶这种飞机进行长途飞行。

图 15-4(b) 是静不稳定状态,俯仰角增大所产生的力促使俯仰角进一步增大。自动上仰就是这种情况。

图 15-4(c) 为静稳定,并具备很高阻尼。飞机缓慢地回复初始俯仰角,没有超调。

图 15-4(d) 则是比较典型的响应。飞机可以恢复初始姿态,但会有一些振荡。如果收敛时间很短,这种响应特性是可以接受的。

对于图 15－4(e) 来说，恢复力是处于正确的方向，所以飞机是静稳定的。但是，问题在于恢复力过大，而阻尼相对太小，所以飞机冲过初始俯仰角，超调量甚至大于扰动引起的偏离量。恢复力促使飞机反向抬头，伴随着更大的超调量。俯仰振荡越来越强，直到飞机“发散”到不可控状态，如尾旋。

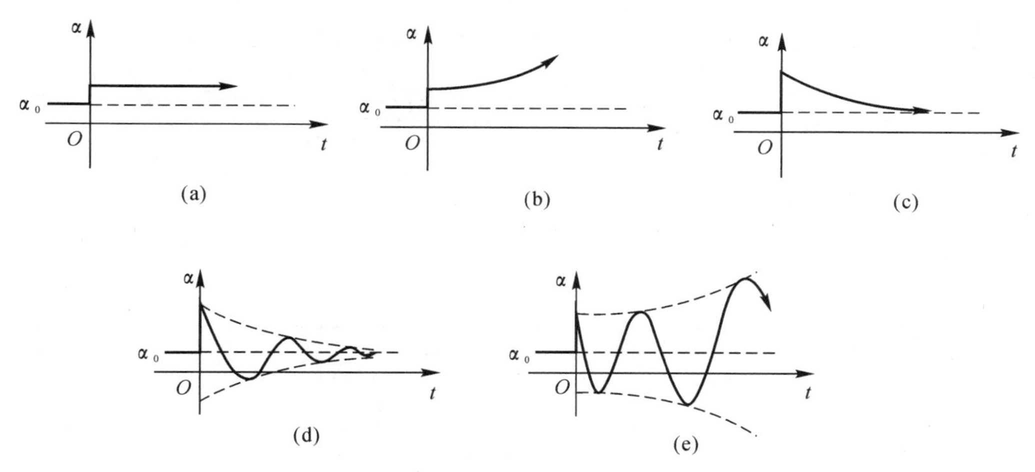

图 15－4　静稳定和动稳定

(a) 理想中性；(b) 静不稳定；(c) 稳定，高阻尼；(d) 稳定，低阻尼；(e) 静稳定，动不稳定

注意：不稳定并非完全不可接受，只是发散速度不能太快。大多数飞机至少有一个不稳定模态 —— 螺旋发散。这种模态发散得很慢，飞行员有足够的时间做些轻微的滚转修正。实际上，飞行员很少会意识到进入螺旋发散模态，因为它并不比阵风引起的滚转更明显。

动稳定性分析非常复杂，不管在哪种精度等级上，都需要计算机的参与。本章中大多数稳定性分析方法都针对静稳定性评估。对于常规的飞机布局，满足了静稳定要求，通常就可以获得合适的动稳定特性。

大多数飞机是关于中心线左右对称的，一般迎角和缓的变化几乎不影响偏航和滚转。这样，就可以将控制和稳定性分析分离为纵向(仅俯仰) 和横航向(滚转和偏航)。

15.3　俯仰力矩和配平

图 15-5 展示了影响飞机俯仰力矩的主要部件，包括机翼、尾翼、机身和发动机。机翼的俯仰力矩包括作用在气动中心(即焦点) 的升力产生的力矩和机翼相对于气动中心的力矩。注意，机翼气动中心的定义为，关于此点的力矩为恒量，不随迎角而变化(即为零升力矩)。只有当机翼的弯度和扭转都为零时，零升力矩等于零。通常，亚声速状态下气动中心位于 25%MAC 的位置。

襟翼偏转时也会引起机翼力矩的变化。襟翼偏转时会影响升力，也会增加力矩。襟翼偏转对平尾处的下洗流影响很大。

机翼和尾翼的阻力也会产生一部分俯仰力矩，不过量值很小，基本可以忽略。同样，尾翼关于它自身的气动中心的力矩也基本可以忽略。

由于平尾的力臂很长，它的升力会产生很大的力矩，用于平衡和操纵飞机。虽然在图 15－5

中平尾的升力是向上的，但实际在多数情况下，为了平衡机翼的力矩，平尾的升力是向下的。

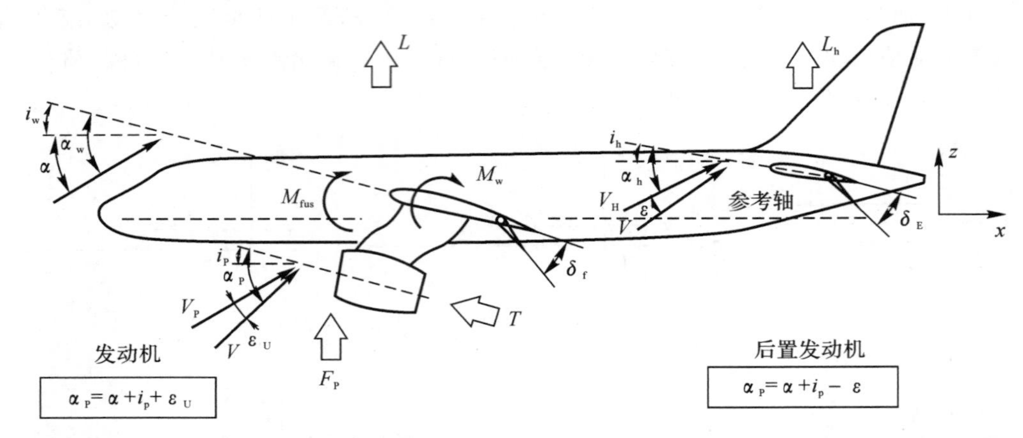

L	机翼升力	L_h	平尾升力	δ_f	襟翼偏角
M_W	机翼俯仰力矩	M_{fus}	机身俯仰力矩	δ_E	升降舵偏角
V	速度	V_P	发动机前方流速	V_H	平尾前方流速
α	迎角	α_W	机翼迎角	i_W	机翼安装角
α_h	平尾迎角	ε	下洗角	i_h	平尾安装角
T	发动机推力	F_P	发动机垂直分力	Z_T	推力线与重心距离
α_P	发动机短舱迎角	i_P	发动机短舱安装角	ε_U	上洗角

图 15－5　纵向力矩

如果飞机没有尾翼，那么机翼上的襟翼需要起到配平和操纵的作用。由于这类操纵面的力臂很短，因此在重心偏离设计点时，会产生很大的配平阻力。

机身和短舱的阻力很难预测，需要风洞试验数据。这些阻力受到机翼的上洗或下洗气流的影响。

发动机对俯仰力矩的影响表现在 3 个方面。最显著的是推力乘以推力线到重心的垂直距离；不太显著的是由于气流上偏，在螺旋桨桨盘或进气道所产生的垂直分力。另外，螺旋桨洗流或喷气发动机尾流所诱导的流场会影响尾翼的有效迎角，甚至会影响到机翼。

在以下公式中，鸭翼的力臂是负值。相对重心的俯仰力矩的总和，升降舵偏转的影响包括在尾翼升力项中，则有

$$M_{c.g.}=L(X_{c.g.}-X_{acw})+M_w+M_{w\delta f}\delta_f+M_{fus}-L_h(X_{ach}-X_{c.g.})-TZ_t+F_p(X_{c.g.}-X_p) \tag{15.1}$$

下式是转化为气动系数的形式（除以 qS_wc），即

$$C_{mcg}=C_L\left(\frac{X_{c.g.}-X_{acw}}{c}\right)+C_{m_w}+C_{m_{w\delta f}}\delta_f+C_{m\,fus}-\frac{q_hS_h}{qS_w}C_{L_h}\left(\frac{X_{ach}-X_{c.g.}}{c}\right)-\frac{TZ_t}{qS_wc}+\frac{F_p(X_{c.g.}-X_p)}{qS_wc} \tag{15.2}$$

为了易于理解，这些公式建立在机体坐标系，而不是稳定性坐标系中。

下式定义了尾翼处的动压比 η_h，表示尾翼处的动压和自由来流的动压之比，即

$$\eta_h = q_h / q \tag{15.3}$$

其范围为 0.85 ～ 0.95，一般可取 0.90 作为典型值。

为了简化公式，所有的长度可以表达为机翼平均气动弦 c 的比例。用变量上加横杠表达这些比值，即 $\bar{X}_{c.g.}$ 表示 $X_{c.g.}/c$，可得

$$\begin{aligned} C_{mcg} = {} & C_L(\bar{X}_{c.g.} - \bar{X}_{acw}) + C_{m_w} + C_{m_{w\delta_f}}\delta_f + C_{m_{fus}} - \\ & \eta_h \frac{S_h}{S_w} C_{L_h}(\bar{X}_{ach} - \bar{X}_{c.g.}) - \frac{T}{qS_w}\bar{Z}_t + \frac{F_p}{qS_w}(\bar{X}_{c.g.} - \bar{X}_p) \end{aligned} \tag{15.4}$$

式中：$X_{c.g.}$ —— 重心在 x 方向的位置；

X_{acw}, X_{ach}, X_p —— 机翼、平尾气动重心和发动机垂直力作用点在 x 方向的位置。

所谓静配平状态，指所有的纵向力矩总和等于零。对于静态配平，比较关注的状态有襟翼和起落架放下时的起飞着陆状态和高速的跨声速状态。高过载拉起的配平实际上是个动态问题。对于配平，最困难的状态通常是重心最靠前的位置；重心最靠后的位置对于稳定性更关键，后面将会讨论。

令式(15.4) 等于零，即达到配平，由此可以解出对应的参数，一般有尾翼面积、尾翼升力系数(即尾翼迎角或升降舵偏角)，或有时也可定出重心位置。进一步可以评估机翼的阻力和尾翼的配平阻力。

15.4　俯仰静稳定

具备俯仰静稳定性的飞机，在迎角受扰动而改变时，会产生阻碍其改变力矩。换句话说，俯仰力矩系数关于迎角的导数必须为负值，则有

$$\begin{aligned} C_{m_\alpha} = {} & C_{L_\alpha}(\bar{X}_{c.g.} - \bar{X}_{acw}) + C_{m\alpha_{fus}} - \eta_h \frac{S_h}{S_w} C_{L_{\alpha h}} \frac{\partial \alpha_h}{\partial \alpha}(\bar{X}_{ach} - \bar{X}_{c.g.}) \\ & + \frac{F_{p_\alpha}}{qS_w} \frac{\partial \alpha_p}{\partial \alpha}(\bar{X}_{c.g.} - \bar{X}_p) \end{aligned} \tag{15.5}$$

式中没有机翼的俯仰力矩和推力项，因为它们通常不随着迎角而改变。

由于下洗作用，尾翼迎角并不与飞机的迎角同步变化。式中有一个考虑机翼和螺旋桨下洗的导数项。对于螺旋桨或进气道的法向力 F_p 也有一个类似的导数。

由式(15.5) 看，无尾飞机(“飞翼”) 似乎无法保证稳定性。实际上，无尾飞机若要稳定，需要将气动中心置于重心后面，使公式第一项为负值。

俯仰力矩导数[见式(15.5)] 的大小随着重心位置而改变。每架飞机都会有一个位置，当重心位于这个点上，俯仰力矩不随迎角而改变。这个飞机的气动中心，或者叫中性点 X_{np}，代表着中立稳定性[见图 15－4(a)]，它是飞机静稳定的重心后限，过了这个点，飞机就成为不稳定的了。

求解式(15.5) 可得出中性点($C_{m_\alpha} = 0$)，则有

$$\bar{X}_{np}=\frac{C_{L_\alpha}\bar{X}_{acw}-C_{m_\alpha fus}+\eta_h\frac{S_h}{S_w}C_{L_{\alpha h}}\frac{\partial\alpha_h}{\partial\alpha}\bar{X}_{ach}+\frac{F_{p_\alpha}}{qS_w}\frac{\partial\alpha_p}{\partial\alpha}\bar{X}_p}{C_{L_\alpha}+\eta_h\frac{S_h}{S_w}C_{L_{\alpha h}}\frac{\partial\alpha_h}{\partial\alpha}+\frac{F_{p_\alpha}}{qS_w}} \tag{15.6}$$

用重心到气动中心的距离与MAC的比例来表达俯仰力矩导数，则有

$$C_{m_\alpha}=-C_{L_\alpha}(\bar{X}_{np}-\bar{X}_{c.g.}) \tag{15.7}$$

这个比例距离，称为“静稳定裕量”，即式(15.7)中括号里的部分：

$$静稳定裕量(SM)=(\bar{X}_{np}-\bar{X}_{c.g.})=-\frac{C_{m_\alpha}}{C_{L_\alpha}} \tag{15.8}$$

稳定性裕量是飞机纵向稳定性方面的最重要的一项。另外，稳定性裕量指标既是设计要求，也是一个关键的设计工具。注意：静稳定裕量也可通过俯仰力矩导数和升力系数导数之间的比例关系来计算。

如果重心在中性点之前(正的静稳定裕量)，纵向力矩导数为负值，于是飞机为静稳定的。当重心位于后限时，运输机一般具有5%～10%的正稳定裕量；通用航空飞机甚至设计得更稳定——Cessna 172的静稳定裕量约为19%。

早期战斗机通常具有大约5%的正稳定裕量，但新型战斗机如F-16和F-22开始设计为“放宽静稳定性”(RSS)——飞机的稳定性裕量为负值(0～15%)，配合计算机飞行控制系统主动偏转升降舵，获得人工稳定性。这可以显著降低配平阻力。

通常在确定“无动力”稳定性时，会忽略式(15.6)中进气道或螺旋桨的项F_p。这消去了亚声速飞行范围内X_{np}对于速度(q)的依赖。而动力效应的影响则用基于类似飞机试验数据的静稳定裕量修正来表达。一般来说，对于喷气飞机，动力影响会使静稳定边界降低1%～3%，对于螺旋桨飞机，桨面从重心位置每向前单位平均气动弦的长度，稳定性就会降低大约2%。

图15-6所示是几类飞机的俯仰力矩导数值，可作为设计目标。设计后期通过动态特性分析可以修正这些目标。

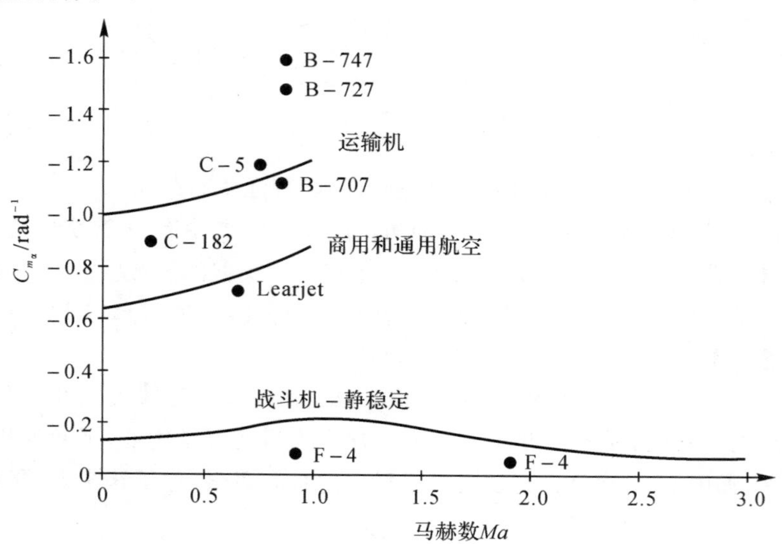

图15-6 典型俯仰力矩导数值

如果没有风洞试验数据，以上算式中的各项是很难估算的。初期估算时经常会采用一些经验方法。不过，在稳定和控制领域，这些方法会被认为是很粗糙的；它们只适用于概念设计评估和学生的设计项目。

15.5　纵向力矩的各种因素

15.5.1　气动中心

式(15.4)中有一个关键项 X_{acw}，即机翼气动中心位置。气动中心通常位于机翼平均气动弦(MAC)的某个百分比处。在亚声速状态，大展弦比机翼的气动中心位于平均气动弦的25%位置(±1%)。超声速情况下，气动中心通常会移到45%MAC处。

图15-7摘自 *DATCOM*，可以用来估算气动中心。注意：在跨声速区结果很差。这些方法也可用于尾翼气动中心估算。

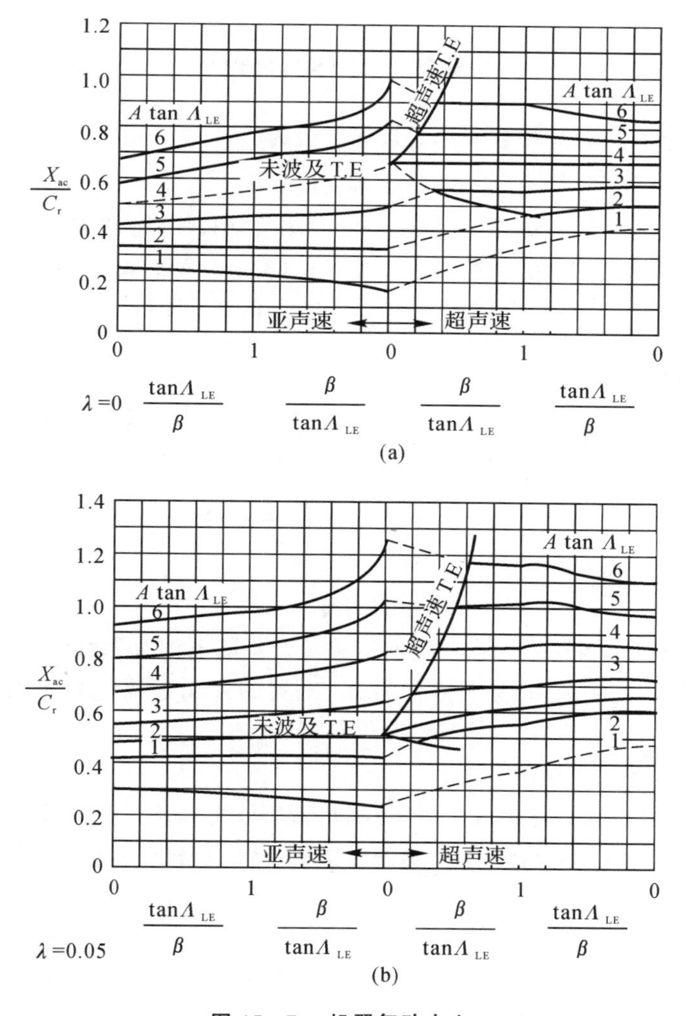

图15-7　机翼气动中心

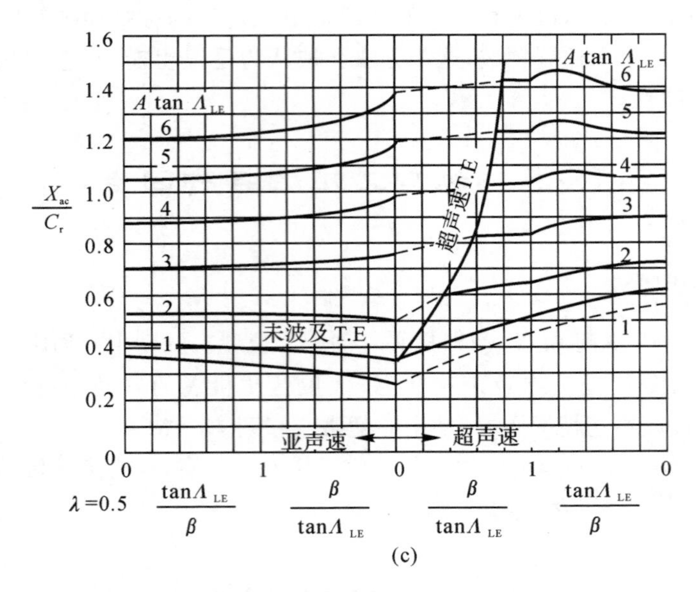

(c)

续图 15-7　机翼气动中心

快速估算气动中心随着马赫数变化的近似方法为

$$x_{ac}=x_{c/4}+\Delta x_{ac}\sqrt{S_{wing}} \tag{15.9}$$

为了对超声速情况进行更好的估算，可以使用面元法气动程序，则式中

$$\Delta x_{ac}=\begin{cases}0.26(Ma-0.4)^{2.5} & (0.4<Ma<1.1)\\ 0.112-0.004Ma & (Ma>1.1)\end{cases}$$

15.5.2　机翼和尾翼升力

机翼和尾翼的升力系数可以简单地用升力线斜率乘以迎角(相对于零升迎角测量)算得：

机翼：

$$C_L=C_{L\alpha}(\alpha+i_w-\alpha_{0L}) \tag{15.10}$$

尾翼：

$$C_{L_h}=C_{L\alpha_h}(\alpha+i_h-\varepsilon-\alpha_{0L_h}) \tag{15.11}$$

式中：α_{0L}——零升迎角，当翼型为正弯度或襟翼/升降舵下偏时为负值。

对于带弯度翼型，零升迎角为负值。另外，尾翼的迎角还需考虑下洗效应 ε，后面会估算它。

升降舵偏转时会增大平尾的升力。

在中等迎角，襟翼偏转时并不改变升力线斜率，所以可以认为升力的增量是由零升迎角的减小造成的。零升迎角的减小量等于襟翼偏转造成的升力增量除以升力线斜率，即

$$\Delta\alpha_{0L}=-\frac{\Delta C_L}{C_{L_\alpha}} \tag{15.12}$$

大多数飞机使用简单襟翼，以获得适量的增升；操纵面(升降舵、副翼和方向舵)也是同样原理。简单襟翼带来的零升迎角改变量为

$$\Delta\alpha_{0L}=\left(-\frac{1}{C_{L_\alpha}}\frac{\partial C_L}{\partial\delta_f}\right)\delta_f \tag{15.13}$$

襟翼偏转的升力增量为

$$\frac{\partial C_L}{\partial\delta_f}=0.9K_f\left(\frac{\partial C_l}{\partial\delta_f}\right)_{\text{airfoil}}\frac{S_{\text{flapped}}}{S_{\text{ref}}}\cos\Lambda_{\text{H.L.}} \tag{15.14}$$

式中的系数 0.9 是考虑襟翼尖端损失的近似修正。

图 15-8 和图 15-9 提供了小角度偏转时翼型的理论升力增量和大角度偏转时的经验校正。襟翼用作控制时，其最大偏角一般为 30° 左右。在式(15.13)中襟翼偏角必须转换为弧度(注意：这些公式中的 L 代表升力)。

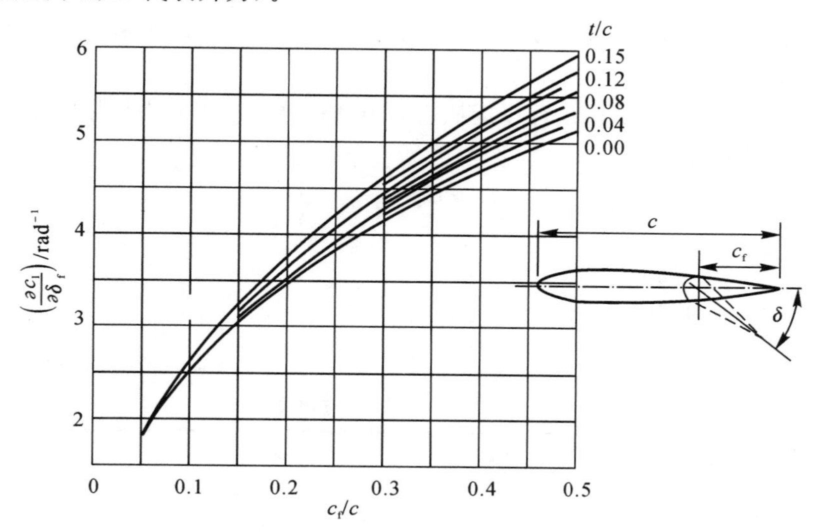

图 15-8　简单襟翼升力增量理论值(摘自 *DATCOM*)

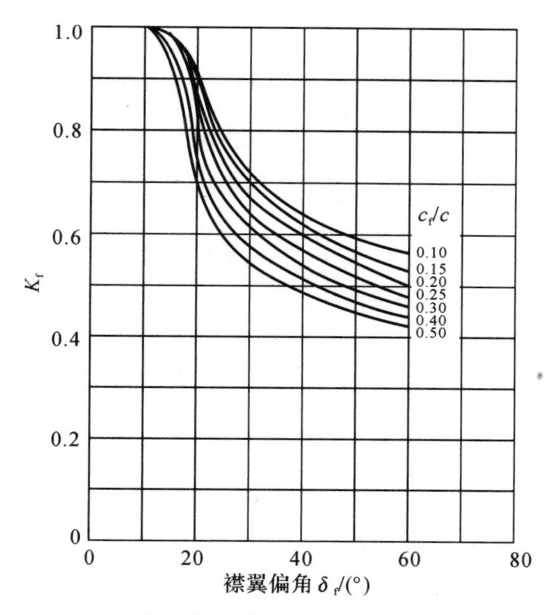

图 15-9　简单襟翼升力增量的经验修正(摘自 *DATCOM*)

如果襟翼、升降舵、方向舵或副翼的铰链缝隙没有密封，气流会从缝隙泄露，因而效率会降低。这大约会损失 15% 的升力增量。

15.5.3　机翼俯仰力矩

机翼关于气动中心的俯仰力矩很大程度上取决于翼型的力矩。对于直机翼或低速的无扭转后掠翼，展弦比和后掠角的修正见下式：

$$C_{m_w} = C_{m_{0_{\text{airfoil}}}} \left(\frac{A\cos^2\Lambda}{A + 2\cos\Lambda}\right) \tag{15.15}$$

对于常规后掠机翼，扭转角带来的增量大约为以度为单位的扭转角数值乘以 −0.01。*DATCOM* 中有对于扭转角效应的详细估算方法。在 Ma0.8 时，跨声速效应会使机翼俯仰力矩增大 30% 左右。

襟翼偏转带来的俯仰力矩增量可以近似用升力增量乘以襟翼升力增量的压力中心到重心的力臂长度（见图 15-10）：

$$C_{m_{w_{\delta_f}}} = -\frac{\partial C_L}{\partial \delta_f}(\bar{X}_{\text{cp}} - \bar{X}_{\text{c.g.}}) \tag{15.16}$$

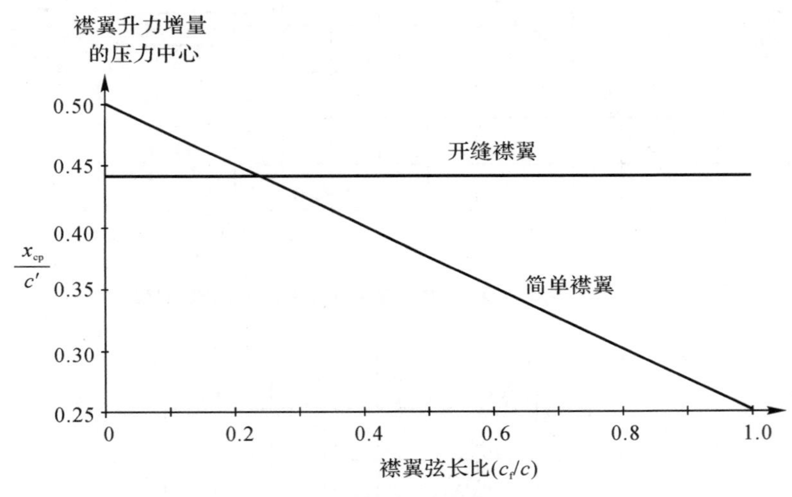

图 15-10　襟翼升力增量的压力中心

襟翼升力增量的压力中心位置（X_{cp}），一般表达为襟翼对应部分面积的平均气动弦（c'）的百分比，可以在图 15-10 中查出。

如果机翼后掠角很大，襟翼升力增量的压力中心可能会在重心之前，会产生正的力矩增量，这降低了平尾的下压载荷。相反，鸭式布局襟翼升力增量的压力中心在重心后面很远，因而需要很大的平衡力。

15.5.4　下洗和上洗

式(15.14) 中的其余项受到机翼流场的强烈影响，如图 15-11 所示。亚声速飞行时，由于机翼上方压力比较低，将机翼前方的空气向上拉。这部分上洗气流作用到前机身，同时也使机翼前方的螺旋桨或进气道的气流转向。

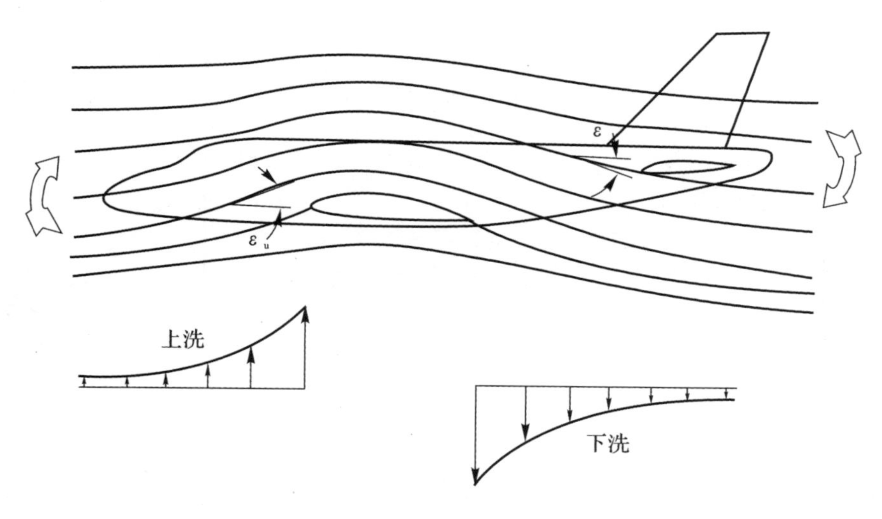

图 15－11　机翼流场对俯仰力矩的效应

在机翼后方，气流向下，其偏角理论上等于机翼迎角。下洗角在机翼后方逐渐减小，到平尾处大约降为机翼迎角的 1/2。下洗角在机翼展向也是变化的，在接近翼尖处趋近于零。

下洗会降低平尾迎角，并会将后机身向下压，对机身俯仰力矩产生影响。下洗受到螺旋桨滑流的强烈影响。

由图 15－12 可以查到上洗角(ε_u)关于机翼迎角的导数。低亚声速的下洗角(ε)导数可以用图 15－13 确定(无后掠机翼)。机翼后方下洗沿翼展方向上的变化会使尾翼处的平均下洗角减小 5%。由于襟翼偏转带来的附加下洗可以用图 15－14 确定，其中 h 是平尾比机翼高出的距离。

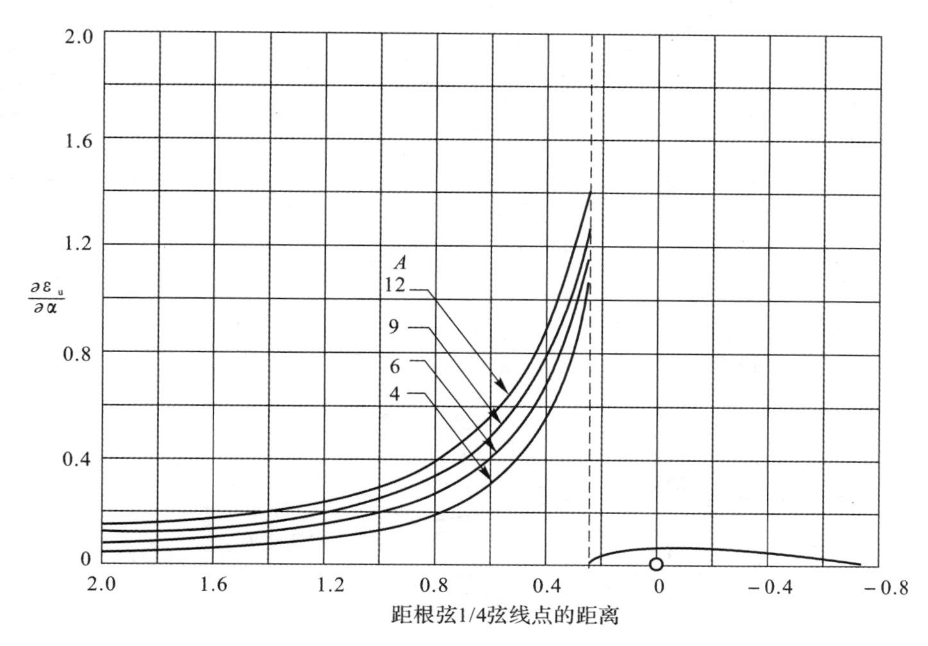

图 15－12　上洗估算(只适用于亚声速)

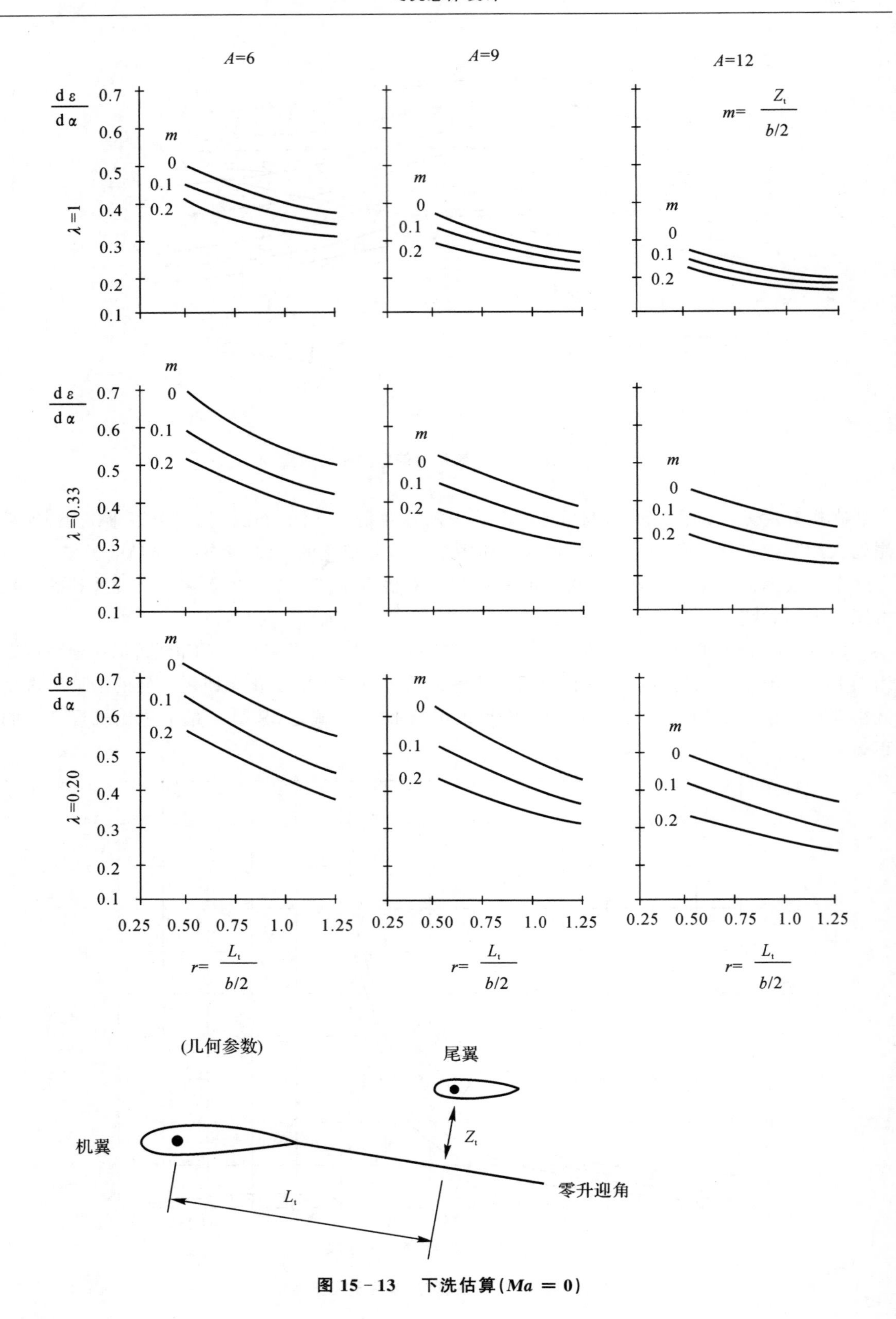

图 15-13　下洗估算($Ma=0$)

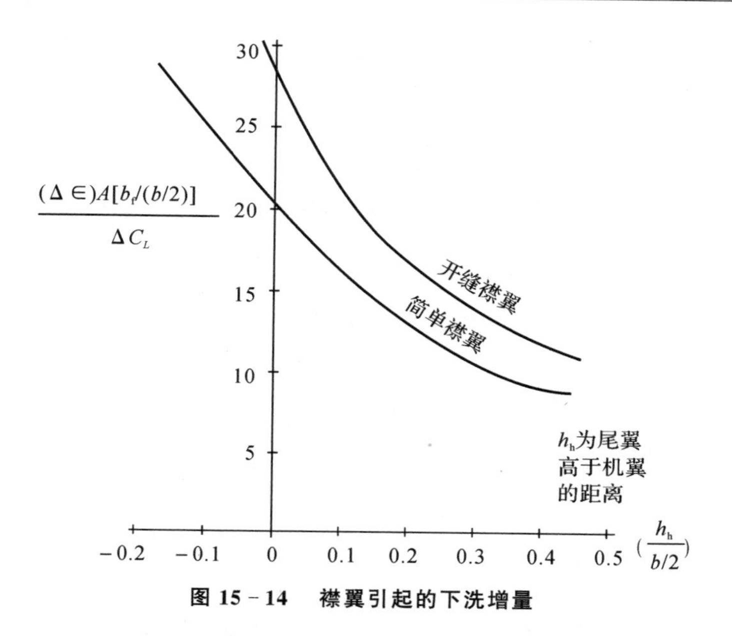

图 15-14　襟翼引起的下洗增量

在跨声速区(Ma0.9 附近),下洗角导数会增大 30% ～ 40%,然后随着速度的增加而减小。高亚声速和超声速时下洗的粗略估算公式为

$$\left.\begin{aligned}\frac{\partial\varepsilon}{\partial\alpha}&=\left(\left.\frac{\partial\varepsilon}{\partial\alpha}\right|_{Ma=0}\right)\left(\frac{C_{L_\alpha}}{C_{L_\alpha}|_{Ma=0}}\right),\ \text{亚声速}\\ \frac{\partial\varepsilon}{\partial\alpha}&=\frac{1.62C_{L_\alpha}}{\pi A},\ \text{超声速}\end{aligned}\right\}\tag{15.17}$$

最终考虑下洗或上洗效应的迎角可以用自由来流的迎角加上上洗或减去下洗。迎角导数表示如下:

上洗为

$$\frac{\partial\alpha_{\mathrm{u}}}{\partial\alpha}=1+\frac{\partial\varepsilon}{\partial\alpha}\tag{15.18}$$

下洗为

$$\frac{\partial\alpha_{\mathrm{h}}}{\partial\alpha}=1-\frac{\partial\varepsilon}{\partial\alpha}\tag{15.19}$$

下洗导数是相对于机翼迎角的,因而平尾的迎角可以用下式确定,即

$$\alpha_{\mathrm{h}}=(\alpha+i_{\mathrm{w}})\left(1-\frac{\partial\varepsilon}{\partial\alpha}\right)+(i_{\mathrm{h}}-i_{\mathrm{w}})+\Delta\alpha_{\mathrm{OL}}\tag{15.20}$$

鸭翼显然不会受到机翼下洗的影响,但它的下洗会影响机翼。鸭翼下洗对于机翼的影响很难估计,原因在于沿鸭翼的下洗沿翼展变化,同时鸭翼的翼尖涡实际上会在机翼外段造成上洗。

可以用一种粗略的方法估算鸭翼下洗对机翼的影响,假定计算出的鸭翼下洗只影响机翼在鸭翼翼展之内的部分。这会减小翼根的迎角。

15.5.5　机翼垂直位置

机翼的垂直位置也会影响稳定性。比如说上单翼布局的飞机,当机头抬起时,机翼会相对于重心向后移，于是产生附加的低头力矩。作为粗略估计，可以假设上单翼会使静稳定裕量增大相对高度的 10%（机翼高出重心的距离除以 MAC）。

15.5.6 机身和短舱的俯仰力矩

机身和短舱对于俯仰力矩的贡献的估算公式为

$$C_{m_{\alpha_{\text{fuselage}}}}=\frac{K_{\text{f}}W_{\text{f}}^{2}L_{\text{f}}}{cS_{\text{w}}}\ (1/^{\circ}) \tag{15.21}$$

式中：W_{f}—— 机身（短舱）的最大宽度；

L_{f}—— 长度。

图 15-15 所示为俯仰力矩因子 K_{f} 的经验数据。

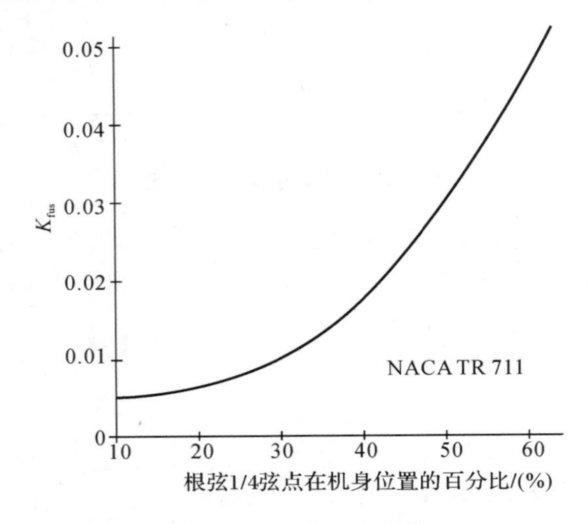

图 15-15 机身力矩项

15.5.7 推力效应

式(15.4)中还有一项是推力对俯仰力矩的影响。推力有 3 种作用：推力直接产生的力矩、螺旋桨或进气道由于气流偏转产生的法向力、螺旋桨尾流或喷流对于尾翼/机翼和后机身的作用。

推力直接产生的力矩很简单，只要用推力乘以它对重心的力臂。如果推力线通过重心或者离重心很近，这一项可以忽略。

由于空气在进气道前端偏转，会引起垂直方向的力 F_{p}。这部分垂直力等于进入进气道的空气质量乘以垂直速度的改变量。由于角度很小，垂直速度的改变量近似等于转角（α_{p}，见图 15-5）乘以飞机速度，即

$$F_{\text{p}}=\dot{m}V\tan\alpha_{\text{p}}\approx\dot{m}V_{\alpha_{\text{p}}} \tag{15.22}$$

$$\dot{m}\approx\rho VA_{\text{inlet}} \tag{15.23}$$

垂直力对迎角的导数等于质量流乘以速度，即

$$F_{\text{p}_{\alpha}}=\dot{m}V \tag{15.24}$$

如果进气道在机翼前方，α_p 对迎角的导数[见式(15.6)]为上洗导数公式(15.18)；如果进气道在机翼后方，则为下洗导数[见式(15.19)]。如果进气道在机翼下方，气流在到达进气道之前就已被机翼偏转，因此垂直力约等于零。

对于螺旋桨飞机，气流偏转引起的动量变化也会产生影响俯仰力矩的垂直力。不过与喷气飞机的进气道不同，螺旋桨并没有完全将气流偏转到与自身轴线平行，因此气流偏转角度不明显。

下式是预测螺旋桨的垂直力的一种经验方法(见图 15-16)，即

$$F_{p_\alpha} = qN_B A_p \frac{\partial C_{N_{\text{blade}}}}{\partial \alpha} f(T) \tag{15.25}$$

式中：N_B—— 桨叶数量；

A_p—— 螺旋桨桨盘面积。

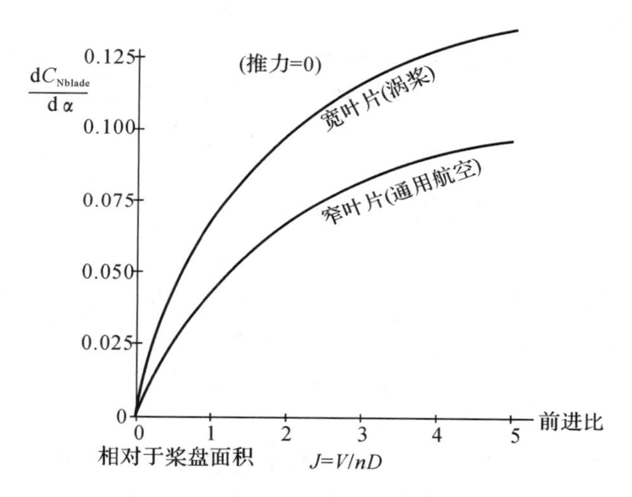

图 15-16　螺旋桨法向力系数

导数项是螺旋桨推力为零是单片桨叶所产生的垂直力，可以在图 15-17 中对应前进比查出。函数 $f(T)$ 是非零推力的修正项，可以在图 15-18 中查出。

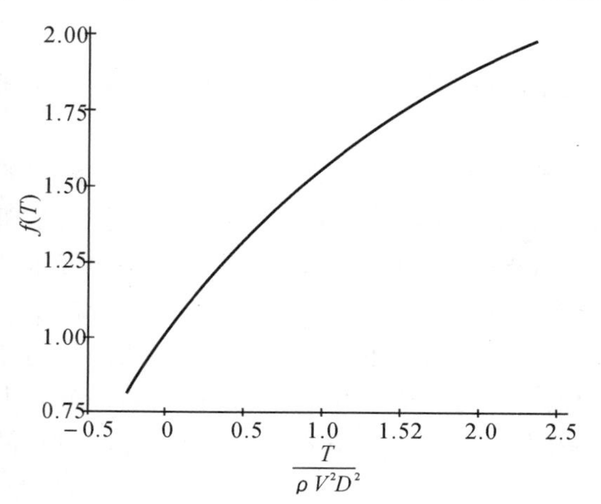

图 15-17　螺旋桨法向力系数

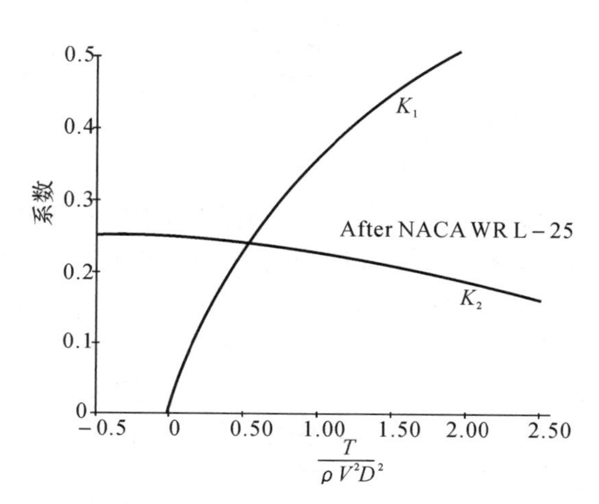

图 15-18　螺旋桨下洗系数

在式(15.4)中,如果螺旋桨位于全机重心的后方,它是起稳定作用的。这也是推进式螺旋桨布局的优势之一。

螺旋桨影响了尾翼的下洗,会降低尾翼效率,这种下洗效应的估算公式为

$$\frac{\partial \varepsilon_{\mathrm{p}}}{\partial \alpha} = K_1 + K_2 N_B \frac{\partial C_{N_{\mathrm{blade}}}}{\partial \alpha}\left(\frac{\partial \alpha_{\mathrm{p}}}{\partial \alpha}\right) \tag{15.26}$$

在机翼下洗导数中加入一个导数项。其中的常数项可由图 15-18 得到。

如果尾翼几乎全部处于螺旋桨滑流中,其动压会增大,则有

$$\eta_{\mathrm{h}} = \eta_{\mathrm{h}_{T=0}}\left(1 + \frac{T}{qA_{\mathrm{p}}}\right) \tag{15.27}$$

推力为零时尾翼动压比 η_{h} 约为 0.9。如果尾翼只有一部分处于螺旋桨滑流中,圆括号中的项也需要等比例减小。这一项也可用于预测机翼上的动压增量,这种动压增量尤其会影响襟翼偏转时的俯仰力矩。

尾翼处的动压增加将会使尾翼的升力增大,而在大多数情况下尾翼的升力是向下的,故动力在配平方面会产生抬头效果。因此,单发螺旋桨飞机通常会将桨轴向下偏几度,以抵消这种动力对配平的影响。

15.6 配平分析

到此已经有了配平分析所需的全部信息。所谓配平即是绕飞机重心的总力矩[见式(15.5)]为零。对于给定飞行状态,可以计算出方程中所有的数值,看看它们的和是否为零。如果不为零,可以通过改变升降舵偏角或平尾安装角来调节尾翼的升力,直到总力矩为零。

不过,尾翼升力的变化会影响到全机的升力,而总升力要等于重力。因此,尾翼升力变化时,飞机的迎角也要变化。这需要计算机迭代或用图解法求解。

求出配平迎角和升降舵偏角以后,用下式可以计算考虑配平阻力效应的总诱导阻力,即

$$C_{D_{i_{\mathrm{trimmed}}}} = K\left[C_{L_\alpha}(\alpha + i_{\mathrm{w}})\right]^2 + \eta_{\mathrm{h}}\frac{S_{\mathrm{h}}}{S_{\mathrm{w}}}K_{\mathrm{h}}C_{L_{\mathrm{h}}}^2 \tag{15.28}$$

式中:K_{h}—— 平尾的诱导阻力因子。

由于平尾的诱导阻力远远小于机翼的,可以使用简单的经验方法来估计 K(或 e),没必要使用前缘吸力方法。

如果尾翼在后方,机翼的下洗气流会对全机配平阻力产生额外影响。由于升力和阻力的方向总是垂直和平行于气流方向,尾翼的升力和阻力的方向会稍微偏转。阻力的偏转对全机阻力的影响很小,但升力偏转的影响却不一定小。对于静稳定的飞机,平尾上的配平力经常是向下的(负升力),受机翼下洗气流的影响,这部分向下的升力会稍微向前偏转,因而会产生一定的前向分量。这会减小配平阻力,因此常规布局飞机平尾的配平阻力并不像一般预估的那么大。另外,如果设计时,为了尽量降低配平阻力而使平尾具有一定的升力,那么这部分升力会向后偏转。这又会略微增大阻力,稍稍抵消减阻的努力(这通常靠不稳定的布局来实现,需要配备计算机飞行控制系统)。

估算这种下洗效应对于尾翼升力方向的影响时,可以先确定机翼下洗角,然后将尾翼的升

力乘以下洗角的正弦值，视情况在总阻力中加上或减去这部分分量。

考虑推力效应需要很大的计算量，通常在早期方案设计中计算配平阻力时不考虑这一项，除非推力线在重心上方或下方很远的地方。

15.6.1　考虑地面效应的配平计算

配平方程[见式(15.4)]受到地面效应的强烈影响。如果飞机距地面的距离在 20% 翼展之内，机翼和尾翼的升力线斜率会增大 10% 左右，下洗会降到常规值的 50% 左右，需要增大升降舵偏角，以保持抬头姿态。

飞机必须具备足够的舵面效率，以保证在地面效应中、襟翼全放、重心位于前限位置、无动力和全动力状态下的配平。为了能够控制，升降舵能力必须具有一定的余量。

15.6.2　起飞抬前轮

有时飞机的升降舵尺寸是由抬前轮的需求决定的。对于前三点式起落架布局，升降舵要有能力在 80% 离地速度、重心位于前限时使飞机抬头；对于后三点式起落架布局，升降舵要能在 50% 离地速度、重心位于后限时使飞机抬头。

抬前轮分析时，可以对式(15.4)加上两个与起落架相关的项。这个分析过程中假定前轮或尾轮刚刚接触地面，而不承受任何载荷。作用在机轮上的重力等于飞机重量减去总的升力。这部分垂直的支撑力对飞机的产生力矩，其力臂等于主轮到重心的距离在水平面上的投影。

机轮摩擦力方向向后，大小等于机轮上作用的重力乘以滚动摩擦因数(一般为0.03)。这部分摩擦力的力臂等于重心到地面的垂直距离。

由起落架的垂直力和水平力产生的这些力矩需要除以($qS_{w}c$)，转化为力矩系数。

在起飞抬前轮分析中，还需要考虑前面讨论的地面效应的影响，包括升力线斜率和下洗角的变化。

15.7　速度稳定性

上文关于纵向稳定性和操纵性的讨论主要集中于迎角的稳定性导数。除此之外，飞机还必须具备速度稳定性，意味着速度增大时必须产生使飞机减速的力，一般是通过抬头来实现。对于大多数产生俯仰力矩的部件，迎角稳定性同时也意味着速度稳定性。

还有一个影响速度稳定性的附加因素，即推力随着速度的变化。螺旋桨的推力随着速度的增大而减小。如果螺旋桨在重心上方较高的位置，速度增加会减小推力(低头力矩减小)，从而使飞机抬头。这会使飞机轻微爬升，速度会降低。因此，高置螺旋桨飞机是速度静稳定的。

粗略说来，推力线每向上移动 1%MAC，静稳定裕量会增大 0.25%。相反，在重心之下安装的螺旋桨会使静稳定性降低同样的量值。不过，这种表面上的稳定性只有经过一定的时间，当飞机的速度变化量足够大，足以影响螺旋桨的推力时才能发挥作用。

高置螺旋桨也会产生很大的低头力矩，需要很大的配平力。这种布局通常用于水上飞机，只为使螺旋桨获得较大的离水间隙。

喷气飞机的速度对推力的影响可以忽略，因此发动机的垂直位置对速度稳定性几乎没有影响。

思　考　题

1. 如何评价飞机的稳定性？稳定的要素是什么？
2. 动稳定性评判与静稳定性评判的区别是什么？
3. 飞机主要部件对俯仰力矩各有什么影响？
4. 对于不同的飞行状态，如何实现飞机的配平？
5. 如何调节静稳定裕量的大小？
6. 对于俯仰力矩配平能力要求较高的飞行状态有哪些？

第16章 航向与横向稳定性

16.1 偏航/滚转力矩和配平

横-航向分析在很多方面类似于纵向分析。不过,正如它的名称所显示的,横-航向分析包含着两种紧密耦合的模式:偏航(航向)和滚转(横向)。这两者是无法分立的,比如说,方向舵或副翼的偏转都会同时产生偏航和滚转力矩。

需要强调的是,偏航和滚转都是由偏航角β引起的,而滚转角ϕ其实对于力矩项没有直接作用。

横航向分析的几何参数如图16-1所示,图中表示出对偏航力矩N和滚转力矩L起作用的主要部件。向右偏航和滚转定义为正值。注意:这其中大多数项在水平直线飞行时的数值为零,这与纵向情况是不同的。另外,符号的约定为:偏航力矩关于β的导数为正时,具备稳定性;而滚转力矩关于β的导数为负时具备稳定性(上反效应)。

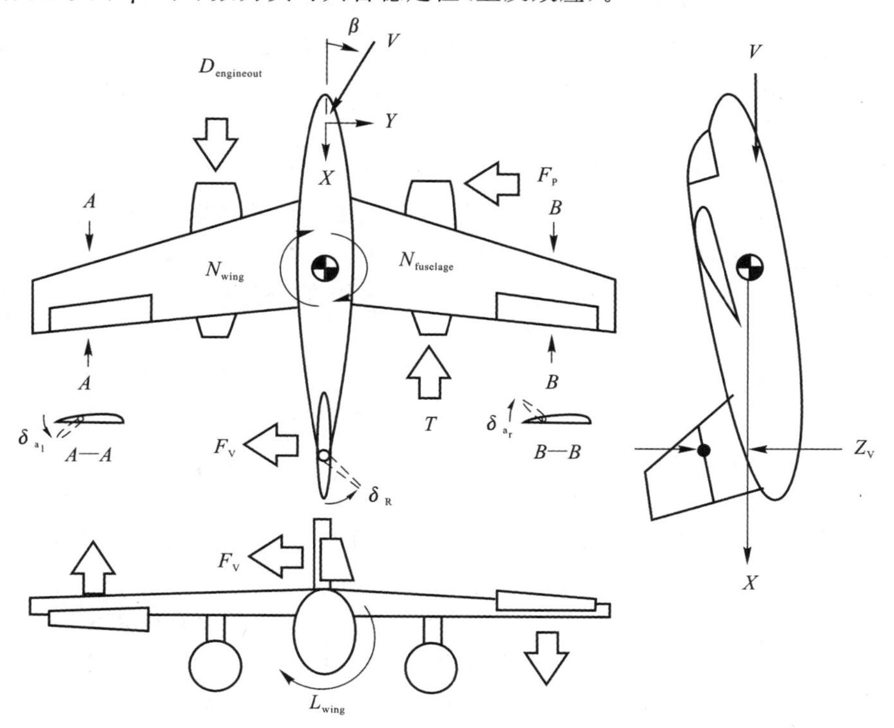

图16-1 横航向几何定义

偏航力矩主要源自垂尾的侧向力(用 F_V 表示)。它抵消机身的偏航力矩。偏转方向舵与襟翼的作用一样,可以增大垂尾的侧向力。

处于螺旋桨滑流中的垂尾也会受到额外的力。受螺旋桨的影响,滑流中的空气有一个旋转分量,方向与螺旋桨转动方向相同。从后方看,螺旋桨通常为顺时针旋转。如果垂尾位于机身上方,螺旋桨滑流的旋转分量会使垂尾侧滑角向负值方向增大,从而使机头轻微左偏。

如果桨盘平面与自由来流方向有一定的夹角,那么引起的偏航力矩更强,这通常发生在低速爬升的情况下。向下运动的桨叶具有更大的迎角,并且速度也稍大一些,因为它是迎向相对气流。因此,下行桨叶的拉力更大一些,使有效推力线偏向这一边,称为"p 效应"。对于顺时针旋转的螺旋桨,它使机头左偏,并且其程度很难预测。

为了抵消 p 效应,很多单引擎飞机的垂尾设置了 1° 或 2° 的安装角。也有的飞机将螺旋桨轴线向右偏转。

侧滑状态下,如果两边机翼与来流的夹角不一样,与来流方向的更接近于垂直的那侧机翼的阻力更大,因而会产生偏航力矩。由图 16－1 可以看出,后掠机翼的偏航力矩起稳定的作用。

另一部分偏航力矩来自于副翼的偏转。升力增大的那部分机翼具有较大的诱导阻力,于是副翼偏转引起的偏航力矩与滚转力矩是反向的,这称为"反向偏航"。

发动机对横航向力矩的影响与对纵向一样,也有 3 个(直接推力、垂直力和螺旋桨滑流或喷气尾流诱导的流场效应)。在航向,发动机推力是平衡的。如果有一台发动机失效,那么剩余发动机会产生很大的偏航力矩,失效发动机的阻力还会使力矩更大。

进气道前端或桨盘平面会产生法向力(与在纵向稳定性讨论中的一样)。螺旋桨或进气道在重心前方会使航向稳定性降低,这与俯仰运动的情况是一样的。

对于航向来说,螺旋桨滑流或喷气尾流诱导的流场效应基本可以忽略,除非垂尾处于螺旋桨滑流中或在喷气尾流附近。这种情况下,垂尾的动压和侧滑角所受的影响与平尾在滑流中的情况类似。

对于滚转,主要的影响因素是机翼上反效应产生的滚转力矩。这种滚转力矩趋向于使飞机保持水平。飞机开始滚转时,它会向下方侧滑,上反效应会使飞机向侧滑相反的方向滚转。

滚转控制的主要部件是副翼,它的工作原理是使一边机翼升力增大,另一边机翼升力降低。副翼偏角 δ_a 定义为左右副翼在各自方向偏角的平均值(有些书中定义为左右副翼偏角之和)。使飞机右滚的副翼偏转方向定义为正。

扰流板也是一种滚转操纵设备,它们是安置于机翼上方的平板,通常位于机翼最大厚度稍后的位置。扰流板抬起时会干扰气流,"扰乱"升力,使对应的机翼下沉。扰流板也会增大阻力,产生偏航力矩,偏航的方向与滚转一致(正向偏航)。

由于垂尾位于重心上方,它对横滚稳定性有增强作用。注意:垂尾的滚转力矩的力臂为垂尾 MAC 到稳定性坐标系的 x 轴的距离。这个 x 轴通过飞机质心,与相对气流方向平行,因此,这一项会随着迎角变化。

推力对于滚转力矩的主要影响发生在发动机失效的情况。处于螺旋桨尾流中的机翼动压较大,升力也比较大。如果只有一边机翼处于尾流之中,两边机翼的升力就会有差异。不过这些影响通常可以忽略,因为单台发动机失效造成的滚转力矩比偏航力矩小得多。喷流诱导效应对滚转的影响也可以忽略,除非喷流直接吹在襟翼上。

滑流也会影响到机翼的上反效应。当飞机偏航时，一侧机翼受到的滑流影响大于另一侧，会产生降低稳定性的滚转力矩。对于螺旋桨位于机翼前方的单发飞机，情况会更严重一些。

如果发动机在重心上方或下方很远的位置，它在侧滑情况下的法向力会产生滚转力矩。发动机位于重心上方会产生稳定力矩。这通常可以忽略。

下式是双发飞机在单发失效情况下的偏航和滚转力矩汇总：

$$N = N_{\text{wing}} + N_{\text{w}_{\delta\alpha}}\delta\alpha + N_{\text{fus}} + F_{\text{V}}(X_{\text{acv}} - X_{\text{c.g.}}) - TY_{\text{p}} - DY_{\text{p}} - F_{\text{p}}(X_{\text{c.g.}} - X_{\text{p}}) \tag{16.1}$$

$$L = L_{\text{wing}} + L_{\text{w}_{\delta\alpha}}\delta\alpha - F_{\text{V}}(Z_{\text{V}}) \tag{16.2}$$

这是严格的静态方程，动态的情况会复杂得多。

两个方程中都有垂尾的侧向力，与平尾升力类似，计算时必须考虑当地动压和侧滑角。由于“侧洗”效应主要是由机身引起的，所以当地侧滑角小于自由来流侧滑角。螺旋桨洗流也会减小有效侧滑角。垂尾侧力的计算公式为

$$F_{\text{v}} = q_{\text{v}} S_{\text{v}} C_{F_{\beta\text{v}}} \frac{\partial \beta_{\text{v}}}{\partial \beta}\beta \tag{16.3}$$

式中：垂尾侧力导数 $C_{F\beta}$ 相当于纵向分析中的 $C_{L\alpha}$，计算方法也相同。

偏航和滚转力矩除以 $(qS_{\text{w}}b)$ 得到以下系数形式的方程。

偏航：

$$\left.\begin{aligned} C_n = \frac{N}{qS_{\text{w}}b} = C_{n_{\beta_w}}\beta + C_{n_{\delta_\alpha}}\delta\alpha + C_{n_{\beta_{\text{fus}}}}\beta + C_{n_{\beta_{\text{v}}}}\beta \\ -\frac{T\bar{Y}_{\text{p}}}{qS_{\text{w}}} - \frac{D\bar{Y}_{\text{p}}}{qS_{\text{w}}} - \frac{F_{\text{p}}}{qS_{\text{w}}}(\bar{X}_{\text{c.g.}} - \bar{X}_{\text{p}}) \end{aligned}\right\} \tag{16.4}$$

式中：

$$C_{n_{\beta_{\text{v}}}} = C_{F_{\beta_{\text{V}}}} \frac{\partial \beta_{\text{v}}}{\partial \beta}\eta_{\text{V}} \frac{S_{\text{v}}}{S_{\text{w}}} C_{L_{\text{h}}} (\bar{X}_{\text{acv}} - \bar{X}_{\text{c.g.}}) \tag{16.5}$$

长度用翼展的相对值来表示，写为带上横线的字母($\bar{Y}$)，代表 Y/b。尾翼处的动压与自由来流动压之比用 η_{V} 表示。垂尾对偏航和滚转的贡献用导数来表示，如式(16.5)和式(16.7)。

滚转：

$$C_l = \frac{L}{qS_{\text{w}}b} C_{l_{\beta_{\text{w}}}} + C_{l_{\delta\alpha}}\delta\alpha + C_{l_{\beta_{\text{v}}}}\beta \tag{16.6}$$

式中：

$$C_{l_{\beta_{\text{v}}}} = -C_{F_{\beta_{\text{v}}}} \frac{\partial \beta_{\text{v}}}{\partial \beta}\eta_{\text{V}} \frac{S_{\text{v}}}{S_{\text{w}}}\bar{Z}_{\text{V}} \tag{16.7}$$

16.2　横航向配平分析

最严重的横航向配平状态是起飞时单发停车。垂尾和方向舵必须有能力在起飞速度(1.1 倍失速速度)、单发失效、重心位于后限的状态下提供足够的偏航力矩，保持飞机处于零侧滑角。方向舵偏角或许不应该超过 20°，以便仍有一定的余量用于操纵。

另一种需要检查的配平状态是侧风着陆。飞机必须能在相当于 20% 起飞速度的侧风中着陆，这相当于在起飞速度下保持 11.5° 的侧滑角。同样，方向舵偏角不应大于 20°。

如果在以上任一种情况中，垂尾无法提供足够的力，即无法保证式(16.1)中的偏航力矩等于零，修正的方法有以下几种：

(1)“蛮力法”就是简单地增大垂尾尺寸，不过这要付出飞机的阻力和重量的代价。

(2)可以增大方向舵弦长和/或展长来提升方向舵效率。也可以采用双铰链方向舵，如DC-10所用的。全动垂尾(如F-107和SR-71所采用的)可以提供最大的“方向舵”操纵能力，不过比较重。

(3)可以将发动机向内侧移动，以减小发动机失效的力矩。不过这会增加机翼重量。

发动机失效情况下，方向舵偏转和螺旋桨滑流也会产生滚转力矩。这通常很小，可以忽略。不过如果机翼和尾翼距离较近，而发动机又离得比较远，那就可能需要偏转副翼来抵抗这部分滚转力矩。而偏转副翼的反偏航效应又会使偏航状态变得更差。

还需要检查在侧滑情况下副翼的操纵效能。如果飞机的有效上反角很大，那有可能缺乏足够的副翼面积，无法抗拒飞机自动滚转脱离侧滑。

16.3 横航向静稳定性

偏航力矩和俯仰力矩关于侧滑角的导数为

$$C_{n_\beta}=C_{n_{\beta_\mathrm{w}}}+C_{n_{\beta_\mathrm{fus}}}+C_{n_{\beta_\mathrm{v}}}-\frac{F_{p_\beta}}{qS_\mathrm{w}}\frac{\partial\beta_\mathrm{p}}{\partial\beta}(\bar{X}_\mathrm{c.g.}-\bar{X}_\mathrm{p}) \tag{16.8}$$

$$C_{l_\beta}=C_{l_{\beta_\mathrm{w}}}+C_{l_{\beta_\mathrm{v}}} \tag{16.9}$$

无动力状态的 C_{n_β} 等于机翼、机身和垂尾贡献的总和。

如果设定偏航稳定性为零，求解式(16.8)可以得出对应的重心位置。这一位置就是航向中性点。不过一般不会这样求解——在实际中，通常是由纵向需求确定重心后限，然后调整垂尾面积，直到获得足够的航向稳定性。

图16-2提供了关于 C_{n_β} 的建议值(图中虚线)，它低于NASA建议的曲线。关于 C_{l_β}，在亚声速时，量值约为 C_{n_β} 的50%，符号为负；在跨声速时，大约与 C_{n_β} 相当。

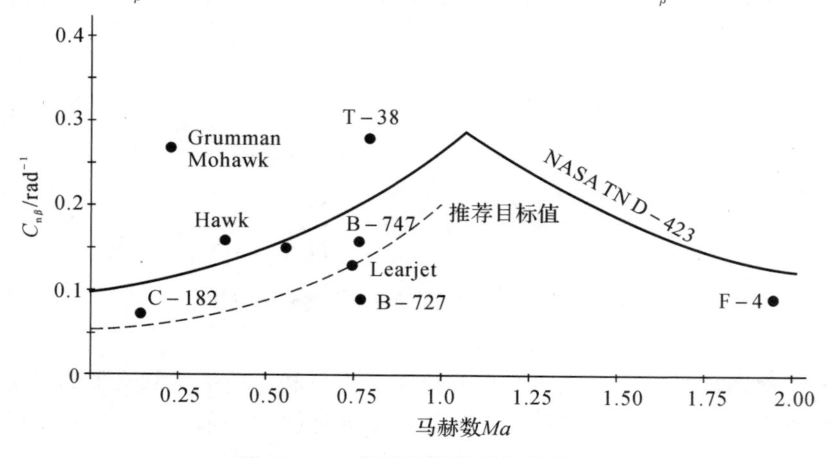

图16-2 典型的偏航力矩导数值

这些数值的最终选择，需要基于风洞数据作动态分析。也有一些项目，在原型机试飞以后,又改变了垂尾面积或机翼上反角(如 F－100,B－25)。

下面给出了估算横航向方程中的各项的粗略方法。其中很多项与以前讨论过的纵向项相同,包括尾翼的气动中心、尾翼作用力(升力)曲线斜率、方向舵(襟翼)效率和螺旋桨或进气道法向力等。

16.3.1　机翼横航向导数

DATCOM 给出了机翼由于侧滑引起的偏航力矩的经验公式,即

$$C_{n_{\beta w}}=C_L^2\left\{\frac{1}{4\pi A}-\left[\frac{\tan\Lambda}{\pi A(A+4\cos\Lambda)}\right]\times\left[\cos\Lambda-\frac{A}{2}-\frac{A^2}{8\cos\Lambda}+\frac{6(\bar{X}_{acw}-\bar{X}_{c.g.})\sin\Lambda}{A}\right]\right\}\tag{16.10}$$

侧滑引起的滚转力矩,或者说上反效应,与上反角成正比,不过也会受到后掠角和机翼相对机身垂直位置的影响。直机翼的 C_{l_β} 大约等于 0.000 2 倍的上反角(单位为°)。因此可以将 C_{l_β} 等于 0.000 2/°(0.011 5/rad) 定义为 1° 的“有效上反角”。

图 16－3 可以用来估算由于后掠角引起的上反效应,基本机翼没有几何上反。图 16－3 中给出两种梢根比,对于其他的梢根比可以插值得出。图 16－3 所示数值是单位升力系数对应的值,因此实际数值需要乘以机翼的升力系数 C_L。

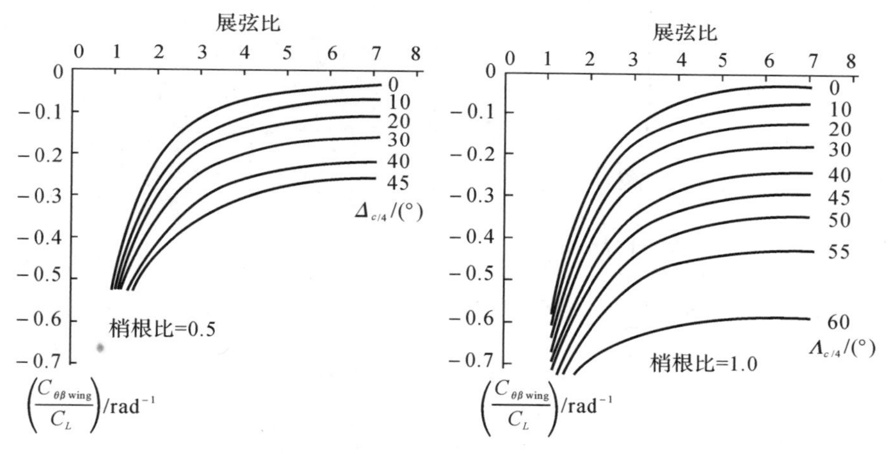

图 16－3　后掠角的上反效应

估计几何上反角(弧度)影响的公式为

$$(C_{l_\beta})_\Gamma=-\frac{C_{L_\alpha}\Gamma}{4}\left[\frac{2(1+2\lambda)}{3(1+\lambda)}\right]\tag{16.11}$$

计算机翼相对机身垂直位置的影响的公式为

$$C_{l_{\beta_{wf}}}=-1.2\,\frac{\sqrt{A}Z_{wf}(D_f+W_f)}{b^2}\tag{16.12}$$

式中:Z_{wf} —— 机翼高出机身中心线的距离;

D_f,W_f —— 机身的高度和宽度。

将这两部分的影响加入由图 16－3 查出的数值,则有

$$C_{l_{\beta_w}}=\left(\frac{C_{l_{\beta_w}}}{C_L}\right)C_L+(C_{l_\beta})_\Gamma+C_{l_{\beta_{wf}}}\tag{16.13}$$

副翼操纵效能可以用片条法近似估算。将带有副翼部分的机翼划分为片条，如图16-4所示。副翼偏转引起的升力增量与襟翼效应一样，将这部分升力增量乘以片条到飞机中心线的力臂(Y_1)，可得

$$C_{l_{\delta_a}}=\frac{2\sum K_f\left(\frac{\partial C_L}{\partial \delta_f}\right)'Y_iS_i\cos\Lambda_{H.L.}}{S_wb} \tag{16.14}$$

式中：K_f和升力系数对襟翼偏角的导数可参阅图15-8和图15-9。如果副翼铰链缝隙没有密封，将会使副翼效率降低大约15%。

副翼偏转产生的偏航力矩，取决于副翼偏转引起的诱导阻力在翼展方向的分布。该力矩随机翼升力系数和副翼偏角而改变。*DATCOM* 方法的简化版(可以近似估算副翼偏转的偏航力矩，式中 C_L 为机翼的升力系数) 为

$$C_{n_{\delta_a}}=-0.2C_LC_{l_{\delta_a}} \tag{16.15}$$

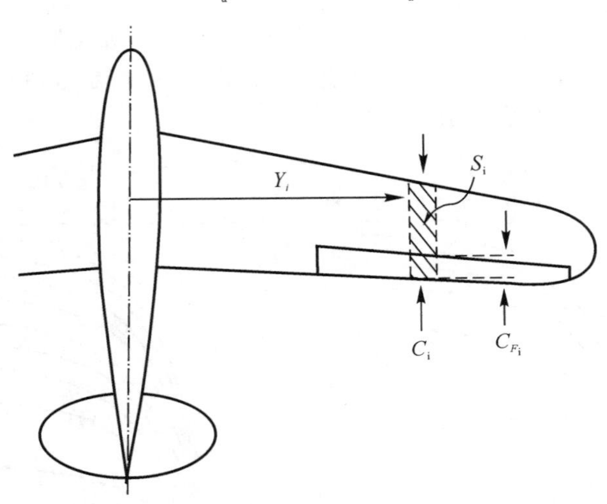

图16-4　副翼片条几何参数

16.3.2　机身和短舱的横航向导数

侧滑引起的偏航力矩为

$$C_{n_{\beta_{fus}}}=-1.3\frac{V_f}{S_wb}\left(\frac{D_f}{W_f}\right) \tag{16.16}$$

它是机身或短舱的体积 V_f、高度 D_f 和宽度 W_f 的函数。机身对滚转力矩的作用，除了前面讨论的对机翼有效上反角的影响之外，其他基本可以忽略。

16.3.3　横航向导数

垂尾的横航向导数见式(16.5) 和式(16.7)。机身和平尾的作用会使垂尾的有效展弦比增大。其有效展弦比一般会比实际展弦比高55% 左右。另外，如果方向舵铰链没有密封，侧向升力线斜率要降低20% 左右。

式(16.5) 和式(16.7) 中剩下的未知量为当地动压和侧滑导数。它们可以用 *DATCOM*

中的经验公式来估计，则有

$$\left(\frac{\partial \beta_{\mathrm{v}}}{\partial \beta}\eta_{\mathrm{v}}\right)=0.724+\frac{3.06\dfrac{S'_{\mathrm{VS}}}{S_{\mathrm{w}}}}{1+\cos\Lambda}-0.4\frac{Z_{\mathrm{wf}}}{D_{\mathrm{f}}}+0.009A_{\mathrm{wing}} \tag{16.7}$$

式中：S'_{VS}—— 垂尾延伸到机身中线的面积。

16.3.4　推力对横航向配平和稳定的影响

推力对横航向配平和稳定的影响与对航向的影响相同，包括推力直接产生的力矩、法向力力矩和螺旋桨滑流或喷流诱导效应。

当所有的发动机都正常工作时，推力直接力矩相互抵消。发动机的法向力力矩是叠加的。

当单台发动机失效时，剩余的发动机会产生相当大的偏航力矩。同时，失效发动机的阻力也会增大偏航力矩。

除了考虑发动机失效情况的方向舵尺寸，一般在方案设计阶段不作横航向分析。如果要得到较好横航向结果，通常需要基于风洞试验结果的六自由度分析。在早期方案设计中，主要依靠以前飞机的数据和一些经验方法，如尾容量系数法等，来选择尾翼面积、上反角和方向舵、副翼面积等。

思　考　题

1. 为什么飞机的航向与横向无法分立？
2. 机翼的上反角对于横航向稳定性有什么样的影响？
3. 机翼的后掠角对于横航向稳定性有什么样的影响？
4. 机翼的垂直位置对横航向稳定性有什么影响？实际飞机设计过程中选择机翼垂直位置时有什么考虑？
5. 较严重的横航向配平状态有哪些？

第 17 章　有关稳定性的几个专题

17.1　弹性的影响

前面的讨论假定飞机是刚性的。实际上，许多飞机是相当容易变形的，尤其是机身的纵向弯曲、机翼展向弯曲和机翼扭转变形。这些可能对稳定特性有着重要的影响。

当飞机迎角增大时，如果机身纵向弯曲变形，平尾的迎角会减小。这会使平尾的恢复力减小，降低其对俯仰稳定性的效能。同样，机身的横向弯曲会降低垂尾的效能。

与之类似，后掠机翼的扭曲会使翼尖处的迎角减小。这会降低升力线斜率，同时使气动中心前移，降低飞机的稳定性。这些效应示意如图 17－1 所示。

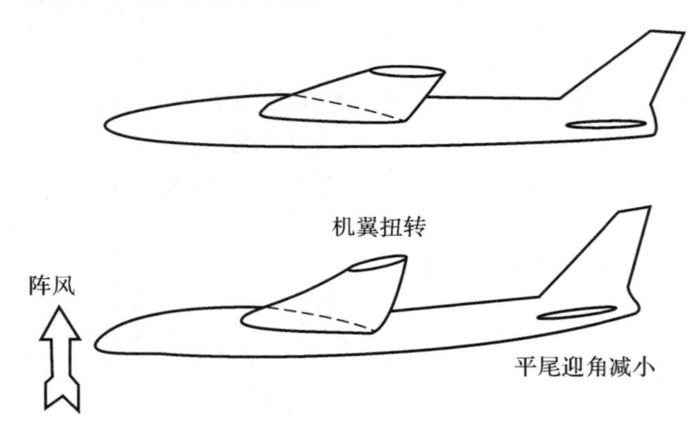

图 17－1　弹性对于稳定性的影响

典型的后掠翼运输机在高亚声速飞行时，由于弹性的影响，机翼升力线斜率会降低 20％左右，平尾对于俯仰力矩的作用会降低 30％左右，升降舵效率降低 50％左右，机翼的气动中心也会前移大约 10％MAC，而副翼效能可能会降低 50％甚至超过 100％。当动压很高时，副翼偏转会产生很大扭转力矩，使机翼向相反方向扭转；机翼扭转产生的全机滚转力矩与副翼操纵的方向相反。如果机翼扭转角过大，这种效应会超过副翼的操纵力，产生所谓的"副翼反效"。为了保持操纵能力，许多喷气运输机在高速飞行时锁定外侧副翼，只依靠扰流片或内侧小尺寸副翼进行滚转控制。

图 17－2 所示为 B－47 的副翼反效情况。B－47 是第一种跨声速喷气机，配置大后掠薄机翼。从技术层面上讲，它在许多方面是现代喷气运输机的先行者。从图中可以看到，在大约

470 kn 的速度，副翼滚转操纵的效能为零；在更高的速度，副翼的作用是反的——左副翼上偏会使机翼后缘向下扭转，导致升力增大，最终飞机不是按预想的左滚，而是右滚。在较高的速度下，可以使用扰流片实现滚转操纵。飞行员被告知：如果在高于 470 kn 的速度扰流片不起作用，那他们应该直接向与预期滚转相反的方向压杆。

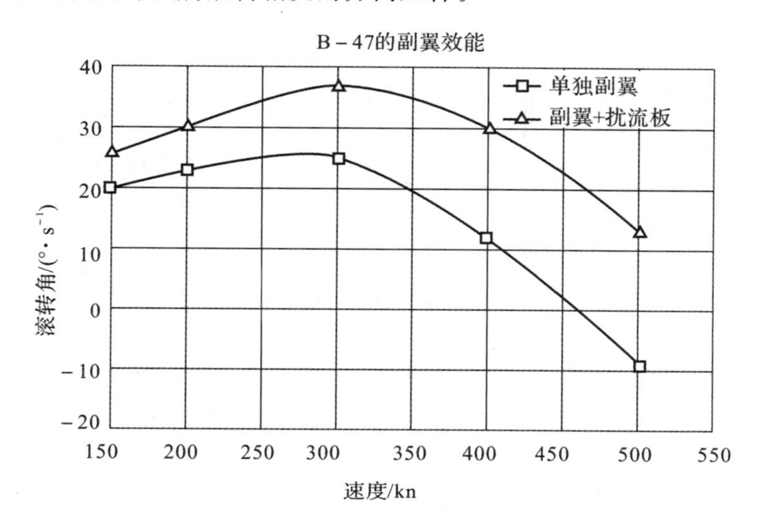

图 17－2　弹性作用引起的副翼反效

当前，人们可以使用计算机控制系统做同样的事，飞行员甚至都意识不到副翼反效的出现。与增加结构刚度相比，这可以节省上百磅甚至上千磅的重量。

这些效应是动压的函数，最容易在低空、高速的情况下出现。比较“刚硬”的飞机，如战斗机，它们的展弦比较小，机身长度较短，其稳定性受弹性的影响也比较小。

17.2　动稳定性

动稳定性涉及飞机的动态，因此需要附加考虑惯性力和阻尼力两种力。

17.2.1　质量惯性矩

质量惯性矩是物体抵抗旋转加速度的特性，用 I 表示，计算方法为积分质量微元和它到参考轴距离二次方的乘积。

在飞机动态分析中，需要先确定关于 3 个主轴的质量惯性矩：绕滚转轴的 I_{xx}、绕俯仰轴的 I_{yy} 和绕偏航轴的 I_{zz}。

17.2.2　阻尼导数

气动阻尼力是阻碍运动的。旋转阻尼力与俯仰角速度 Q（注意：不要把 Q 与动压 q 相混淆）、滚转角速度 P、和偏航角速度 R 成正比。

俯仰运动的阻尼力是由于旋转运动导致的有效迎角变化而引起的，如图 17－3 所示，可以看到匀速上仰时平尾上的升力、匀速滚转时部分机翼的升力。另外，匀速偏航时垂尾也会有侧力。

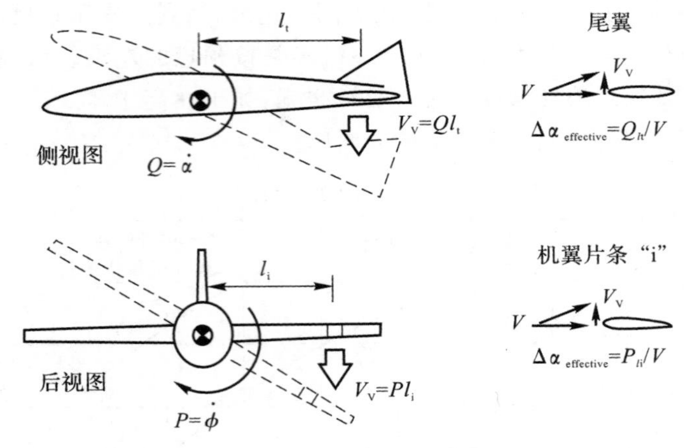

图 17-3　阻尼力的来源

有效迎角的变化，和由此引起的升力变化，正比于旋转速率以及考查点到重心的距离；力矩正比于升力乘以它到重心的距离。因此旋转阻尼正比于旋转速率和到力的作用点到重心距离的二次方。

下式给出关于俯仰和偏航阻尼导数的一阶估算：

$$C_{m_Q}=-2.2\eta_h\frac{S_h}{qS_w}C_{L_{\alpha_h}}\left(\frac{X_{ach}-X_{c.g.}}{c}\right)^2 \tag{17.1}$$

$$C_{n_R}=-2.0\eta_v\frac{S_v}{S_w}C_{F_{\beta_V}}\left(\frac{X_{acv}-X_{c.g.}}{c}\right)^2-\frac{C_{D_{wing}}}{4} \tag{17.2}$$

式(17.2)中的机翼阻力项代表了机翼对偏航阻尼的作用。可以近似认为平尾和垂尾的动压比 η 为 0.9。

滚转阻尼可以用图 17-4 来估算，它是基于 NACA 1098 和 NACA 868 的数据，分别针对小展弦比和大展弦比。对于后掠机翼，可以用直机翼的阻尼导数乘以后掠系数。

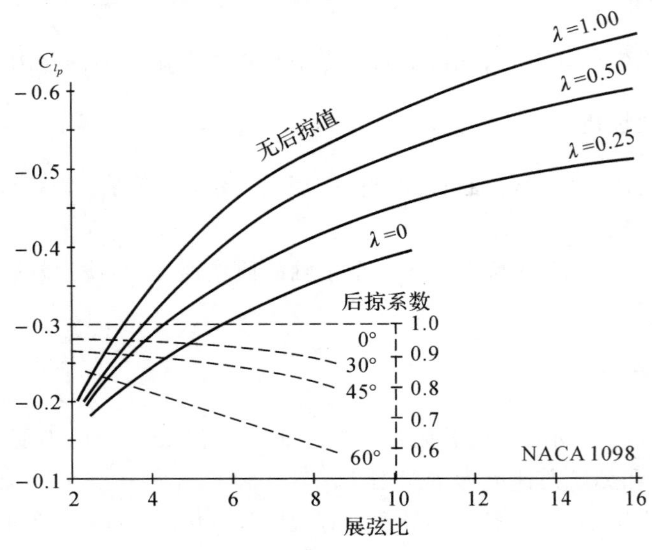

图 17-4　滚转阻尼参数

另外,阻尼项中还有“交叉导数”。偏航速率会影响滚转力矩,滚转速率也会影响偏航力矩。它们都是机翼升力系数的函数。作为粗略的估计,可以认为偏航速度引起的滚转力矩(C_{l_R})约为 $C_L/4$,滚转速度引起的偏航力矩(C_{n_P})约为 $-C_L/8$。

17.2.3　单自由度动力方程

对于飞机动稳定性和操纵性的全面评估需要六自由度分析。六自由度分析中允许俯仰、偏航、滚转运动,以及飞机在垂直、水平和侧向的速度变化。所有这些运动相互影响,需要极多的交叉导数来描述所有的力和力矩。

对于初始分析中的几种状态,如拉起(pull-up)和匀速滚转,可以使用单自由度方程。单自由度旋转方程的原理是,转动加速度乘以惯性矩等于总的外力距(包括阻尼力矩)。

俯仰:

$$I_{yy}\dot{Q}=qS_{w}cC_{m_\alpha}\alpha+qS_{w}cC_{m_Q}Q \tag{17.3}$$

偏航:

$$I_{zz}\dot{R}=qS_{w}bC_{n_\beta}\beta+qS_{w}bC_{n_R}R \tag{17.4}$$

滚转:

$$I_{xx}\dot{P}=qS_{w}bC_{l}+qS_{w}bC_{l_P}P \tag{17.5}$$

由于 Q,R 和 P 是俯仰、偏航和滚转的导数,因此这些方程是二次微分方程。注意:这中间没有一阶项,因为当侧滑角保持为零时,滚转角不会影响滚转力矩。

17.2.4　飞机动态特性

如果有了适当的输入数据,通过这些单自由度方程可以求解出在给定扰动情况下的时间关系曲线。不过,得出的结果是不正确的,因为飞机的实际运动总是包含了不止一个自由度。纵向分析至少需要 3 个自由度,以反映俯仰角、垂直速度和水平速度变化量之间的相互影响。如果在松杆状态,还需要一个附加方程来计算升降舵偏角。

握杆情况下的横航向分析也至少需要 3 个方程,以考虑横向速度、偏航角和滚转角。松杆的横航向分析还需要两个附加方程,计算副翼和方向舵偏角。考虑到升力系数对横航向导数的影响,尤其在大迎角时,使用六自由度全量方程比较合适(松杆时则为九自由度)。

三自由度或六自由度模拟的分析方法已超出本书范畴,不过这里可以对其结果做一些提示。纵向运动的方程有两个振荡解。一个是短周期模态,它通常具有很大阻尼,提供了俯仰扰动响应中所需的动稳定性。另一个是长周期小阻尼模态,称为“沉浮”模态,它包含慢速的俯仰振荡,周期可达数秒,在这一过程中能量在垂直速度和水平速度之间转换。许多飞机都有轻微的、不易察觉的俯仰沉浮振荡。但应该避免过于强烈的沉浮振荡。

对于偏航扰动,横航向方程可以得出 3 组解。

(1) 大阻尼的方向收敛模态,这是希望获得的。

(2) 螺旋模态,它是发散的,运动状态为滚转角持续增大,转弯半径越来越小,直到失去控制。不过,它发散的速度很慢,驾驶员很容易改出螺旋。

(3) 对应着一种短周期振荡,称为“荷兰滚”,表现为飞机左右摇摆,交替变换偏航和滚转。如果荷兰滚过于严重，会使乘客和机组受不了。“荷兰滚”主要是上反效应引起的。

“荷兰滚”的阻尼主要取决于垂尾大小。在确定垂尾尺寸时，它通常也是除了单发停车的操纵要求之外的决定性因素。因此，垂尾尺寸最好不要低于尾容量系数法所确定的大小——除非通过六自由度分析得出更好的结果，并且最好分析中所用的动导数是风洞试验验证的。

高速飞行时，由于弹性的影响，“荷兰滚”特性会恶化。大多数大型后掠翼飞机配备高效的带有陀螺的方向舵驱动机构，主动进行偏航操纵，从而增大“荷兰滚”阻尼。

17.3 准　定　常

将式(15.3)～式(15.5)中的旋转加速度设为零，可以得到准定常方程组。这表示俯仰、偏航或滚转速率保持常值，它们与前面列出的稳态方程一致，只是多了阻尼项。

17.3.1　拉起

拉起是一种准稳态配平状态，此时飞机垂直加速，过载系数为n(平飞时$n=1$)。将纵向配平方程加上俯仰阻尼力矩(C_{mQ}乘以Q)，按升力等于n倍重力的条件求解。通过所需的平尾升力求出升降舵偏角。俯仰速率Q与过载系数的关系为

$$Q=\frac{g(n-1)}{V} \tag{17.6}$$

17.3.2　水平转弯

水平转弯与拉起类似——飞机的过载增大，俯仰速率为常值。注意：在协调转弯时侧滑角为零，也就是说，水平转弯是个实实在在的纵向问题。用下式可以求出滚转角φ对应的过载系数，即

$$n=1/\cos\varphi \tag{17.7}$$

17.3.3　定常滚转

令式(17.5)等于零，即为定常滚转。当侧滑角等于零时，只有副翼偏角影响滚转力矩。由此可得

$$I_{xx}\dot{P}=0=qS_{w}bC_{l_{\delta_a}}\delta_a+qS_{w}bC_{l_P}P \tag{17.8}$$

由式(17.8)可以求出滚转率(弧度)和副翼偏角的关系，即

$$P=-\left(\frac{C_{l_{\delta_a}}}{C_{l_p}}\right)\delta_a \tag{17.9}$$

多年来，滚转率需求都是以机翼的螺旋角($Pb/2V$)的形式给出的。NACA的飞行试验(NACA 715)表明，大多数飞行员认为，具有较好滚转速率的飞机，其机翼的螺旋角至少等于0.07(战斗机为0.09)。

军用规范要求飞机在给定时间内达到指定的滚转角(美军标中指标的示例见表17-1)。这假定飞机在滚转之前为水平飞行状态，因此需要考虑滚转加速度。不过，飞机一般都能很快达到最大滚转速率，因此可以用准定常滚转速率来估算滚转时间。

表 17－1　美军标中的滚转率要求

<table>
<tr><th colspan="2">级　别</th><th>飞机种类</th><th>滚转率要求</th></tr>
<tr><td colspan="2">Ⅰ</td><td>轻型通用、观察机、初级教练机</td><td>1.3 s 转 60°</td></tr>
<tr><td colspan="2">Ⅱ</td><td>中型轰炸机、货运机、反潜机、侦察机</td><td>1.4 s 转 45°</td></tr>
<tr><td colspan="2">Ⅲ</td><td>重型轰炸机、运输机</td><td>1.5 s 转 30°</td></tr>
<tr><td rowspan="3">Ⅳ</td><td>A</td><td>战斗机、截击机</td><td>1.3 s 转 90°</td></tr>
<tr><td>B</td><td>空战飞机</td><td>1.0 s 转 90°
2.8 s 转 360°</td></tr>
<tr><td>C</td><td>带空-地挂舱的战斗机</td><td>1.7 s 转 90°</td></tr>
</table>

17.4　惯性耦合

F－100 的原型机是第一架可以超声速水平飞行的飞机，与之前的飞机相比，它具有很薄的后掠机翼，机身也更长更重。在试飞中，一系列的高速滚转忽然导致迎角和侧滑角发散，使得所有相关人员大为吃惊。通过详细分析和模拟发现，其原因是“惯性耦合”。

图 17－5 所示为典型的战斗机滚转过程。为了直观起见，将前后机身的质量集中，画成杠铃的形状。

与所有物体一样，战斗机趋向于绕主轴(纵轴) 旋转。但是，如果飞机绕纵轴横滚 90°，则迎角和偏航角互换，如图 17－5 所示。垂尾的 C_{n_β} 效应会对抗这种滚转过程中的偏航角增加。

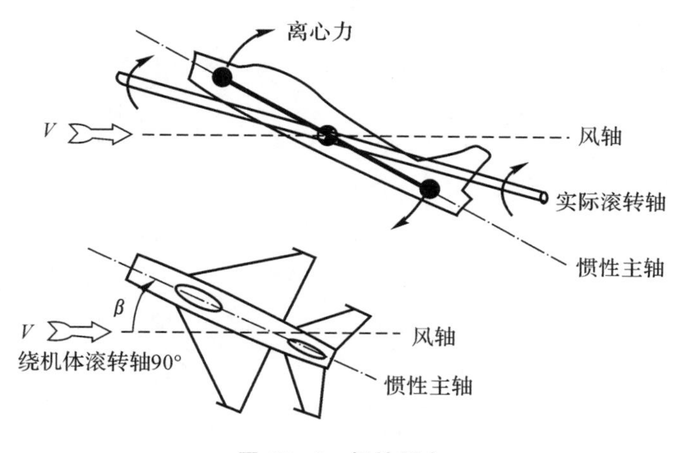

图 17－5　惯性耦合

副翼的滚转力矩是相对于风轴的。飞机实际上会绕着主轴和风轴之间的某个轴滚转。

前后机身的重量分别在这根轴的上下，离心率会驱使他们远离滚转轴，产生抬头力矩。滚转引起的偏航角增大和惯性引起的抬头力矩组合在一起，称为惯性耦合。

只有当惯性力产生的力矩超过气动恢复力矩时，惯性耦合才成为问题。这通常发生在高空(空气密度低)和高马赫数情况下，因为此时尾翼升力效率降低。

F-100解决惯性耦合的方法是采用更大的垂尾。到现在这仍然是典型的解决方案。因此垂尾面积不应该小于尾容量法的统计值,除非有了更详细的分析。

思考题

1. 机翼的弹性变形对于气动性能和操稳性能有什么样的影响?
2. 机身的弹性变形对于气动性能和操稳性能有什么样的影响?
3. 什么样的构型比较容易出现副翼反效问题?
4. 飞机的质量特性如何影响飞机的稳定特性?
5. 影响纵向、横向、航向阻尼特性的主要部件有哪些?
6. “荷兰滚”对应什么样的运动? 如何改善这方面的特性?

第五部分　设计项目案例

第 18 章　项 目 案 例

前文介绍了飞机设计的基本理论和方法，本章主要展示几个重要的(同时也是有趣的)案例，从中可以看出飞机设计的知识和技巧的应用。这些案例也说明了技术发展和用户需求对设计方案的影响，以及在研制过程中需要做出的众多决策和权衡。通过对现有案例的分析，加上飞机设计领域的基础知识，可以了解如何做出这类决策，或许也可以窥见将来的发展方向。

设计，或者说设计所包含的创造性工作，是工程学的根本。冯·卡门说过，“科学家发现已存在的现象，而工程师发明从未有过的事物”。

18.1　案例一：莱特飞机

虽然莱特兄弟连中学都没有毕业，只靠经营一家自行车店铺维生，但他们是真正的科学家和工程师。他们切实遵循着设计的规律，进行了多次迭代，并最终解决了遇到的每个问题。

关于莱特兄弟的文献已有很多了，本案例主要以专题的形式列举莱特兄弟在研制飞机的过程中所做的研究工作，旨在说明他们工作方法的科学性和系统性，这也是他们取得多方面突破的原因。

18.1.1　理清问题

莱特兄弟，尤其是威尔伯·莱特，从孩童时代就对人类飞行感兴趣。基于鸟和昆虫可以非常轻易地飞行的事实，他们认为人类通过一定的知识、技巧和技术，应该也可以飞起来。那么问题就定义为：如何做到这些？

随着研究的深入，他们将问题分解为许多子问题。首先是需要确定机翼的形状，以使它在产生足够升力的同时阻力最小。需要确定翼型的弯度、最大弯度相对位置、厚度等，还需要确定机翼的展弦比、几何形状和结构。单翼机、双翼机或是三翼机哪种更高效，也是需要确定的问题。他们还认识到需要有能产生足够推力但又足够轻的推进系统。同时代的航空先驱也在考虑这些问题，但莱特兄弟对于航空技术最重要、最独特的贡献，是他们对于飞机需要完全的三轴控制的理解。他们曾在多个场合指出他们认为解决飞行的稳定性和操纵性问题是成功飞行的关键。或许莱特兄弟设计、制作和骑行自行车的经验使他们对于人和机械之间的关系有着更深的理解，有助于他们解决成功飞行所需的控制和稳定性问题。

随着工作的进展，他们找出并解决了大量的其他问题：在哪里进行试飞？应该使用什么样的操纵面？使用什么样的操纵机构？如何将发动机的功率传到螺旋桨？甚至包括如何运输飞机？等等。

18.1.2　收集信息

德国工程师李林塔尔(Otto Lilienthal)是莱特兄弟之前的一个著名的航空先驱,他的一生中进行 2 000 多次滑翔飞行,获得了许多可贵的经验,是当时世界上最有经验的滑翔机制作者和飞行者。图 18－1 所示是李林塔尔在一次试飞中的照片。1896 年,李林塔尔在一次飞行事故中丧生。然而,他的死讯却重新燃起莱特兄弟对飞行的渴望,使他们更加确定人类最终可以飞上天空的信念。奥维尔·莱特后来回忆到:“李林塔尔在一次飞行事故中去世,激发了我们对飞行的兴趣,我们开始着手寻找与飞行相关的书籍。”

图 18－1　李林塔尔 1894 年的一次试飞

经营自行车店的经验使他们具备坚实的工程基础,但他们对于当时的飞行技术却了解甚少。他们搜寻所有可以找到的关于飞行的资料。在 1899 年,威尔伯写信给史密森尼学会,寻求有关人们飞行的资料。回信内容像是个当时航空领域的名人录,包括李林塔尔的文章、兰利(S. P. Langley)的文章和书籍、查纽特(O. Chanute)关于当时航空技术的综述等。查纽特曾在 1896 年成功制作并飞行了一架无人的蒸汽动力飞机。查纽特是一个出生在法国的美国人,他是美国当时最重要的航空领域推进者(见图 18－2)。

图 18－2　查纽特 1896 设计、制作和试验的一架双翼机

查纽特的书为莱特兄弟提供了大量的信息，而且莱特兄弟显然也被查纽特的广博知识和经验所打动，因而在1900年，威尔伯写信给查纽特，请他推荐个试飞的地方。查纽特推荐了几个地方，并在随后的几年里给了莱特兄弟很多的鼓励和设备，还有大量的（常常是主动的）建议。

莱特兄弟也写信咨询美国气象服务中心，并根据得到的信息选定北卡罗来纳州基蒂霍克附近的沙滩作为试飞地点，时间选为天气和风力都比较好的深秋初冬时节。

在大量研读和讨论（经常是争执）的过程中，莱特兄弟发现了自身知识方面的不足，并持续地搜寻所缺乏的信息。他们特别关注李林塔尔的文章，并逐渐同意后者关于“实际飞行经验是解决问题的关键”的看法。或许，他们设计和制造自行车的经历也佐证着实际操作一种机器的经验对于研制这种机器的重要价值。

在莱特兄弟应用他们所获得的这些大量的信息时，他们也发现了其中有错误，甚至李林塔尔的数据也有错误。因此他们决定自己做试验，他们制造了风洞，装备了精巧复杂的天平，测量升力和阻力（图18－3中的照片是他们风洞的一个复制品）；他们进行了发动机和螺旋桨的地面试验，并进行了多种风筝和滑翔机的试验。他们的工作条理、细致并系统化，所获得的结果也是在当时条件下最精确的。

图18－3　莱特兄弟风洞的一个复制品

18.1.3　构思方案

莱特兄弟最早采用的构型其实与当时航空探索者所采用的很相似，事实上，有些甚至复制了查纽特的一些双翼滑翔机构型。但是他们确实发明了许多东西，如在空气动力研究中起了关键作用的风洞和测力天平，就完全是他们自己的设计；他们也设计并制作了自己的发动机、螺旋桨和传动系统。

李林塔尔操纵滑翔机的方式是靠摆动身体，调整全机重心（包括他身体的重量）与压力中心的相对位置。理论上这样可以实现俯仰和滚转的操纵，但实际上很难。李林塔尔最终的失事也有部分原因是由于这样的操纵方式无法提供足够的恢复能力，使其从失速中改出。因此莱特兄弟放弃了这种操纵方式，转而采用分立的三轴操纵。在 19 世纪，通过偏转平尾和垂尾进行俯仰和偏航操纵已被验证，莱特兄弟采纳了这种技术。但对于滚转的操纵并没有引起当时研究者的重视。莱特兄弟创造性地采用了扭转翼尖的方法，并为此获得了一项专利。这套操纵系统使得他们可以自如地操纵飞机。

在俯仰操纵方面，莱特兄弟有点矫枉过正了。他们将水平操纵面放置在机翼前方（其实就是我们现在说的鸭式布局），这样虽可以获得更高的操纵效能，但也使飞机变成纵向静不稳定，导致飞行中驾驶员要不停地操纵舵面才能保持平飞。

由于找不到合适的制造商，莱特兄弟自己设计并制作了专用的发动机。这台发动机结构非常简单，输出功率不算很大，但也够用了。他们还设计制作了螺旋桨和传动系统，不难想象，其中采用了自行车链条和链轮。图 18 - 4 所示是莱特飞机在 1903 年 12 月 17 日第 4 次飞行后受损的照片，从中可以看到发动机、传动链条和手工削制的螺旋桨。

图 18 - 4　莱特飞机在 1903 年 12 月 17 日第 4 次飞行后受损的照片

18.1.4　分析

莱特兄弟从李林塔尔、兰利和查纽特等人的书中学到如何计算升力和阻力，以及所需的发动机功率。但令他们沮丧的是，他们发现计算结果不对。因此他们用自制的风洞对多种机翼进行了大量的试验，并制作了一系列的风筝和滑翔机进行试验，通过这些工作他们得出了更精确的计算公式。到他们制作第一架动力飞机时，他们已经很有把握地确定，发动机需要有多大的功率，可以达到什么样的飞行速度，以及飞机所带的有限的燃油能够飞行多远的距离了。

18.1.5　决策

莱特兄弟做出一系列的设计决策，虽然起初比较迟疑，但越来越有把握，最终制成了成功的飞机。初始方案选择类似查纽特滑翔机的布局是比较保险的，双翼机的桁架式结构重量较轻且可以承受较大载荷。他们创新性地采用扭转机翼的方法实现滚转操纵，还将滚转操纵与偏航操纵联动起来，以避免进入螺旋。机翼前方的水平操纵面降低了稳定性，不过可以提供更强的操纵能力。随着风洞试验、概念验证模型和原型机的制作，他们做出了更多的决策。每个决策都是仔细分析和长时间讨论的结果，最终的成果成为人类历史上最伟大的成就之一。

18.2 案例二:道格拉斯 DC-3

在民用运输机发展史中,DC-3 占据着显著的地位。1936 年 DC-3 首次开始航运业务,到了 1938 年,DC-3 就成为美国所有大航空公司的主力飞机。当时美国航空公司的董事长 C. R. 史密斯说:"DC-3 是第一架依靠运载旅客能够赚钱的飞机。"据统计,到二战前夕,世界各国客运航线中 90%以上用的是 DC-3 飞机。

DC-3 性能比前代的飞机更稳定,运作成本更低,维修保养容易。二战爆发后,DC-3 曾被盟军征召为军机作战,军用的 DC-3 被称为 C-47。作战期间对运输机需求大增,C-47 被大量生产,曾担任过的任务多不胜数,其中包括实施中国战场运输任务的驼峰航线。C-47 亦被视为盟军取胜的功臣之一。

从许多方面来看,DC-3/C-47 足以称得上是改变世界的飞机。

18.2.1 1920 年代的飞机

那是世界经济大步发展的时代,航空运输业快速持续增长。在一战刚刚结束时,飞机最高使用率为 500~800 h/年,大多数飞机实际使用率远低于此。到了 1920 年代,年使用率增长到接近 1 000 h,到了 1930 年代,更增长到 1 000~2 000 h。

大约从 1922 年开始,人们渐渐认识到,未来运输机要有一个关键技术能力,就是不需要在发动机出现故障时马上降落。之前所有的双发飞机都不具备合适的单发飞行能力。其实在当时的技术条件下,人们也无法设想双发飞机在有一台发动机失效且飞机满载的情况下还能继续飞行。大家普遍接受的解决方案是采用三台发动机的飞机。

18.2.2 新技术引领"现代"客机的出现

与其他开创性、破纪录的飞机一样,DC-3 的成功也是基于航空技术的进步,使它能够在成本、安全性和性能方面大幅提升。这其中每项进步都使飞机的性能增强,它们合在一起,造就了最高效的 DC-3——众多新技术集成在一架飞机上,为运输机的发展带来质的飞跃。DC-3 大概是民航史上赢利最丰的机型了,产量超过 10 000 架,并且直到今天还在飞行!

18.2.3 发动机进展

1920—1930 年,民航客机的可靠性和经济性持续提高。在动力系统方面,除了单发、双发和三发的构型演变,更主要的是发动机自身性能的提升,其中一个重要的指标是大修间隔时间的延长。在一战期间,发动机的大修间隔时间为 15~50 h;到了 1920 年代早期,液冷发动机的指标提升到 120~150 h;再后来的气冷星型发动机虽然性能上提升不多,但大大提升了可靠性和经济性。到了 1920 年代中期,随着气冷星型发动机的普及,大修间隔时间延长到 200~300 h。

发动机制造商开始在民用领域获得大量订单,也开始按照航空公司的需求定制发动机。1931 年,普惠公司决定在政府要求的 150 h 高温耐久性测试的基础上再延长 50 h。之后一年的波音 247 飞机(见图 18-5)的发动机经受了更严苛的测试,包括 100 h 满油门状态和 500 h 的巡航状态测试,以验证其可靠性。这种测试强度相当于军机发动机的 3~4 倍。

发动机的维护费用基本上直接与大修间隔时间相关。较长的大修间隔时间和高可靠性是降低运营成本的要素(并且至今仍是)。当时的使用成本中有 40%～50%在于发动机的维护和大修。

图 18-5　波音 247

在提升可靠性和耐久性的同时,发动机动力输出并没有显著提高。事实上,在 1930 年代早期,飞机性能方面的提升很有限。当时飞机的巡航速度普遍较低,大约为 160 km/h。不过,欧洲的一些单翼机设计师,如容克(Junkers)等,已经开始考虑采用较高的翼载,这会为巡航性能带来优势,但同时也对起降性能提出更高的要求。

18.2.4　结构设计的发展

最早的飞机几乎都是双翼机,采用"支杆和张线"结构,基本为木质框架覆盖织物材料。双翼机结构方面最大的进展是在 1920 年代,用金属替代木质材料,使飞机结构的寿命延长到 5 000 飞行小时。

在一战期间,容克开始制造全金属单翼飞机 F-13。F-13 和一些类似方案很快就开始大量生产,应用在许多国家。这种全金属飞机的蒙皮为波纹铝板,这种蒙皮对结构强度有一点点提升,但其实帮助不大,因为它只承受很小的载荷。飞机结构寿命因此延长到 20 000 飞行小时或更长。但波纹蒙皮会增大阻力,因此结构坚固耐用的优势会被气动上的代价抵消一些。

到了 1924 年,容克制造了一款三发单翼机,后来在 1932 年改型为 Ju52/3M,并一直使用到 1945 年。福克(Fokker)紧随其后,在 1925 年推出著名的 Trimotor。再往后,1926 年美国的福特(Henry Ford)采用了容克飞机的全金属波纹蒙皮方案,结合福克飞机的上单翼构型,制造出 Ford 5-AT,并开始大量生产,其产量一度高达每周超过 4 架。这是美国首架成功的航线飞机,不过它的真正意义在于亨利福特的营销策略——当时美国还没有航空客运业务,福特首先用飞机开展货运,并鼓励航空公司尝试客运。Ford 5-AT 比容克飞机和福克飞机都要快,功率更大,或许其流线型也更好一些。

18.2.5　承载蒙皮结构

另一项推进运输机革命的技术,是德国设计师 Adolf Rohrbach 在一战末期创立的承载蒙皮技术。他使用光滑的金属蒙皮与机翼的其他结构部件构成盒段,这样一来,蒙皮可以承受主要剪切载荷,大大提升了结构强度并减轻结构重量。

当时人们还没有真正认识到这样制造出的结构寿命会有多长。由于有多个承力元件，意味着每个元件的应力较小，因而不容易发生疲劳破坏。在 DC-1/2/3 上对这种形式又做了一些改善，蒙皮和翼梁分别采用独立的板材，这样就可以使用不同的厚度。最终的结果是 DC-3 的结构非常高效，商载系数更高，服役时间也长得多。

18.2.6 变距螺旋桨

前一代飞机的起飞、爬升和巡航速度比较接近，因此定距螺旋桨可以在 3 种飞行状态都保持比较高的效率。但到了 1930 年代，随着飞机性能的提高，定距螺旋桨难以适应飞行的需要，如果根据起飞状态设计桨距，那么在高空高速巡航时，螺旋桨就会效率不足。对于这种飞行高度和速度范围都比较宽的情况，解决方案是采用变距螺旋桨。

最早的变距桨出现在一战末期，不过那时的变距桨非常重，机械系统也不理想。直到 1928 年，变距桨才开始进入实用，并体现出优势。变距桨的使用大大提升了飞机的性能，以波音 247 为例，采用变距桨使它的起飞距离缩短了 20%，爬升率增加 22%，巡航速度提高了 5%。

18.2.7 “现代”民航飞机

DC-3 并不是凭空出现的，它是由一系列不太完善的先驱者逐渐改善而成的，同时也经受到一些同样采用新技术的高性能对手的竞争。以下的讨论说明航空工程领域的各个专业对于成功机型的作用。

18.2.8 波音 247

波音公司 1930 年的 200 型，即著名的 Monomail(见图 18-6)，是一架单发的六座运输机。它只生产了一架，后续的改型(Model 221)也只生产了一架，因为它的单发布局不利于旅客运输。也由于之前在 1928—1929 年福特 5-AT 的产量很大，因此在 1930 年代早期的需求锐减。Monomail 的阻力很小，但这个优势并没有完全体现，因为它采用的定距螺旋桨限制了它的性能。不过即使如此，它 135 m/h 的巡航速度还是显著高于当时航线飞机 100～120 m/h 的速度。作为 Monomail 的延续，波音公司为美军研制了 B-9 双发轰炸机。这架飞机采用了与 Monomail 相同的结构技术，并显示出双发飞机比三发飞机更高效。

图 18-6 波音 Monomail(今天已成为“古典”飞机的典范之一)

1932 年，波音认真考虑了将 B-9 构型发展为较小的民用衍生型，其结果就是著名的波音 247，它于 1933 年 2 月首飞，并且在两个月之内就投入运营。波音 247 只能载 10 位乘客，少于福特飞机,但它的速度要高 30 m/h,达到 155 m/h,这使它获得显著的竞争优势。

最初的 247 总重 12 650 lb,乘客座位位于机舱两边,中间是过道。每个乘客旁边都有单独的舷窗,机身装有隔音壁板。机身截面尺寸为 5 ft×5 ft,不过机翼的两根大梁穿入机身客舱,对空间有一定的影响。

虽然波音 247 相比福克和福特飞机有显著优势,也被广泛接受,不过它也有弱点。这主要源于它保守地采用了较低翼载,其原因一方面在于没有襟翼,另一方面也由于它的功率相对于重量来说比较低。因此,波音 247 基本设计的潜力并没有完全被发掘出来。

18.2.9 道格拉斯 DC-1

在波音公司完成波音 247 方案的时候,远在 1 000 mile 之外的道格拉斯公司也迈上了使它成为世界上最主要运输机生产商的征程。

美国联合航空(UAL)订购了 60 架波音 247,这是一笔巨大的订单,但它同时要求波音不能向它的竞争对手提供飞机。

美国环球航空公司(TWA)也对跨洋运输很感兴趣,他们在寻找替代老旧机型的新飞机,波音 247 显然具有很强的吸引力。同时,也由于竞争的压力,TWA 询问波音希望订购一些波音 247,但波音没有答应,而是要等一年后 UAL 的货交完了之后再轮到他们。TWA 当然不能等,为此自行启动了研制新一代旅客机的招标。

1932 年 8 月 2 日,TWA 发布了设计要求,规定得相当详细:全金属单翼设计,3 台增压发动机,单台功率不小于 500 马力;双人制驾驶舱,至少可搭载 12 名乘客;航程不小于 1 738 km,最大速度不低于 298 km/h,巡航速度不低于 235 km/h,爬升率 366 m/min,实用升限不低于 3 048 m。以当时的技术水平来说,这些要求并不苛刻,但是在 TWA 加上"在失去一个发动机且满载的情况下,在 TWA 的任意一机场都必须具有令人满意的控制良好的起飞能力"后就不同了。

道格拉斯的提案为一架双发飞机,布局与波音 247 有些类似,但采用了一些诺斯罗普飞机的特性(TWA 的机队中有诺斯罗普 Alpha 飞机),如 NACA 发动机整流罩等。TWA 要求良好的单发失效后飞行能力,这对双发的道格拉斯方案来说有些难度。因此道格拉斯必须采用更多的措施来提升飞机效率,尤其是襟翼的使用。1932 年 9 月 20 日,道格拉斯赢得了合同,其结果就是 DC-1(见图 18-2,即 Douglas Commercial-1 之简写)的诞生。唐纳德·道格拉斯后来说,"波音 247 带来的挑战使我们进入民航运输业"。

DC-1 的初始设计并没有采用变距螺旋桨,它是在 1933 年 7 月首飞的时候加上的。飞机的结构重量比预估的重了 30%,因此必须采用变距桨和大功率发动机。DC-1 的翼载比 247 的更高,但这并不是为了提高效率而有意为之,而更像是碰巧。不过这导致襟翼的使用,对性能带来重要的提升。DC-1 的气动效率稍高于波音 247,主要是由于它的发动机整流罩设计更合理。

DC-1 的一个突出特点是它的机翼略有后掠,如图 18-7 所示,这是为了调节飞机气动中心和重心的相对位置。原始设计中并没有后掠,但随着设计的进展,发现重心过于靠后,因此将机翼后掠以调节气动中心。DC-1 的机翼根部翼型为 NACA 2215,翼尖翼型为 NACA 2209,这在当时算是薄翼型,不过采用多室结构形式可以保证机翼结构强度。另外,这也使得中央翼盒段可以穿入客舱地板下方。

图 18-7　DC-1

18.2.10　DC-2

DC-1首飞之后，其显示出具有明显的可改进余地。在它首飞之前，莱特公司已经制造出更强劲的R-1820-F3发动机，以替代DC-1上的R-1820-F发动机。有了新的发动机，再加上TWA迫切的26架订单(后来增至41架)，促生了DC-1的改进型，即DC-2的诞生。

DC-2(见图18-8)基本设计与DC-1类似，但机身加长了2 ft，可以搭载14名乘客。与波音247相比，不仅是客舱宽度大了6 in，高度大了3 in，而且完全没有内部阻碍，因为机翼大梁是从客舱地板下面穿过的。DC-2的座椅宽19 in，中间的过道宽16 in。

第一架DC-2原型机于1934年5月11日首飞，并于6月开始在TWA运营，比波音247在联合航空开始运营的时间仅晚了16个月。在纽瓦克—匹兹堡—芝加哥航线上，DC-2的飞行时间为5 h，优于波音247的5.5 h。DC-2在8 000 ft高度，以50%起飞功率飞行的巡航速度为170 m/h，比波音247高出10 m/h。它的航程也大于波音247的。

DC-2一出现就显露出明显的优势，美国航空(American Airlines)和其他5家航空运营商纷纷订购。到了1934年底，道格拉斯每月要生产10架DC-2。直到1936年它被更大的DC-3替代，一共生产了220架。据说DC-1和DC-2的研制费用只有30万美元左右，每架飞机的售价是6.5万美元，其盈亏平衡点大致在售出75架的位置。不过，虽然今天看起来DC-2很便宜，但在当时它还算是很贵的飞机，之前主流的福克和福特飞机售价在3.5万～5万美元之间。

图 18-8　正在组装的DC-2

与波音247相比，DC系列飞机在气动方面最重要的创举是采用了襟翼。当时装备的是简单开缝襟翼，可以降低着陆速度，增大着陆下滑角。早期促进外形流线化的努力使得飞机着陆时下滑角很小，驾驶员操纵困难。失速速度(放襟翼状态)为60 m/h，与波音247相当，但是翼载却高出15%。较高的翼载显然对提升性能和经济性起到重要的作用。另外，尽管襟翼不是新发明，但使用襟翼确实是DC-2成功的关键之一。

18.2.11　DC-3

DC-3(见图18-9)是1930年代航空业激烈竞争的产物。TWA已拥有当时世界上最好的客机DC-2，这使得美国航空和联合航空处于竞争劣势，但他们又不想使用与TWA相同的飞机。美国航空希望能够获得一种提供卧铺服务的飞机。旅客对卧铺飞机很感兴趣，当时也有寇蒂斯的Condor双翼机开展卧铺运营，但它速度太慢，不太受欢迎。道格拉斯卧铺机(Douglas Sleeper Transport，DST)于1935年中期开始研制，同年12月20日原型机首飞。它后来成为DC-3。

图18-9　DC-3

DST将机身截面由方形改为椭圆形，客舱宽度和长度都有所增加，可以容纳21位日间乘客。过道宽19 in，一边有两列座椅，另一边一列。即使以这样的2+1布局，乘客空间还是比DC-2的大。增宽的机身又带了另一个好处——宽机身更符合流线型，虽然增大了50%的容积，但阻力只增加了一点点。这样做的结果是使DC-3在同时代没有对手，同时也创立了新的业界标准。

与它的竞争对手波音247D相比，它的载客能力提升了110%，座公里成本降低了25%，这使它成为经济性最好的客机。即使与DC-2相比，DC-3通常能多载50%的乘客，但每千米费用只增加了10%～12%。

18.2.12　结论

(1)DC-3基本上是DC-2的加长改进型，它并不是开创性的创新，而是对早期型号的合理优化。它的激励来自国内航空运输业的竞争。新技术带来的能力提升又拓展了市场。

(2)DC-3优异的经济性、运载能力和航程归功于一系列因素的结合，包括坚固的结构、优良的气动设计、变距螺旋桨、合适的发动机以及燃油品质的提升。这其中有些可归于幸运，但总体来说，这项设计是个了不起的成就，它最好地平衡了各方面的需求。

(3)DC-3充分经受了实用的考验，也被广泛接受。它的设计年代较早，因而相对简单，容易维护和修理。但同时又充分融合了核心技术，使它能在以后多年的使用中仍然保持竞争力。

(4)还有一个特性促进它的广泛应用——在设计时专门考虑了在较小机场起降的能力，对于较短航线依然能保持较高效率。对于机场不太完善的区域，这是一个关键优势。

(5)DC－3的主要特征，包括下单翼、铆接轻质合金承载蒙皮、可收放起落架、发动机整流罩、变距螺旋桨等，直到1950年代依然是设计准则。波音和道格拉斯在1933年确立的形式能够持续这么多年，真是值得赞叹。到了1950年代随着后掠翼喷气客机的出现，客机形式才产生了较大的变化。

18.3 案例三：F－16的方案演化

洛克希德·马丁公司的F－16“战隼”多用途战斗机应该是最成功的，也是最盈利的战斗机。它的设计演化过程是很值得研究的，因为它最初设计为轻型空战飞机（用以取代F－5），服役时却是作为中型多用途飞机（替代F－4），也有将它发展成F－16XL深度遮断飞机（替代F－111）的计划。图18－10展示了它的构性变化过程。

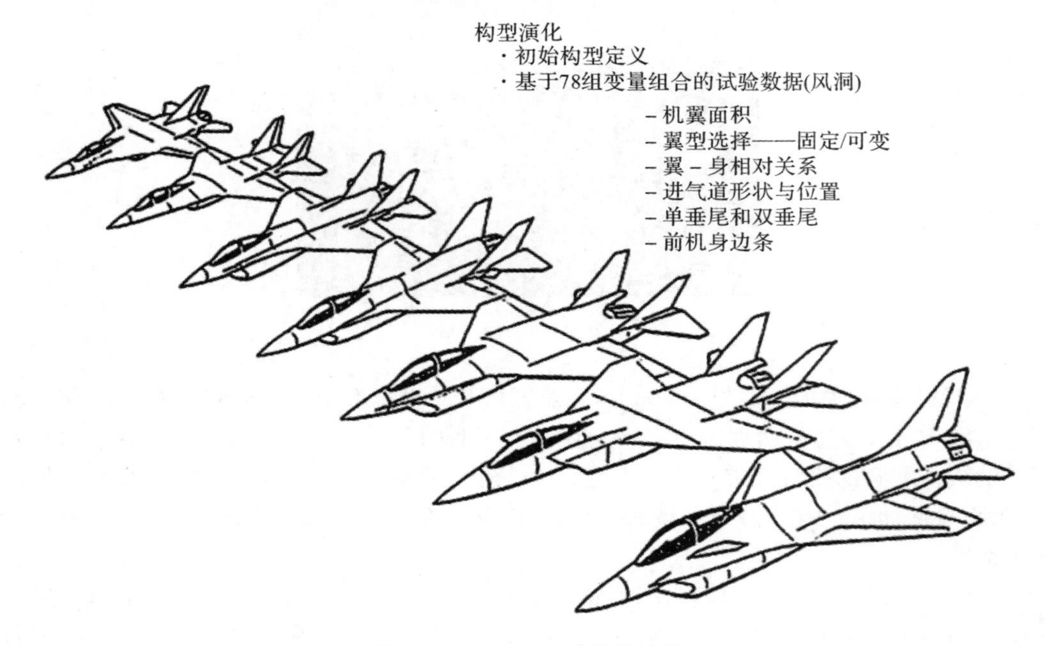

图18－10 F－16的构型演化

Bradley曾指出：

“对于空气动力学家来说，战术飞机的设计是相当有挑战性的，因为在当前的作战环境，飞机必须要应对广泛的使用要求。设计师面对着从亚声速到超声速范围的多个设计点，还有许多非设计状态的约束，所有这些都需要富有想象力的解决方案和大量的折中。由于亚声速和超声速指标的限制，跨声速设计指标变得更加困难。例如，为保证跨声速飞行和机动性能所设计的机翼必须要能够很快加速到超声速，并能在超声速范围内同样高效。

由于现代多任务武器系统的要求，问题进一步复杂。比如说，为制空优势所设计的飞机经常要执行对地压制、突防、深度打击等任务，这就要更多考虑考虑武器携带、投放和外部油箱的气动问题。

再比如，对于快速进入超声速区域并高效超声速飞行，要求机翼很薄并具有较大后略角，翼型弯度方面也要考虑控制超声速飞行焦点后移的问题。但跨声速飞行又要求相对较厚、展弦比较大的机翼，翼型弯度设计方面则希望获得较大的升力系数。”

Harry Hillaker 是 YF－16 的首席项目工程师和 F－16 项目的副总，他在项目管理过程中首先做的是确定任务需求和收集数据。通过对东南亚/越南战争中空战的分析表明，美军的飞机比起对手只有有限的优势。1965—1968 年，通用动力(General Dynamics)的工程师分析了东南亚冲突中的数据，以确定哪些参数决定着空战的效果，得出的关键参数包括翼载、推重比、操纵性、飞行员承受过载能力和空机重量比。这个阶段主要是技术研究，并没有实际方案设计。

1969—1970 年，研究团队进行了密集的风洞试验，获得大量关于不同构型在各种速度和迎角范围的试验数据。从图 18－10 中可以看出，构型变化包括机翼平面形状、翼型、翼-身相对关系、进气道位置、平尾和垂尾布局、前机身边条等等。

Buchner 等在报告中提到：

1969—1970 年的技术研究中有四方面对于空战飞机的设计非常重要：

(1)Tailormate 计划：大量研究了典型战斗机的进气道形式和位置，目标是在大的迎角和侧滑角范围内降低干扰并获得较高的压力恢复。YF－16 的进气道位置很大程度上依赖于这部分工作的成果。

(2)跨声速区域的机翼滚转控制装置研究：研究在空战飞行马赫数和大迎角状态下，不同机翼前后缘装置的滚转操纵效率。

(3)先进制空型战斗机翼身设计中的气动剪裁：对于滚转研究的补充，主要针对翼身融合部分的分析。这部分研究对于后来的全机外形以及融合部分截面形状提供了很大帮助。

(4)颤振研究：系列化研究颤振随着迎角增益现象的机理和控制方法。这些方法有效地帮助 YF－16 控制了颤振强度，使飞机可以很好地跟从驾驶员指令实施战场机动动作。

以上研究积累了大量经验，有力支撑了后续的方案研究，尤其是轻量级低成本战斗机的方案研究。

当时的作战思想导致轻量级低成本战斗机很受重视。YF－16 的研制也强调了这种思想。它的许多设计特征体现出这一点：

(1)采用单台发动机，消除了双发尾喷管复杂的干扰问题；

(2)尾翼-喷管一体化设计，避免了反向干扰；

(3)单垂尾，且垂尾处于不受前机身脱体涡干扰的位置；

(4)简单的下悬式进气道，没有复杂的移动部件；

(5)薄翼型，弯度很小，使跨声速阶段雷诺数效应对激波位置的影响降至最低；

(6)简单后缘副翼。

这些特征使得后续完善阶段不需要做很大的改动，同时也降低了确定飞机气动特性的工作量，因此大大降低了费用。

在机翼的参数研究中，试验数据表明梢根比越小越好，但要注意避免翼尖结构过小和早期翼尖失速问题，最终选择为 0.227。机翼的展弦比选为 3.0，可以使结构重量最轻。当后掠角在 35°～40°范围时，梢根比和展弦比基本不受它的影响。较大的后掠角有利于超声速性能，还可以减少加速时间并提高转弯率。但当后掠角增至 45°时，总体性能会受到影响。而且更大的后掠角更趋向于发生副翼反效。因此风洞试验限制在 35°～45°后掠角。对机翼厚度的研究表明，厚机翼可以降低全机重量，但薄机翼有利于超声速机动性，最终的选择考虑了亚声速和超声速性能的平衡，也考虑到颤振和副翼反效问题，取了最小的可行值(0.04)。

Bradley 指出：

“超声速加速能力使得战斗机的设计变得更困难。机翼需要尽量薄，以降低阻力。但是，适合于亚声速机动的翼型弯度却不适于超声速飞行。直觉的解决方案是动态改变机翼弯度，但是结构增重和作动系统的重量却使得这种方案无法应用于薄机翼。通常情况下，对于这种高性能、多设计点问题，简单的前后缘襟翼或许是最实用的解决方案。”

设计师可以按照最佳的跨声速机动性能要求设计机翼弯度和扭转，然后在超声速飞行时用襟翼使机翼弯度变小；也可以按超声速飞行状态设计无弯度或弯度很小的机翼，在跨声速机动状态通过襟翼改变弯度。

即使设计师花费很多精力来保证机翼上的气流附着，但在持续机动或瞬时机动中，总会有气流分离区域。在高升力状态，气流分离的形式极大影响着飞行器的阻力和操纵性。很多飞机上采用前缘边条来产生可控的气流分离，这些可控的涡流与机翼上的变弯度装置联合作用，可以提供较好的高升力能力和操稳特性，也会改善颤振特性。当然，整个流场会非常复杂，包含附着流和分离流，如图 18 - 11 所示。

图 18 - 11　机翼上方的复杂流场

设计师面临的另一个问题是单垂尾还是双垂尾的选择。当时 NASA 已有的数据表明双垂尾具有更大优势。不过，如 Hillaker 指出的，NASA 的数据只限制在 15°甚至更小迎角。

Buckner 等人指出：

“令设计团队失望的是，双垂尾的 401F - 0 构型的方向稳定性表现并不如预期。事实上，在中等迎角出现了较严重的方向稳定性降低。……通过油流试验发现前机身分离和涡流与机翼/垂尾流场的干扰引发了这一稳定性问题。……相比于单垂尾，双垂尾构型更难获得稳定的特性(另外，在某些迎角和侧滑角组合下，双垂尾甚至出现了可观测的颤振)。当在前机身最宽处加装小尺寸大后掠的‘涡流发生器’(前边条)，方向稳定性有明显改善。”

“基于这些结果，NASA 兰利研究中心的气动专家得出结论，并建议采用尖锐前缘以增强涡流强度并提升扁平的前机身的升力，而不是像以前设想的那样试图降低涡流强度。其出发点是：在大迎角下分离不可避免，因而应该探索尖锐前缘带来的好处。这也使得前机身分离涡主导并稳定全机流场，甚至可以改善机翼外段的流场。”

当 YF - 16 进入飞行试验程序时，它已不叫轻型战斗机(Lightweight Fighter，LWF)，而改称空战战斗机(Air Combat Fighter，ACF)了。ACF，即 F - 16，1975 年开始获得订单，1978 年进入批量化生产。在 1970 年代后期，生产型的 F - 16 进行了多项改进，包括增强雷达系统、加装可挂载空对地武器的硬挂点、作战半径提升到725海里等等。至此，F-16成为真正的多用途战斗机。

Bradley提到：

“或许对于战斗机设计师最具讽刺的是，在设计过程中极度追求在整个性能范围中的高气动效率，但实际中却经常用作运载武器的‘卡车’。设计中光滑干净的外形常被挂上各种各样的吊舱、挂架、导弹、副油箱、炸弹、搜寻舱、发射器、分散器、天线等。”

“外挂物的阻力经常会与全机的最小阻力在同一量级。比如说，图18-12中比较了F-16的对地攻击武器对零升阻力的影响。显然，外挂武器对于气动设计来说是个大问题。现代战斗机的外挂对于飞机非常重要，尤其是在跨声速阶段，因为此时外挂物的干扰作用非常强，对飞行性能有着决定性的作用。”

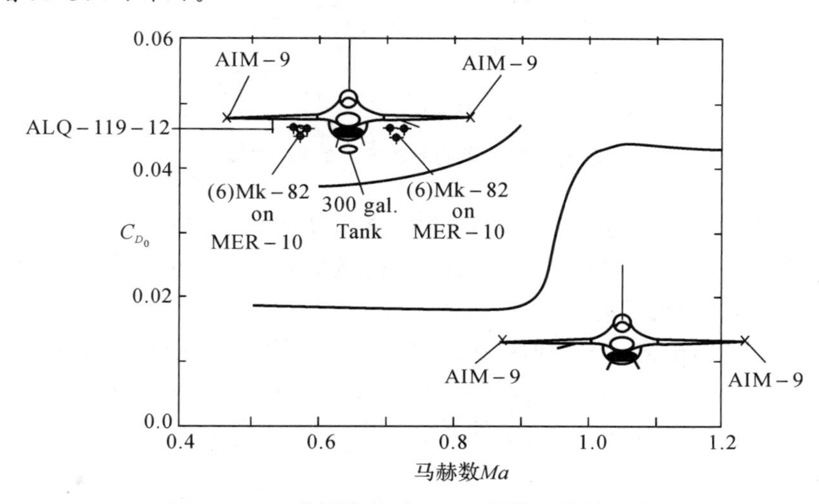

图18-12　典型外挂对F-16零升阻力的影响

Bradley进一步说到：

“战斗机不仅要有效装载外挂装备，还要安全释放它们并保证它们在飞机的流场中能按预想的轨迹运动。投放物处在不均匀的流场中，受到高度不稳定的力和力矩作用，其动态响应取决于外部流场和其自身运动特性的共同影响。如果飞机在机动状态下投放，则问题变得更加复杂。”

战斗机需要在设计的早期阶段就加强对装载和投放的重视。部分武器装载方式的优、缺点见表18-1。

表18-1　武器装载方式分析

装载方式	优　点	缺　点
翼下挂架	适应面最宽——能装载大尺寸、不规则外形的物体	阻力大雷达反射截面积大
内部装载	低阻力 低雷达反射截面积	灵活度不高 占用机内容积
半埋式装载	低阻力 低雷达反射截面积	武器投放后需要遮盖留下的“空腔” 严重限制着装载的灵活性
共形装载	最灵活的低阻装载方式	尺寸受限

Bradley 援引了风洞试验数据对比两种装载 MK－82 炸弹方式的阻力，如图 18－13 所示。使用常规挂架可以装 12 枚 MK－82，但用共形吊舱可以装载 14 枚，并且阻力也小得多。报告中还提到："采用共形装载不但可以增大航程，还可以提高装载量和装载灵活性、提升突防速度、提高机动极限、提高超声速性能。实际上，装载的武器还提高了飞机的横航向稳定性。"

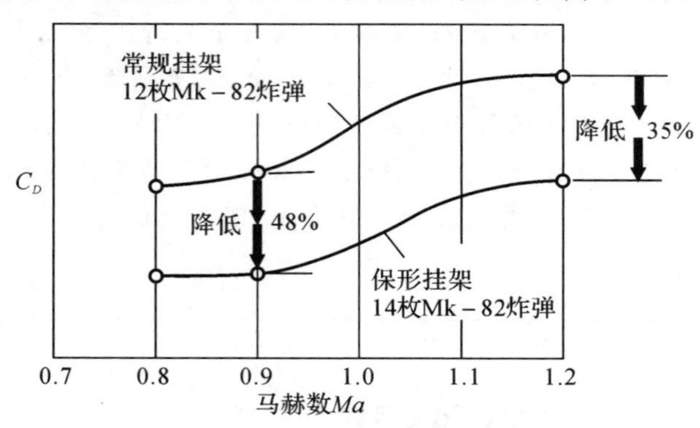

图 18－13　不同装载方式的阻力对比

1974 年，通用动力公司还开展了一项超声速巡航和机动（SCAMP）的研究，希望研制 F－16 的超声速巡航改型。研究目标是将超声速巡航的升阻比至少提升 50%，同时保持亚声速飞行的高升阻比，保持适当的机动性。

到 1978 年，已经明确 F－16 不但要执行空战任务，还需执行对地攻击（以对地为主）。因此，工程师希望在 F－16 的基础上直接发展出一种改型，这项工作基本上是根据以前 SCAMP 项目积累的超声速飞行能力再加上机动性要求。从 1974 年到 1982 年，SCAMP/ F－16XL 的构型经历了显著的改进。

图 18－14 所示为 F－16XL 构型的演化。机翼几何形状方面的要求包括：前机身融合（边条区域），以提升大迎角稳定性；内段前缘延伸，以改善俯仰力矩；固定的翼尖，协调使用副翼和前缘装置，以改善大迎角下副翼区域的流场（前缘装置主要用于流场控制，而非增升）。

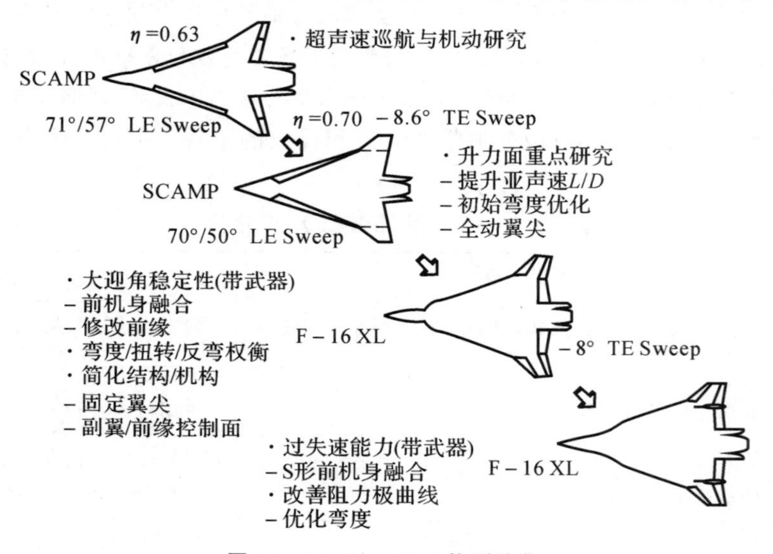

图 18－14　F－16XL 构型演化

固定翼尖配合副翼和前缘装置，主要是为解决前期方案采用全动翼尖所带来的结构和机构复杂性问题。全动翼尖可以提供更高的滚转率，并能产生反向偏航，可以抑制大迎角状态的偏航发散。副翼-前缘装置组合则可以获得相同的气动效果，并且结构简单、重量轻，增大了机内燃油容积，还允许安装翼尖导弹挂架。

F－16XL的研究成果包括：导弹舱的总体阻力降低了40%～85%；超声速升阻比提升50%，并且亚声速性能没受影响；激波阻力降低17%；内部燃油容积增加83%。另外，由于可用迎角的增大，最大升力也有提升。

F－16XL验证机于1982年7月首飞，目前仍被NASA用作飞行研究试验机。

18.4　案例四：远程公务航班飞机

本案例中是一个学生项目，主要是展示方案设计的具体思路和工作过程。

18.4.1　引言

关于民航运输发展方向，有两种思路：一种是使用先进的超大运载量的客机，这样可以在不增加机场数量的情况下提升运力，即增加单位航班的载客量，在有限的航班流动性前提下提高乘客的流动性；另一种思路是采用较小的航班实施点对点运营，小型飞机可以在较小的机场起降，充分发挥大量的支线机场的潜力，也可以减少旅客中转的次数和缩短旅客中转的时间，提升旅行舒适度。

本案例即是基于第二种思路，研发一种新型的用于小型机场的专用商务国际航线旅客中转的飞机。相对于现有航线，这种服务可以提供更好的和专门的优等舱服务，并可拓展现有繁忙机场的经济舱业务。

18.4.2　项目要求

以下是为该项目设定的研究内容和设计要求：

(1)设计一架飞机，其商载为80位商务舱乘客及其行李，设计航程12 000 km，巡航速度等于或大于现有竞争机型。

(2)提供同现有的混合舱机型的商务舱舒适水平相当，或更好的环境和服务。

(3)适用于支线机场。

(4)利用先进技术降低运营成本。

(5)与现有航班相比，提供独特的、有竞争力的服务。

(6)探究该机型可能承担的其他任务角色。

1. 商载/航程分析

作为商业运输机，80座级属于小型飞机，这样尺寸的飞机通常只用在短程、支线航线中。从12 000 km的航程来看，它应该属于大型飞机；但由于载客量仅为80人，又该将它定义为小型飞机。这一矛盾恰好说明了新型飞机的独特性能。规格上最接近的对比机型应该是商务喷气机，不过，这类飞机的载客能力却太小(通常最多能达到20座)。

为了研究12 000 km航程要求的合理性，调查了50个最繁忙的国际机场，对比各个机场间的大圆弧距离(great circle distance)①。结果显示,绝大多数航线不超过 12 000 km,说明 12 000 km 的航程是一个比较合理的初始假设。如果在后续的权衡分析中发现设计结果对航程过于敏感的话,还可以减小这个距离要求。

2. 乘客舒适性分析

远程飞行显然会花费较长时间。如果速度平均为 900 km/h,12 000 km 的距离需要 14 h。即使仅仅将速度增加 5%(如从 *Ma*0.84 加到 *Ma*0.88),也能缩短 45 min 的航时。远程航班的旅客都会欢迎这样的时间缩减。为了节省时间和减少不舒适,商务乘客可能愿意承受稍高的费用。因为飞行时间和舒适度相互关联,所以远程客机采用较高的巡航速度是可取的。假设耗油量不会增加,减少飞机的轮挡时间也有助于降低飞机的直接使用成本。

由于飞行时间直接和感受到的舒适水平相关,传统上航空公司会为商务舱乘客提供更多的乘坐空间。在竞争激烈的航空运输业,还会采用许多其他设施和手段来吸引这块高价值市场。新飞机的设计需要考虑这些实际情况,并达到至少与之相当的档次。这直接影响着机身设计和客舱服务及其相关系统的保障。

3. 机场要求分析

在支线机场起降的要求直接决定着飞机起飞和降落性能。在小型机场使用也意味着飞机需要与相关的机场设施兼容。

为了更详细地理解这一点,需要调查现有支线机场可用的跑道长度。关于欧洲主要支线机场跑道长度的调查显示:90%的支线机场跑道长度大于或等于 1 400 m。大多数能满足这个场长要求的飞机为通用航空飞机。对于 80 座以及更高座级的飞机来说,可以认为这么短的距离对飞机设计的要求太过苛刻,迫使机翼不得不设计得很大,或者需要加装复杂的襟翼系统。这两种方法都会增加巡航段飞机的阻力,从而增加飞机的直接使用成本。大约 70%的机场跑道大于 1 800 m,这个长度比较容易满足,因此,本案例中采用 1 800 m 作为起降场长的设计指标。

初步确定的一些性能要求如下:

(1)航程 12 000 km;

(2)巡航速度 *Ma*0.85;

(3)起飞场长 1 800 m。

18.4.3 初始"基本布局"

首先纳入考虑的是设计概念选择,目前的民航客机基本上都是常规布局的——后掠梯形翼、下单翼、双涡扇发动机和后置尾翼。显然,可选方案之一就是沿用这种布局,保守的航空工业公司可能会比较倾向于这一选择。但也可以采用新型/激进的布局。"新面孔"会使该机与众不同,并获得额外的市场机遇。在采用这种设计策略时,必须注意降低技术风险,并表现出比传统布局更高的营运效率。

项目初期,考虑了 4 种布局方案:

---

① 大圆弧,通过球心的平面与球面相交所形成的圆;大圆弧距离为球面上两点间的最短距离。

(1)常规布局;

(2)鸭式拉杆机翼布局;

(3)三翼面布局;

(4)翼身融合布局。

1. 常规布局

常规布局(见图18-15)已经过广泛验证,并且风险也低,因此是基本布局的有力的候选者。其技术分析相对直接,结果也具有较高的可信度,适应现有的机场设施和运营方式。

这种布局也有些不利之处,主要与发动机布置有关。在相对较小的机翼上难以安装高涵道比发动机(与发动机短舱下的离地净空有关)。有两种备选方案可以克服这个问题。一是将发动机安装在后机身,采用尾吊式布置,这可以避免发动机离地净空的问题,但同时带来了其他问题:由于这样一个大质量部件向后移动,飞机的重心相应后移,这就要求飞机的机翼也向后移以使飞机保持平衡。机翼升力向量的后移使得尾力臂变短,必然需要增大控制面以保证足够的尾容量。控制面增大导致飞机型阻和巡航时的配平阻力同时增加。第二种可选方案是将机翼移到机身顶部,采用上单翼布置,这可以抬高发动机位置,提供足够的离地净空。但上单翼飞机机内客舱空间难以保证,并且一般认为它的抗坠撞能力较低,因为在迫降时机身及乘客无法利用机翼结构作为缓冲。在水上迫降时情况更加恶化,因为机身处于可以漂浮的机翼结构之下。迫降的飞机可能需要较长时间停留在水面上,那么航空公司出于适航性方面的考虑,大概不会选用这种布局。

还有个问题是油箱空间紧张,这不一定局限于常规布局。远程飞机需要足够的油料储备,而这对于常规机翼布局可能较难实现。

2. 鸭式拉杆翼布局

尽管鸭式拉杆翼布局(见图18-16)看起来比较激进,但技术相对比较直接,大量经过验证的分析证明其技术可行性较高。

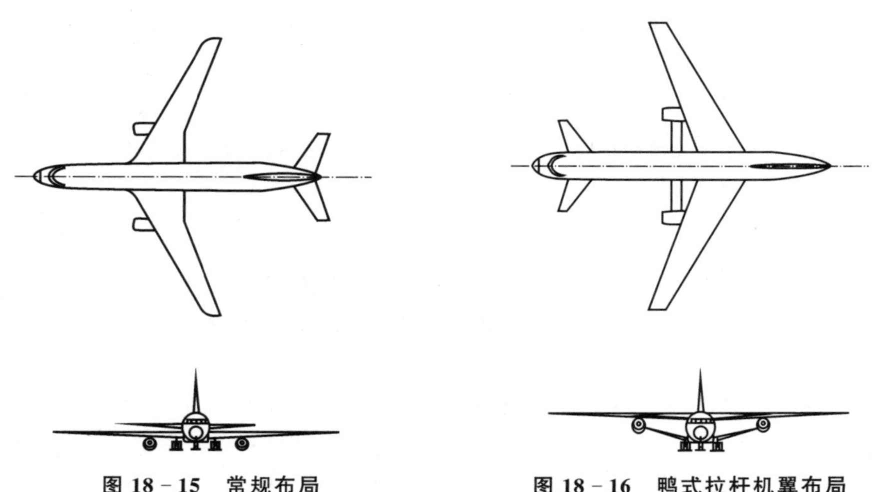

图18-15 常规布局　　**图18-16 鸭式拉杆机翼布局**

前掠鸭式布局有助于降低巡航阻力。发动机布置在后方可以降低客舱的噪声。支撑结构可以降低机翼载荷，而且可以允许采用厚度较小的机翼翼型。综合这些优点，这一布局可以降低机翼结构质量和飞机的阻力。该方案的主要弱点在于鸭翼、机翼和发动机部件的位置不易确定，以及拉杆结构连接处的气流干扰。拉杆结构对于未来扩展能力的影响也不太确定。

3. 三翼面布局

三翼面布局（见图 18－17）在降低巡航配平阻力上具有优势。前后结合的控制面可以用向上的升力配平飞机，从而减小机翼的载荷。发动机安装在后机身，这有助于降低客舱噪声和舷窗视线遮挡，不过也使飞机结构重量增加。

由于相关技术风险较低，同时也由于它的与众不同，三翼面布局成为布局选择中的有力竞争者。虽然鸭翼的位置可能会对前登机门的布置造成问题，但这个问题应该不难解决。

4. 翼身融合布局

从空气动力学来讲，翼身融合布局（见图 18－18）气动效率非常高，而且有助于层流控制系统的安装。对远程客机来说，这是很大的优势，可以降低燃油消耗。庞大的机翼内部容积可以提供足够的油箱容量。其主要的缺点在于布置舷窗，以及事故情况下乘客的应急撤离。需要一些改进来消除这些缺点，并使其满足适航认证要求。

航空公司可能会对这种“踏入未知领域”的情况非常谨慎，因为无法确定乘客能否接受。此外还有一个问题，翼身融合布局复杂的集成结构很难扩展，这会影响到项目的系列化发展。

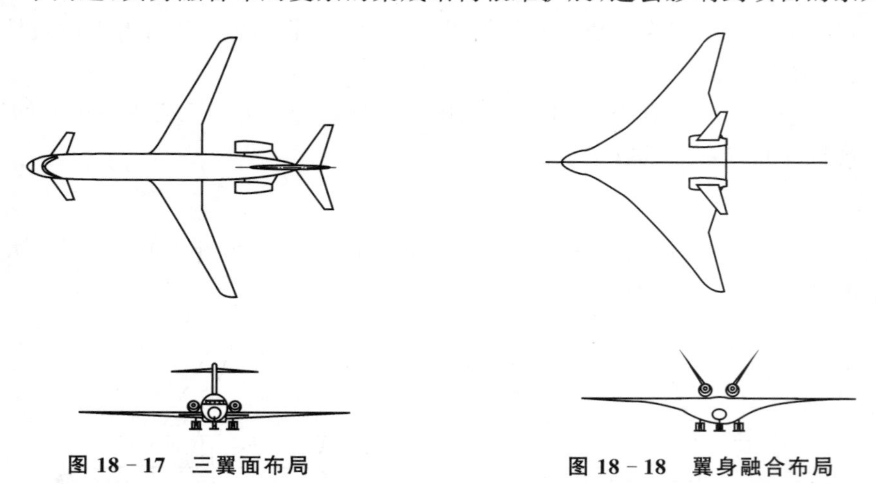

图 18－17　三翼面布局　　　图 18－18　翼身融合布局

5. 布局选择

从狭义的商业观点来说，应该选择常规布局飞机，因为它是一种低风险、低成本的选择。但我们在这个案例中还是愿意选择一种更激进的布局形式，可以更详细地研究布局设计方案的优势和弱点。

在 3 种新型布局中，最激进的当属拉杆机翼布局。该布局的商业风险太大，因此不继续研究。翼身融合布局飞机是一个潜在的强有力的竞争者，因为其气动/结构一体化的概念提供了高效率的布局形式。宽裕的飞机内部空间具备较大发展潜力，而且能够提供足够的油箱容量。其主要困难在于对内部结构缺乏理解，机翼气动载荷与机身客舱增压载荷的复合情况难以估计。对于大型飞机来说，由于其内部可用空间较大，这个问题并不严重。但对小飞机来说，传力路线分离的方案可能无法实现。即使结构问题可以解决，结构/气动一体化的设计会使其很难拓展为系列机型。

三翼面的布局形式早已在其他飞机上得到过应用，而且表现出比传统常规布局飞机更好的性能。巡航期间的燃料节省可以降低对油箱容量的要求。就像先前提到的一样，前置的鸭翼会使得前机身的设计更加复杂，但这个困难可以通过仔细设计克服。如果有必要，还可以通过在机翼上附加外部油箱或者在机身内部附加油箱来避免燃油容量的不足。

基于以上讨论，基本构型选择三翼面布局形式。

18.4.4 有效载荷

本案例的设计乘客为 80 人，有效载荷定义为 80 个商务乘客以及他们所带行李的重量。

按照一般惯例，在设计过程中取每位旅客及行李的重量为 95 kg，但对这种“优质票”的运营方式来说，每个乘客允许的重量（包括行李重量）应该要比一般票价的航班大些。我们允许为每个乘客分配 100 kg 的重量。

飞行条例规定至少要有两名飞行员。航空公司希望为乘客提供高级客舱服务，因此假设需要 4 名客舱服务员。按照一般惯例，每名机组成员允许分配 100 kg 的重量，每名客舱服务员分配 80 kg 的重量，其有效载荷估算如下：

$$M_{\text{Payload}} = 8\ 000\ \text{kg}$$

$$M_{\text{crew}} = 520\ \text{kg}$$

注意：这里使用本书第 6 章中的分类法，将机组人员单独计算。有些统计归类方法中将机组人员合入“使用空重”。分类法的不统一会造成一定的混乱，不过只是暂时的，在后续的设计中，要采用更精细的重量分类法。

18.4.5 最大升阻比估计

本机是以巡航状态为主导的，关注点在于巡航效率。初步取展弦比为 9。对于这架远程喷气客机，后期还要详细研究展弦比的优化。

根据统计数据，本机的浸湿面积比为 5.5，则它的浸湿展弦比为 9/5.5 = 1.64。

查图 6-5 中的“亚声速民机”曲线，最大升阻比接近 21（注意：这个浸湿展弦比的值已超过统计数据的上限了，很可能数据会有偏差；不过最新民机的设计技术已经达到较高升阻比，波音 787 的最大升阻比已经接近 21，因此我们暂时认为 21 是可以达到的），则巡航升阻比为

$$(L/D)_{\text{巡航}} = 21 \times 0.866 = 18.2$$

18.4.6 发动机选择

有几种可供选择的发动机，它们都用于当前运营的民航客机上，因此具有相当可靠的使用经验。具有代表性的可选发动机有以下几种：

（1）CFM56-5B（用于 A320）；

（2）CFM56-5C（用于 A340）；

（3）IAE-V2533（用于 MD-90 系列机型）；

（4）IAE-V2528（用于 A321）。

表 18-2 中是这些发动机的详细参数。

表 18－2　发动机参数调查

指　标	CFM56－5B2	CFM56－5C2	IAE－V2533－A5	IAE－V2528－D5
涵道比	5.5	6.6	4.6	4.7
标准海平面静推力/kN	137.9	138.8	146.8	124.6
典型巡航推力（H35 000 ft,Ma0.8/kN	25.98	30.74	25.47	21.63
巡航状态单位耗油率	0.567	0.545	0.574	0.574
长度/m	2.6	2.616	3.204	3.2
直径/m	1.735	1.836	1.681	1.613
发动机净重/kg	2384	3993	2374	2,484
装备机型	A321	A340－200/300	A321－200	MD90

18.4.7　空重系数估算

空机重量系数的估算基本上是基于统计公式，D. Raymer 书中的方法的公式为

$$W_e/W_0=A\ W_0^C$$

式中：W_e —— 空重；

W_0 —— 总重；

A 和 C —— 常数，对于不同类型的飞机各有不同，如对于军用喷气运输机，$A=0.88$，$C=-0.07$；对于民用喷气运输机，$A=0.97$，$C=-0.06$。

J. Roskam，Nicolai，Gudmundsson 的书中也都提供了各自的估算公式，详见 6.1 节。

18.4.8　总重估算

本案例的任务剖面为“简单巡航”，如图 18－19 所示。

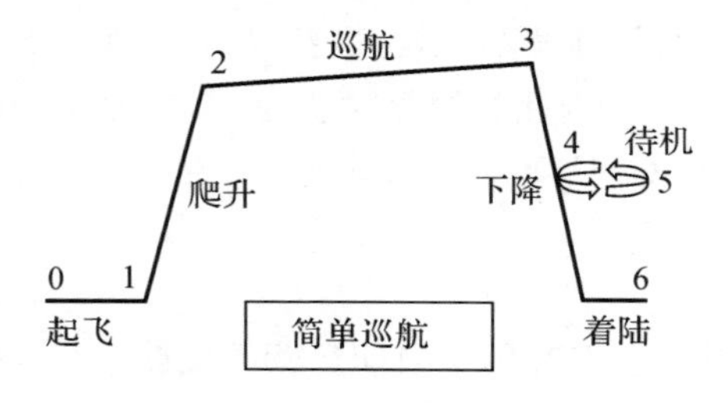

图 18－19　“简单巡航”的任务剖面

任务段分为起飞、爬升、巡航、下降、待机和着陆 6 个。

(1) 使用 Raymer 书中方法估算的总重为

$$W_0=89\ 212\ \text{kg}$$

其中的重量与重量系数见表 18－3。

表 18-3 Raymer 书中方法的重量与重量系数

重量 /kg		重量系数	
$W_{payload}$	8 520	$W_{payload}/W_0$	0.095 5
W_f	37 023	W_f/W_0	0.415 0
W_e	43 669	W_e/W_0	0.489 5

(2) 使用 Roskam 书中方法估算的总重为

$$W_0 = 113\ 040\ \text{kg}$$

其中的重量与重量系数见表 18-4。

表 18-4 Roskam 书中方法的重量与重量系数

重量 /kg		重量系数	
$W_{payload}$	8 520	$W_{payload}/W_0$	0.075 4
W_f	46 912	W_f/W_0	0.415 0
W_e	57 608	W_e/W_0	0.509 6

(3) 使用 Nicolai 书中方法估算的总重为

$$W_0 = 95\ 770\ \text{kg}$$

其中的重量与重量系数见表 18-5。

表 18-5 Nicolai 书中方法的重量与重量系数

重量 /kg		重量系数	
$W_{payload}$	8 520	$W_{payload}/W_0$	0.089
W_f	39 745	W_f/W_0	0.415 0
W_e	47 505	W_e/W_0	0.496

可以看出，使用不同方法估算出的重量是不同的，主要原因大概在于构造公式时使用的样本不一样。由于 Roskam 和 Nicolai 的书出版时间较早，可能选取的样本为早期飞机，也由于近年来飞机结构和材料技术的发展，减重趋势明显，所以选用 Raymer 公式的估算值，初步认为起飞总重为

$$W_0 = 90\ 000\ \text{kg}$$

18.4.9 推重比和翼载荷

1. 推重比

发动机选 CFM56-5B2，标准海平面静推力为 137.9 kN，典型巡航推力为 25.98 kN，重量为 2 384 kg。由于初步估计起飞总重为 882 kN(90 000 kg)，则起飞推重比为 0.313。这个值基本与现有干线机型相当。

2. 翼载荷

(1)按失速速度估算。民机适航规范 23 部(FAR 23，CCAR23 等)审定的飞机，即起飞总重小于 12 500 lb(5 670 kg)的飞机，要求失速速度不得大于 61 kt(113 km/h)；25 部没有明确

的指标要求，但对于干线客机，着陆构型的失速速度大多在 100 kt(185 km/h)左右。

此处选择本方案着陆进场速度为 240 km/h，对应失速速度为 185 km/h；着陆构型最大升力系数为 3.1；对应翼载为

$$W/S=\frac{1}{2}\rho V_{\mathrm{stall}}^{2}C_{L_{\max}}=512\ \mathrm{kg/m^{2}}$$

折算到起飞状态，翼载为 640 $\mathrm{kg/m^2}$。

(2) 按起飞距离估算。根据图 7-4，起飞场长 1 800 m 对应的 TOP 约为 150，相对密度比 σ 取 0.95(500 m 高度)。起飞过程中需要足够加速能力，所以襟翼一般不会全开，起飞构型的升力系数一般为最大升力系数的 85% 左右，此处取 2.64，则有

$$W/S=(\mathrm{TOP})\sigma C_{L_{\mathrm{TO}}}(T/W)=118.5$$

注意：此图中所用的单位是英制，需要转换为公制，118.5 $\mathrm{lb/ft^2}$ = 579.1 $\mathrm{kg/m^2}$。

(3) 按着陆距离估算，则有

$$S_{\mathrm{landing}}=5\left(\frac{W}{S}\right)\left(\frac{1}{\sigma C_{L_{\max}}}\right)+S_{\mathrm{a}}(\mathrm{m})$$

$$\frac{W}{S}=\sigma C_{L_{\max}}(S_{\mathrm{landing}}-S_{\mathrm{a}})/5=455.2$$

此处计算中考虑了着陆的安全裕度，将距离放大 1.67 倍(即将所需着陆距离除以 1.67 代入算式)。

这里得出的数值还需要转换到起飞状态，通常可以认为着陆重量是起飞重量的 80%，即对应的起飞状态的翼载为 $(W/S)_{起飞}=569.0\ \mathrm{kg/m^2}$

若按着陆重量为起飞重量的 75% 计算，则对应的起飞状态的翼载为 $(W/S)_{起飞}=606.9\ \mathrm{kg/m^2}$。

讨论：本方案的燃油系数较高，约为 0.415 0，因此着陆段的实际重量会更低。其实长航程的运输机或轰炸机的燃油系数都比较高，波音 747 和几种轰炸机都在 0.4 左右。波音 747 的最大着陆重量是最大起飞重量的 68% ~ 75%，后期可参考这些数值作着陆重量的进一步权衡。

(4) 按巡航状态估算。一般估算巡航状态翼载荷的方法需要先得到两个气动参数——C_{D_0} 和 K，即零升阻力系数和诱导阻力因子。但在目前阶段，由于飞机构型参数尚未确定，难以准确估算这两个参数，因此采用简化的方法，使用统计的巡航升力系数来估计，则有

$$W/S=\frac{1}{2}\rho V_{\mathrm{cr}}^{2}C_{L_{\mathrm{cr}}}$$

在 11 000 m 的巡航高度，0.85Ma 对应速度为 250.75 m/s。干线客机的巡航升力系数通常为 0.55 左右，则有

$$W/S=643.6\ \mathrm{kg/m^2}$$

3. 结论

根据以上估算结果，取推重比：

$$T/W=0.315$$

翼载：

$$W/S=580\ \mathrm{kg/m^2}$$

此处翼载选择的是最小值，即以起飞距离确定的翼载。但这个计算的方法是很粗略的，其

结果仅作参考。

18.4.10　初步设计

1. 机翼几何参数

机翼几何参数如图18-20所示。

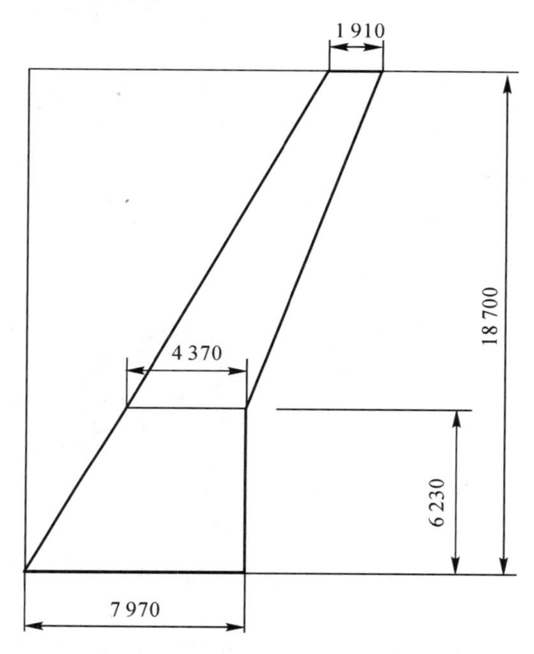

图18-20　机翼几何参数

翼载为 580 kg/m²，总重为 90 t，则可得机翼面积：

$$S = 90\ 000/580\ \text{m}^2 = 155.2\ \text{m}^2$$

采用大展弦比机翼可以降低巡航诱导阻力，并节省燃油。初步选定展弦比为9。在后面的权衡研究时，还需要重新讨论该展弦比。

根据关于临界马赫数分析的资料，在设定的 0.85Ma 巡航速度下，如果采用30°后掠角，可以使机翼最大厚度达到15%而不至于产生激波阻力。

通过机翼面积和展弦比可得：翼展 $b = 37.4$ m，平均弦长 $c_{\text{avg}} = 4.152$。

如果初始选择梢根比为0.3，那么 $c_{\text{tip}} = 1.910$，$c_{\text{root}} = 6.388$ m。

机翼后缘加一个转折(kink)，使得根部附近的后缘没有后掠。这样可以使内侧襟翼更高效，可为起落架收放机构留出足够的空间。将转折点安排在1/3半翼展位置，为保持面积不变，需要调整根弦长度。

调整后参数为：翼展 $b = 37.4$ m，机翼面积 $S = 155.2$ m²，梢弦 $c_{\text{tip}} = 1.91$，根弦 $c_{\text{root}} = 7.97$，kink 展向站位 $b_{\text{kink}} = 6.23$，kink 弦长 $c_{\text{kink}} = 4.37$，梢根比为0.24。

2. 油箱容量初估

在这一设计阶段，需要确定初步估算中燃油所需的油箱尺寸，与机翼可用空间作比较。

首先需要将燃油质量转换为体积。对航空燃油来说，不同类型燃油的相对密度各不相同，其值介于 0.82 和 0.76 之间。对民航客机来说，可以假设其值为 0.78。

前面估算出的燃油重量约为 37 t，因而需要油箱容积约为 47.5 m^3。

对于本案例中的飞机，认为每侧机翼油箱可以携带的燃油如图 18－21 所示。每个油箱占用的空间介于前缘和后缘增升装置及其作动机构之间。油箱采用整体结构。副翼前方的空间不设置油箱，因为该部位的机翼截面过于单薄。同样，内侧襟翼前的空间也不能设置油箱，因为这里的空间可能会用于存放起落架。可用的油箱几何外形如图 18－21 所示。

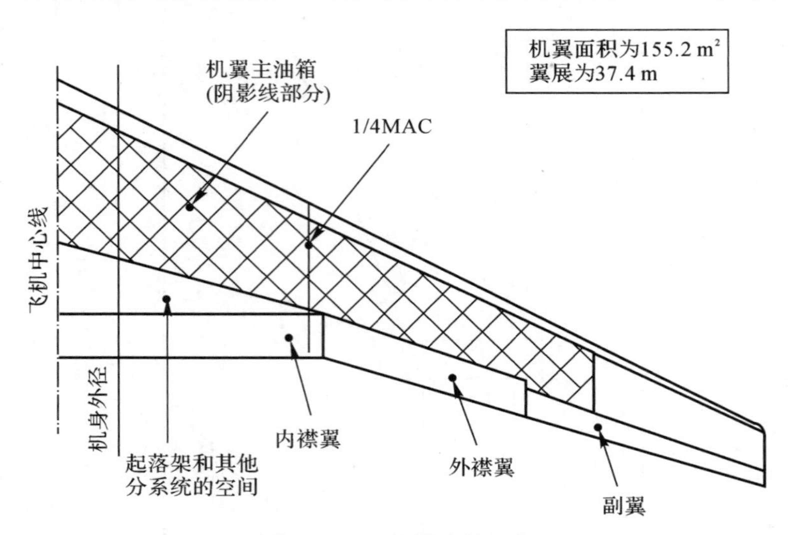

图 18－21　机翼油箱示意

可以按机翼形状分段计算油箱容积。计算时先算出每一部分两端截面(A_1 与 A_2)，然后用棱台体积公式计算。

截面面积可以由油箱平均厚度(T) 乘以前后翼梁之间的距离(W) 得到。平均厚度计算公式为

$$T = k(t/c)c$$

式中：k —— 油箱平均高度相对最大机翼剖面高度的系数，该值取决于截面外形和结构制造公差，其典型值为 0.8 ～ 0.5 之间；

t/c —— 翼型相对厚度(该值随展向位置变化，翼根处厚，翼尖处薄)；

c —— 当地翼弦长。

截面面积为

$$A = T \cdot W$$

式中：W—— 油箱宽度。

油箱的尺寸见表 18－6

表 18－6　油箱容量初估

站　位	对称面	转折点	外　端
机翼弦长(c)/m	7.97	4.37	3.14
翼剖面厚度(t/c)	0.15	0.13	0.11

续 表

站　位	对称面	转折点	外　端
高度系数(k)	0.7	0.7	0.65
平均厚度(T)/m	0.836 85	0.397 67	0.224 51
宽度(W)/m	4.6	2.8	1.7
截面积(A)/m^2	3.849 51	1.113 476	0.381 667
油箱长度(L)/m		6.2	9

计算得出，单侧油箱容积为 21 m^3，两侧油箱总容积为 42 m^3，略小于所需的油箱容积。这部分的具体数据还需后续仔细分析，目前阶段先不做调整。后续分析中如果发现容积确实不够，可能需要在机身中部增加油箱。

3. *机身几何参数*

对大多数运输机，可以将机身布局设计与机翼、尾翼等分开考虑。技术指标中的内部空间要求决定了机身截面。对民用客机来说，机身截面形状主要由客舱布局来决定。

机身宽度取决于并排座位的数目、座椅宽度和过道宽度。机身高度的设定要满足在地板下货舱高度和地板上方客舱过道高度。通常希望选择圆形截面，因为其在承受增压载荷时有很高的结构效率，但这可能对机身宽度和高度的选择造成附加约束。

对于 80 座级以上的单通道飞机，通常会在经济舱安排 5～6 个并排座位，在商务舱安排 4 个并排座位。由于飞机需要做远程飞行，要提供较高的舒适度，因此选择商务舱座位最大宽度为 0.7 m(27.5 in)，采用较宽敞的 0.6 m(24 in)过道，机舱内部宽度达到 3.4 m，再加上每一边都要为结构留出 0.1 m 的空间，最终飞机外部直径达到 3.6 m。对该等级座舱来说，可以认为这是非常宽敞的空间了。经济舱安排 5 个并排座位，座位宽度为 0.56 m。

考虑到未来系列化发展时的改型需求，也可以安排包机客舱(超级经济舱)布局，每排 6 座，座位宽度为 0.47 m(18.5 in)。该尺寸对正常的旅客来说有点窄，但对包机服务来说还算宽敞。

客舱内部布置的可选方案见表 18－7。

表 18－7　客舱座椅布置

级　别	每排座位数/座	座椅宽度/m	客舱内部宽度/m
商务舱	4	0.70	4×0.7 m+0.6 m=3.4 m
经济舱	5	0.56	5×0.56 m+0.6 m=3.4 m
包机客舱	6	0.47	6×0.47 m+0.58 m=3.4 m

机身横截面形状还需要考虑与客舱地板下的货盘尺寸相协调的问题。这可能要求机身外形轮廓做出改动以适合标准集装箱的几何尺寸。比如说，波音 757 的机身截面比圆截面高出约 10 in。虽然当前设计过程中考虑这些细节问题为时尚早，但是这方面的问题在后续研究中

还必须进行仔细研究。

客舱的长度是由座椅的前后节距决定的，根据舱位等级而不同。典型的值为：高级公务舱前后座位间距为 1.0～1.1 m(40～43 in)，旅行舱间距为 0.8～0.9 m(31～35 in)，包机舱间距为 0.7～0.8 m(28～31 in)。如果采用最大间距、并排四座的高级公务舱布局，需要客舱长度为 22 m。这个长度的客舱，如果按旅行舱的最小和最大间距布置，分别可以容纳 140 位和 120 位旅客。包机舱布局可以提供 192 个或 140 个旅客座位。由于技术上的原因（如紧急疏散通道或其他服务设施），很难再容纳更多的乘客。初步方案中，22 m 的客舱长度看起来是一个好的起始点。

最好将客舱分割成至少两个单独的部分，可以使飞行中的服务更加便捷，而且允许航空公司在制定不同的舱位等级上有更多的选择权。对超级豪华舱来说，这种划分可以提供更加安静的客舱环境。服务单元（配餐室或盥洗室）可以设置在分离部位。外部服务门和舱口可以设置在此处，而且可以作为紧急疏散出口。服务单元和舱门附近区域大约会占用 4 m 的长度，需要相应增加客舱长度。

机身长度等于客舱长度加上机头和机尾长度。机头部分容纳驾驶舱，机尾部分提供发动机和尾翼的连接。根据对类似飞机的分析，非客舱长度大约为 15 m。

可得，机身总长度为

$$22\ \text{m}+4\ \text{m}+15\ \text{m}=41\ \text{m}$$

机身布置及其几何外形结果如图 18－22 所示。

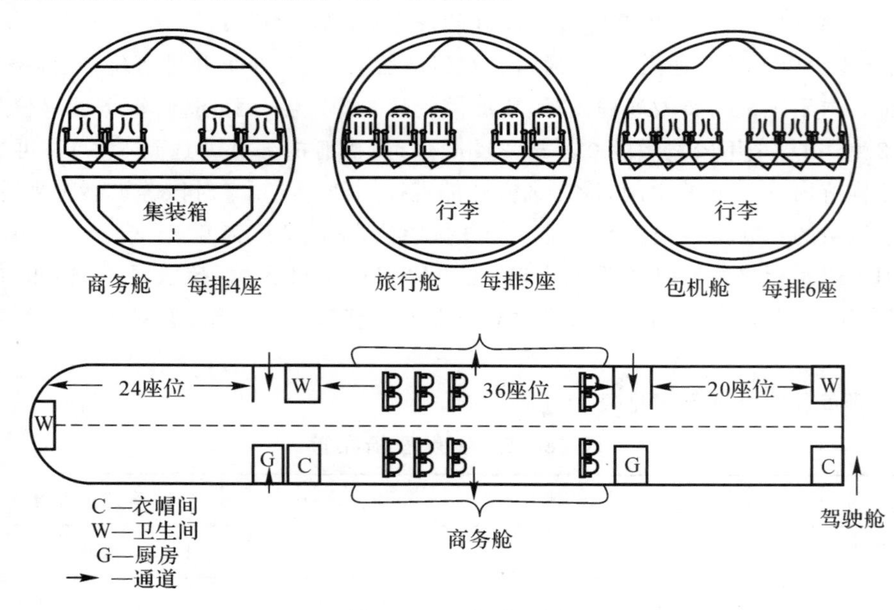

图 18－22 机身布置

4. 基本构型总体布置图

有了可用的发动机、机翼和机身的细节参数后，便可以绘制飞机的第一幅图了。控制面的尺寸按照相似机型的尾翼面积和尾容系数估算。飞机的总体布置如图 18－23 所示。根据总体布置图中的主要部件的尺寸，可以进行初步的技术评估。

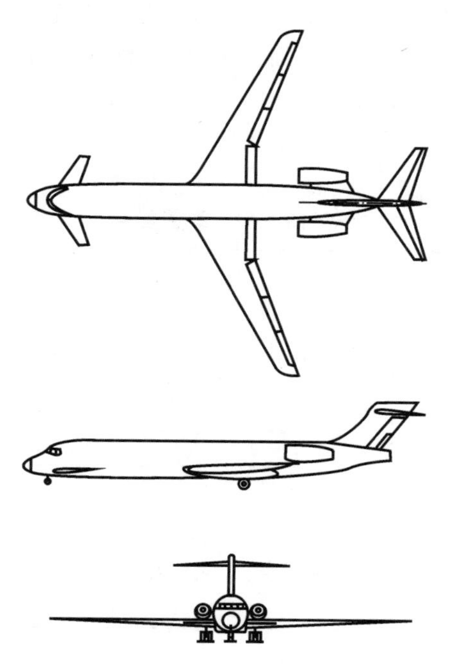

图 18－23　基本构型总体布置图

5. 按特征参数估算组件重量

有了初步的外形尺寸数据，可以按特征参数估算组件重量，重新计算飞机的空重。这里可以用表 18－8 所示面密度和相对重量分别估算各个主要部件的重量。

表 18－8　重量估算

分　项	面密度/(kg・m^{-2})	面积/m^2	重量/kg
机翼	49	128.6	630 1.4
平尾	25	28	700
鸭翼	25	16.2	405
垂尾	27	22.8	615.6
机身	24	441.0	10 584.0
	重量比例	计算的参考值	
起落架	0.043	89 000	3 827.0
发动机装机	1.3	5 176	6 728.8
所有其他	0.11	89 000	9 790.0
总计			38 951.8

还有一些比较详细的重量估算方法，可以考虑更多的参数，如机翼形状、极限过载系数、机

翼附件的卸载作用等等，可能会得到更细致的估算结果。但在目前设计阶段，由于有些参数还是假设的，并且对于参数的敏感度尚无详细分析，我们暂且采用粗略的估算，作为后续研究的基础。

通过以上估算，可以得到全机的空机重量约为 39 t，代入前面计算的重量系数，可得重量结果(见表 18－9)。

表 18－9　重量结果

商　载	$W_{payload}$	8 250
空重	W_e	39 000
油重	W_f	33 519
商载系数	$W_{payload}/W_0$	0.102
空重系数	W_e/W_0	0.483
油重系数	W_f/W_0	0.415
总重	W_0	80 769

18.4.11　气动估算

目前阶段采用传统的方法来估算飞机的阻力。通过仔细的设计使飞行速度低于临界马赫数，可以避免由于波阻引起的阻力剧增。因此，仅须估算零升阻力和诱导阻力。

1. 零升阻力系数

使用第 13 章中的方法，分别计算飞机主要部件的零升阻力，求和得到全机的阻力系数，具体见表 18－10。部件的阻力面积用飞机参考面积(一般为机翼面积)进行归一化。

表 18－10　零升阻力系数估算

部　件	Re	C_f	FF	Q	S_{wet}	ΔC_{D_0}
机翼	7.23E＋07	0.002 089	1.47	1	260	0.005 161
平尾	4.59E＋07	0.002 231	1.51	1.05	56	0.001 276
鸭翼	3.35E＋07	0.002 337	1.51	1.05	33	0.000 787
垂尾	6.53E＋07	0.002 120	1.48	1.05	44	0.000 933
机身	7.23E＋08	0.001 534	1.07	1	441	0.004 660
短舱(2 个)	8.82E＋07	0.002 031	1.13	1	62	0.000 914
其他						0.001
全机 C_{D_0}						0.014 7

根据前面的分析确定参考面积为 155.2 m²。

2. 诱导阻力系数

机翼的诱导阻力主要与其升力分布相关。实际的机翼很少具有理想的椭圆升力分布，而且，机翼扭转角的分布和机翼流场的黏性流动效应也都对诱导阻力有着显著的影响。采用工程估算方法，得出的诱导阻力因子为

$$K = 0.038\,8$$

在各类参考资料中，可以查到多种估算诱导阻力因子的方法，这些方法各具特点，也有着各自适应的范围。实际估算时可以多用几种方法，并参考实际型号的数据，以期得到更合理的估计值。

18.4.12 初步性能估算

有了初步的气动特性，可以简单地估算飞机的性能，检查一下是否能满足设计指标要求。

1. 着陆性能

(1) 失速速度。干净机翼的最大升力系数约为1.5。使用双缝襟翼获得的升力增量约为1.4，前缘襟翼的增升量值约为0.2，可以得到着陆最大升力系数值为3.1。注意：在计算增升效果的时候，需要考虑襟翼所影响的面积比。设着陆重量为0.8(起飞重量)，可以算出，着陆构型的失速速度为

$$V_{\text{stall}} = 46.4\ \text{m/s}(167\ \text{km/h})$$

(2) 进场。进场始于越障高度(15 m)。适航规范规定，进场速度 V_a 不小于 $1.3V_{\text{stall}}$，因而对于本案例，进场速度为60.4 m/s(217 km/h)。

运输机的进场角不应大于3°(0.052 rad)，可以算出，在进场过程中，从越障高度(15.24 m)以3°进场角下滑直到接地，对应的水平距离为

$$L_{\text{land-1}} = 290\ \text{m}$$

飞机的着陆构型(襟翼全开)，对应的升阻比是比较小的。如果完全无动力下滑，下滑角会比较大，可能超过适航规定的3°限制，因此在进场过程中一般需要发动机提供一定的推力。

(3) 地面滑跑。接地速度 V_{TD} 为 $1.15V_{\text{stall}}$。

接地以后，飞机会自由滑跑几秒(1～3 s)，然后飞行员踩下刹车。这段距离等于 V_{TD} 乘以设定的延迟时间。设飞行员踩刹车的延迟为2 s，这段滑行距离为

$$L_{\text{land-2}} = 107\ \text{m}$$

刹车后减速到停止，距离计算公式与起飞时所用的相同[见式(14.102)]。代入着陆状态下的各个参数，计算得出滑行距离为

$$L_{\text{land-3}} = 402\ \text{m}$$

前面3项累加，即为着陆总距离。适航规定，对于民用飞机，其着陆距离应该对上述计算结果再增加2/3，以应对飞行员技术的差异。因此“适航场长”等于进场、拉平和地面滑跑距离总和的1.667倍，即

$$L_{\text{land-CCAR}} = (290\ \text{m} + 107\ \text{m} + 402\ \text{m}) \times (1 + 2/3) = 1\,330\ \text{m}$$

着陆距离小于指标1 800 m，满足要求。

以上分析中，认为发动机为慢车状态，基本不提供推力。如果发动机使用反推力装置，那么推力为负值，为40%～50%的最大前向推力，可以大幅降低制动距离。在此处的分析中我

们不使用反推力，以应对普遍情况。另外，即使在雨雪天气，跑道湿滑，摩擦因数降低 50% 的情况下，着陆距离为 1 714 m，仍然满足要求。

2. 起飞性能

起飞时襟翼偏度较小，最大升力系数降至 2.64。起飞构型的失速速度为

$$V_{\text{stall}} = 56.2\ \text{m/s}(202.5\ \text{km/h})$$

使用第 14 章中的方法计算起飞距离。

飞机的离地速度为 1.15 倍失速速度，将起飞状态的各项参数代入，可计算得到

$$L_{\text{地面滑跑}} = 971\ \text{m}$$

$$L_{\text{爬升距离}} = 342\ \text{m}$$

$$L_{\text{TakeOff}} = 1\ 313\ \text{m}$$

按适航的规定，取起飞距离为平衡场长和正常起飞距离的 115% 中的较大者，这里取

$$L_{\text{TakeOff-CCAR}} = 1\ 510\ \text{m}$$

起飞距离满足先前规定的 1 800 m 的设计要求。

3. 巡航/爬升性能

一般来说，在初始巡航高度飞机必须具备至少 300 ft/min(1.524 m/s) 的爬升率，可以爬升至下一飞行高度。

在定常爬升状态，垂直速度为

$$V_{\text{V}} = V\sin\gamma = V\left(\frac{T-D}{W}\right)$$

所选发动机(CFM56－5B2) 的巡航推力为 25.98 kN。

巡航状态阻力为

$$C_{D_0} = 0.014\ 7$$

诱导阻力因子 $K = 0.038\ 8$。

代入巡航状态各项参数，可计算得出爬升率为

$$V_{\text{V}} = 3.95\ \text{m/s}$$

其数值高于一般的需求，表明发动机推力满足巡航段需求，并具有较高的裕量。

4. 单发失效的第二段爬升

单发失效(OEI) 第二段爬升的计算中，阻力估算和上述计算过程一样，但该情况下的雷诺数和马赫数更小。起落架收起后便没有了附加阻力，但襟翼仍然保持起飞时的位置，需要在阻力计算中加以考虑($\Delta C_{D_{\text{flaps}}}$)。失效的发动机会增加风车阻力($\Delta C_{D_{\text{wdmill}}}$)，而且飞机的侧滑(和/或滚转) 也会产生附加的阻力($\Delta C_{D_{\text{trim}}}$)。

采用统计方法确定襟翼阻力和其他附加阻力：

$$\Delta C_{D_{\text{flaps}}} = 0.015,\ \Delta C_{D_{\text{wdmill}}} = 0.003\ 3,\ \Delta C_{D_{\text{trim}}} = 0.000\ 8$$

将这些值代入计算可得单发失效状态的爬升性能：爬升角 $\theta = 2.43°$，爬升梯度为 0.04。

单发失效状态爬升梯度优于适航条例要求的 0.024。

需要注意的是，在这部分计算中，气动数据和发动机数据的估算都很粗略。在后续设计过程中，如果有了更确切的气动数据和发动机数据，需要及时更新计算结果。

18.4.13　约束分析

从以上的性能估算中，可以看出最初的飞机设计参数（推重比 T/W、翼载荷 W/S）可以满足设计要求，对于各项设计约束还有一些裕量。当前阶段，对该机型的几何外形有了更多的细节，可以进行一些更细致的约束分析。用前面的方法确定推重比-翼载荷图的约束边界，如图 18-24 所示。

从约束图上可以看出，相对于初始设计点，靠左下方的位于“巡航爬升”和“平衡场长”约束曲线交点处的点对应的推重比（T/W）更低，即对发动机的需求更低；翼载略低，但也相差不大。对于目前的分析来说，这个点可以作为优选设计点，可以据此开展新一轮的设计迭代。但需要注意的是，在之前的分析中，发动机特性数据主要是基于经验估计的，缺乏实际的发动机特性随飞行速度和高度变化的曲线，分析中还存在一些不定因素；同时，气动特性，尤其是增升装置打开状态和接近临界马赫数状态的升阻特性，还需进行更深入的分析评估。

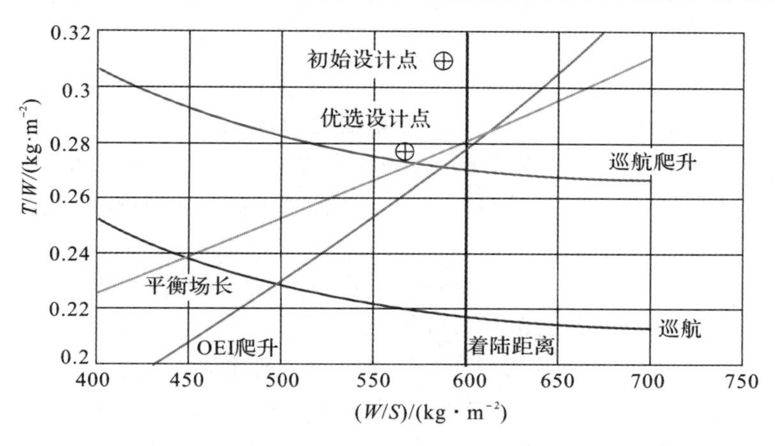

图 18-24　约束图

对于民机来说，成本是重要的决策因素之一，因此在方案初期，可以对该方案的成本做个预估。其实在飞机研制、生产和使用的各个阶段，都应该对成本有具体的估算，以把握设计方向或市场前景。由于不同阶段所掌握的方案细节程度不同，因此在成本估算时所用的方法也不相同。

在各类教科书和参考资料中有多种成本估算方法，它们各有偏重、各有特点。此处采用兰德公司的 DAPCA Ⅳ模型，它是一种参数估算法，选取飞机的空重、最大速度、产量等几个参数进行估算，可以比较快捷地得出结果，又可以反映出参数的影响。

DAPCA Ⅳ模型主要估算研制和生产成本。研制工作包括研究、发展、试验及评估（Research，Development，Test and Evaluation，RDT&E）；生产工作是制造飞机的直接工作，包括成型、机加、紧固、子系统制造、最终组装、线路铺设（液压、电路、气动），以及外购件安装（发动机、航电、分系统）等。分别估算各项工作所需的工时，将工时数乘以相应的工时费率可以得到成本。对于研发支持、飞行试验和生产原材料费用等单另估算。

有些费用是“一次性”的，即前期投入，与产量的关系不大，如 RDT&E 阶段的费用。有些费用直接与生产相关，如工装、制造、材料等。因此，产量越高，相应单架飞机分摊的研制成本就越低，大致来说，产量 500 架所需的设计工作量大约只有单架“产量”对应设计工作量的 3 倍。

将飞机特征参数代入 DAPCA 模型，假定产量为 750 架，对应的总费用约为 326.2 亿美元，单架成本约为 4.35 千万美元(2012 年定值美元)。

在成本估算时，需要注意的是，所有的成本估算方法都是对应于某个定值货币的(如上面的计算中，货币对应的是 2012 年定值美元)。各种资料中使用的定值货币多不相同，使用时一定要注意统一。

不同产量对成本影响的估算见表 18－11，并将结果转换为 2021 年的美元值。

表 18－11　不同产量对成本的影响

生产量/架	总成本/亿美元	单机成本/千万美元
500	294.1	5.88
750	384.9	5.13
1 000	469.3	4.69

注：2021 年定值美元。

由表 18－11 可以看出，总成本随着生产数量而增加，但是单机成本有着明显的降低。

关于成本估算，还有一个需要注意的地方：目前我们使用的方法多为国外研究机构建立的，其费用分布、工程组织以及社会环境都不一定贴合我国的具体情况，因此在价格转换时，不能简单地只以货币兑换率折算。

对于这种情况，可以采用“等工程价值比”方法，即将国内研制成功的机型的参数作为输入，代入某国模型计算出一个预测值。将计算出的成本与国内型号的实际成本相比，可得出“等工程价值比”——两个国家研制同类产品的所需费用的比值。

这项工作需要较详细准确的数据基础，一般不易获得。此处采用的数值为 1 美元＝3.8 元(原书中数值是基于战斗机研制的案例得出的，此处仅作为参考)。转换为人民币的费用见表 18－12。

表 18－12　不同产量对成本的影响

生产量	总成本/亿元	单机成本/亿元
500	1 117.58	2.23
750	1 462.62	1.95
1 000	1 783.34	1.78

注：2021 年人民币汇率。

18.4.14　权衡分析

到了这个阶段，可以进行多种不同类型的权衡研究，可以做设计参数或设计假设的简单敏感度分析，也可以深化到广域的多变量优化方法研究。在以下的研究中包括用于确定飞机最佳几何参数的权衡曲线。由于本机强调长航程和短距起降，翼载荷和展弦比是重要的设计参数，分析主要针对这两个参数。

该部分研究内容只是作为一个典型示例，展示这一研发阶段的工作类型。还有很多其他的飞机参数组合可以选择，并且在完整方案分析时也需要用到。

1. 其他任务和布局

飞机设计时需要考虑满足多任务需求的能力。本案例的出发点是高效的大型高级商务客机，但也有必要考虑其他混合等级客机改型方案。如果构建起一个飞机系列，可以增加飞机的产量，降低单架飞机的设计和研制开支。基于这种认识，机身直径不仅要适合并排4座的高级商务舱座位配置，而且要适合更多旅客布局的并排5座或6座配置。客舱长度22 m，服务设施和出口空间占据4 m，这些是固定参数，它们决定着其他可选方案的布局和载客量。在这些尺寸约束下，可以安排多种混合等级客舱布置。门和服务设施（洗手间、橱柜和厨房）的位置是固定的，但这些可以作为两个等级舱段之间的天然隔段。

参照前面的机身布置图（见图18-22），尾段客舱为6.5 m，中段客舱长9.0 m，前段客舱长6.5 m。分别采用1.1 m，0.85 m，0.75 m的作为高级商务舱、经济舱、包机舱座位的前后排距，布置结果见表18-13。

表18-13　客舱内座位分配

	后舱座位数	中舱座位数	前舱座位数	总座座位数
A 商务舱布局	24	32	24	80
B 混合舱布局*	35 经济	50 经济	24 商务	109
C 经济舱布局	35	50	35	120
D 包机布局**	48	72	48	158

注：* 提供22%的商务舱位；

** 考虑到额外的应急出口要占用空间，最大载客量会减少10%。

对民航客机来说，通常会在后续发展阶段加长机身，这能增加35%左右的商载能力。采用这个值近似计算，全经济舱布局改型机能够增加到160座。采用0.85 m的座位排距计算，相当于将机身加长6.8 m。为了维持飞机的平衡，需要分别在尾部舱段增加2.8 m，在机翼联结点之前增加4.0 m。采用这一改型，飞机的载客量可以增加到以下值：

A　高级商务舱：104座；

B　混合舱：141座（经济舱105座，高级商务舱36座）；

C　全经济舱：160座；

D　全包机舱：204座。

载客量的增加需要布置更多的服务设施和额外的紧急通道。这会降低座位安排的可用空间，稍稍降低载客量。或者也可以将飞机机身再延长1.0～1.5 m（40～60 in）。图18-25给出了上述布置方案的安排。

也可以设计一种军用改型。由于军队运输仅需要0.7倍的座位排距，在原准机上总共可以搭载186名士兵，而在加长型上可搭载246名士兵。大容量、长航程和短距起降能力使该机适于执行侦察和电子监测任务。在这种用途下，减缩的商载能力可用于加装更多的机身油箱，从而增加飞机的航程。高速、远程飞行性能对军用运输任务很有用。在冲突地区使用该机可以避免由于需要在国外加油而引起外交上的麻烦。

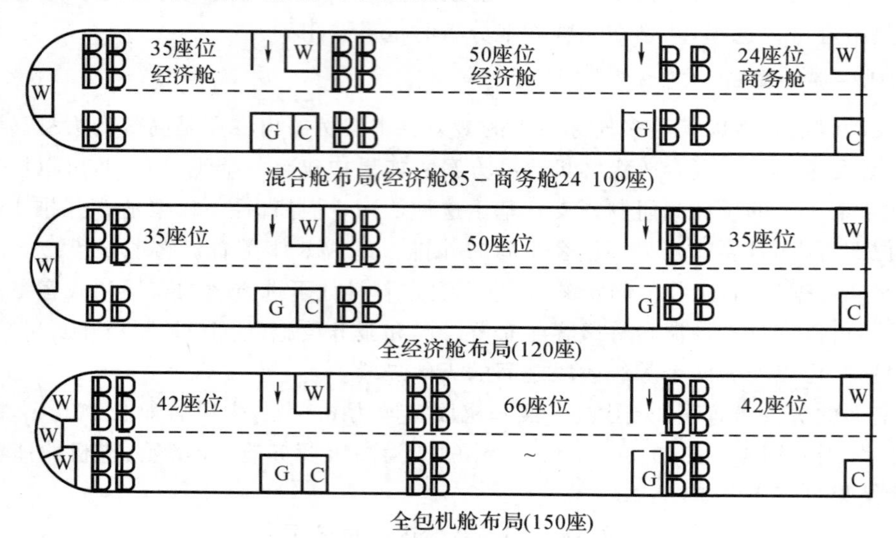

图 18－25　机身发展备选方案

该机还可以设计很多其他改型(如货机、私人飞机、空中通信平台),但这些改型都不能严重影响当前飞机布局的设计。

2. 商载/航程研究

对于设计方案来说,仅仅在设计点考虑飞机的运载能力是远远不够的。权衡最大设计质量下的商载和燃油,可以得到商载-航程图(见图 18－26)。

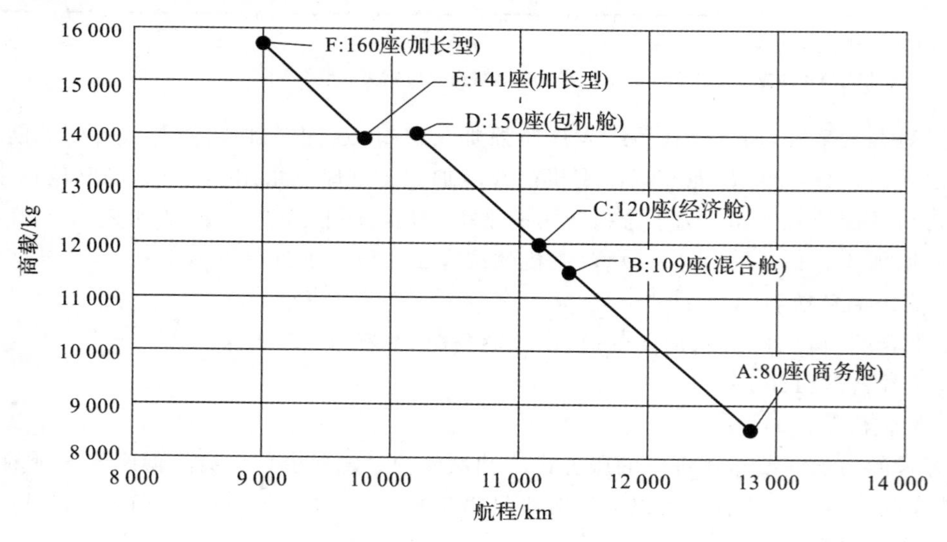

图 18－26　商载-航程图

点 A(设计点)表示飞机能搭载 80 位高级商务舱乘客飞行超过 12 500 km 的航程。点 B 和点 C 是关于上节所述的可选客舱布置方案。在 B 点,商载为 11 420 kg,这意味着为了保持总重需要减少 2 900 kg 的燃油。在 C 点,将减少 3 400 kg 的燃油。假设气动效率和发动机效率保持不变，增加 50%的载客量将降低约 1 650 km 航程，这是由于该方案的有效载荷重量比（M_{pay}/M_{TO}）值较低所致。

如果像前面所述将方案加长至能够容纳 160 座乘客，那么在结构方面会有些增量。假定允许结构和系统重量增加 1 000 kg，该布局方案下的航程会减至 8 996 km，可能难于实现洲际飞行，但对于大陆上空的干线飞行还是足够的。

看起来该机对商载的变化相对不是很敏感，那就可以研究一下上座率的影响。商业飞机并不总是在满载条件下飞行，通常平均上座率为 70%。随着商载的降低，飞机可以增加燃油量（假设空间足够）。在 70%上座率和增加燃油的情况下，布雷盖航程公式计算得出航程增加了 1 227 km。如果没有多余储油空间，在 70%上座率和正常燃油载荷下，飞机航程可以增加 526 km。

上座率对航程计算的影响提出了选择真实设计商载的问题。如果设计载荷降低一些，会大幅度降低飞机的最大起飞重量和燃油装载量。这可以降低阶段成本和飞机价格。商载-航程研究表明：设计点附近的装载条件必须仔细研究。因为对于这架飞机来说，航程和相关的燃油带来的影响很大，所以据此重新审议初始设计指标是有必要的。

3. 场地性能研究

前面的起降性能计算仅考虑了飞机的设计状态，看起来起飞性能可以较好地满足 1 800 m 的要求，不过还可以分析一下起飞性能对于主要设计参数（如推重比和翼载荷）的敏感度。可以通过毯式图来说明这些影响（见图 18 - 27）。其中分别取了 3 组翼载（0.28，0.31，0.34）和推重比（540 kg/m²，580 kg/m²，620 kg/m²），计算不同组合的起飞距离。

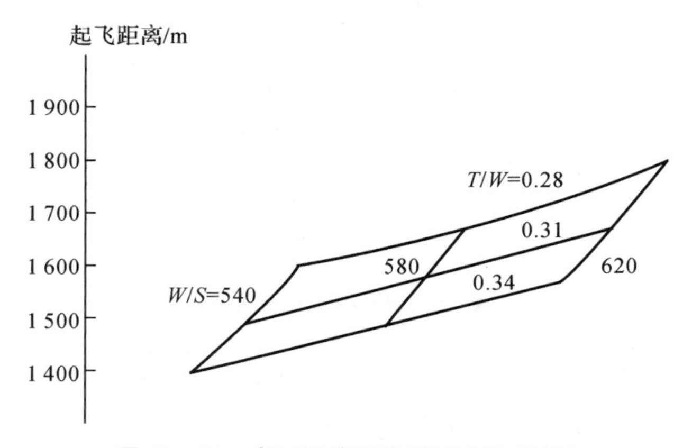

图 18 - 27　起飞距离研究（T/W 和 W/S）

推重比是降低起飞距离的最重要因素。为了深入研究，进行第二个权衡分析。保持机翼载荷为常数，改变机翼最大升力系数（2.2，2.4，2.6）和推重比（0.28 kg/m²，0.31 kg/m²，0.34 kg/m²），结果如图 18 - 28 所示。

图 18 - 28 表明推重比增大至 0.34 可以使起飞升力系数降低至 2.2，这可以降低机翼结构的复杂程度，从而降低机翼质量。当然，发动机推力的增加也会相应增加推进系统的质量。因此需要在后续研究过程进行更加深入的研究，以确定这项权衡的结论。

上述分析表明，着陆性能能够满足 1 800 m 的设计约束。当机翼面积保持不变时，影响着陆性能的两个参数是：飞机最大升力系数（着陆构型）和着陆重量比（M_{Ld}/M_{TO}）。以下对这两

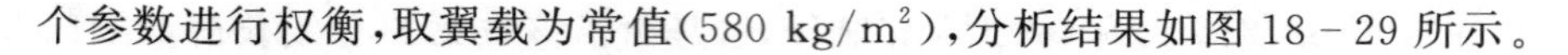

个参数进行权衡，取翼载为常值(580 kg/m²)，分析结果如图 18－29 所示。

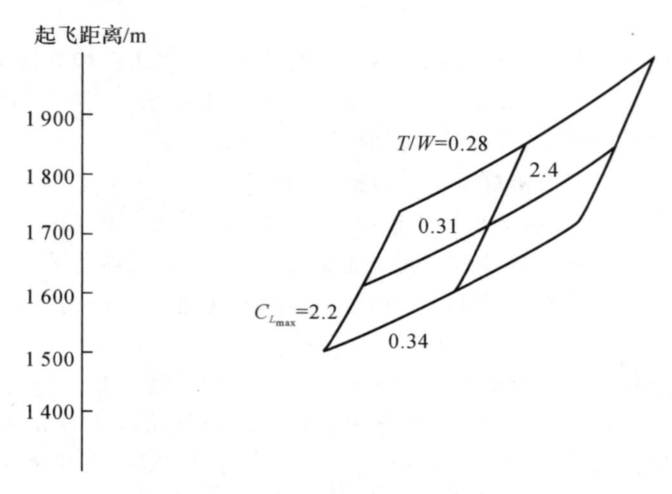

图 18－28　起飞距离研究(T/W 和 $C_{L_{max}}$)

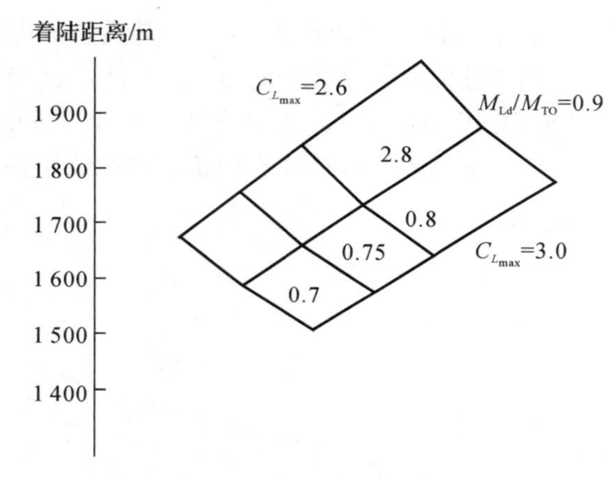

图 18－29　着陆距离研究

由图 18－29 可以看出，着陆最大升力系数为 3.0 时，飞机能够以 90%最大起飞重量满足 1 800 m 的着陆场长要求。如果最大着陆升力系数降低至 2.6，仍然允许着陆重量为 78%最大起飞重量。该升力系数等于先前用于计算起飞条件的升力系数。因此需要做进一步权衡研究以决定选择起飞和着陆的最佳组合升力系数，这将确定襟翼类型和偏转角度，以得到最优的综合设计结果。但这需要进行更详细的气动分析，超出现阶段可达到的程度。另外，由于本案例具有很大的航程，燃油重量占据起飞总重的很大部分，还可以研究更合理的着陆重量比例，更好地提升总体效率。

4. 机翼几何形状研究

为了对机翼参数(如机翼面积和展弦比)进行全面而精确的分析，需要采用全面的多变量优化方法，由于设计参数大多相互关联，这将会是很复杂的。在设计初期，以及在有限的时间和可用资源下，不可能进行这样全面详尽的研究，但可以开展一些敏感度分析。

进行敏感度研究时需要一些简化和假设，比如可以假设发动机参数保持常量，而且重量不太敏感的部件(如控制面、系统部件等)也保持不变或者直接和 MTOM 成比例。需要注意，在这些假设条件下，研究结果只能用于指出设计变量的灵敏度和当前布局可能的优化方向。

以下围绕当前布局进行了一些研究，分析了机翼面积和展弦比的变化对一些气动和重量参数的影响。图 18-30 所示是分析结果的毯式图。为了与前期工作进行对比，采用翼载荷代替机翼面积进行分析，得出的机翼面积也画成毯式图。选定的翼载荷(kg/m^2)和展弦比的值如下：翼载荷为 540,520,620；展弦比为 7,9,11。

增加机翼尺寸(即降低翼载荷)或增加展弦比都会增加机翼质量。图 18-30 清楚表明了这些影响。展弦比曲线的斜率增大表明增重效应也逐渐增强，尤其是较大面积的机翼。

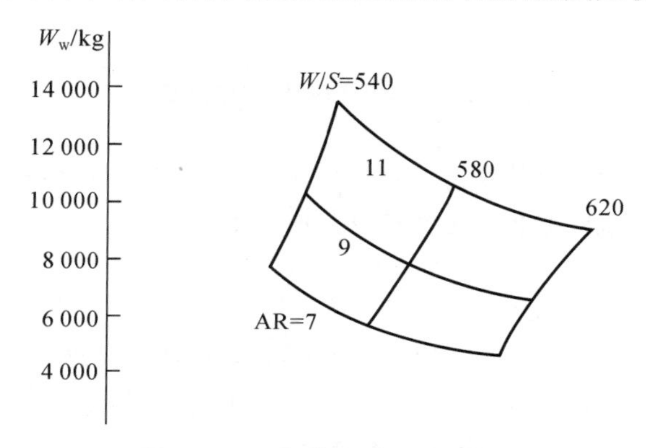

图 18-30　权衡研究：机翼重量

机翼重量仅是飞机重量的一部分，它对飞机空机重量的综合影响如图 18-31 所示。从图 18-31 中可以看出，空机重量的变化趋势与机翼相似，不过比例较小(约为机翼重量变化百分值的 1/4)。

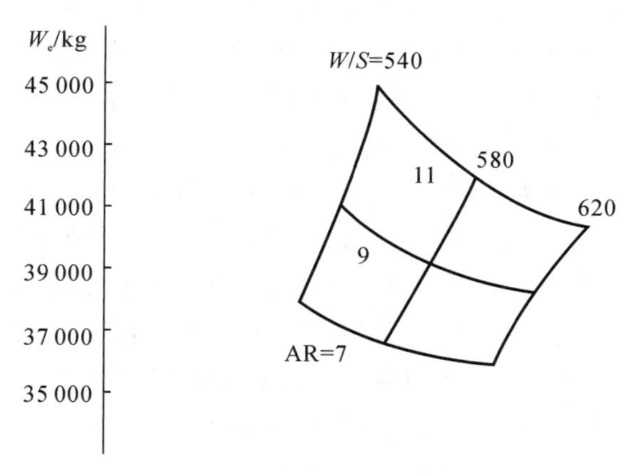

图 18-31　权衡研究：空机重量

在以上的分析中，如果翼载过低或展弦比过大，可能无法满足起飞限制或结构限制。如果需要朝这个方向移动设计点，可能需要重新考虑起飞性能和爬升性能要求。

减小机翼面积和增大展弦比对干扰阻力和诱导阻力有着明显影响，两者都会降低。图 18-32 绘出了飞机升阻比曲线，显示出气动效率提高的趋势。在所研究的几何参数变化范围内，升阻比在16～21之间变化，这表明机翼几何外形选择的重要性。

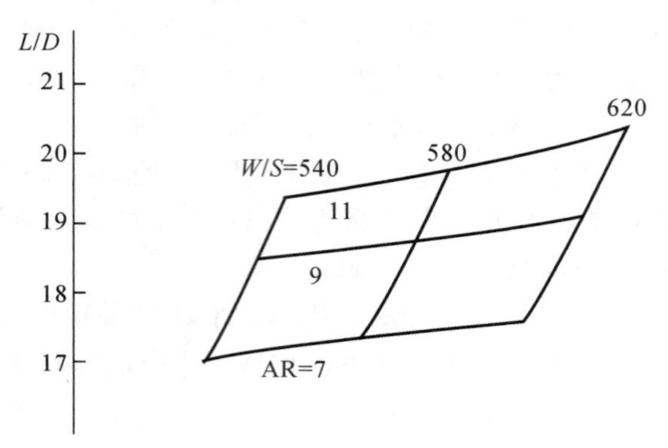

图 18-32 权衡研究：巡航升阻比

再次强调，这里分析所得出的是特定指标对于某些参数的敏感性，只是指示出优化方向。如果想要改变设计点，还需要综合考虑其他参数的影响。

18.4.15 特性说明

初步概念设计的成果包括一份飞机特性说明，它是描述方案已确定细节的类型说明初稿。随着后续设计阶段的进展，该文件还会不断地改善和扩展，最终形成布局方案的完全描述。初步特性说明可以为下一阶段设计提供输入数据。

以下是比较典型的飞机说明。

1. 全机总体描述

本飞机是一款专为商务/公务人士设计的从支线机场起降的远程航班。虽然采用的是常规布局形式，但该机具备许多先进技术特征，包括自然层流控制、复合材料与结构、高级客舱服务和舒适度标准，以及三翼面控制。基本构型采用单通道、每排4座的座舱布局。另外也可以采用5座并排的经济舱座位和6座并排的包机舱座位运营方案。这些改型方案中，乘客数量的增加会降低飞机的航程。在基本型的商务专机方案中，可以布置80个卧式座椅，排距1.1 m(44 in)。当采用其他布局方案时，120座的经济型座位可采用0.8 m(32 in)排距，150座的包机座位可采用0.7 m(28 in)排距。可以调整洗手间、厨房和衣橱等的位置，以配合客舱内的固定服务设施。紧急逃生通道和其他安全设施满足适航标准要求。

发动机安装在机身后部增压客舱隔框的后面，可以在长时间的旅程中降低发动机传入客舱的噪声。选型方面，有几款现成的和研制中的新型发动机可供选用。这为潜在客户提供了良好的商业竞争力和灵活性。所有可选发动机均为先进的中等涵道比(典型值为6)涡扇发动机，具有高效省油的特性。

先进的大展弦比、高气动效率机翼方案保证了良好的巡航效率。采用先进翼型和自然层流控制技术，巡航时升阻比超过18。前缘与后缘的增升装置使其可以满足支线机场的短距起降要求。

三翼面(鸭翼、主翼和尾翼)布局使巡航时的诱导阻力降低，并提高乘坐舒适性。综合电传飞控系统和多余度电动/液压控制器为高度的可靠性和安全性提供保障。

2. 全机几何参数

(1)主要尺寸：

全机长度：41.0 m；

全机高度：13.0 m；

翼展：37.4 m。

(2)主翼：

机翼总面积(参考)：155 m^2；

展弦比：9；

前缘后掠角：30°；

平均弦长：4.15 m；

梢根比：0.24；

厚度(平均值)：11%。

(3)控制面：

平尾面积：28.0 m^2；

垂尾面积：22.8 m^2；

鸭翼面积：16.2 m^2。

(4)机身/客舱：

机身长度：40.0 m；

客舱外径：3.6 m；

客舱长度：22.0 m。

(5)起落架：

轴距：18.0 m；

主起轮距：8.25 m。

(6)发动机(两台)：

多种可选型号，海平面静推力(单发)：137 kN。

3. 重量及性能

(1)重量参数：

飞机空重：43 669 kg；

飞机使用重量：44 189 kg；

最大设计重量：90 000 kg。

1)基本构型(商务)(80座级)：

零油重量：52 977 kg；

商载：8 520 kg；

油载：37 023 kg；

无风航程：12 805 km。

2)混合舱型(109座)：

商载：11 420 kg；

燃油：35 580 kg；

无风航程:11 394 km。

3)全经济舱型(120 座):

商载:11 920 kg;

燃油:35 080 kg;

无风航程:11 158 km。

4)包机型(150 座):

商载:14 020 kg;

燃油:32 980 kg;

无风航程:10 190 km。

5)加长型(160 座全经济舱):

商载:15 720 kg;

无风航程:8 996 km。

(2)性能参数:

基本构型,满油状态,80 座级;

巡航速度:Ma0.85;

巡航高度:11 000 m;

初始巡航高度爬升率:1.524 m/s;

起飞场长:1 510 m;

单发第二段爬升梯度:0.04;

进场速度:60.4 m/s(217.4 km/h,117.4 kn);

着陆场长:1 330 m。

4. 运营说明

该飞机能够加长到容纳 204 个包机座位。在军事任务中,基本构型可以搭载 186 名士兵,加长型能够搭载 246 名士兵。每一种型号都能够连续飞行 13 000 km(不需补充燃油)。

还可用作以下机型:

(1)民用公务机。

(2)货机。

(3)军用加油机。

(4)空中通信平台。

(5)军用侦察机。

(6)军用运输机。

飞机初步设计阶段的总体布局中还没有考虑过这些改型。在初步研究完成后可以适当进行简要的研究,以确定是否需要进行一些小改动,满足上面所列任务角色的要求。

18.4.16 案例总结

从该案例可以看出:对一架相对简单的飞机来说,设计过程是如何从最初使用要求的考虑直到最终完成概念设计。中间步骤展示了方案设计的演进过程。

由于该飞机独特的使用特点,发现如果基于现有飞机数据作出的推重比和翼载荷假设是不适当的。通过设计工作得到一种较高效的布局。

权衡研究结果表明，新的布局还有改进空间。对大多数飞机项目来说，这种迭代过程是很普遍的。

对该飞机的经济评估结果显示该项目可行，值得继续开展下一阶段研发工作。

由于概念设计阶段的时间和资源限制，有些技术方面未进行详细分析，主要包括：

(1)飞机的稳定性和操控性分析，包括三翼面控制布局的效能评估。

(2)自然层流控制系统的空气动力分析，以及该系统对相关结构和系统的要求。

(3)传统结构与复合材料结合的结构框架的结构分析和实现技术。

(4)飞机系统的定义，以及新型高级商务舱的通信和计算能力的要求。

(5)飞机在支线机场运营和维护的特殊要求。

(6)适应机场要求的详细的权衡研究[如气动性能(襟翼设计与偏度)、动力系统(T/W)、结构性能、系统和成本等]。

(7)该项目总的市场可行性评估。

以上列出的每一项都相当于或超过该工程项目现在已完成的总工作量。在工业企业中，进入下一阶段的飞机研发需要增加20～50倍的技术人员，费用也不小。因此，只有在和潜在的航空公司客户讨论后才能决定是否继续进行后续的工作。

参 考 文 献

[1] DARROL S. The Anatomy of the Aeroplane. New Jevsey：Wiley-Blackwell，2001.
[2] 齐贤德，程昭武. 飞机的诞生与发展. 北京：国防工业出版社，2006.
[3] 李成智. 空气动力学与航空工业. 太原：山西教育出版社，2008.
[4] JOHN D A. The Airplane：A History of Its Technology. New York：American Institute of Aeronautics and Astronautics，Inc.，2002.
[5] DANIEL P R. Aircraft Design：A Conceptual Approach. 6th ed. New York：American Institute of Aeronautics and Astronautics，Inc.，2018.
[6] LLOYD R J，PAUL S，DARREN R. Civil Jet Aircraft Design. London：Arnoldpublisher，1999.
[7] LELAND M N. Fundamentals of Aircraft and Airship Design. New York：American Institute of Aeronautics and Astronautics，Inc.，2010.
[8] 程不时. 飞翔的思绪：中国航空与科技随笔. 北京：机械工业出版社，2009.
[9] JOHN P F. Introduction to Aircraft Design. Cambridge：Cambridge University Press，1999.
[10] 程不时. 适航条例是什么和不是什么?：就美国民用飞机“适航标准”谈几个问题. 航空标准化与质量，1986(3)：24－27.
[11] VICTOR P. Design for the Real World：Human Ecology and Social Change. New York：Pantheon Books，1971.
[12] DARROL S. The Design of the Aeroplane. New York：Van Nostrand Reinhold，1983.
[13] LLOYD R J，JAMES F. Marchman Ⅲ，Aircraft Design Projects for Engineering Students. Amsterdam：Elsevier Science Ltd.，2003.
[14] JENKINSON L R，RHODES D P. Beyond Future Large Transport Aircraft. AIAA，1993(93)：479.
[15] SNORRI G. General Aviation Aircraft Design：Applied Methods and Procedures. Amsterdam：Elsevier Inc，2014.
[16] 陶梅贞. 现代飞机结构综合设计. 西安：西北工业大学出版社，2014.
[17] 陆志良. 空气动力学. 北京：北京航空航天大学出版社，2009.
[18] 方宝瑞. 飞机气动布局设计. 北京：航空工业出版社，1997.
[19] ED O. Aerodynamic Design of Transport Aircraft. Netherlands：IOS Press，2009.
[20] 高金源，焦宗夏，张平. 飞机电传操纵系统与主动控制技术. 北京：北京航空航天大学出版社，2005.
[21] RAYMER D. Approximate Method of Deriving Loiter Time from Range. Journal of Aircraft，2004，4(41)：938－940.
[22] TORENBEEK E. Synhesis of Subsonic Airplane Design. Delft：Delft University Press，1982.
[23] ROBERT C. Nelson，Flight Stability and Automatic Control. New York：McGraw-Hill Book Company，1989.

[24] MICHEAL V. Cook，Flight Dynamics Principles. Amsterdam：Elsevier Ltd.，2007.

[25] PERKINS C，HAGE R. Airplane Performance，Stability，and Control. New York：Wiley，1949.

[26] SECKEL E. Stability and Control of Airplanes and Helicopters. New York：Academic Press，1964.

[27] NICOLAI L. Fundamentals of Aircraft Design. Dayton：University of Dayton，1975.

[28] BROOKS P W. The Modern Airliner. London：Putnam，1961.

[29] STEVEN A B. Introduction to Aeronautics：A Design Perspective. New York：American Institute of Aeronautics and Astronautics，Inc.，2004.

[30] BUCKNER J K，HILL P W，BENEPE D. Aerodynamic Design Evolution of the YF－16. AIAA，1974，8(74)：935.

[31] ROSKAM J. Airplane Design，Part Ⅰ：Preliminary Sizing of Airplanes. Lawrence：Roskam Aviation and Engineering Corporation，1985.

[32] ROSKAM J. Airplane Design，Part Ⅱ：Preliminary Configuration Design and Integration of the Propulsion System. Lawrence：Roskam Aviation and Engineering Corporation，1985.

[33] ROSKAM J. Airplane Design，Part Ⅲ：Layout Design of Cockpit. Fuselage，Wing and Enpennage：Cutways and Inboard Profiles. Lawrence：Roskam Aviation and Engineering Corporation，1985.

[34] ROSKAM J. Airplane Design，Part Ⅵ：Preliminary Calculation of Aerodynamic，Thrust and Power Characteristics. Lawrence：Roskam Aviation and Engineering Corporation，1985.

[35] ROSKAM J. Airplane Design，Part Ⅶ：Determination of Stability，Control and Performance Characteristics. Lawrence：Roskam Aviation and Engineering Corporation，1985.

[36] ROSKAM J. Methods for Estimating Drag Polars of Subsonic Airplanes. Lawrence：University Press of Kansas，1971.

[37] 《飞机设计手册》总编委会编. 飞机设计手册：第 4 卷：军用飞机总体设计. 北京：航空工业出版社，2005.

[38] 《飞机设计手册》总编委会编. 飞机设计手册：第 6 卷：气动设计. 北京：航空工业出版社，2005.

[39] 《飞机设计手册》总编委会编. 飞机设计手册：第 10 卷：结构设计. 北京：航空工业出版社，2005.

[40] SCHLICHTING A D. Aerodynamics of the Airplane. New York：McGraw-Hill，1979.

[41] ANDERSON J D. Fundamentals of Aerodynamics. New York：McGraw-Hill，2001.

[42] 唐长红. 航空武器装备经济性与效费分析. 北京：航空工业出版社，2018.